Itaru Homma's
Illustration housing design

本間至の住宅設計手繪筆記

本間至—著

瑞昇文化

Prologue

前言

為何住宅設計如此有趣呢？

每個人＝設計者所感受到的樂趣雖然有所差異，不過正是因為有趣，所以才會從事設計這門工作，因此設計者本身的個性，就會呈現在所設計的建築物上。

我從年輕的時候開始，就非常喜愛畫設計圖。圖面越詳細，畫圖也就變得更加有趣。常常聽到設計者這樣說「我是在思考的同時做出模型的」，而我則是在畫圖面的同時間思考，接著繼續繪製的同時，又會出現新的點子。

就算是圖面，也有分成平面圖、剖面圖、展開圖等各種類型，若要從每個圖面去思考，表現出來的東西也會不盡相同。另外，比例尺也可以說是另一種表現的方式，比例尺代表了何種意義，以及要如何表現出圖面等，也會因此呈現出比例尺的差異。像這樣將各種圖面類型和比例尺組合，才能漸漸繪出住宅的藍圖。

全家人在家中的活動方式

雖然以「活動方式」一言概之，由某位置到另一位置的日常生活動線，這種大動作的移動方式，以及某個位置上的活動方式，到細部的動作等，其實日常生活就是由這一連串的「動作」所構成。

對於住宅設計而言，必須要仔細觀察這些「動作」，並且根據這些「動作」來繪製圖面。家中整體的日常生活動線，可以用1／100的平面圖表現，要表現出某個位置的作業性或收納方式時，就用1／50～1／20的平面圖，並且同時需要繪製出展開的剖面圖。

除此之外，就算在紙張上將圖面繪製出來後，也會因為實際製作（工匠等）情況，而更換成某些部件。在這種時候，尺寸或是詳細尺寸等，就會成為必要的資訊。因此必須將原尺寸圖，繪製出1／10的詳細圖當作參考。在現場製作這種現實世界中，是無法允許「大概是這樣的感覺」這種曖昧不明的答案。如果不明確地決定尺寸，就沒有辦法開始下一步驟。

像這樣子，住宅設計就是一種考慮周全，並將自己的想法表現於圖面上的行為。將這些經過考量的細節，彼此緊密地連接在一起，接著完成住宅設計。也就是說，從縮圖1／200的圖面到原尺寸圖，將這些縮圖圖面相輔相成，組成完整的計劃圖。

用縮圖說明時，並不需要由1／200，接著按照1／100、1／50、1／30，接著用1／20這樣的順序思考。在描繪1／50的平面圖時，偶爾在腦海中會同時繪製1／20的詳細圖，或是在想像樓梯剖面的同時，在紙張上畫出1／5的扶手周圍詳細圖等。腦中不斷交錯著各種狀況與畫面，接著再繪成圖面，才能將自己的各種想法傳遞給人們。

想將住宅設計的樂趣傳達給大家

「傳達」這種行為，會根據傳達的對象以及傳達的內容，而改變傳達的方式。要傳達整體，還是只想傳達一部分。想傳達表層，或是想連製作方式一併傳達。根據想傳達的內容，表現出的線條數量和比例尺也會有所而異。根據傳達的對象和內容，便能將圖面做出統整。

不過，經過統整後的圖面，雖然能確實將想要表達的事物表層傳達給對方，但是卻無法讓對方看見整個過程。

完成後的成品可說是住宅（建築）的所有。必須要將關於住宅（建築）的所有型態及空間性，完整清楚地詮釋出來。雖然是這樣沒錯，不過在繪製設計圖的同時，可以透過圖面之間的關係性，有些側面（應該注意的重點）也會漸漸浮現。將這些浮現在腦海一隅的重點，集結成冊來傳達給大家，就是這本書誕生的契機。

人類會用數位（數值的、定量的）思考和類比（感覺的、情緒的）思考，藉由這兩種思考方式的相互作用，來理解思考事物。在圖面上標示尺寸時，數位思考的比重就會增加。反之，只在圖面上表現出平面構成的平衡感時，就會以類比思考和審美觀來審視。

由於這層原因，原本在這本書中，於縮圖1／200、1／100的圖面上，不打算標記詳細尺寸圖，而是讓閱讀的人自己感受空間的平衡感。實際在上思考比例尺的時候，設計者一定也將類比思考帶入設計中，在繪製1／50和1／30的圖面時，也是包含了設計者的數位思考。

不過，雖然尺寸標記的越清楚，數位思考也就越強烈，住宅應由個人生活方式所決定，這仍是不爭的事實。因此我在標示尺寸的同時，也藉由類比思考，在圖面上說明「與日常生活有關的事物」。此外，縮圖1／10～原尺寸的圖面，同時也可以當作現場的製作圖，因此將細節尺寸標示得非常清楚。

像這樣子，將不同種類和縮圖比例的圖面混合，我想就能掌握整體和局部的關係，以及思考的過程了吧。一邊這樣子想的同時，本書也就漸漸完成了。

藉由這種方式，讓數位和類比思考這兩種方式交互作用，並希望本書能讓讀者感受到住宅的設計過程？由另一種角度而言，我希望透過這本書，在窺伺設計者腦袋的思考過程中，不光只是理解，也許只是單純欣賞，也能夠感受到其中樂趣（我實際感受到設計的樂趣）。

雖然最後變成有點狂熱的一本書，不過就算是喜愛畫風細緻的小學生，想必也會沉浸其中吧，或是將來想進入建築界工作的高中或大學生們，應該能感受到將來工作的樂趣，對於現在正在從事住宅設計的年輕人們，希望本書能夠成為一些參考。還有想要自己建造家園的人們，可以透過本書了解設計的思考方式，或是住宅設計的奧妙之處，如果能藉此而將自己的想法，實際運用在住宅設計上，也許能讓這本書更加地有意義。

首先，如果讀者們能慢慢欣賞每頁的圖面，將是我無比的榮幸。

2014年6月 本間至

本間至の住宅設計手繪筆記

CONTENTS

設計時需將便利性等各種因素納入考量

步入玄關，再將擋風用的拉門打開後，迎面而來的是樓梯間。縱向延伸的空間，使視線不禁由玄關門廳往2樓客廳延伸。在半地下空間中配置鋼琴練習室，而樓梯間則形成3個樓層的挑高空間，因此必須考量到上下樓的溫度差。於是將LDK配置於最上層，並在樓梯間使用玻璃隔間牆隔開，以維持室內溫度。另外，將鋼琴配置於半地下室，並且使玄關門廳到樓梯間，呈現出一直線的動線設計，再將玄關門廳藉由三面牆圍繞，避免視線過度穿透，使玄關周圍營造出沉靜的氣氛。

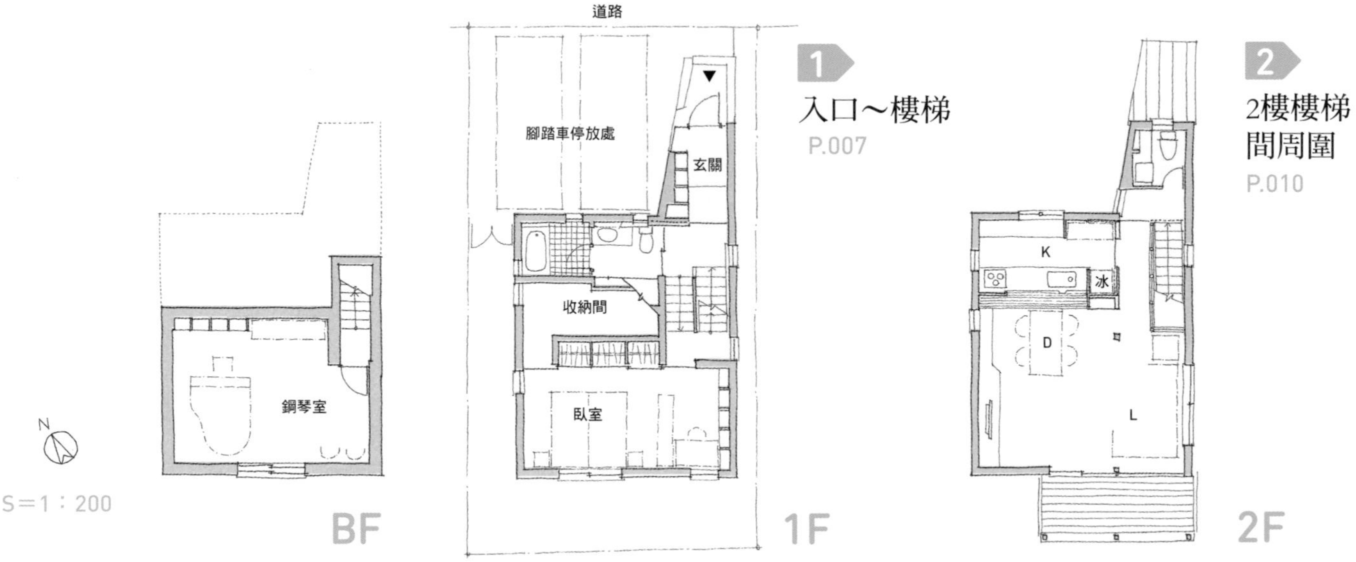

道路

腳踏車停放處

玄關

收納間

臥室

鋼琴室

K

冰

D

L

1 入口～樓梯 P.007

2 2樓樓梯間周圍 P.010

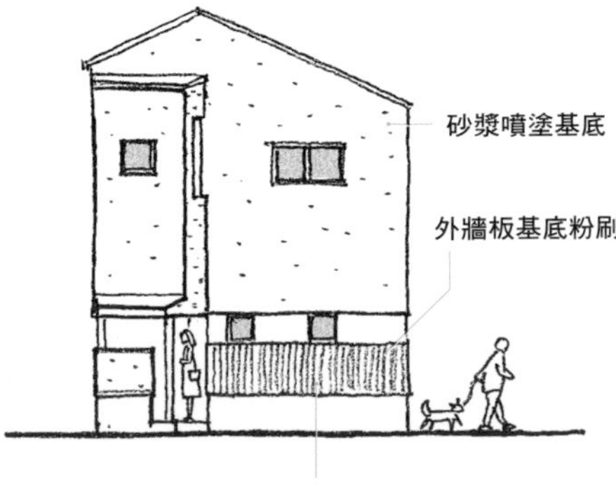

N

S＝1：200

BF

1F

2F

砂漿噴塗基底

外牆板基底粉刷

鍍鋁鋅鋼板

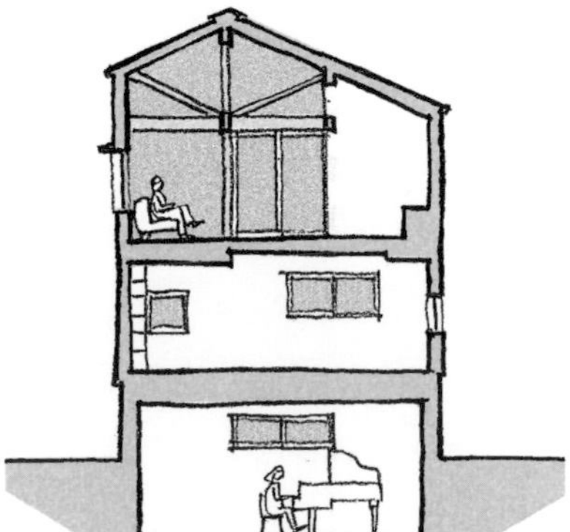

S＝1：200

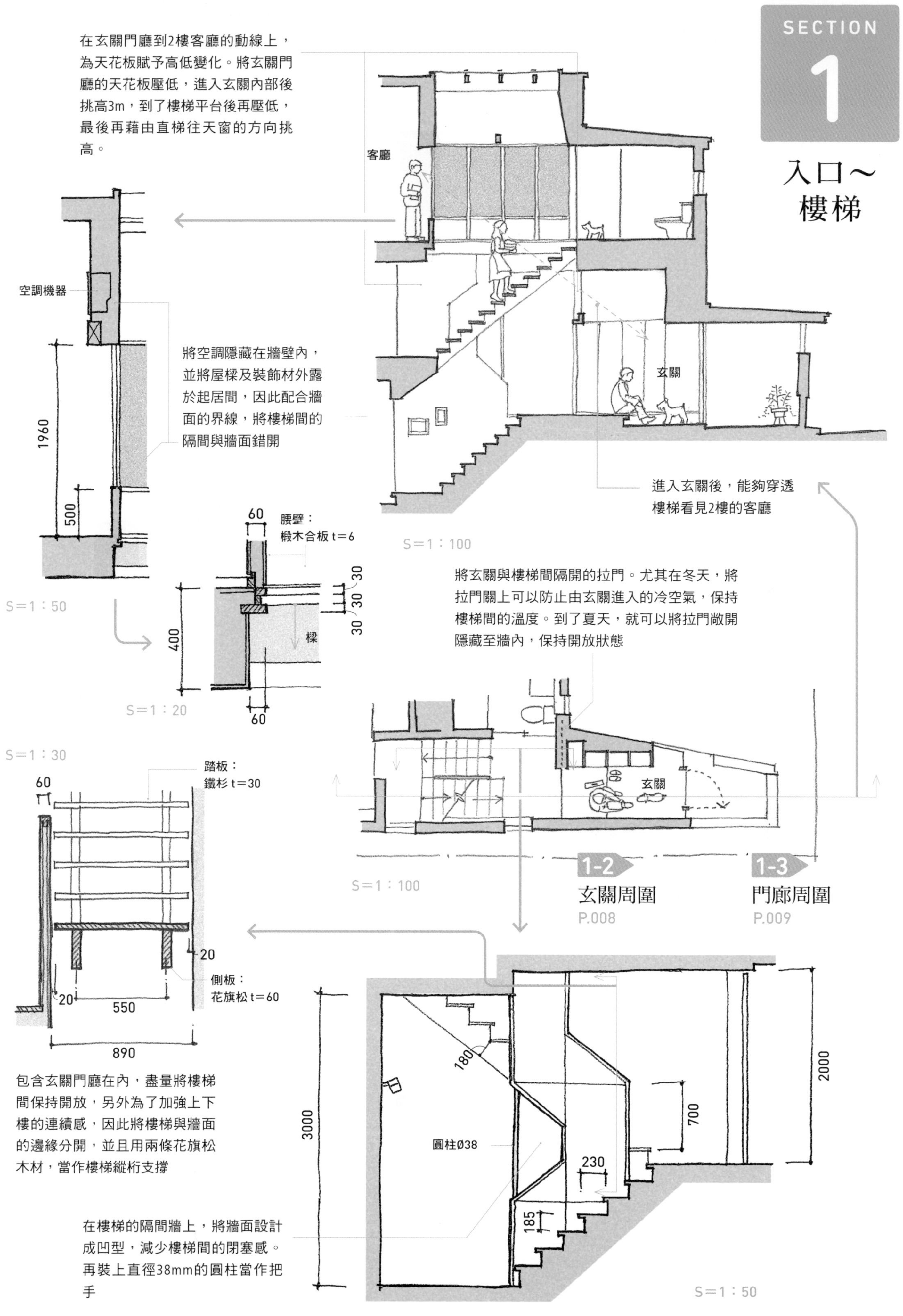
在玄關門廳到2樓客廳的動線上，為天花板賦予高低變化。將玄關門廳的天花板壓低，進入玄關內部後挑高3m，到了樓梯平台後再壓低，最後再藉由直梯往天窗的方向挑高。
客廳
空調機器
將空調隱藏在牆壁內，並將屋樑及裝飾材外露於起居間，因此配合牆面的界線，將樓梯間的隔間與牆面錯開
1960
500
S＝1：50
玄關
進入玄關後，能夠穿透樓梯看見2樓的客廳
S＝1：100
60
腰壁：
椵木合板 t＝6
30
30
30
400
樑
60
S＝1：20
將玄關與樓梯間隔開的拉門。尤其在冬天，將拉門關上可以防止由玄關進入的冷空氣，保持樓梯間的溫度。到了夏天，就可以將拉門敞開隱藏至牆內，保持開放狀態
S＝1：30
60
踏板：
鐵杉 t＝30
20
側板：
花旗松 t＝60
20
550
890
玄關
S＝1：100
包含玄關門廳在內，盡量將樓梯間保持開放，另外為了加強上下樓的連續感，因此將樓梯與牆面的邊緣分開，並且用兩條花旗松木材，當作樓梯縱桁支撐
3000
180
圓柱Ø38
700
2000
230
185
在樓梯的隔間牆上，將牆面設計成凹型，減少樓梯間的閉塞感。再裝上直徑38mm的圓柱當作把手
S＝1：50

1-2 玄關周圍 P.008
1-3 門廊周圍 P.009

SECTION 1-2

玄關周圍

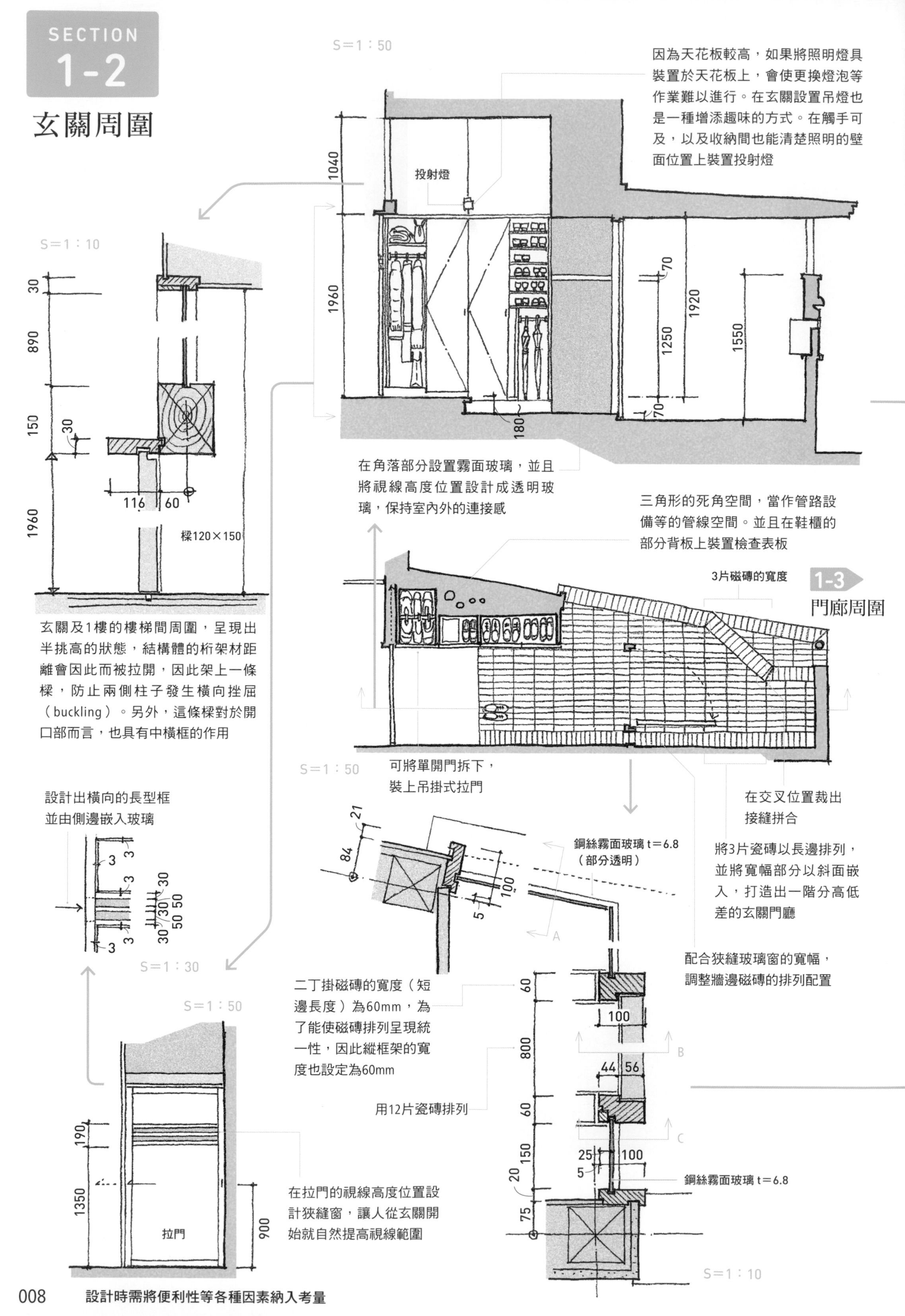

S=1：50
因為天花板較高，如果將照明燈具裝置於天花板上，會使更換燈泡等作業難以進行。在玄關設置吊燈也是一種增添趣味的方式。在觸手可及，以及收納間也能清楚照明的壁面位置上裝置投射燈
投射燈
1040
1960
70
1920
1250
1550
70
180
S=1：10
30
890
150
30
1960
116
60
樑120×150
玄關及1樓的樓梯間周圍，呈現出半挑高的狀態，結構體的桁架材距離會因此而被拉開，因此架上一條樑，防止兩側柱子發生橫向挫屈（buckling）。另外，這條樑對於開口部而言，也具有中橫框的作用
在角落部分設置霧面玻璃，並且將視線高度位置設計成透明玻璃，保持室內外的連接感
三角形的死角空間，當作管路設備等的管線空間。並且在鞋櫃的部分背板上裝置檢查表板
3片磁磚的寬度
1-3
門廊周圍
S=1：50
可將單開門拆下，裝上吊掛式拉門
在交叉位置裁出接縫拼合
將3片瓷磚以長邊排列，並將寬幅部分以斜面嵌入，打造出一階分高低差的玄關門廳
設計出橫向的長型框並由側邊嵌入玻璃
3
3
3
3
3
30
30
30
50
50
S=1：30
21
84
100
5
鋼絲霧面玻璃 t=6.8（部分透明）
A
配合狹縫玻璃窗的寬幅，調整牆邊磁磚的排列配置
二丁掛磁磚的寬度（短邊長度）為60mm，為了能使磁磚排列呈現統一性，因此縱框架的寬度也設定為60mm
用12片瓷磚排列
60
100
800
B
44
56
60
C
150
25
100
5
20
75
鋼絲霧面玻璃 t=6.8
S=1：10
S=1：50
190
1350
拉門
900
在拉門的視線高度位置設計狹縫窗，讓人從玄關開始就自然提高視線範圍

門廊周圍

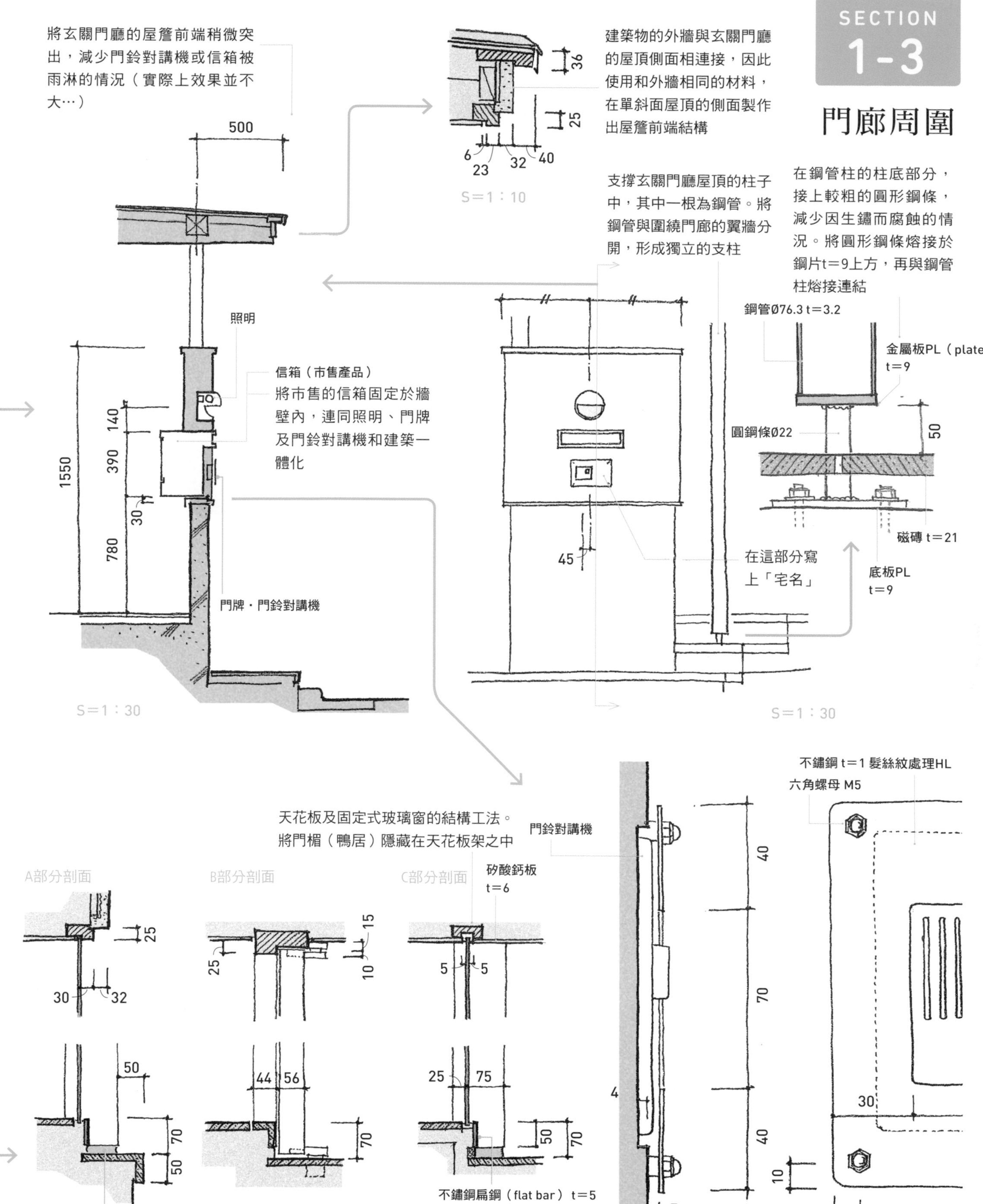
將玄關門廳的屋簷前端稍微突出，減少門鈴對講機或信箱被雨淋的情況（實際上效果並不大…）
500
建築物的外牆與玄關門廳的屋頂側面相連接，因此使用和外牆相同的材料，在單斜面屋頂的側面製作出屋簷前端結構
36
25
6
23
32
40
S=1：10
支撐玄關門廳屋頂的柱子中，其中一根為鋼管。將鋼管與圍繞門廊的翼牆分開，形成獨立的支柱
在鋼管柱的柱底部分，接上較粗的圓形鋼條，減少因生鏽而腐蝕的情況。將圓形鋼條熔接於鋼片t=9上方，再與鋼管柱熔接連結
鋼管Ø76.3 t=3.2
金屬板PL（plate）t=9
圓鋼條Ø22
50
磁磚 t=21
底板PL t=9
照明
信箱（市售產品）
將市售的信箱固定於牆壁內，連同照明、門牌及門鈴對講機和建築一體化
1550
140
390
30
780
門牌・門鈴對講機
45
在這部分寫上「宅名」
S=1：30
S=1：30
天花板及固定式玻璃窗的結構工法。將門楣（鴨居）隱藏在天花板架之中
門鈴對講機
A部分剖面
B部分剖面
C部分剖面
矽酸鈣板 t=6
25
30
32
15
25
10
5
5
50
70
50
44
56
70
25
75
50
70
不鏽鋼扁鋼（flat bar）t=5
S=1：10
於縱框架底部保留凹槽並進行填縫（caulking），防止木框底部因水分造成劣化
不鏽鋼 t=1 髮絲紋處理HL
六角螺母 M5
40
70
40
4
30
10
5
10
S=1：2

為了將門鈴對講機隱藏於牆內，因此在表面裝上不鏽鋼的門牌。因為門牌位於信箱下方，為了避免干擾送信，因此將門鈴對講機盡量裝置於牆內，使門牌能貼平於牆上

SECTION 2

2樓樓梯間周圍

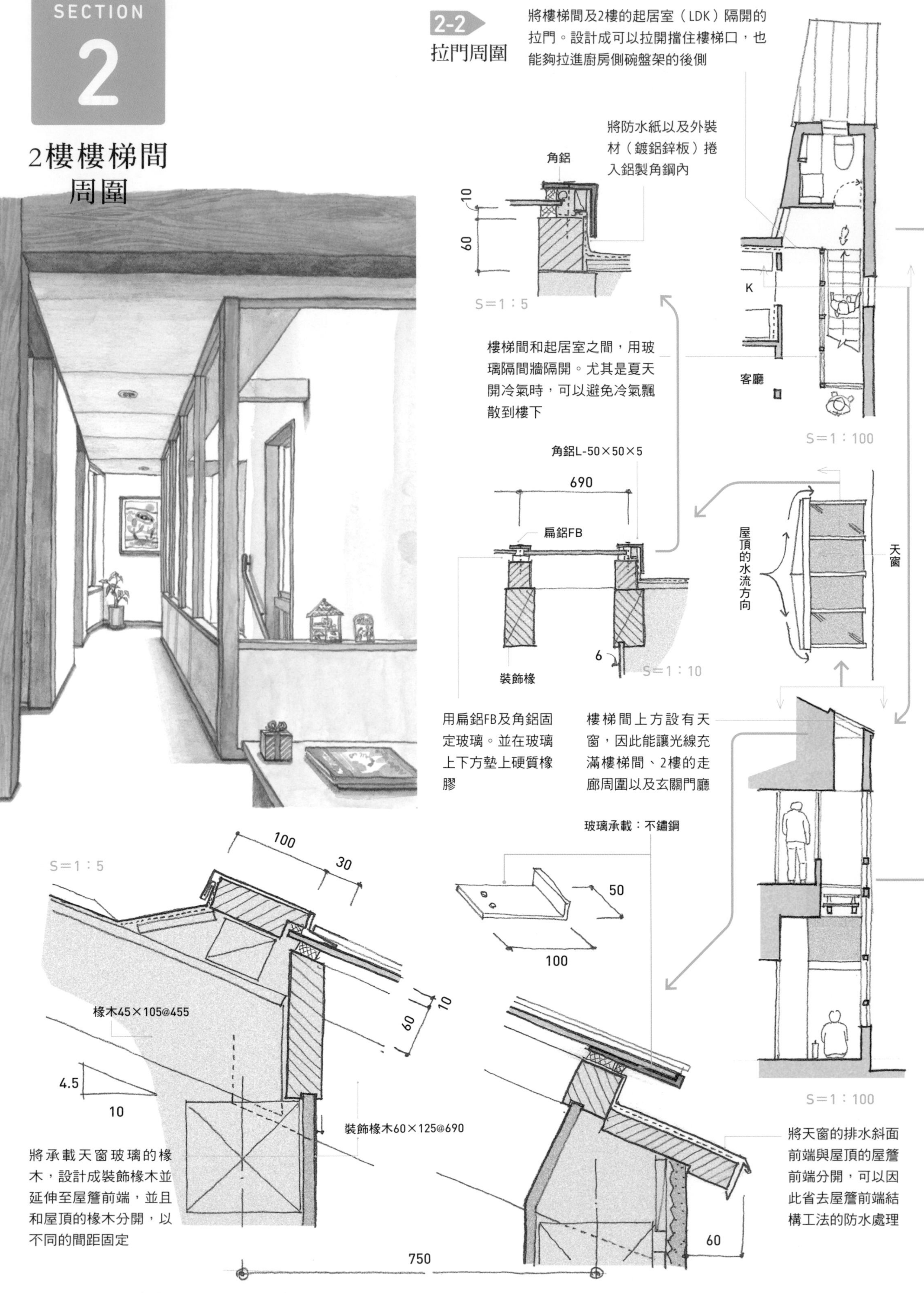

2-2
拉門周圍
將樓梯間及2樓的起居室（LDK）隔開的拉門。設計成可以拉開擋住樓梯口，也能夠拉進廚房側碗盤架的後側
將防水紙以及外裝材（鍍鋁鋅板）捲入鋁製角鋼內
角鋁
10
60
S=1：5
K
客廳
S=1：100
樓梯間和起居室之間，用玻璃隔間牆隔開。尤其是夏天開冷氣時，可以避免冷氣飄散到樓下
角鋁L-50×50×5
690
扁鋁FB
6
裝飾椽
S=1：10
屋頂的水流方向
天窗
用扁鋁FB及角鋁固定玻璃。並在玻璃上下方墊上硬質橡膠
樓梯間上方設有天窗，因此能讓光線充滿樓梯間、2樓的走廊周圍以及玄關門廳
玻璃承載：不鏽鋼
50
100
S=1：5
100
30
10
60
椽木45×105@455
4.5
10
裝飾椽木60×125@690
將承載天窗玻璃的椽木，設計成裝飾椽木並延伸至屋簷前端，並且和屋頂的椽木分開，以不同的間距固定
750
60
S=1：100
將天窗的排水斜面前端與屋頂的屋簷前端分開，可以因此省去屋簷前端結構工法的防水處理

拉門周圍

樓梯平台可以和樓梯隔開，也能和走廊做出區隔。將拉門拉往廚房側敞開後，就能使三個空間彼此連接

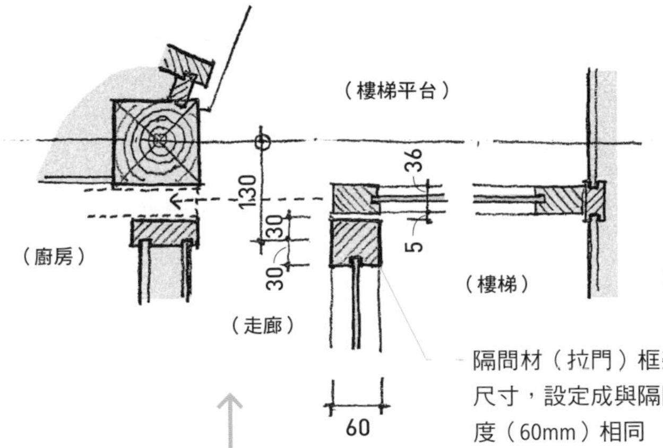

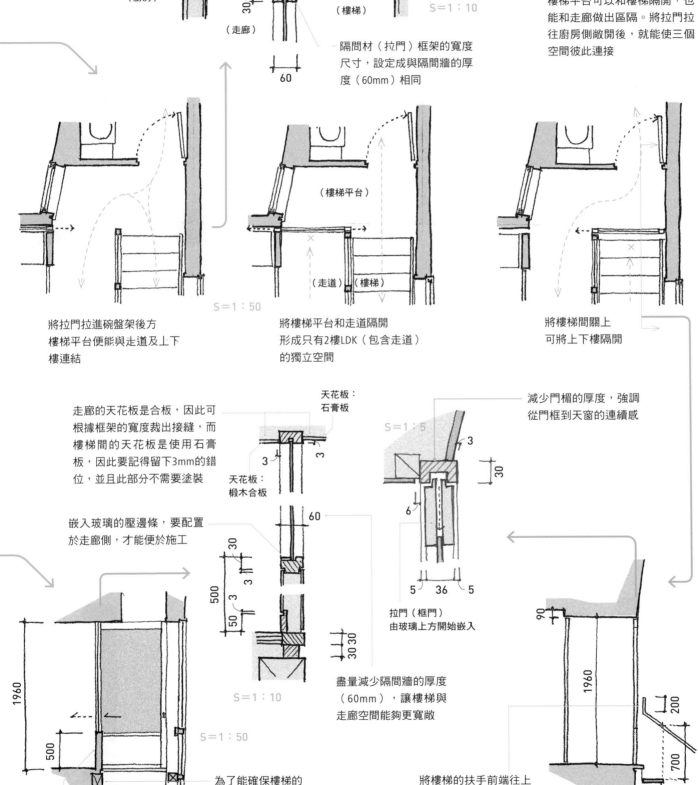

（樓梯平台）
（廚房）
（走廊）
（樓梯）
130
36
30
30
5
60
S=1：10

隔間材（拉門）框架的寬度尺寸，設定成與隔間牆的厚度（60mm）相同

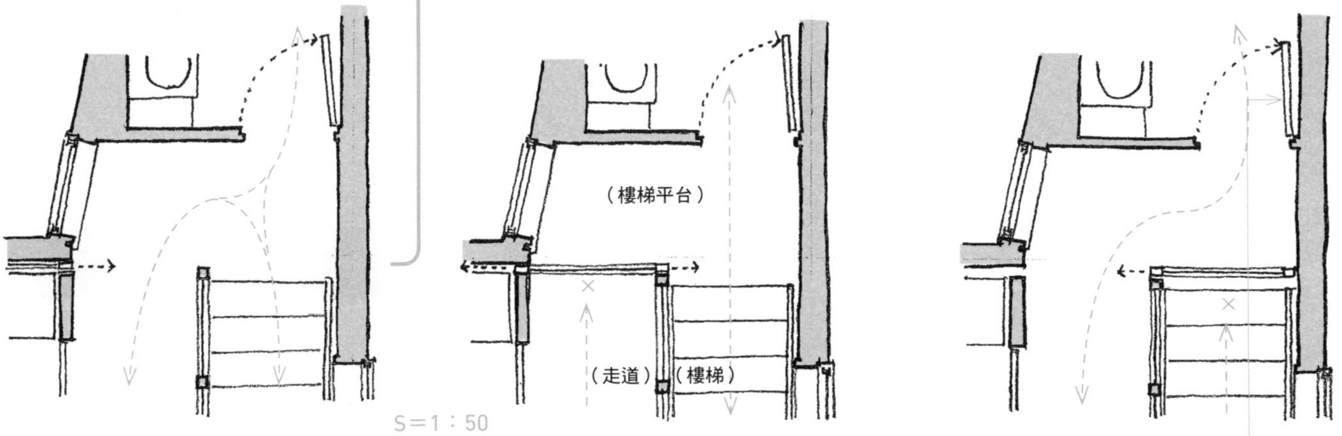

（樓梯平台）
（走道）
（樓梯）
S=1：50

將拉門拉進碗盤架後方樓梯平台便能與走道及上下樓連結

將樓梯平台和走道隔開形成只有2樓LDK（包含走道）的獨立空間

將樓梯間關上可將上下樓隔開

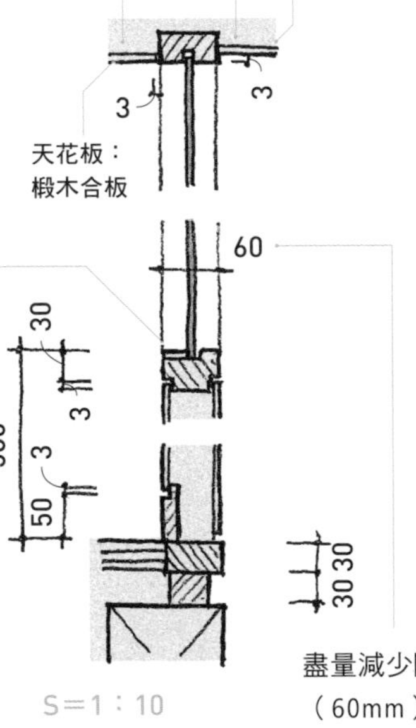

走廊的天花板是合板，因此可根據框架的寬度裁出接縫，而樓梯間的天花板是使用石膏板，因此要記得留下3mm的錯位，並且此部分不需要塗裝

天花板：石膏板
天花板：椴木合板
3
3
60
30
3
500
3
50
30 30
S=1：10

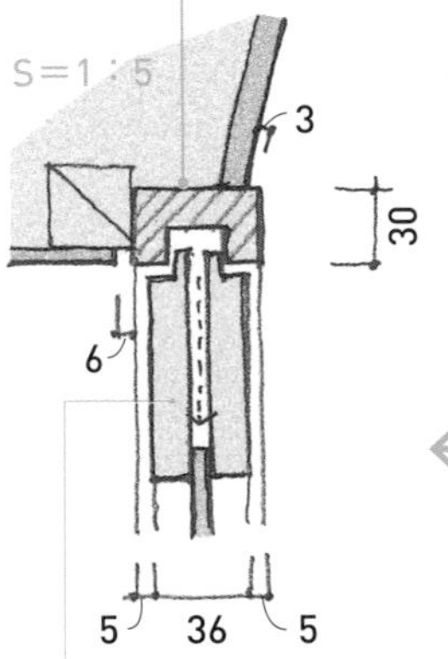

減少門楣的厚度，強調從門框到天窗的連續感

S=1：5
3
30
6
5
36
5

拉門（框門）由玻璃上方開始嵌入

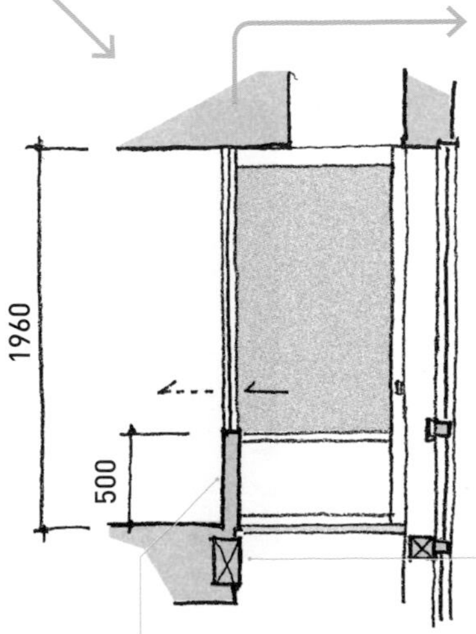

嵌入玻璃的壓邊條，要配置於走廊側，才能便於施工

盡量減少隔間牆的厚度（60mm），讓樓梯與走廊空間能夠更寬敞

1960
500
S=1：50
90
1960
200
700
S=1：50

為了能確保樓梯的寬幅，因此採用露柱牆結構

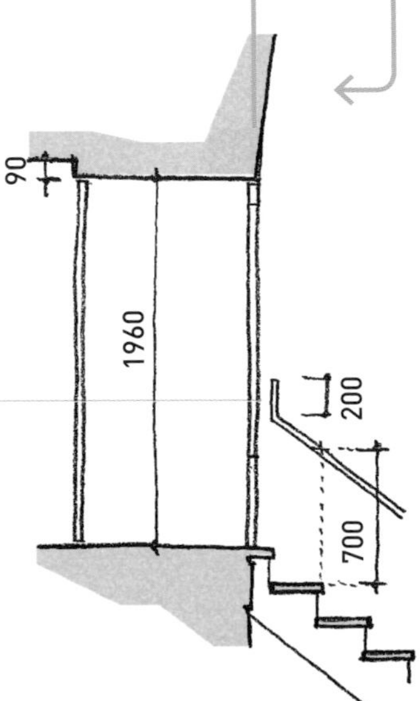

將樓梯的扶手前端往上提起，可避免衣服勾到扶手

使用透明玻璃當作與樓梯間的隔間牆，並且設計50cm高的翼牆，為客廳增添安心感

打造出比實際更寬敞的空間

這是一棟全家4人共同生活，總樓板面積為22坪的小巧住宅。在設計的時候，並非著重於每個空間的寬敞度，而是講究能夠度過舒適的生活，打造出豐富的居家空間。像是玄關等空間雖然使用最迷你的尺寸，並且利用固定式收納家具隔開，但是藉由天花板與客廳的連續，就能夠感受到比實際更寬敞的空間。另外，從方便性到隔間的精心考量，令人完全不會感到狹窄擁擠。

3 玄關收納 P.015

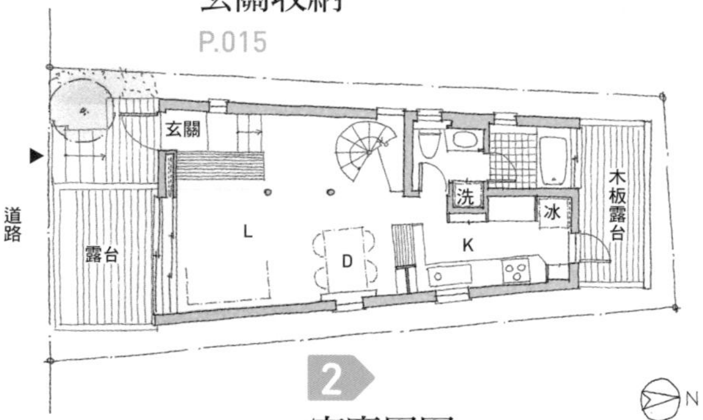

玄關 道路 露台 L D K 洗 冰 木板露台

2 客廳周圍 P.014

1F

1 樓梯平台・廁所周圍 P.013

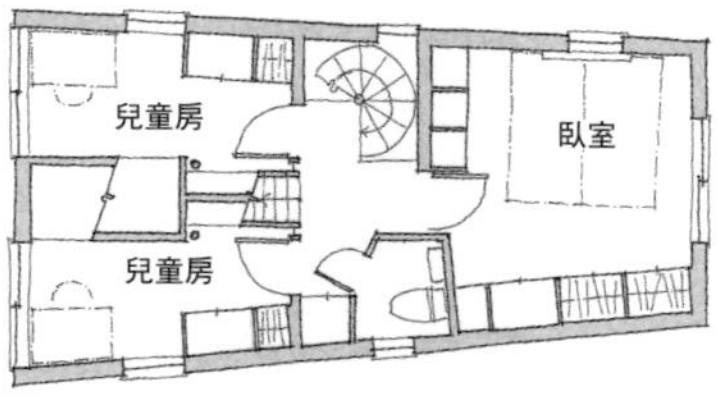

兒童房 兒童房 臥室

2F

S＝1：200

砂漿噴塗基底

張貼羅漢柏木板

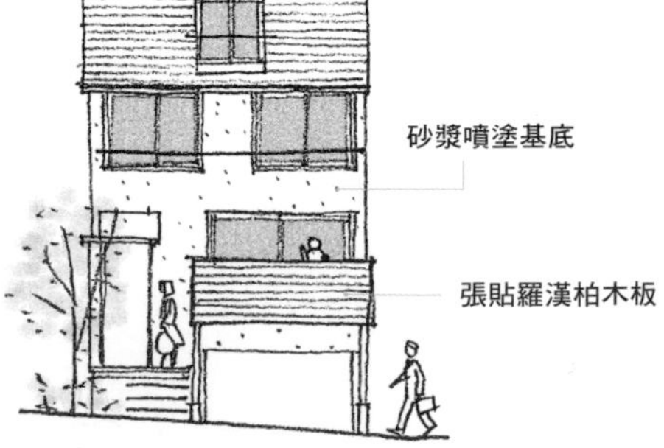

S＝1：200

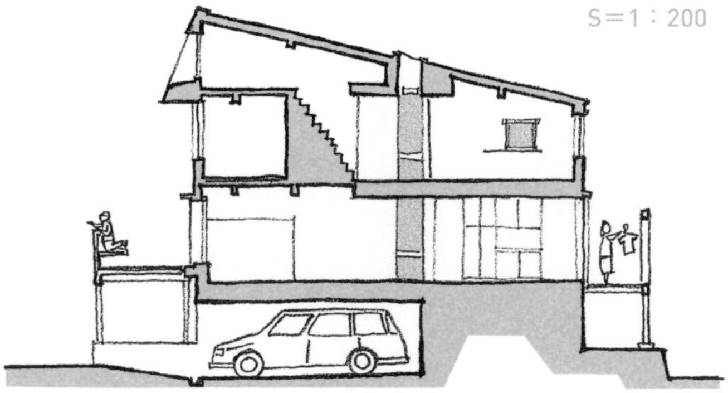

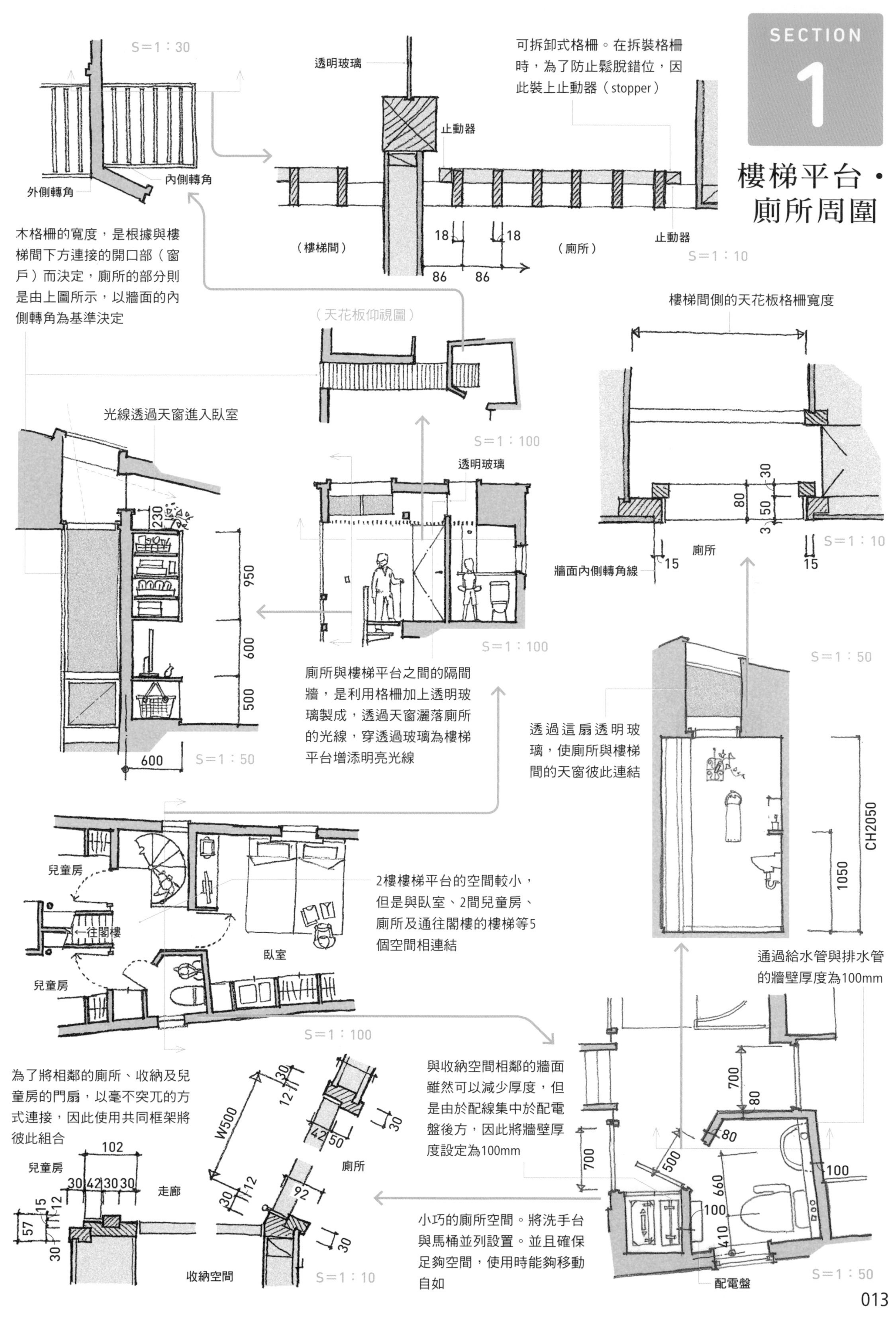SECTION 1
樓梯平台・廁所周圍
S＝1：30
外側轉角
內側轉角
透明玻璃
止動器
（樓梯間）
（廁所）
止動器
18
18
86
86
S＝1：10
可拆卸式格柵。在拆裝格柵時，為了防止鬆脫錯位，因此裝上止動器（stopper）
木格柵的寬度，是根據與樓梯間下方連接的開口部（窗戶）而決定，廁所的部分則是由上圖所示，以牆面的內側轉角為基準決定
（天花板仰視圖）
S＝1：100
樓梯間側的天花板格柵寬度
30
80
50
3
15
15
廁所
牆面內側轉角線
S＝1：10
光線透過天窗進入臥室
230
950
600
500
600
S＝1：50
透明玻璃
S＝1：100
廁所與樓梯平台之間的隔間牆，是利用格柵加上透明玻璃製成，透過天窗灑落廁所的光線，穿透過玻璃為樓梯平台增添明亮光線
透過這扇透明玻璃，使廁所與樓梯間的天窗彼此連結
S＝1：50
CH2050
1050
兒童房
←往閣樓
兒童房
臥室
2樓樓梯平台的空間較小，但是與臥室、2間兒童房、廁所及通往閣樓的樓梯等5個空間相連結
S＝1：100
通過給水管與排水管的牆壁厚度為100mm
為了將相鄰的廁所、收納及兒童房的門扇，以毫不突兀的方式連接，因此使用共同框架將彼此組合
102
兒童房
30 42 30 30
走廊
15
12
57
30
收納空間
W500
30
12
42
50
30
廁所
30
12
92
30
S＝1：10
與收納空間相鄰的牆面雖然可以減少厚度，但是由於配線集中於配電盤後方，因此將牆壁厚度設定為100mm
700
80
80
700
500
100
660
100
410
小巧的廁所空間。將洗手台與馬桶並列設置。並且確保足夠空間，使用時能夠移動自如
配電盤
S＝1：50

SECTION
2

客廳周圍

橫木間距450
2樓地板：花柏 t=38
30
裝飾橫木60×150
樑120×300
樑120×360
S=1：20

因為限於空間大小，為了能確保天花板高度，因此將結構材的樑及橫木外露，使2樓的樓板兼作天花板材。樓板材（＝天花板材）使用的是花柏實木板（t=38）

S=1：100
客廳
玄關

在平面圖中，雖然玄關、客廳及餐廳看起來是在同一空間裡，但是其實玄關空間比客廳低57cm，另外還設置了1.5m高的家具收納櫃當作隔間，因此在視覺效果上，呈現出完全不同的空間

裝飾樑
100
補強五金PL t=6
30
40 30
30
125 78 147
350
1500
30
400
收納
S=1：10
椴木合板 t=5
（可移動式）

可將拉門收納於牆內，因此使窗框突出於室內側。將突出門檻下方打造成能夠放置小物品的收納，活用死角空間。在門檻的內側（下側）與踢腳板的上方製作溝槽，再加上一片椴木合板當作門扇，形成上下溝槽嵌入式（檢飩式）的設計

將車庫設置在低於道路面的半地下室，上方則設置起居間及餐廳。在道路進入半地下室的通道上方設置木製露台，並與起居間相連接

露台
客廳
S=1：100

由客廳通往露台的窗戶，設有40cm的腰壁。腰壁除了能夠為客廳帶來沉靜感，也能提高從客廳往外的視線方向。露台最前端的椅子，也具有將視線引導至更高更遠的效果

兼用門框的拉門套蓋※能夠回轉180°開關。為了確保拉門套蓋能夠回轉180°，因此要注意框的深度尺寸是否足夠

100
6
W2564
115 105 30 85 15
50 300
205
30
15
S=1：10

為了使門框及牆壁能夠斜角交叉，因此刻意留下15mm接縫裝上固定片，使縱框架露出30mm的寬度於室內，讓開口部看起來彷彿嵌入牆面中。另外可將縱框架兼作拉門的門擋，因此厚度可小於上下側的門楣與門檻

從玄關往上走3階即為入口空間。與起居室（客廳・餐廳）之間，設有2根獨立的圓柱作為中間領域，具有提示空間區分的作用

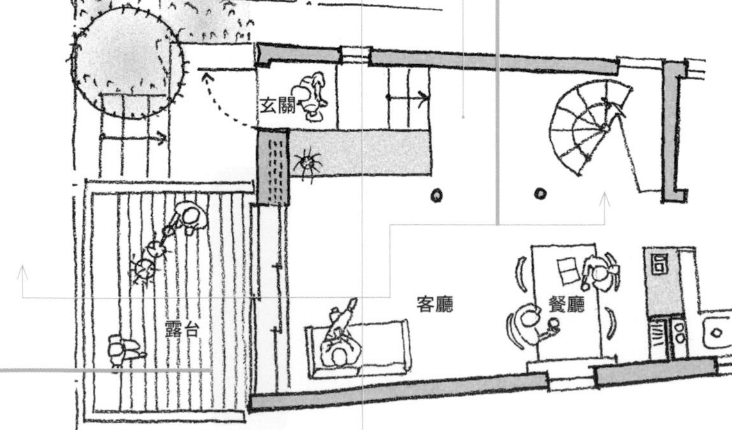
玄關
客廳
餐廳
露台
S=1：100

※拉門套蓋：原文為「戶蓋」，日式隱藏式拉門中，將隱藏拉門空間遮蓋的木板

SECTION 3 玄關收納

由玄關側所見的收納隔間牆。使用範圍從上方直到低於客廳地板的玄關側。由於玄關空間較小，因此做成左右拉門的樣式。雖然高於1樓地板部分的收納空間，只能由客廳側使用，但是在部分左下角，做成兩邊都能使用的設計

用來收納雨傘等長型物品的空間。在此空間的上方，是用來收納客廳開口部障子拉門的牆面

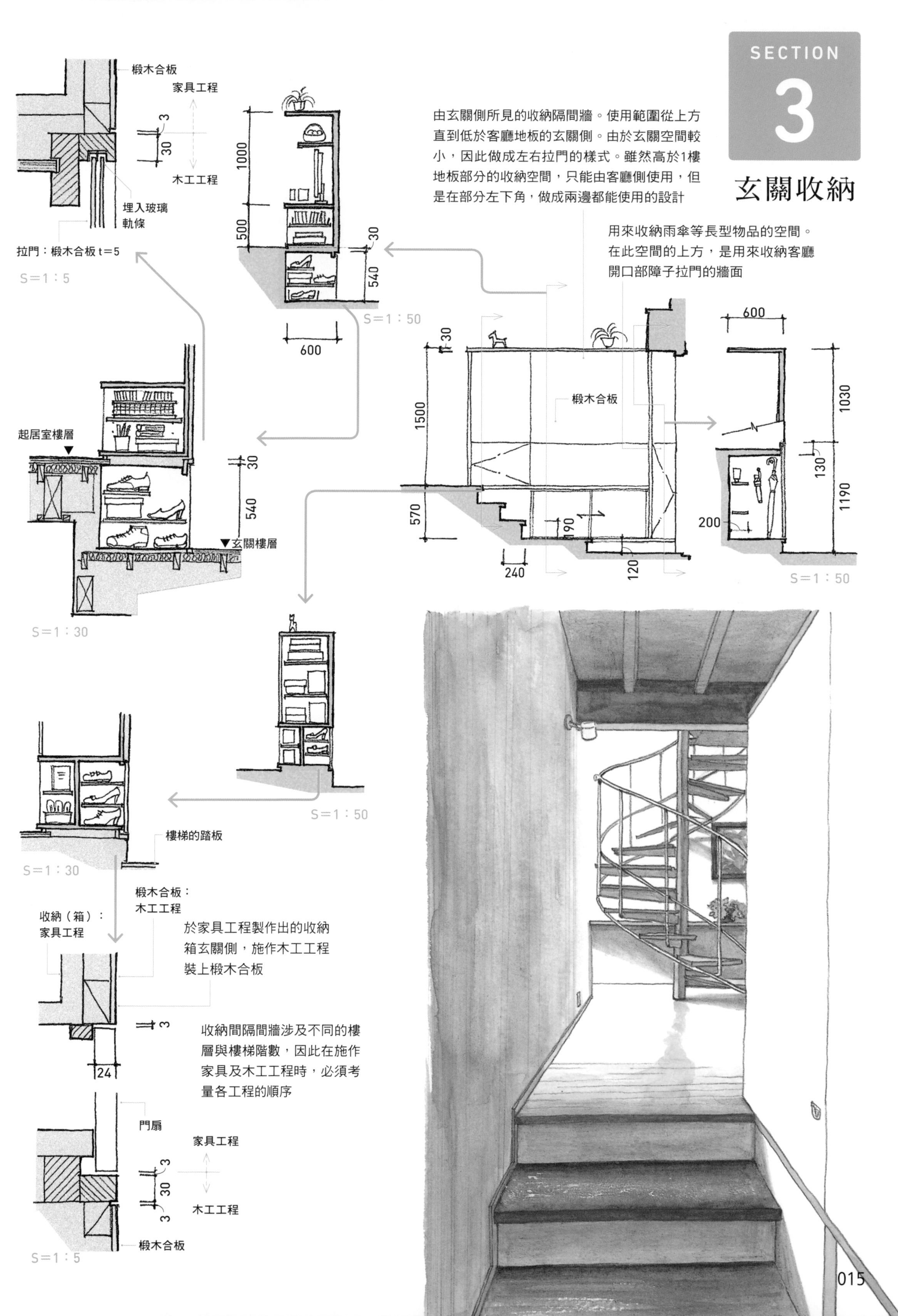

椴木合板
家具工程
3
30
木工工程
埋入玻璃
軌條
拉門：椴木合板 t=5
S=1：5
1000
500
30
540
600
S=1：50
起居室樓層
30
540
玄關樓層
S=1：30
30
1500
椴木合板
570
190
240
120
600
1030
130
1190
200
S=1：50
S=1：50
樓梯的踏板
S=1：30
椴木合板：
木工工程
收納（箱）：
家具工程
於家具工程製作出的收納箱玄關側，施作木工工程裝上椴木合板
3
24
收納間隔間牆涉及不同的樓層與樓梯階數，因此在施作家具及木工工程時，必須考量各工程的順序
門扇
家具工程
3
30
3
木工工程
椴木合板
S=1：5

CASE03 ／ 東之丘的家

向內部開放的圍繞式設計

在設有LDK的2樓當中，利用客廳、餐廳，以及遮住外來視線的混凝土牆，將露台圍繞，使2樓整體空間往橫向擴展。同時也將和樓梯間連接的客廳（L）設置挑高，使空間往縱向延伸。客廳、餐廳（D）及廚房（K）雖然與起居室以外的空間（露台・樓梯）相連結，但是可藉由隱藏於牆內的拉門，將空間彼此隔開。

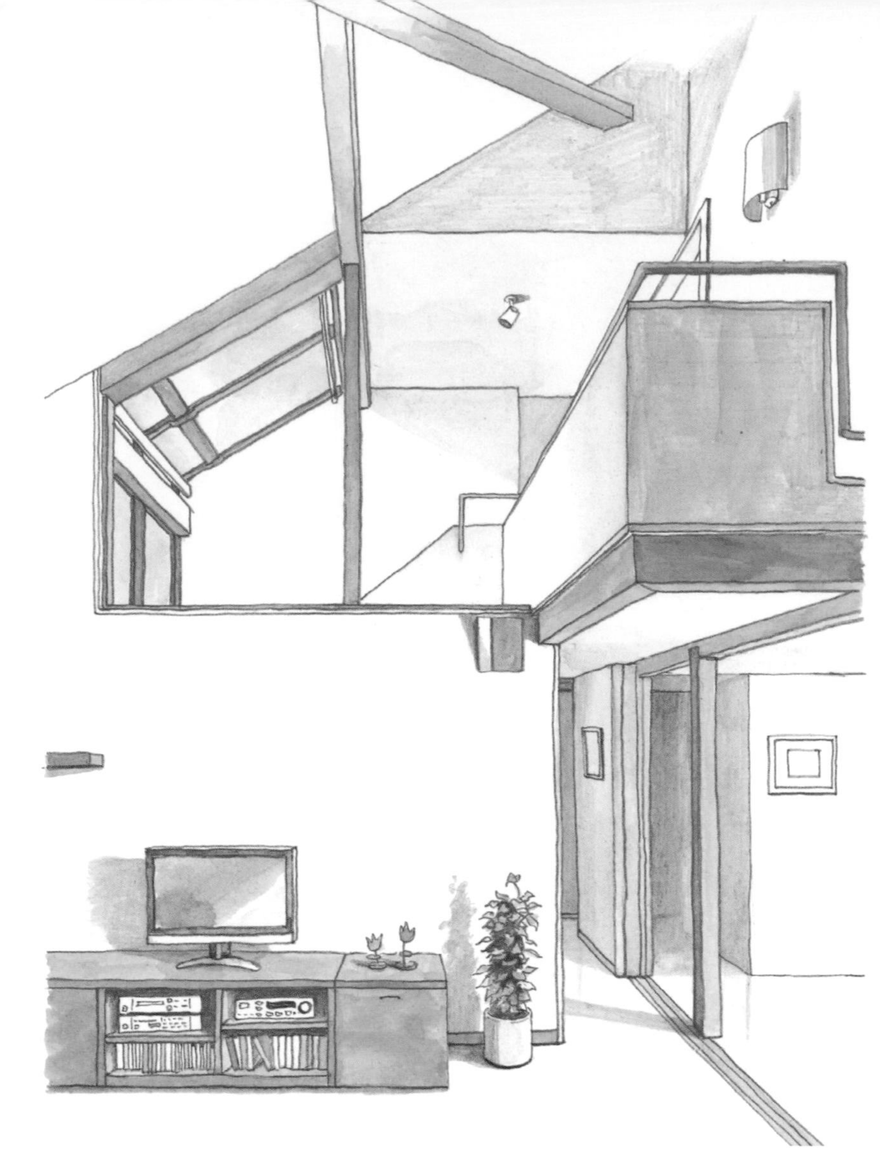

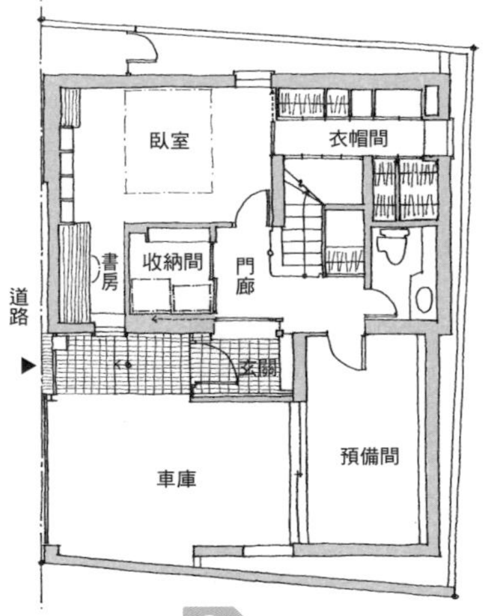

臥室　衣帽間　收納間　書房　門廊　道路　玄關　車庫　預備間

1F

3 玄關門廳

P.019

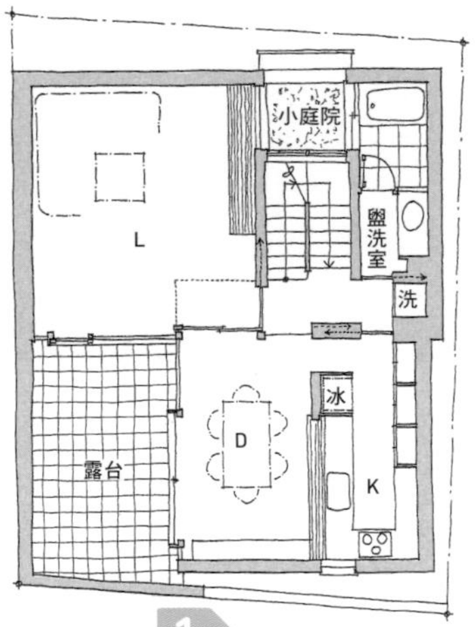

小庭院　L　盥洗室　洗　冰　D　露台　K

2F

1 2樓客廳 開口部周圍

P.017

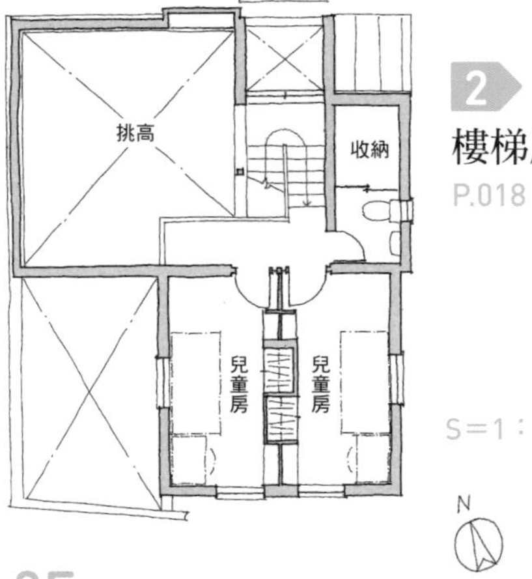

挑高　收納　兒童房　兒童房

3F

2 樓梯周圍

P.018

S＝1：200

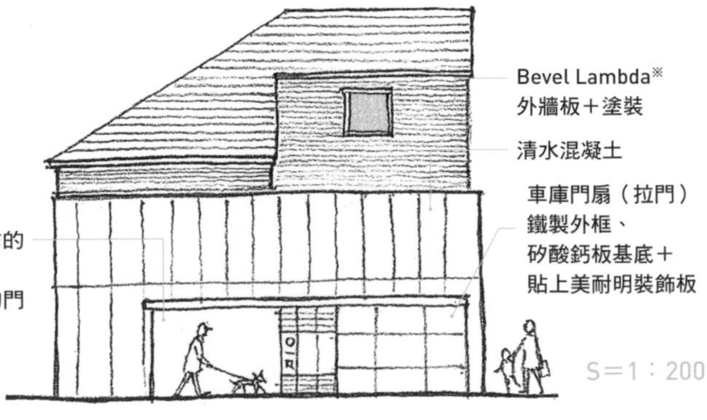

Bevel Lambda※外牆板＋塗裝

清水混凝土

車庫門扇（拉門）鐵製外框、矽酸鈣板基底＋貼上美耐明裝飾板

用杉板木框製作的清水混凝土牆可將右側車庫的門扇拉至此位置

S＝1：200

※Bevel Lambda：商品名，為昭和電工所生產販售的一種外牆板。

SECTION 1

2樓客廳開口部周圍

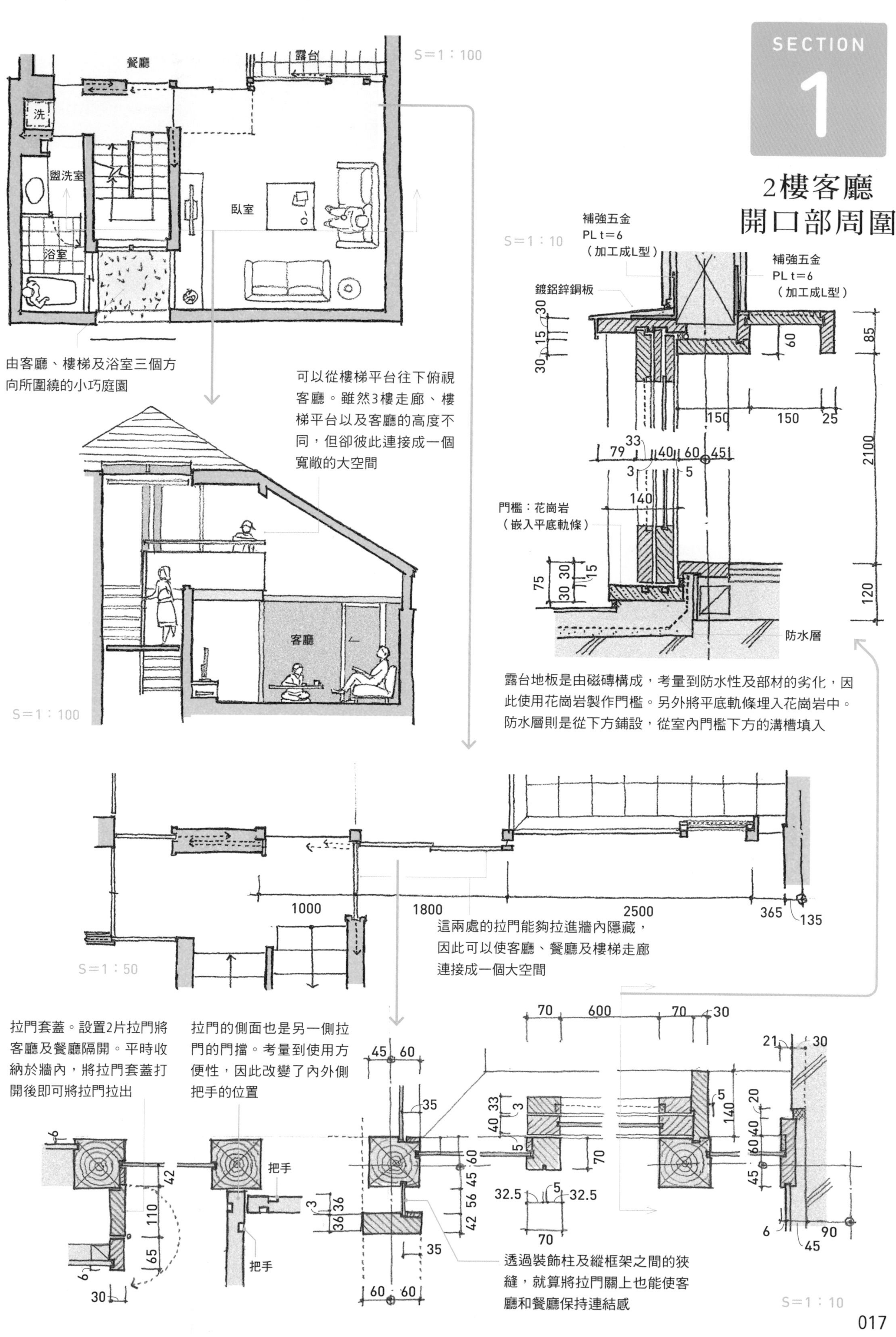

餐廳
露台
洗
盥洗室
臥室
浴室
S=1：100
由客廳、樓梯及浴室三個方向所圍繞的小巧庭園
可以從樓梯平台往下俯視客廳。雖然3樓走廊、樓梯平台以及客廳的高度不同，但卻彼此連接成一個寬敞的大空間
客廳
S=1：100
S=1：10
補強五金
PL t=6
（加工成L型）
補強五金
PL t=6
（加工成L型）
鍍鋁鋅鋼板
門檻：花崗岩
（嵌入平底軌條）
防水層
露台地板是由磁磚構成，考量到防水性及部材的劣化，因此使用花崗岩製作門檻。另外將平底軌條埋入花崗岩中。防水層則是從下方鋪設，從室內門檻下方的溝槽填入
1000
1800
2500
365
135
這兩處的拉門能夠拉進牆內隱藏，因此可以使客廳、餐廳及樓梯走廊連接成一個大空間
S=1：50
拉門套蓋。設置2片拉門將客廳及餐廳隔開。平時收納於牆內，將拉門套蓋打開後即可將拉門拉出
拉門的側面也是另一側拉門的門擋。考量到使用方便性，因此改變了內外側把手的位置
把手
把手
透過裝飾柱及縱框架之間的狹縫，就算將拉門關上也能使客廳和餐廳保持連結感
S=1：10

SECTION 2

樓梯周圍

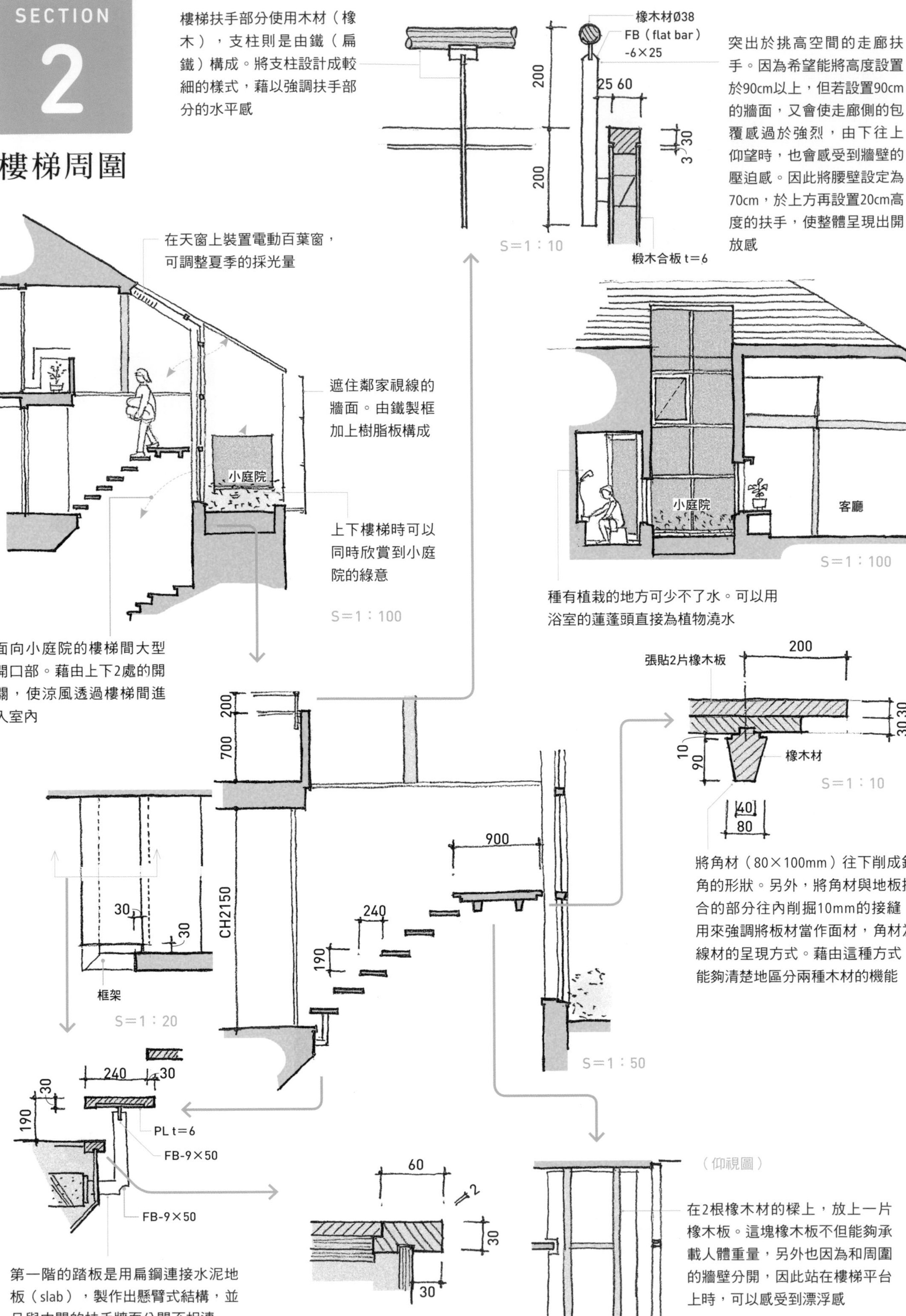

橡木材Ø38
FB（flat bar）
-6×25
200
200
25 60
30
3
椴木合板 t=6
S=1：10
小庭院
S=1：100
小庭院
客廳
S=1：100
張貼2片橡木板
200
30 30
10
90
橡木材
S=1：10
40
80
200
700
CH2150
900
240
190
30
30
框架
S=1：20
S=1：50
240
30
30
190
PL t=6
FB-9×50
FB-9×50
60
2
30
30
S=1：5
（仰視圖）
S=1：50

樓梯扶手部分使用木材（橡木），支柱則是由鐵（扁鐵）構成。將支柱設計成較細的樣式，藉以強調扶手部分的水平感

突出於挑高空間的走廊扶手。因為希望能將高度設置於90cm以上，但若設置90cm的牆面，又會使走廊側的包覆感過於強烈，由下往上仰望時，也會感受到牆壁的壓迫感。因此將腰壁設定為70cm，於上方再設置20cm高度的扶手，使整體呈現出開放感

在天窗上裝置電動百葉窗，可調整夏季的採光量

遮住鄰家視線的牆面。由鐵製框加上樹脂板構成

上下樓梯時可以同時欣賞到小庭院的綠意

種有植栽的地方可少不了水。可以用浴室的蓮蓬頭直接為植物澆水

面向小庭院的樓梯間大型開口部。藉由上下2處的開關，使涼風透過樓梯間進入室內

將角材（80×100mm）往下削成銳角的形狀。另外，將角材與地板接合的部分往內削掘10mm的接縫，用來強調將板材當作面材，角材為線材的呈現方式。藉由這種方式，能夠清楚地區分兩種木材的機能

第一階的踏板是用扁鋼連接水泥地板（slab），製作出懸臂式結構，並且與中間的扶手牆面分開不相連

在2根橡木材的樑上，放上一片橡木板。這塊橡木板不但能夠承載人體重量，另外也因為和周圍的牆壁分開，因此站在樓梯平台上時，可以感受到漂浮感

SECTION 3

玄關門廊

在樓梯的第3、4階開始，因為考量到安全性，必須設置扶手及牆面，但為了能夠兼顧玄關門廊及樓梯空間的連結感，因此設置一根圓柱（Ø70）作為視覺上的屏障，防止從樓梯跌落等危險

以玄關門廳當作住宅設計的中心，配置出能夠通往臥室、預備間等所有空間的機能性動線

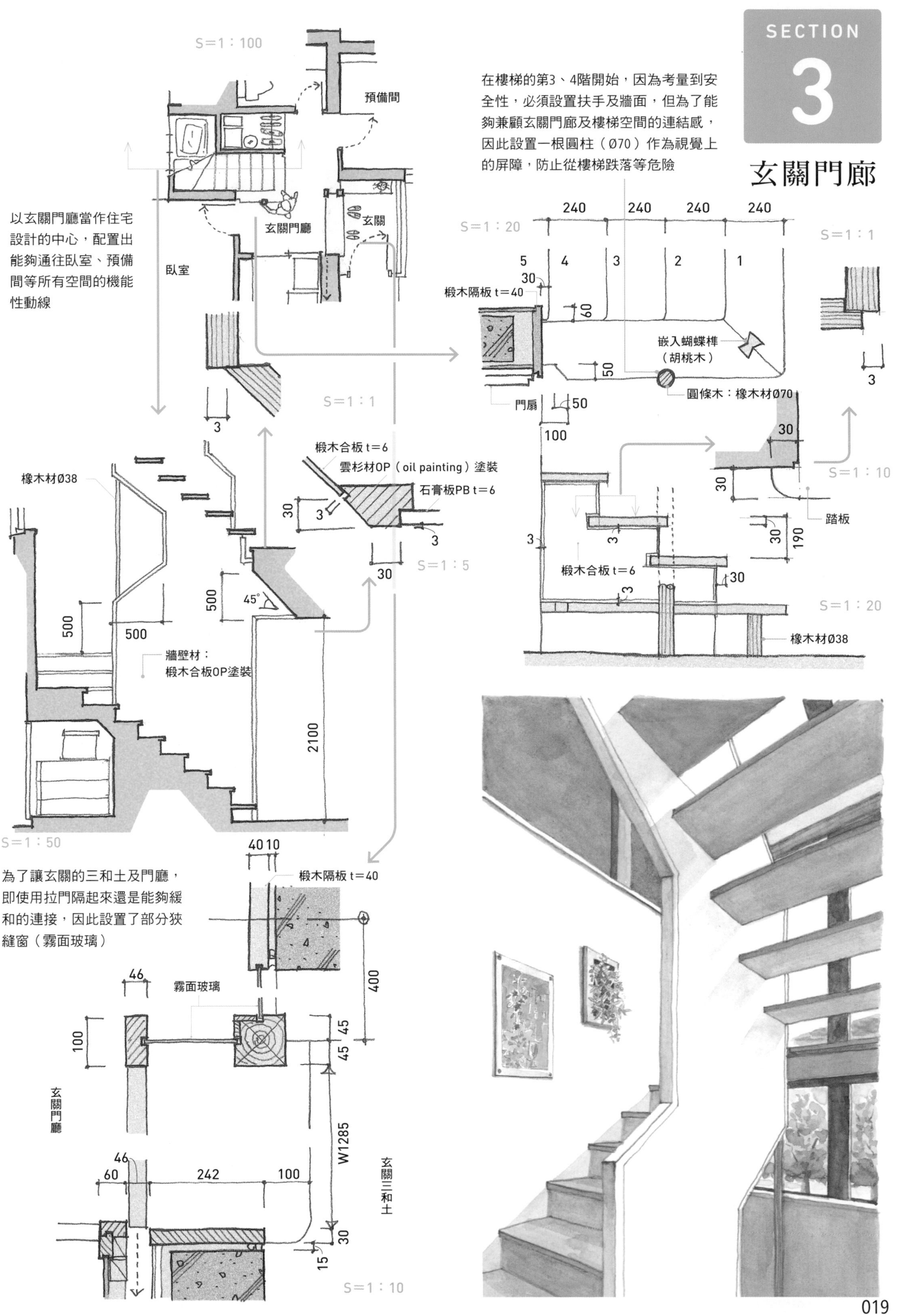

S=1：100
預備間
玄關門廳
玄關
臥室
S=1：20
240
240
240
240
5
4
3
2
1
30
椴木隔板 t=40
60
嵌入蝴蝶榫
（胡桃木）
50
圓條木：橡木材Ø70
門扇
50
100
S=1：1
3
S=1：1
3
30
30
S=1：10
踏板
30
190
3
3
椴木合板 t=6
30
3
S=1：20
橡木材Ø38
椴木合板 t=6
雲杉材OP（oil painting）塗裝
石膏板PB t=6
30
3
3
30
S=1：5
橡木材Ø38
500
500
500
45°
牆壁材：
椴木合板OP塗裝
2100
S=1：50
40 10
椴木隔板 t=40
46
霧面玻璃
100
400
45
45
W1285
玄關門廳
玄關三和土
46
60
242
100
30
15
S=1：10

為了讓玄關的三和土及門廳，即使用拉門隔起來還是能夠緩和的連接，因此設置了部分狹縫窗（霧面玻璃）

以餐廳為中心，將各空間連接

2樓的LDK是以餐廳（D）為中心而打造的住宅計畫。雖然廚房（K）為封閉式設計，但是走廊可以通往廚房的設計，成為回遊動線上的部分空間。另外，兼具樓梯間的走廊，可以藉由敞開拉門而與客廳（L）及餐廳連結成一個空間，讓這個原本只是用來移動的空間，瞬間成為客廳的一部分。客廳的挑高與餐廳上方的閣樓形成一個連續空間，使LD、閣樓及樓梯間形成縱向的回遊空間。

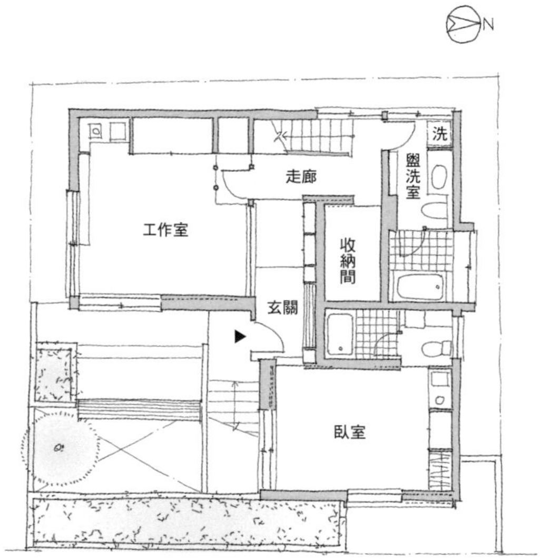

3 P.023
廚房周圍

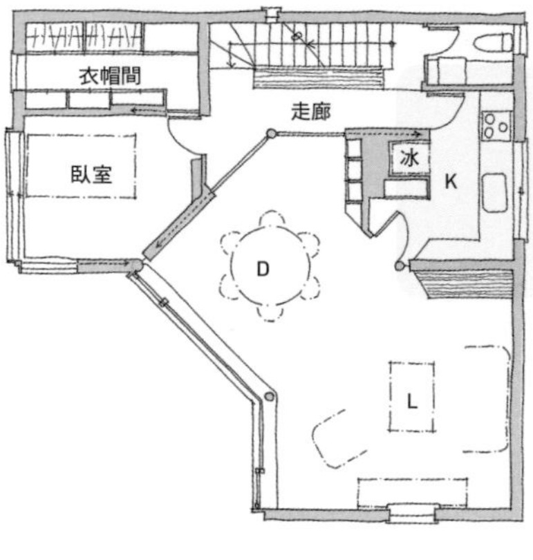

2 P.022
樓梯周圍

N

洗
盥洗室
走廊
工作室
收納間
玄關
臥室
道路

1F

衣帽間
走廊
冰
K
臥室
D
L

2F

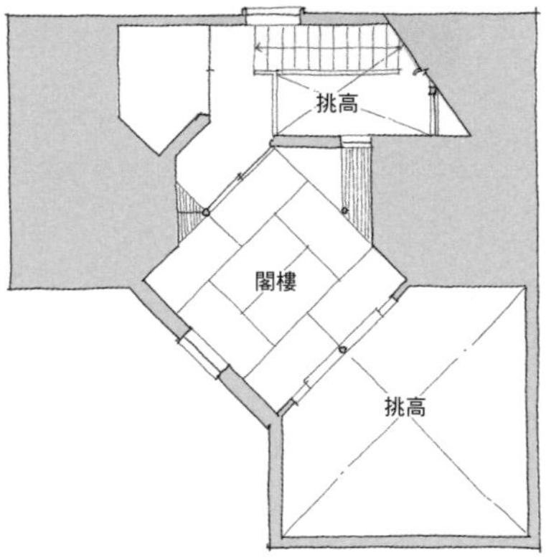

挑高
閣樓
挑高

3F

S＝1：200

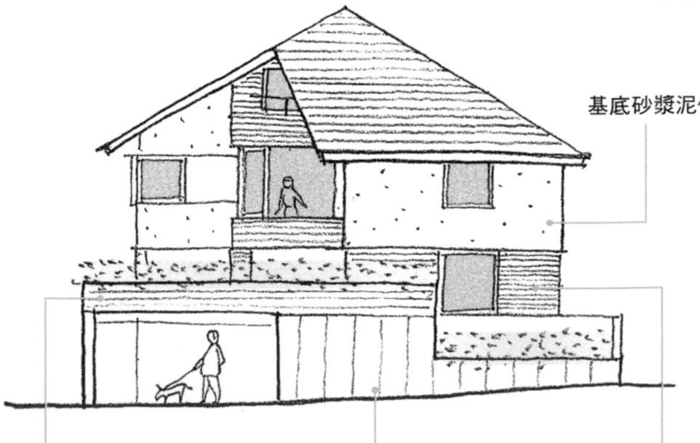

1
2樓餐廳周圍
P.021

窗戶上下側皆為Bevel Lambda外牆板

基底砂漿泥作粉刷

用杉板木框製作的清水混凝土牆

清水混凝土

下部Bevel Lambda外牆板塗裝

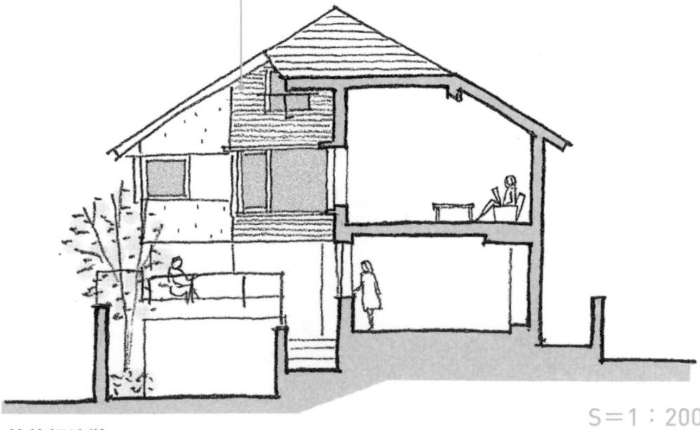

S＝1：200

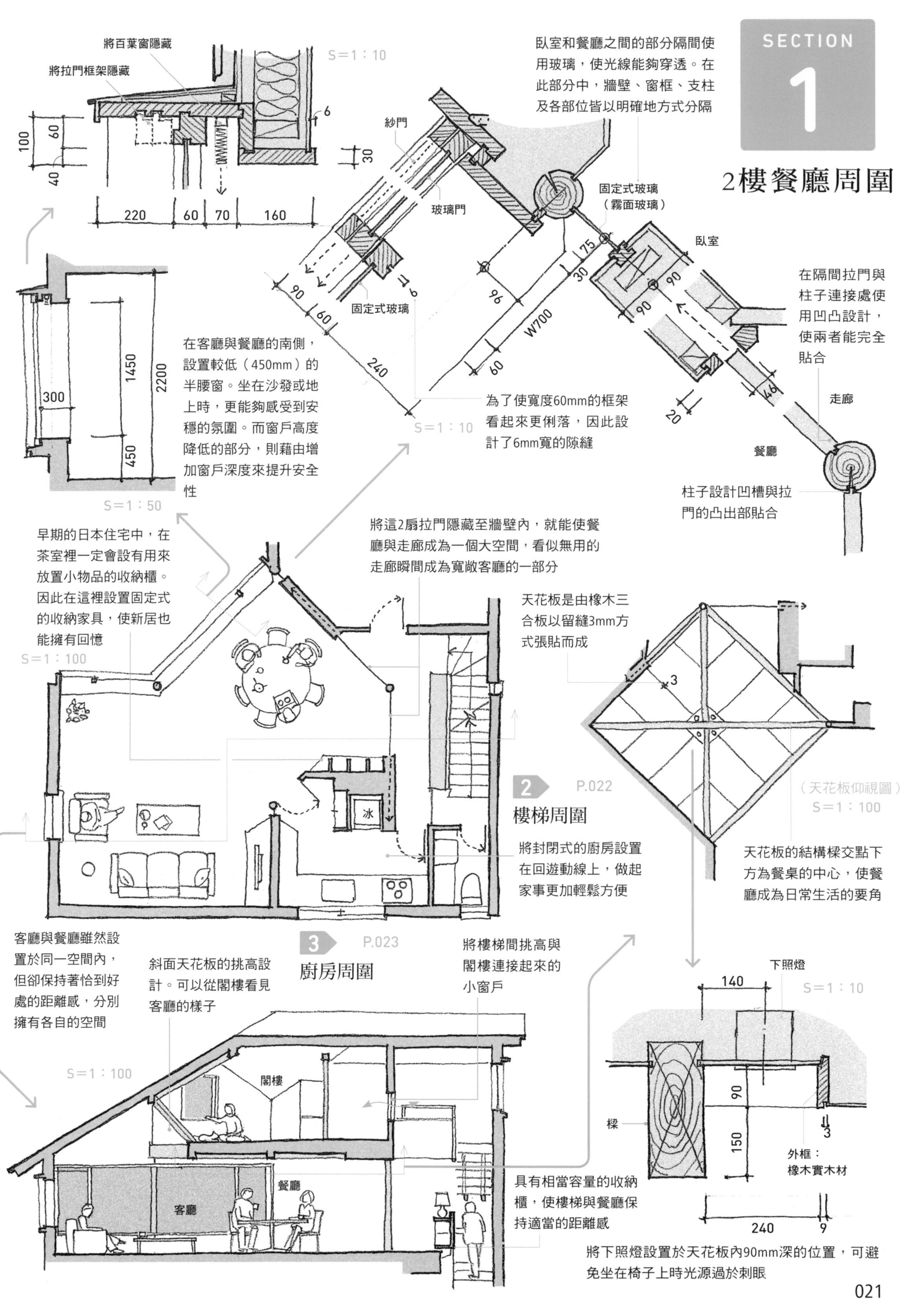
SECTION
1
2樓餐廳周圍
將百葉窗隱藏
將拉門框架隱藏
S＝1：10
臥室和餐廳之間的部分隔間使用玻璃，使光線能夠穿透。在此部分中，牆壁、窗框、支柱及各部位皆以明確地方式分隔
紗門
玻璃門
固定式玻璃
（霧面玻璃）
臥室
固定式玻璃
在隔間拉門與柱子連接處使用凹凸設計，使兩者能完全貼合
走廊
餐廳
柱子設計凹槽與拉門的凸出部貼合
在客廳與餐廳的南側，設置較低（450mm）的半腰窗。坐在沙發或地上時，更能夠感受到安穩的氛圍。而窗戶高度降低的部分，則藉由增加窗戶深度來提升安全性
為了使寬度60mm的框架看起來更俐落，因此設計了6mm寬的隙縫
S＝1：10
S＝1：50
早期的日本住宅中，在茶室裡一定會設有用來放置小物品的收納櫃。因此在這裡設置固定式的收納家具，使新居也能擁有回憶
S＝1：100
將這2扇拉門隱藏至牆壁內，就能使餐廳與走廊成為一個大空間，看似無用的走廊瞬間成為寬敞客廳的一部分
天花板是由椽木三合板以留縫3mm方式張貼而成
冰
2 P.022
樓梯周圍
將封閉式的廚房設置在回遊動線上，做起家事更加輕鬆方便
（天花板仰視圖）
S＝1：100
天花板的結構樑交點下方為餐桌的中心，使餐廳成為日常生活的要角
客廳與餐廳雖然設置於同一空間內，但卻保持著恰到好處的距離感，分別擁有各自的空間
斜面天花板的挑高設計。可以從閣樓看見客廳的樣子
3 P.023
廚房周圍
將樓梯間挑高與閣樓連接起來的小窗戶
S＝1：100
閣樓
餐廳
客廳
具有相當容量的收納櫃，使樓梯與餐廳保持適當的距離感
下照燈
S＝1：10
樑
外框：
椽木實木材
將下照燈設置於天花板內90mm深的位置，可避免坐在椅子上時光源過於刺眼

SECTION 2

樓梯周圍

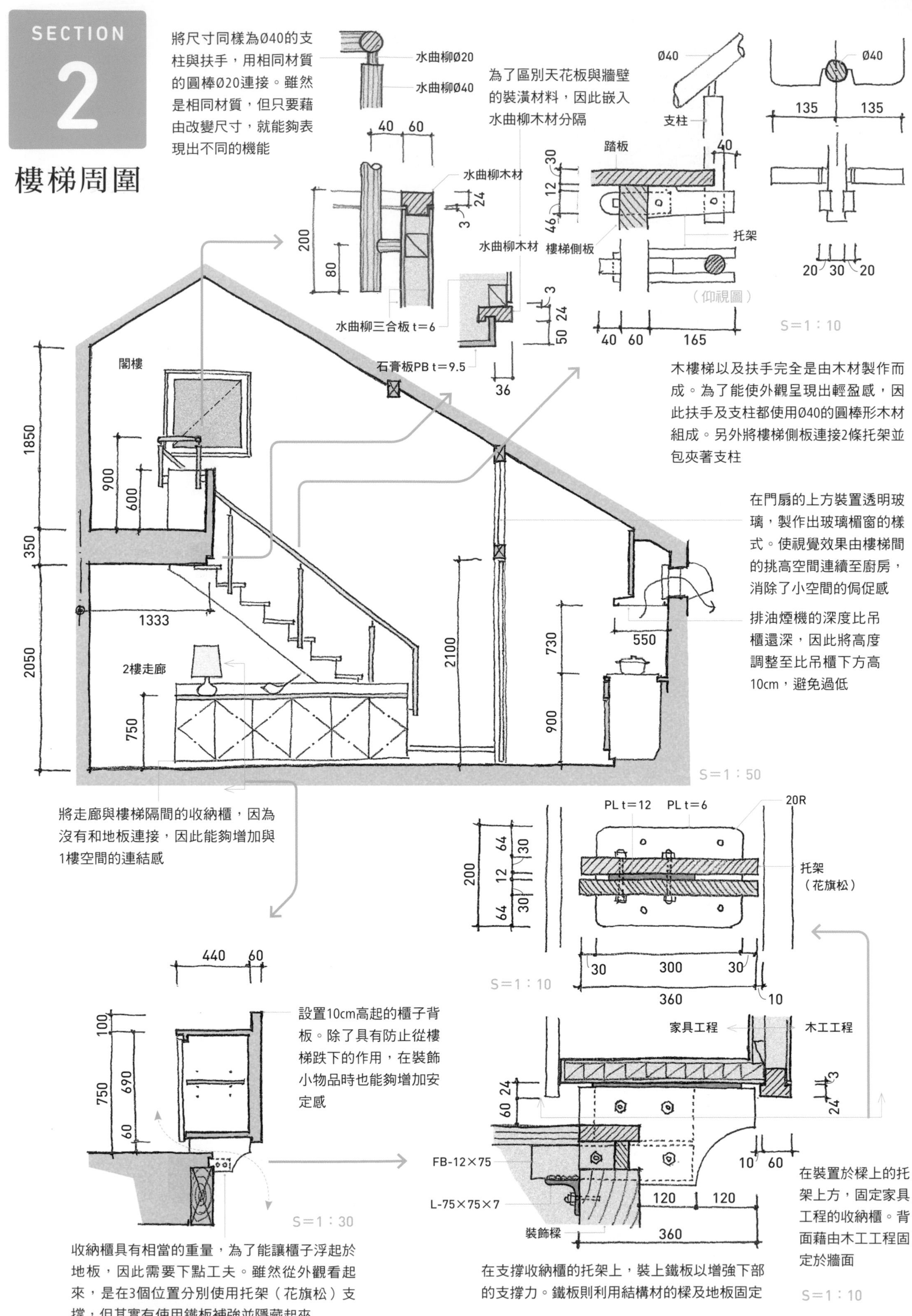

將尺寸同樣為Ø40的支柱與扶手，用相同材質的圓棒Ø20連接。雖然是相同材質，但只要藉由改變尺寸，就能夠表現出不同的機能
水曲柳Ø20
水曲柳Ø40
水曲柳木材
水曲柳三合板 t=6
為了區別天花板與牆壁的裝潢材料，因此嵌入水曲柳木材分隔
水曲柳木材
石膏板PB t=9.5
Ø40
支柱
踏板
樓梯側板
托架
（仰視圖）
Ø40
S=1：10
木樓梯以及扶手完全是由木材製作而成。為了能使外觀呈現出輕盈感，因此扶手及支柱都使用Ø40的圓棒形木材組成。另外將樓梯側板連接2條托架並包夾著支柱
閣樓
2樓走廊
在門扇的上方裝置透明玻璃，製作出玻璃楣窗的樣式。使視覺效果由樓梯間的挑高空間連續至廚房，消除了小空間的侷促感
排油煙機的深度比吊櫃還深，因此將高度調整至比吊櫃下方高10cm，避免過低
S=1：50
將走廊與樓梯隔間的收納櫃，因為沒有和地板連接，因此能夠增加與1樓空間的連結感
PL t=12
PL t=6
20R
托架（花旗松）
S=1：10
設置10cm高起的櫃子背板。除了具有防止從樓梯跌下的作用，在裝飾小物品時也能夠增加安定感
S=1：30
家具工程
木工工程
FB-12×75
L-75×75×7
裝飾樑
在裝置於樑上的托架上方，固定家具工程的收納櫃。背面藉由木工工程固定於牆面
S=1：10

收納櫃具有相當的重量，為了能讓櫃子浮起於地板，因此需要下點工夫。雖然從外觀看起來，是在3個位置分別使用托架（花旗松）支撐，但其實有使用鐵板補強並隱藏起來

在支撐收納櫃的托架上，裝上鐵板以增強下部的支撐力。鐵板則利用結構材的樑及地板固定

SECTION 3

廚房周圍

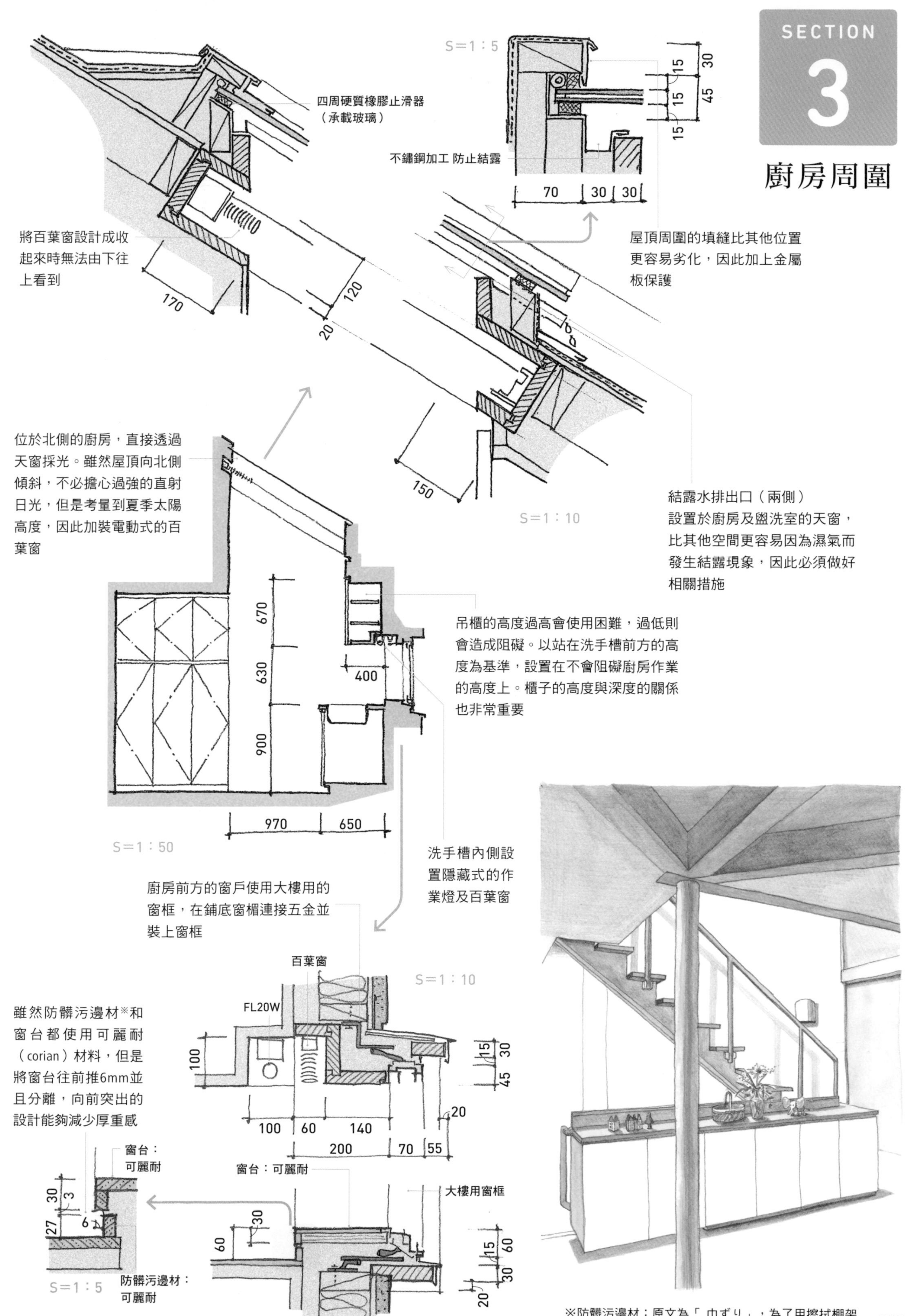
S=1：5
四周硬質橡膠止滑器
（承載玻璃）
不鏽鋼加工 防止結露
15
15
15
30
45
70
30
30
屋頂周圍的填縫比其他位置更容易劣化，因此加上金屬板保護
將百葉窗設計成收起來時無法由下往上看到
170
120
20
150
S=1：10
結露水排出口（兩側）
設置於廚房及盥洗室的天窗，比其他空間更容易因為濕氣而發生結露現象，因此必須做好相關措施
位於北側的廚房，直接透過天窗採光。雖然屋頂向北側傾斜，不必擔心過強的直射日光，但是考量到夏季太陽高度，因此加裝電動式的百葉窗
670
630
900
400
吊櫃的高度過高會使用困難，過低則會造成阻礙。以站在洗手槽前方的高度為基準，設置在不會阻礙廚房作業的高度上。櫃子的高度與深度的關係也非常重要
970
650
S=1：50
洗手槽內側設置隱藏式的作業燈及百葉窗
廚房前方的窗戶使用大樓用的窗框，在鋪底窗楣連接五金並裝上窗框
百葉窗
S=1：10
FL20W
100
15
30
45
100
60
140
20
200
70
55
雖然防髒污邊材※和窗台都使用可麗耐（corian）材料，但是將窗台往前推6mm並且分離，向前突出的設計能夠減少厚重感
窗台：可麗耐
窗台：可麗耐
大樓用窗框
30
3
6
27
30
60
15
60
30
20
S=1：5
防髒污邊材：可麗耐

※防髒污邊材：原文為「巾ずり」，為了用擦拭棚架或是桌面時，避免抹布弄髒壁紙而裝設的邊材。

CASE05 ／ 鵠沼的家

扮演要角的螺旋樓梯

這棟三層樓住宅建於基地的南側，因此將LDK設置於日照充足的3樓。玄關則配置於2樓，並設置一座能夠直通玄關的室外樓梯。位於室內的螺旋梯則是以縱向貫穿住宅，在2樓被各空間包圍著，成為日常生活動線上的中心。樓梯彷彿被一個玻璃製的箱子包覆著，順著樓梯走向3樓，會呈現出LD與露台連結成一體空間的視覺效果。在露台南側設置高牆，遮擋鄰宅的視線，因此視野則往景色優美的西側穿透延伸

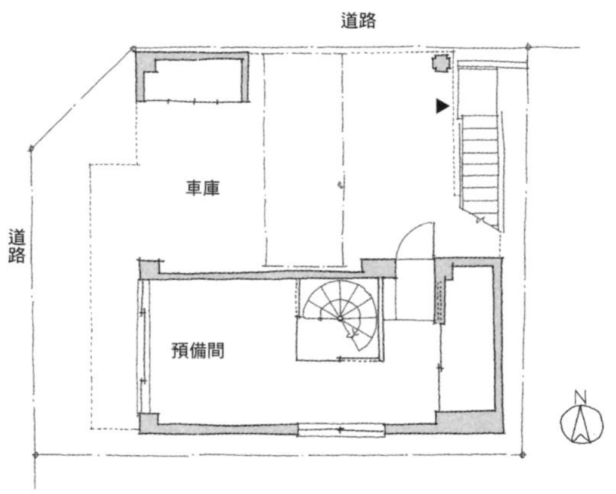

道路
道路
車庫
預備間
1F

2 兒童房 P.027

衣帽間
臥室
兒童房
兒童房
玄關
盥洗室
洗
2F

4 玄關周圍 P.029

3 P.028 盥洗室周圍

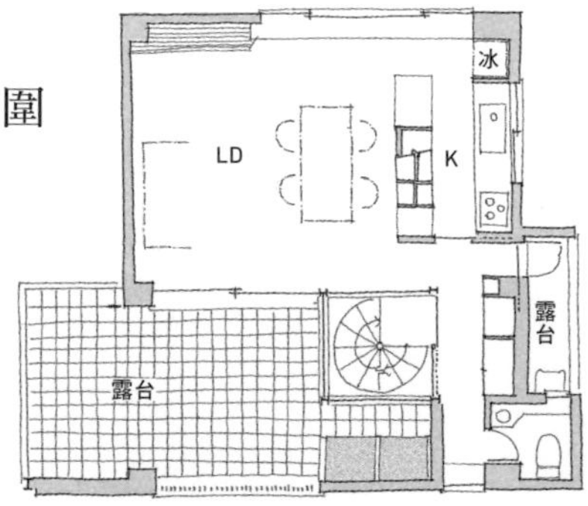

冰
LD
K
露台
露台
3F

1 P.025 3樓露台周圍

S=1：200

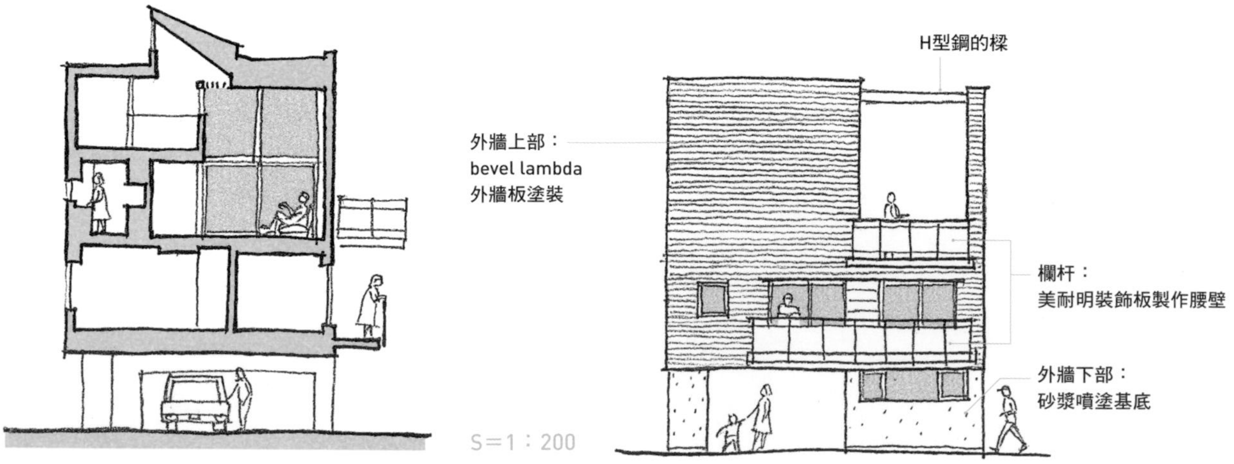

H型鋼的樑

外牆上部：
bevel lambda
外牆板塗裝

欄杆：
美耐明裝飾板製作腰壁

外牆下部：
砂漿噴塗基底

S=1：200

3樓露台周圍

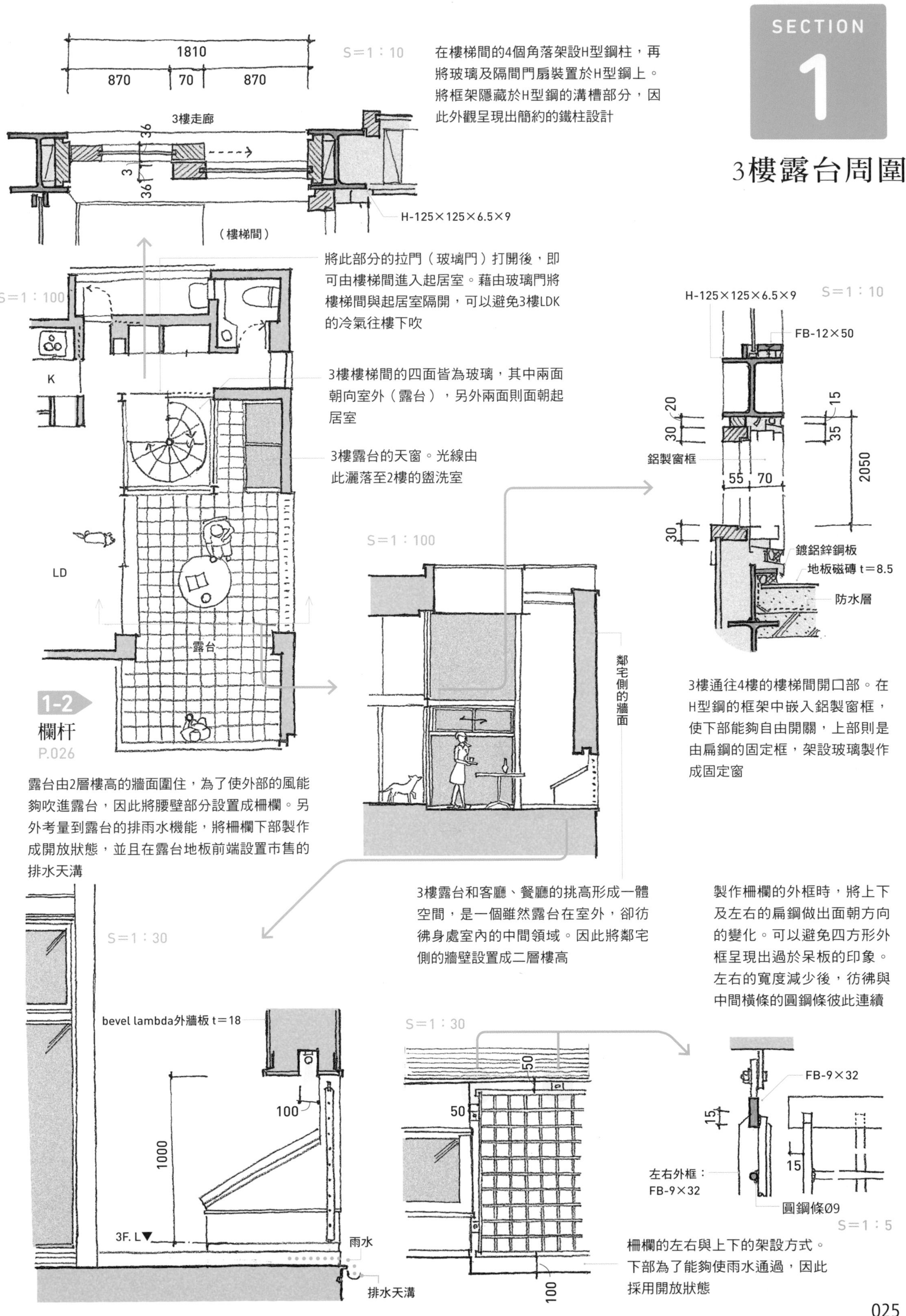
S=1：10
1810
870
70
870
3樓走廊
36
3
36
H-125×125×6.5×9
（樓梯間）
在樓梯間的4個角落架設H型鋼柱，再將玻璃及隔間門扇裝置於H型鋼上。將框架隱藏於H型鋼的溝槽部分，因此外觀呈現出簡約的鐵柱設計
S=1：100
K
LD
露台
將此部分的拉門（玻璃門）打開後，即可由樓梯間進入起居室。藉由玻璃門將樓梯間與起居室隔開，可以避免3樓LDK的冷氣往樓下吹
3樓樓梯間的四面皆為玻璃，其中兩面朝向室外（露台），另外兩面則面朝起居室
3樓露台的天窗。光線由此灑落至2樓的盥洗室
H-125×125×6.5×9
S=1：10
FB-12×50
20
30
15
35
鋁製窗框
55
70
2050
30
鍍鋁鋅鋼板
地板磁磚 t=8.5
防水層
3樓通往4樓的樓梯間開口部。在H型鋼的框架中嵌入鋁製窗框，使下部能夠自由開關，上部則是由扁鋼的固定框，架設玻璃製作成固定窗
S=1：100
鄰宅側的牆面
1-2
欄杆
P.026
露台由2層樓高的牆面圍住，為了使外部的風能夠吹進露台，因此將腰壁部分設置成柵欄。另外考量到露台的排雨水機能，將柵欄下部製作成開放狀態，並且在露台地板前端設置市售的排水天溝
3樓露台和客廳、餐廳的挑高形成一體空間，是一個雖然露台在室外，卻彷彿身處室內的中間領域。因此將鄰宅側的牆壁設置成二層樓高
製作柵欄的外框時，將上下及左右的扁鋼做出面朝方向的變化。可以避免四方形外框呈現出過於呆板的印象。左右的寬度減少後，彷彿與中間橫條的圓鋼條彼此連續
S=1：30
bevel lambda外牆板 t=18
100
1000
3F. L▼
雨水
排水天溝
S=1：30
50
50
100
FB-9×32
15
15
左右外框：
FB-9×32
圓鋼條Ø9
S=1：5
柵欄的左右與上下的架設方式。下部為了能夠使雨水通過，因此採用開放狀態

SECTION
1-2
欄杆

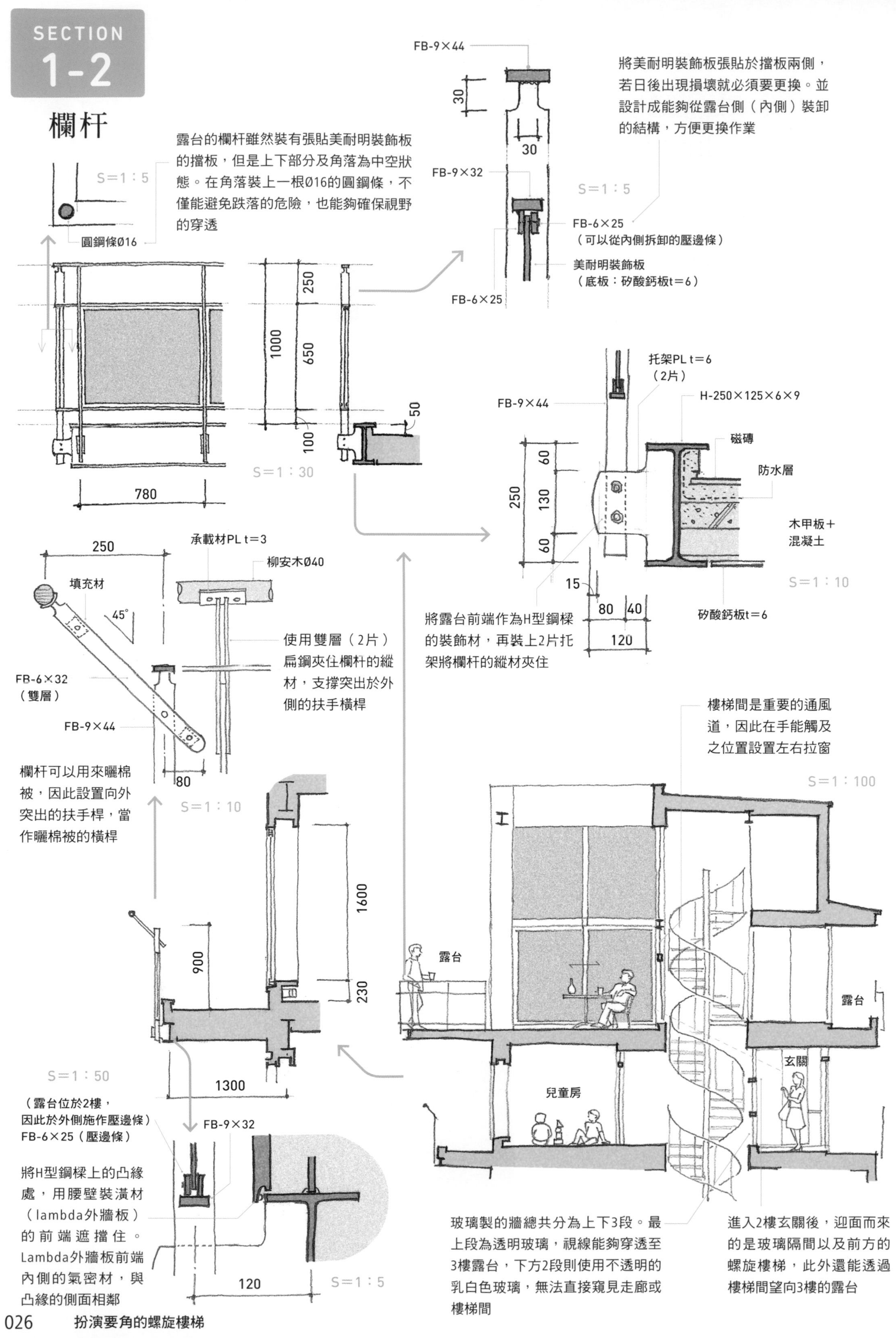

露台的欄杆雖然裝有張貼美耐明裝飾板的擋板，但是上下部分及角落為中空狀態。在角落裝上一根Ø16的圓鋼條，不僅能避免跌落的危險，也能夠確保視野的穿透
S=1：5
圓鋼條Ø16
250
1000
650
100
50
780
S=1：30
FB-9×44
30
30
FB-9×32
S=1：5
FB-6×25
（可以從內側拆卸的壓邊條）
美耐明裝飾板
（底板：矽酸鈣板t=6）
FB-6×25
將美耐明裝飾板張貼於擋板兩側，若日後出現損壞就必須要更換。並設計成能夠從露台側（內側）裝卸的結構，方便更換作業
托架PL t=6
（2片）
H-250×125×6×9
FB-9×44
磁磚
防水層
木甲板＋
混凝土
250
60
130
60
15
80
40
120
S=1：10
矽酸鈣板t=6
將露台前端作為H型鋼樑的裝飾材，再裝上2片托架將欄杆的縱材夾住
250
承載材PL t=3
柳安木Ø40
填充材
45°
FB-6×32
（雙層）
FB-9×44
80
使用雙層（2片）扁鋼夾住欄杆的縱材，支撐突出於外側的扶手橫桿
欄杆可以用來曬棉被，因此設置向外突出的扶手桿，當作曬棉被的橫桿
S=1：10
1600
900
230
1300
S=1：50
（露台位於2樓，因此於外側施作壓邊條）
FB-6×25（壓邊條）
FB-9×32
將H型鋼樑上的凸緣處，用腰壁裝潢材（lambda外牆板）的前端遮擋住。Lambda外牆板前端內側的氣密材，與凸緣的側面相鄰
120
S=1：5
樓梯間是重要的通風道，因此在手能觸及之位置設置左右拉窗
S=1：100
H
露台
露台
玄關
兒童房
玻璃製的牆總共分為上下3段。最上段為透明玻璃，視線能夠穿透至3樓露台，下方2段則使用不透明的乳白色玻璃，無法直接窺見走廊或樓梯間
進入2樓玄關後，迎面而來的是玻璃隔間以及前方的螺旋樓梯，此外還能透過樓梯間望向3樓的露台

兒童房

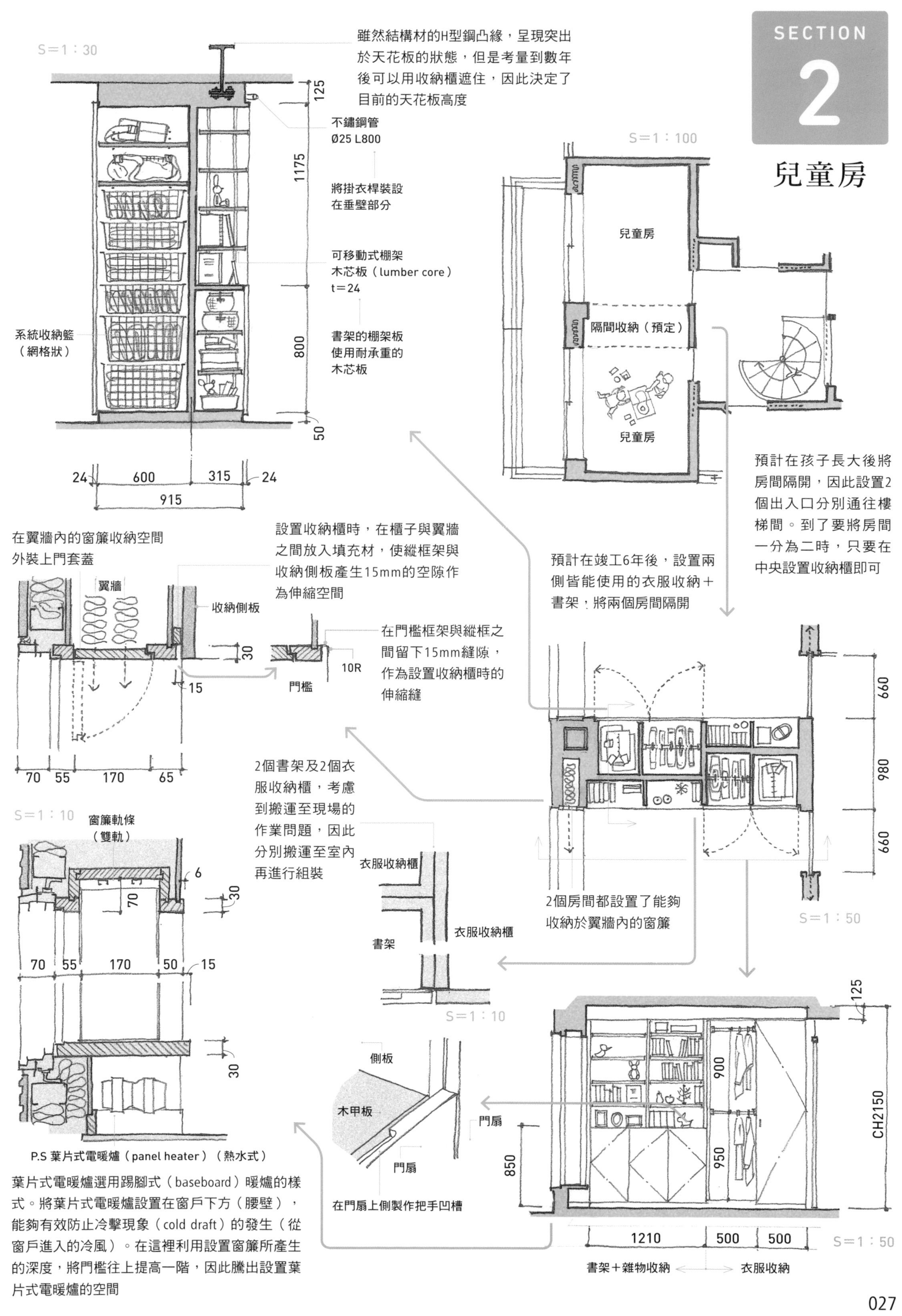

S＝1：30
雖然結構材的H型鋼凸緣，呈現突出於天花板的狀態，但是考量到數年後可以用收納櫃遮住，因此決定了目前的天花板高度
不鏽鋼管
Ø25 L800
將掛衣桿裝設在垂壁部分
可移動式棚架
木芯板（lumber core）
t＝24
書架的棚架板使用耐承重的木芯板
系統收納籃（網格狀）
125
1175
800
50
24
600
315
24
915
S＝1：100
兒童房
隔間收納（預定）
兒童房
預計在孩子長大後將房間隔開，因此設置2個出入口分別通往樓梯間。到了要將房間一分為二時，只要在中央設置收納櫃即可
預計在竣工6年後，設置兩側皆能使用的衣服收納＋書架，將兩個房間隔開
在翼牆內的窗簾收納空間外裝上門套蓋
翼牆
收納側板
設置收納櫃時，在櫃子與翼牆之間放入填充材，使縱框架與收納側板產生15mm的空隙作為伸縮空間
30
15
門檻
10R
在門檻框架與縱框之間留下15mm縫隙，作為設置收納櫃時的伸縮縫
70
55
170
65
S＝1：10
窗簾軌條（雙軌）
6
70
30
70
55
170
50
15
30
2個書架及2個衣服收納櫃，考慮到搬運至現場的作業問題，因此分別搬運至室內再進行組裝
衣服收納櫃
書架
衣服收納櫃
S＝1：10
660
980
660
2個房間都設置了能夠收納於翼牆內的窗簾
S＝1：50
側板
木甲板
門扇
門扇
在門扇上側製作把手凹槽
125
900
950
850
CH2150
1210
500
500
S＝1：50
書架＋雜物收納
衣服收納
P.S 葉片式電暖爐（panel heater）（熱水式）

葉片式電暖爐選用踢腳式（baseboard）暖爐的樣式。將葉片式電暖爐設置在窗戶下方（腰壁），能夠有效防止冷擊現象（cold draft）的發生（從窗戶進入的冷風）。在這裡利用設置窗簾所產生的深度，將門檻往上提高一階，因此騰出設置葉片式電暖爐的空間

CASE06 ／ 小金井的家

為一個空間賦予三種機能

與客廳之間夾著一個小庭院的餐廳空間內，還另外配置了廚房與家庭角落。廚房與家庭角落，藉由設置具有隔間功能的收納家具，雖然擁有各自的獨立空間，但卻又與餐廳有著緊密的關係。在餐廳設置了固定式沙發長椅，用完餐後能夠在此悠閒的歇息，以及特別訂製的圓型餐桌，另外透過斜面天花板的挑高，與樓上的兒童房彼此連結

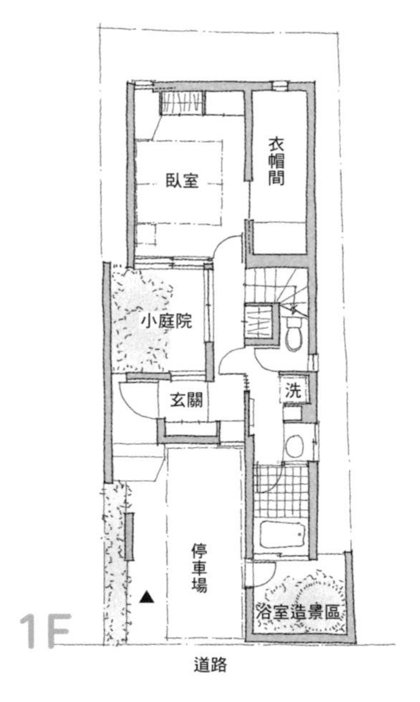
臥室
衣帽間
小庭院
洗
玄關
停車場
浴室造景區
1F
道路

1
廚房・餐廳
P.031

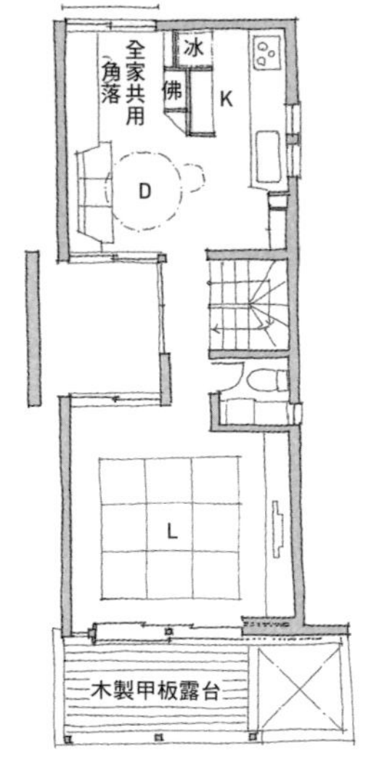
全家共用角落
冰
佛
K
D
L
木製甲板露台
2F

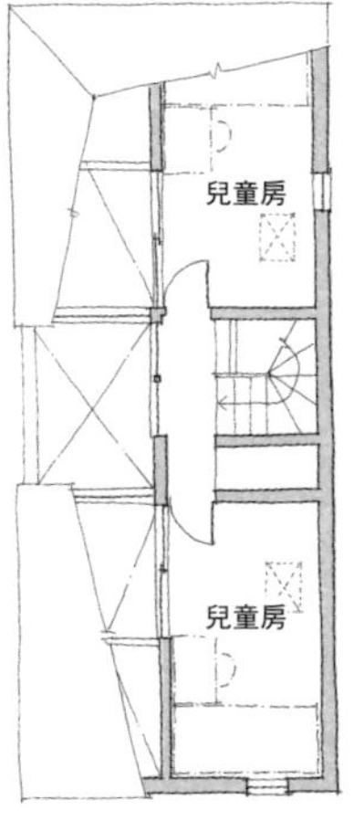
兒童房
兒童房
3F

S＝1：200

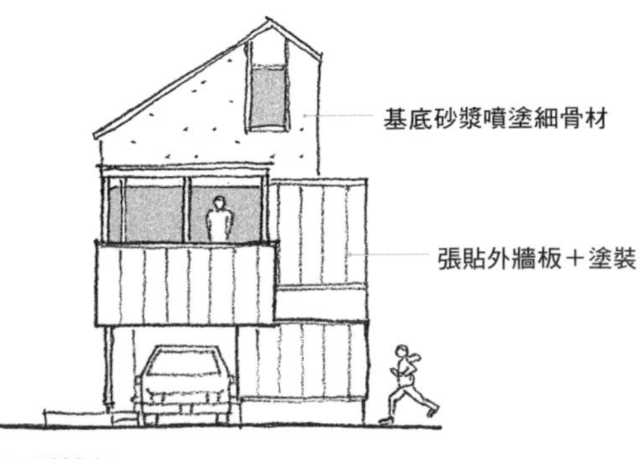
基底砂漿噴塗細骨材
張貼外牆板＋塗裝

S＝1：200

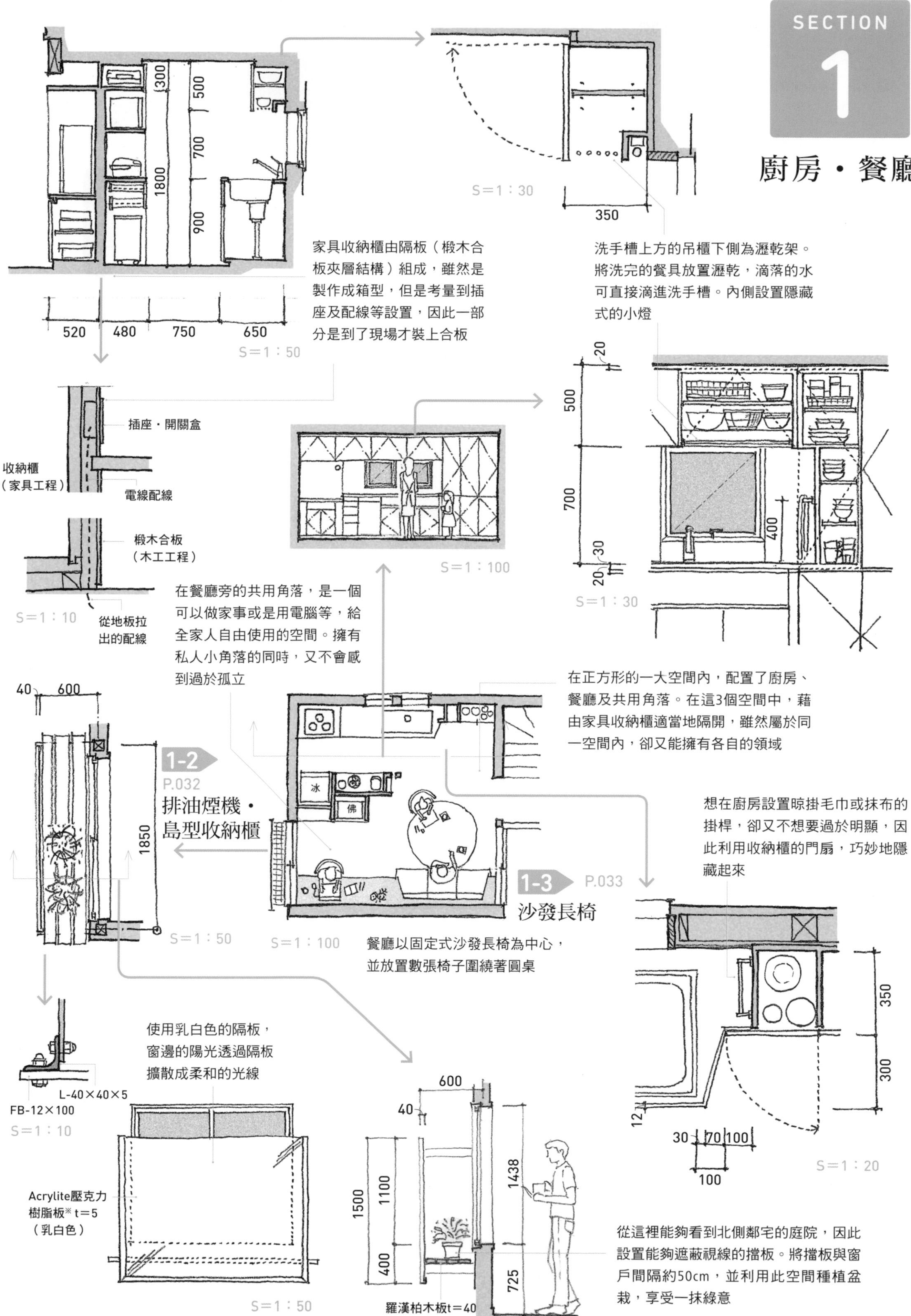
300
500
700
1800
900
520
480
750
650
S＝1：50
S＝1：30
350
家具收納櫃由隔板（椴木合板夾層結構）組成，雖然是製作成箱型，但是考量到插座及配線等設置，因此一部分是到了現場才裝上合板
洗手槽上方的吊櫃下側為瀝乾架。將洗完的餐具放置瀝乾，滴落的水可直接滴進洗手槽。內側設置隱藏式的小燈
插座・開關盒
收納櫃（家具工程）
電線配線
椴木合板（木工工程）
S＝1：10
從地板拉出的配線
S＝1：100
20
500
700
400
30
20
S＝1：30
在餐廳旁的共用角落，是一個可以做家事或是用電腦等，給全家人自由使用的空間。擁有私人小角落的同時，又不會感到過於孤立
在正方形的一大空間內，配置了廚房、餐廳及共用角落。在這3個空間中，藉由家具收納櫃適當地隔開，雖然屬於同一空間內，卻又能擁有各自的領域
40
600
1-2
P.032
排油煙機・島型收納櫃
1850
冰
佛
1-3
P.033
沙發長椅
S＝1：50
S＝1：100
餐廳以固定式沙發長椅為中心，並放置數張椅子圍繞著圓桌
想在廚房設置晾掛毛巾或抹布的掛桿，卻又不想要過於明顯，因此利用收納櫃的門扇，巧妙地隱藏起來
350
300
12
30
70
100
100
S＝1：20
L-40×40×5
FB-12×100
S＝1：10
使用乳白色的隔板，窗邊的陽光透過隔板擴散成柔和的光線
Acrylite壓克力樹脂板※t＝5（乳白色）
S＝1：50
600
40
1500
1100
400
1438
725
羅漢柏木板t＝40
從這裡能夠看到北側鄰宅的庭院，因此設置能夠遮蔽視線的擋板。將擋板與窗戶間隔約50cm，並利用此空間種植盆栽，享受一抹綠意

※Acrylite：商品名，為Mitsubishi Rayon生產販賣的一種壓克力樹脂板

SECTION 1-2

排油煙機・島型收納櫃

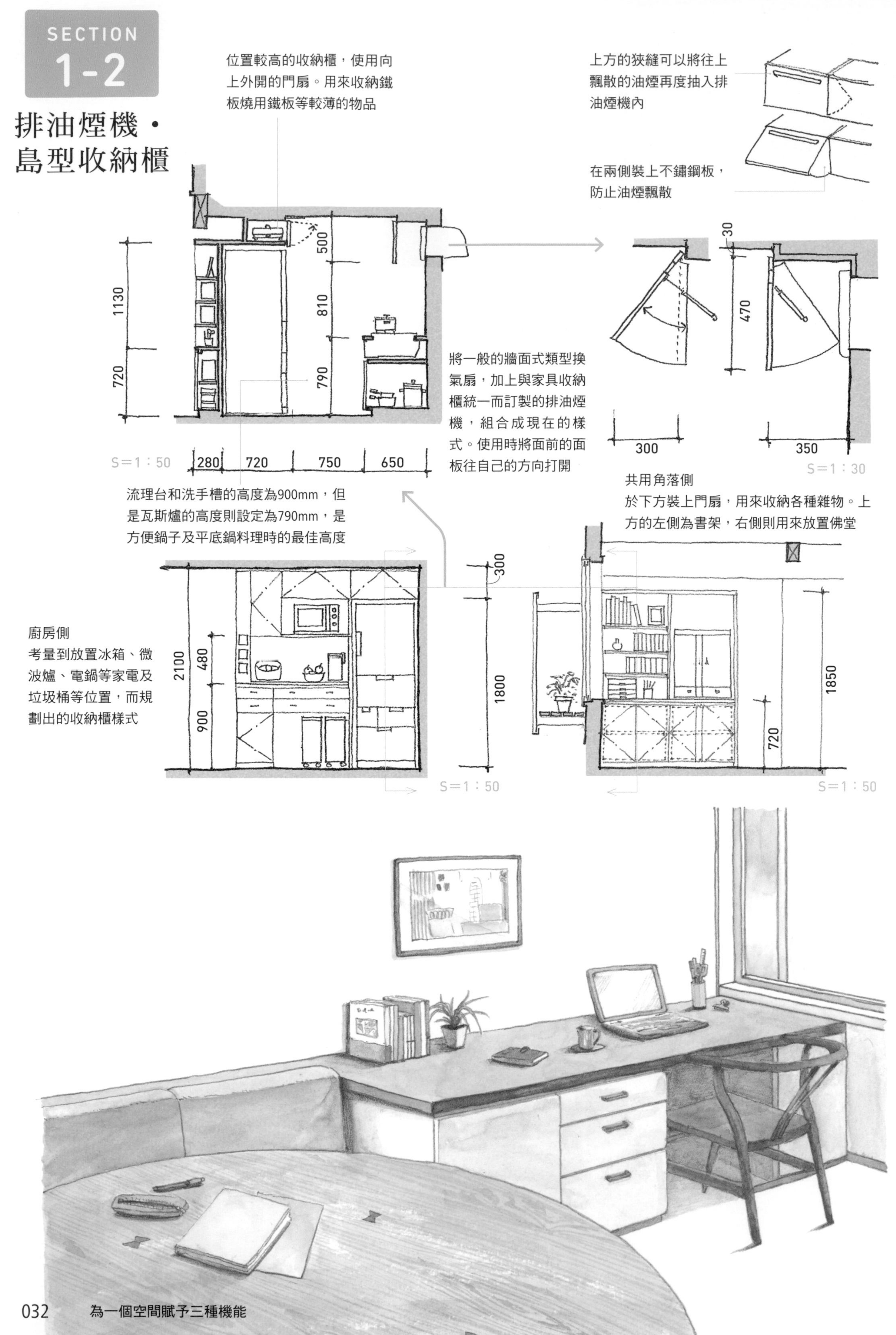
位置較高的收納櫃，使用向上外開的門扇。用來收納鐵板燒用鐵板等較薄的物品
上方的狹縫可以將往上飄散的油煙再度抽入排油煙機內
在兩側裝上不鏽鋼板，防止油煙飄散
將一般的牆面式類型換氣扇，加上與家具收納櫃統一而訂製的排油煙機，組合成現在的樣式。使用時將面前的面板往自己的方向打開
1130
720
500
810
790
S＝1：50
280
720
750
650
30
470
300
350
S＝1：30
流理台和洗手槽的高度為900mm，但是瓦斯爐的高度則設定為790mm，是方便鍋子及平底鍋料理時的最佳高度
共用角落側
於下方裝上門扇，用來收納各種雜物。上方的左側為書架，右側則用來放置佛堂
廚房側
考量到放置冰箱、微波爐、電鍋等家電及垃圾桶等位置，而規劃出的收納櫃樣式
2100
480
900
300
1800
S＝1：50
1850
720
S＝1：50

沙發長椅

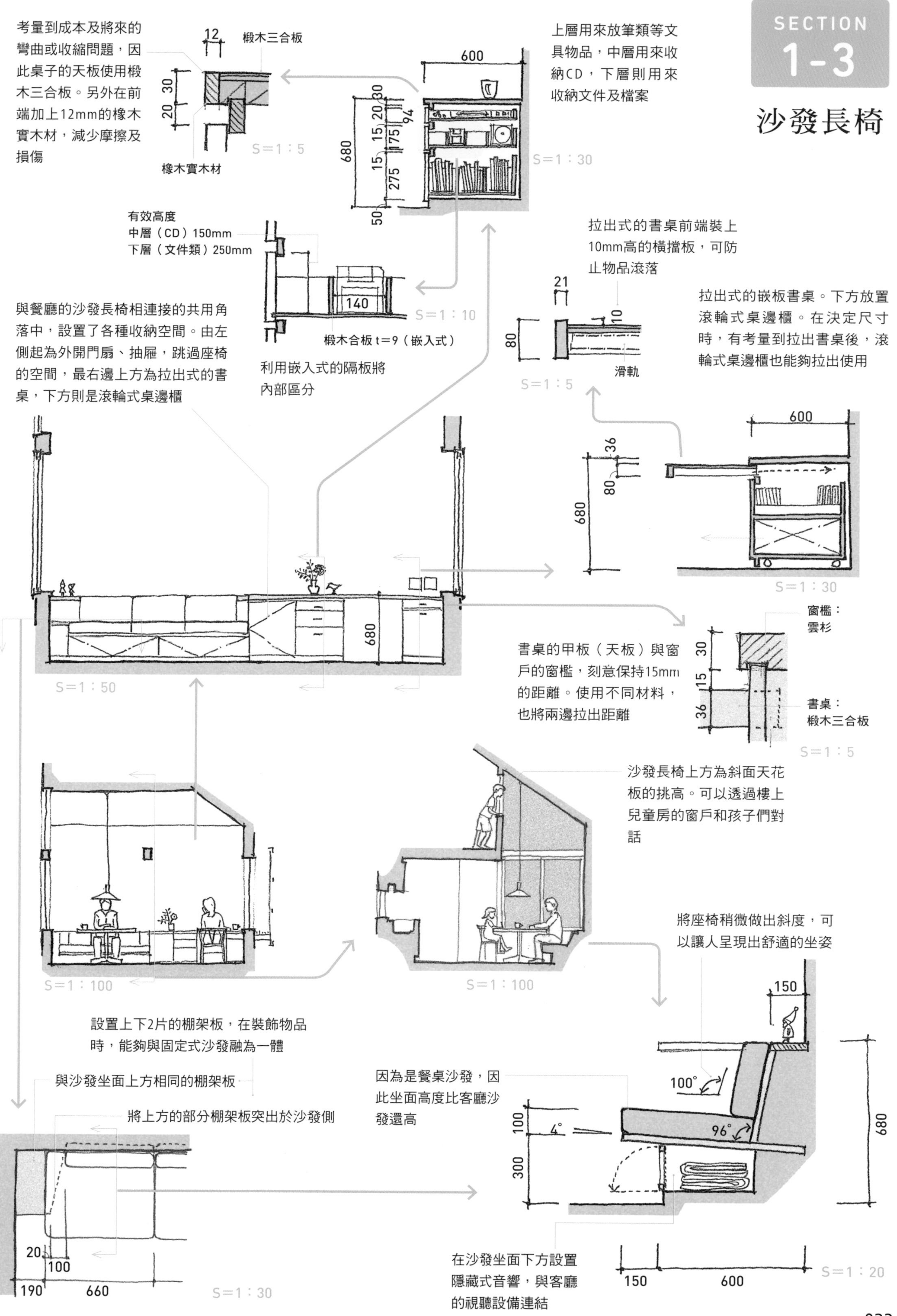

考量到成本及將來的彎曲或收縮問題，因此桌子的天板使用椴木三合板。另外在前端加上12mm的橡木實木材，減少摩擦及損傷
12
椴木三合板
30
20
橡木實木材
S=1：5
600
上層用來放筆類等文具物品，中層用來收納CD，下層則用來收納文件及檔案
680
30
20
94
15
175
15
275
50
S=1：30
有效高度
中層（CD）150mm
下層（文件類）250mm
140
S=1：10
椴木合板 t=9（嵌入式）
利用嵌入式的隔板將內部區分
拉出式的書桌前端裝上10mm高的橫擋板，可防止物品滾落
21
10
80
滑軌
S=1：5
拉出式的嵌板書桌。下方放置滾輪式桌邊櫃。在決定尺寸時，有考量到拉出書桌後，滾輪式桌邊櫃也能夠拉出使用
與餐廳的沙發長椅相連接的共用角落中，設置了各種收納空間。由左側起為外開門扇、抽屜，跳過座椅的空間，最右邊上方為拉出式的書桌，下方則是滾輪式桌邊櫃
600
36
80
680
S=1：30
680
S=1：50
窗檻：
雲杉
書桌的甲板（天板）與窗戶的窗檻，刻意保持15mm的距離。使用不同材料，也將兩邊拉出距離
30
15
36
書桌：
椴木三合板
S=1：5
沙發長椅上方為斜面天花板的挑高。可以透過樓上兒童房的窗戶和孩子們對話
S=1：100
S=1：100
將座椅稍微做出斜度，可以讓人呈現出舒適的坐姿
設置上下2片的棚架板，在裝飾物品時，能夠與固定式沙發融為一體
與沙發坐面上方相同的棚架板
將上方的部分棚架板突出於沙發側
150
100°
因為是餐桌沙發，因此坐面高度比客廳沙發還高
100
4°
96°
300
680
20
100
190
660
S=1：30
在沙發坐面下方設置隱藏式音響，與客廳的視聽設備連結
150
600
S=1：20

打造出兼具機能性的小巧收納空間

在這棟3層樓的住宅中，於1樓配置室內停車場及工作空間，2樓配置了包含衛浴設備等私人空間（臥室和兒童房），而3樓則是LDK。以日常生活為原則，在各處設置了固定式的收納空間。藉由縝密地計畫並設置收納，可以使收納空間變得更小巧充實，而節省下來的空間則讓客廳的面積更加寬敞。

1 玄關周圍
P.035

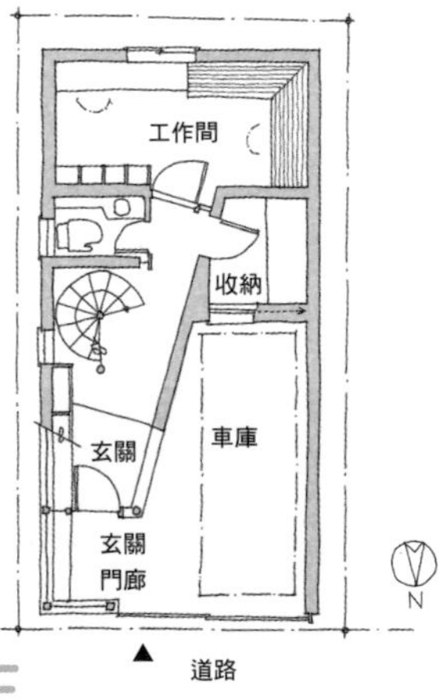

工作間
收納
玄關
車庫
玄關門廊
道路
N

1F

2 衛浴空間周圍
P.037

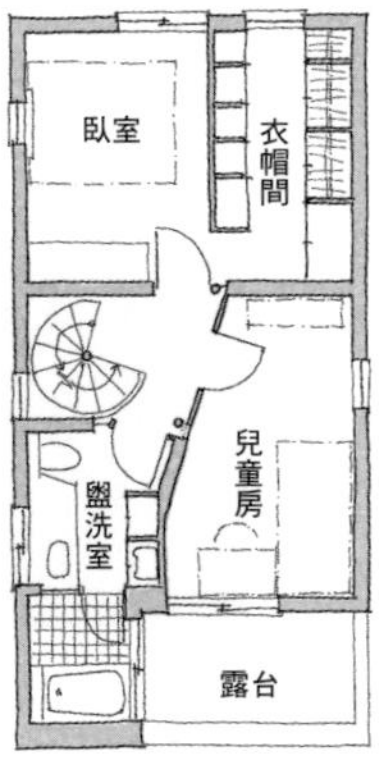

臥室
衣帽間
盥洗室
兒童房
露台

2F

3 LDK
P.039

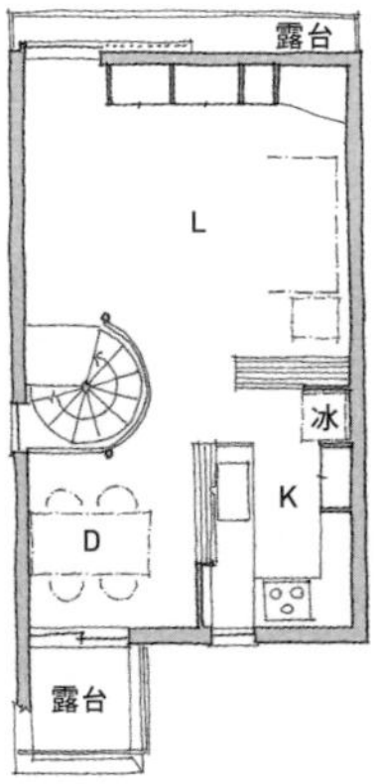

露台
L
冰
K
D
露台

3F

S＝1：200

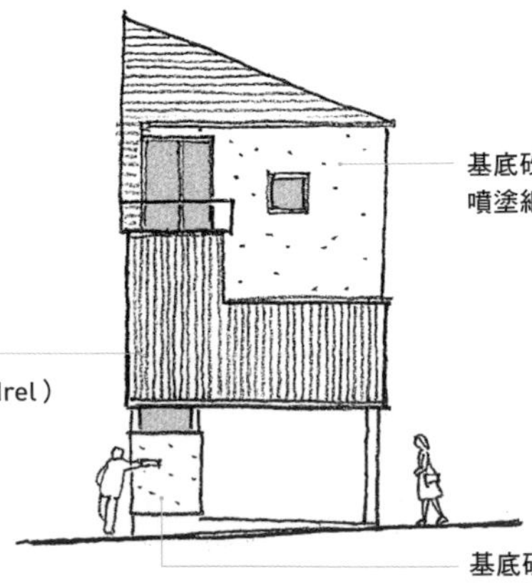

基底砂漿噴塗細骨材

鍍鋁鋅鋼板層窗間牆（spandrel）

基底砂漿泥作粉刷

S＝1：200

1 玄關周圍
P.035

SECTION 1

玄關周圍

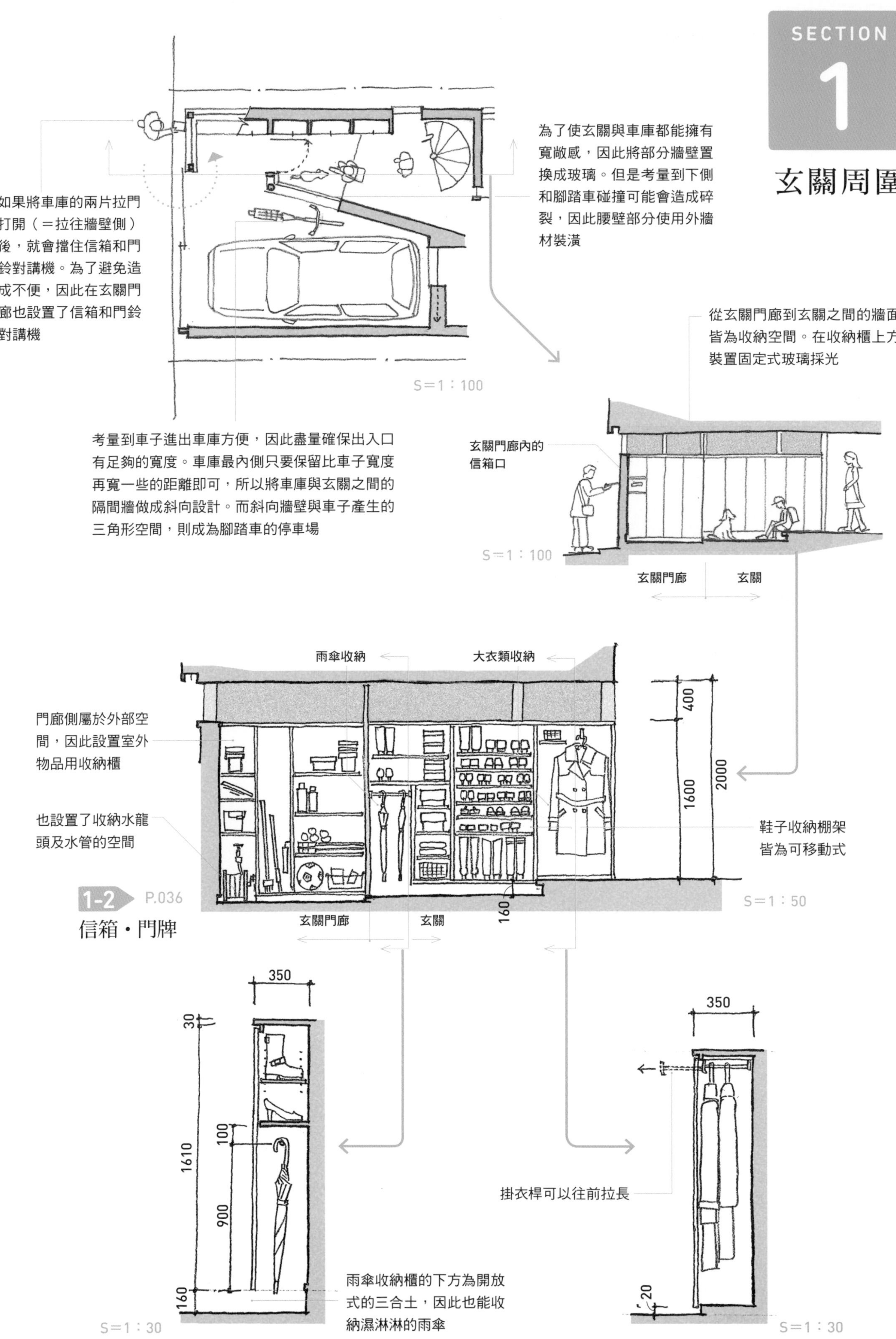

如果將車庫的兩片拉門打開（＝拉往牆壁側）後，就會擋住信箱和門鈴對講機。為了避免造成不便，因此在玄關門廊也設置了信箱和門鈴對講機
為了使玄關與車庫都能擁有寬敞感，因此將部分牆壁置換成玻璃。但是考量到下側和腳踏車碰撞可能會造成碎裂，因此腰壁部分使用外牆材裝潢
S＝1：100
考量到車子進出車庫方便，因此盡量確保出入口有足夠的寬度。車庫最內側只要保留比車子寬度再寬一些的距離即可，所以將車庫與玄關之間的隔間牆做成斜向設計。而斜向牆壁與車子產生的三角形空間，則成為腳踏車的停車場
從玄關門廊到玄關之間的牆面皆為收納空間。在收納櫃上方裝置固定式玻璃採光
玄關門廊內的信箱口
S＝1：100
玄關門廊
玄關
雨傘收納
大衣類收納
門廊側屬於外部空間，因此設置室外物品用收納櫃
也設置了收納水龍頭及水管的空間
400
1600
2000
鞋子收納棚架皆為可移動式
160
S＝1：50
玄關門廊
玄關
350
30
100
1610
900
160
S＝1：30
雨傘收納櫃的下方為開放式的三合土，因此也能收納濕淋淋的雨傘
350
掛衣桿可以往前拉長
20
S＝1：30

1-2 P.036
信箱・門牌

SECTION 1-2

信箱・門牌

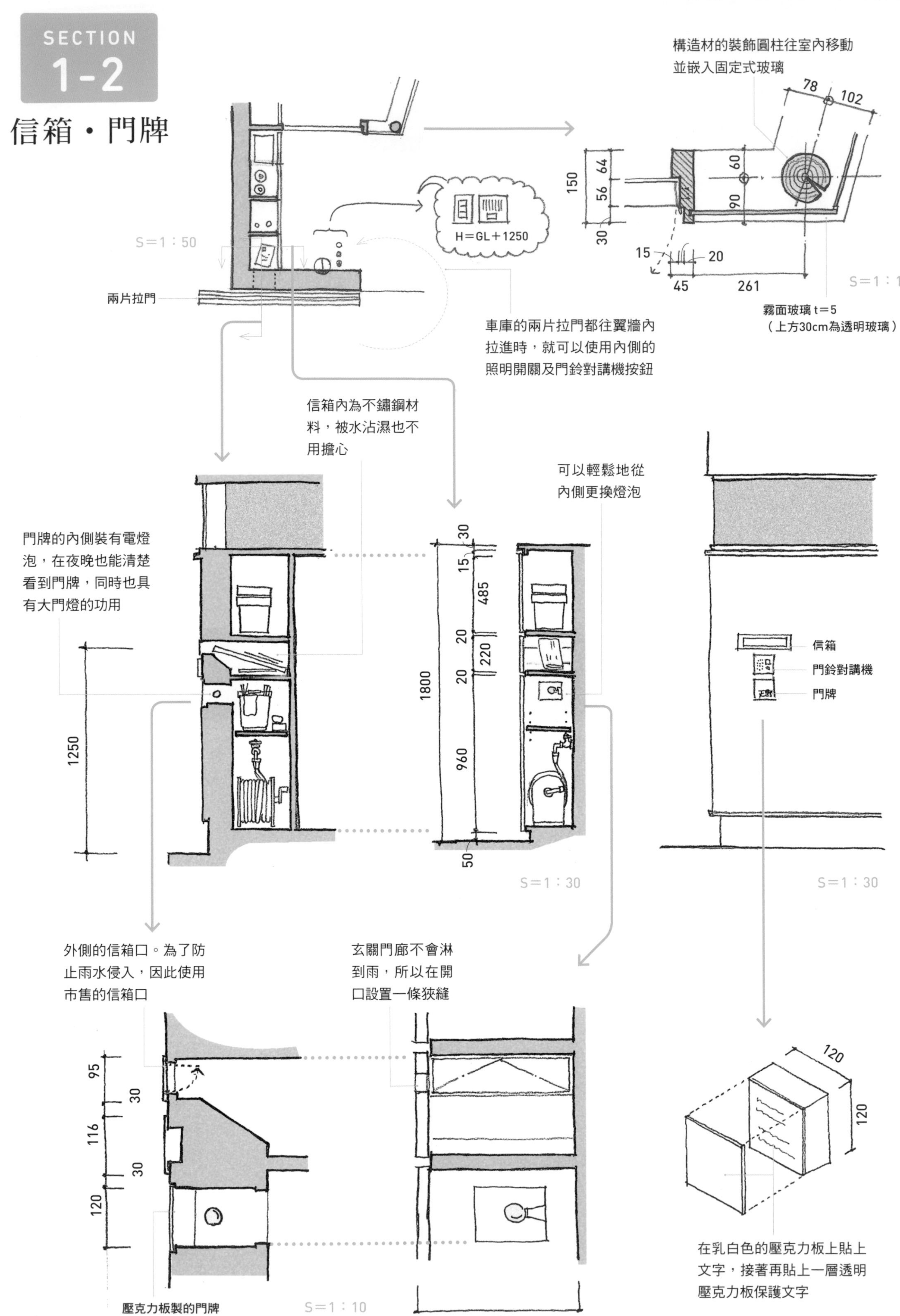

構造材的裝飾圓柱往室內移動
並嵌入固定式玻璃
78
102
150
64
56
60
90
30
15
20
45
261
S=1：50
S=1：10
H=GL+1250
兩片拉門
霧面玻璃 t=5
（上方30cm為透明玻璃）
車庫的兩片拉門都往翼牆內
拉進時，就可以使用內側的
照明開關及門鈴對講機按鈕
信箱內為不鏽鋼材
料，被水沾濕也不
用擔心
可以輕鬆地從
內側更換燈泡
門牌的內側裝有電燈
泡，在夜晚也能清楚
看到門牌，同時也具
有大門燈的功用
1250
1800
30
15
485
20
220
20
960
50
S=1：30
信箱
門鈴對講機
門牌
S=1：30
外側的信箱口。為了防
止雨水侵入，因此使用
市售的信箱口
玄關門廊不會淋
到雨，所以在開
口設置一條狹縫
95
30
116
30
120
壓克力板製的門牌
S=1：10
330
120
120
在乳白色的壓克力板上貼上
文字，接著再貼上一層透明
壓克力板保護文字

SECTION

2

衛浴設備

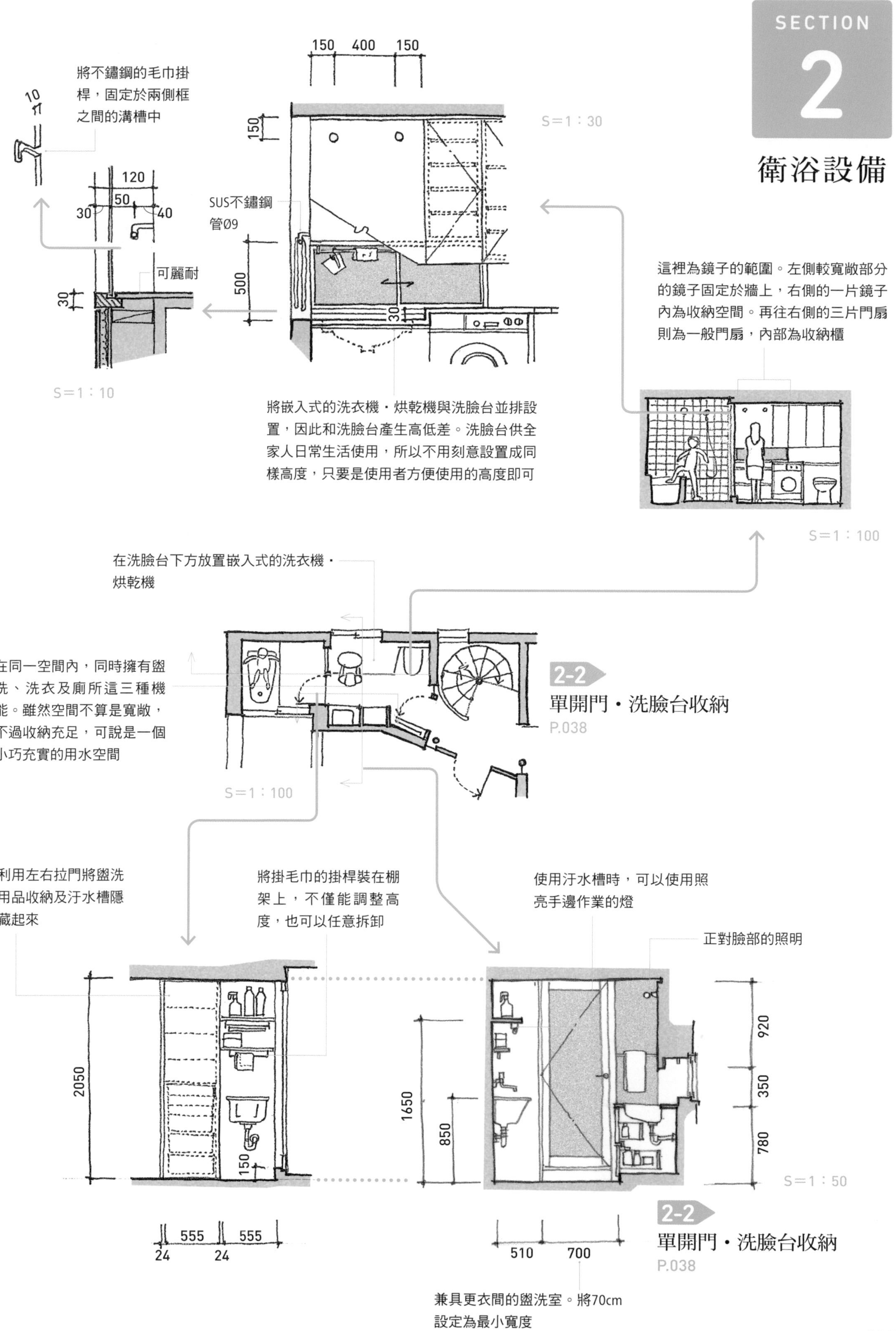

將不鏽鋼的毛巾掛桿，固定於兩側框之間的溝槽中
10
120
50
30
40
可麗耐
30
S=1：10
150 400 150
150
S=1：30
SUS不鏽鋼管Ø9
500
30
將嵌入式的洗衣機・烘乾機與洗臉台並排設置，因此和洗臉台產生高低差。洗臉台供全家人日常生活使用，所以不用刻意設置成同樣高度，只要是使用者方便使用的高度即可
這裡為鏡子的範圍。左側較寬敞部分的鏡子固定於牆上，右側的一片鏡子內為收納空間。再往右側的三片門扇則為一般門扇，內部為收納櫃
S=1：100
在洗臉台下方放置嵌入式的洗衣機・烘乾機
在同一空間內，同時擁有盥洗、洗衣及廁所這三種機能。雖然空間不算是寬敞，不過收納充足，可說是一個小巧充實的用水空間
S=1：100
2-2
單開門・洗臉台收納
P.038
利用左右拉門將盥洗用品收納及汙水槽隱藏起來
將掛毛巾的掛桿裝在棚架上，不僅能調整高度，也可以任意拆卸
使用汙水槽時，可以使用照亮手邊作業的燈
正對臉部的照明
2050
150
555 555
24 24
1650
850
920
350
780
S=1：50
510 700
2-2
單開門・洗臉台收納
P.038
兼具更衣間的盥洗室。將70cm設定為最小寬度

SECTION 2-2

單開門・洗臉台收納

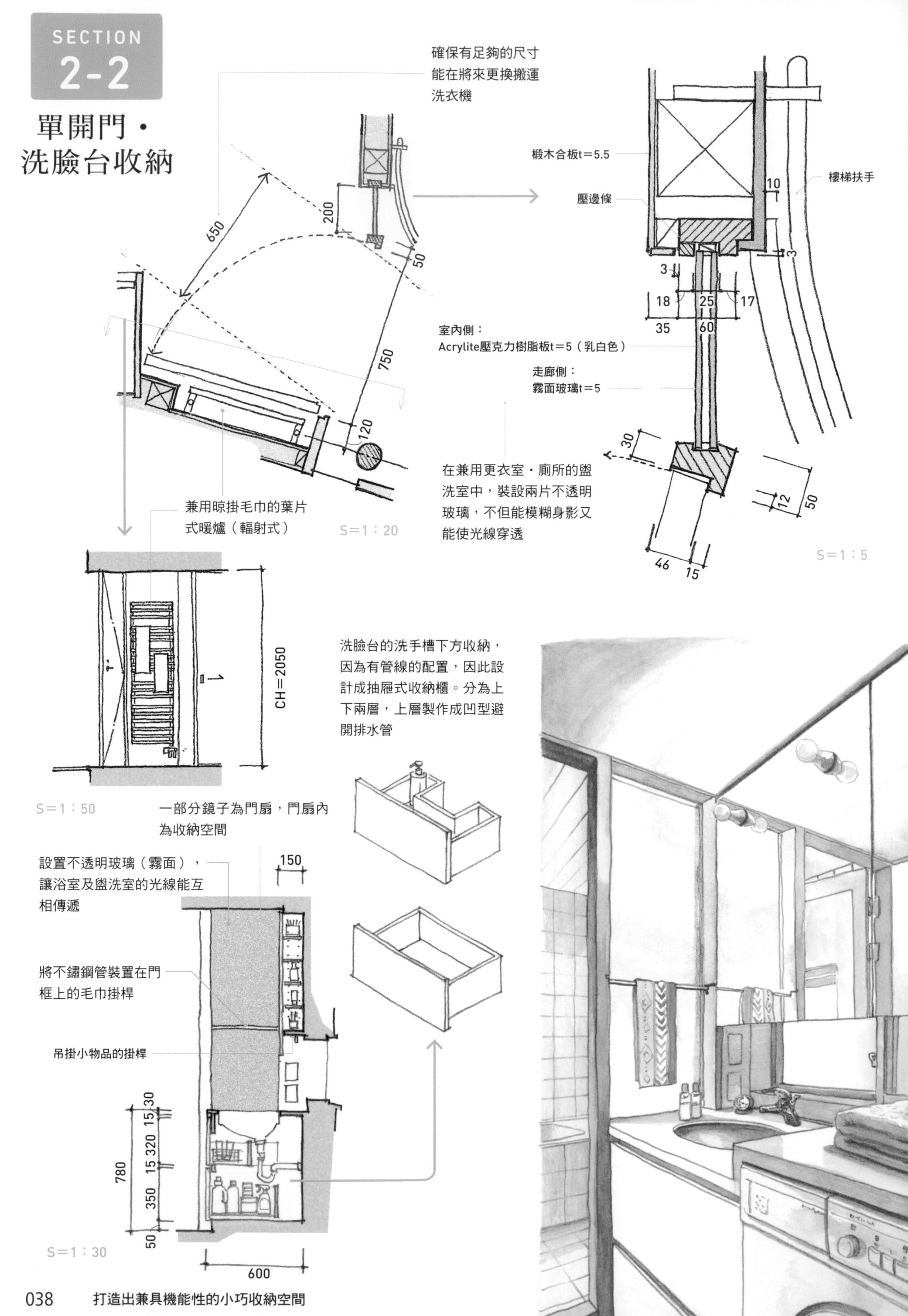

確保有足夠的尺寸
能在將來更換搬運
洗衣機
650
200
50
750
120
兼用晾掛毛巾的葉片
式暖爐（輻射式）
S＝1：20
椴木合板t＝5.5
壓邊條
10
樓梯扶手
3
3
18
25
17
35
60
室內側：
Acrylite壓克力樹脂板t＝5（乳白色）
走廊側：
霧面玻璃t＝5
30
在兼用更衣室・廁所的盥
洗室中，裝設兩片不透明
玻璃，不但能模糊身影又
能使光線穿透
12
50
46
15
S＝1：5
CH＝2050
S＝1：50
一部分鏡子為門扇，門扇內
為收納空間
洗臉台的洗手槽下方收納，
因為有管線的配置，因此設
計成抽屜式收納櫃。分為上
下兩層，上層製作成凹型避
開排水管
設置不透明玻璃（霧面），
讓浴室及盥洗室的光線能互
相傳遞
150
將不鏽鋼管裝置在門
框上的毛巾掛桿
吊掛小物品的掛桿
780
30
15
320
15
350
50
S＝1：30
600

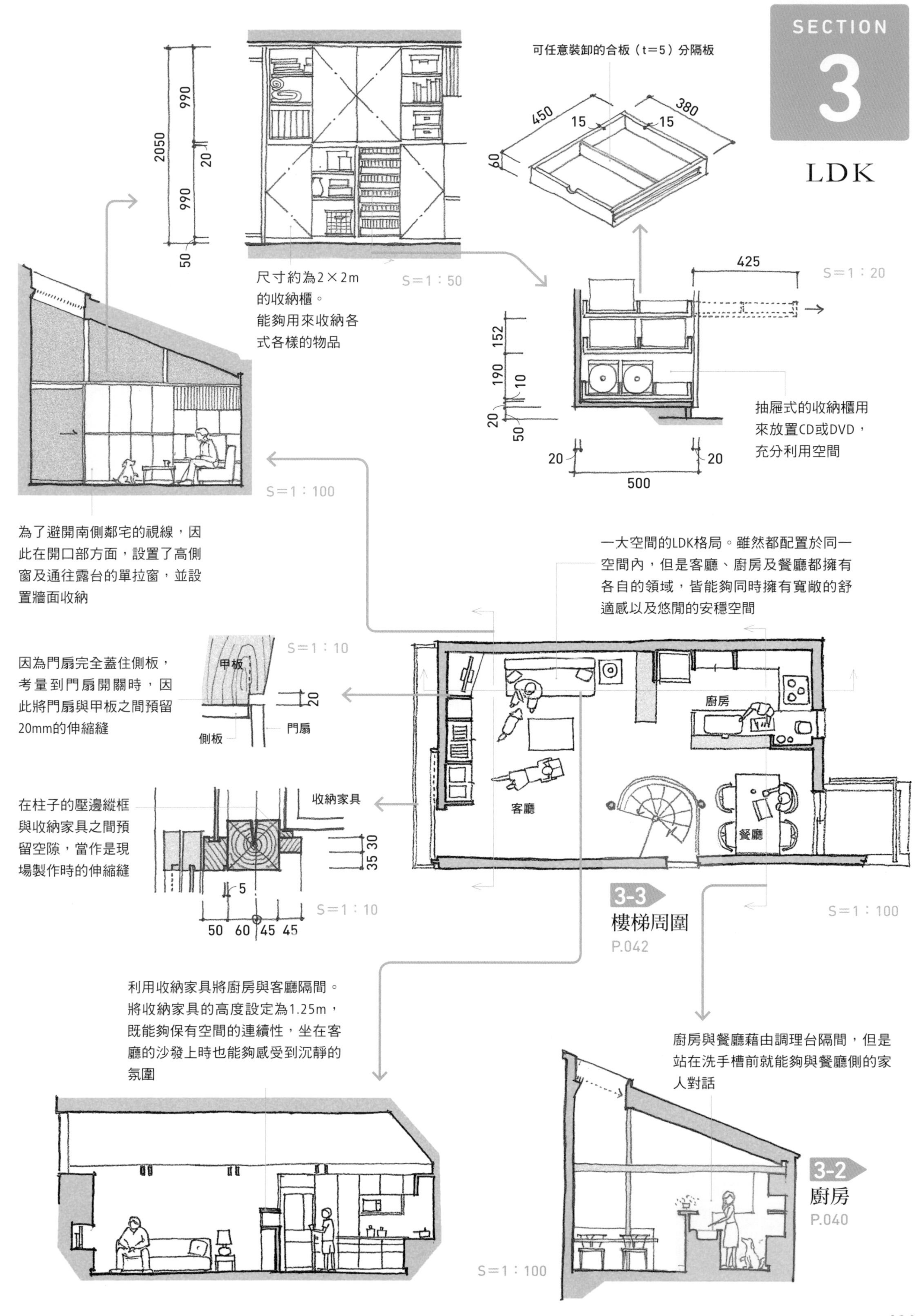

可任意裝卸的合板（t=5）分隔板
450
380
15
15
60
2050
990
20
990
50
S=1：50
尺寸約為2×2m的收納櫃。能夠用來收納各式各樣的物品
425
S=1：20
152
190
10
20
50
20
20
500
抽屜式的收納櫃用來放置CD或DVD，充分利用空間
S=1：100
為了避開南側鄰宅的視線，因此在開口部方面，設置了高側窗及通往露台的單拉窗，並設置牆面收納
一大空間的LDK格局。雖然都配置於同一空間內，但是客廳、廚房及餐廳都擁有各自的領域，皆能夠同時擁有寬敞的舒適感以及悠閒的安穩空間
S=1：10
因為門扇完全蓋住側板，考量到門扇開關時，因此將門扇與甲板之間預留20mm的伸縮縫
甲板
20
側板
門扇
廚房
客廳
餐廳
在柱子的壓邊縱框與收納家具之間預留空隙，當作是現場製作時的伸縮縫
收納家具
35
30
5
S=1：10
50
60
45
45
S=1：100
利用收納家具將廚房與客廳隔間。將收納家具的高度設定為1.25m，既能夠保有空間的連續性，坐在客廳的沙發上時也能夠感受到沉靜的氛圍
廚房與餐廳藉由調理台隔間，但是站在洗手槽前就能夠與餐廳側的家人對話
S=1：100

3-3
樓梯周圍
P.042

3-2
廚房
P.040

SECTION 3-2

廚房

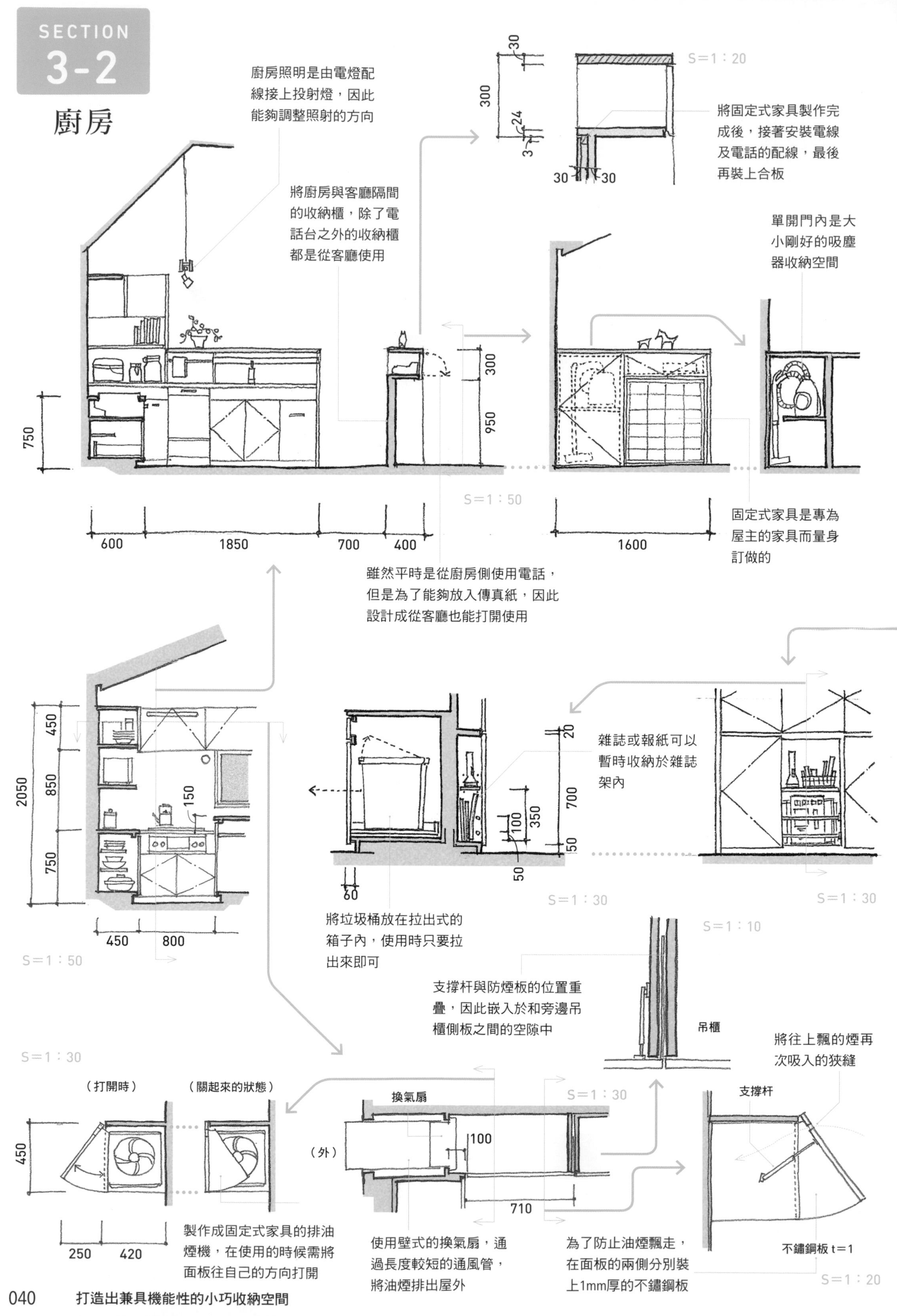

廚房照明是由電燈配線接上投射燈，因此能夠調整照射的方向
將廚房與客廳隔間的收納櫃，除了電話台之外的收納櫃都是從客廳使用
S=1：20
將固定式家具製作完成後，接著安裝電線及電話的配線，最後再裝上合板
30
300
24
3
30
30
單開門內是大小剛好的吸塵器收納空間
750
300
950
S=1：50
600
1850
700
400
1600
固定式家具是專為屋主的家具而量身訂做的
雖然平時是從廚房側使用電話，但是為了能夠放入傳真紙，因此設計成從客廳也能打開使用
2050
450
850
750
150
450
800
S=1：50
20
700
350
100
50
50
60
雜誌或報紙可以暫時收納於雜誌架內
S=1：30
S=1：30
將垃圾桶放在拉出式的箱子內，使用時只要拉出來即可
S=1：10
支撐杆與防煙板的位置重疊，因此嵌入於和旁邊吊櫃側板之間的空隙中
吊櫃
S=1：30
（打開時）
（關起來的狀態）
450
250
420
製作成固定式家具的排油煙機，在使用的時候需將面板往自己的方向打開
換氣扇
（外）
100
710
S=1：30
使用壁式的換氣扇，通過長度較短的通風管，將油煙排出屋外
將往上飄的煙再次吸入的狹縫
支撐杆
不鏽鋼板 t=1
S=1：20
為了防止油煙飄走，在面板的兩側分別裝上1mm厚的不鏽鋼板

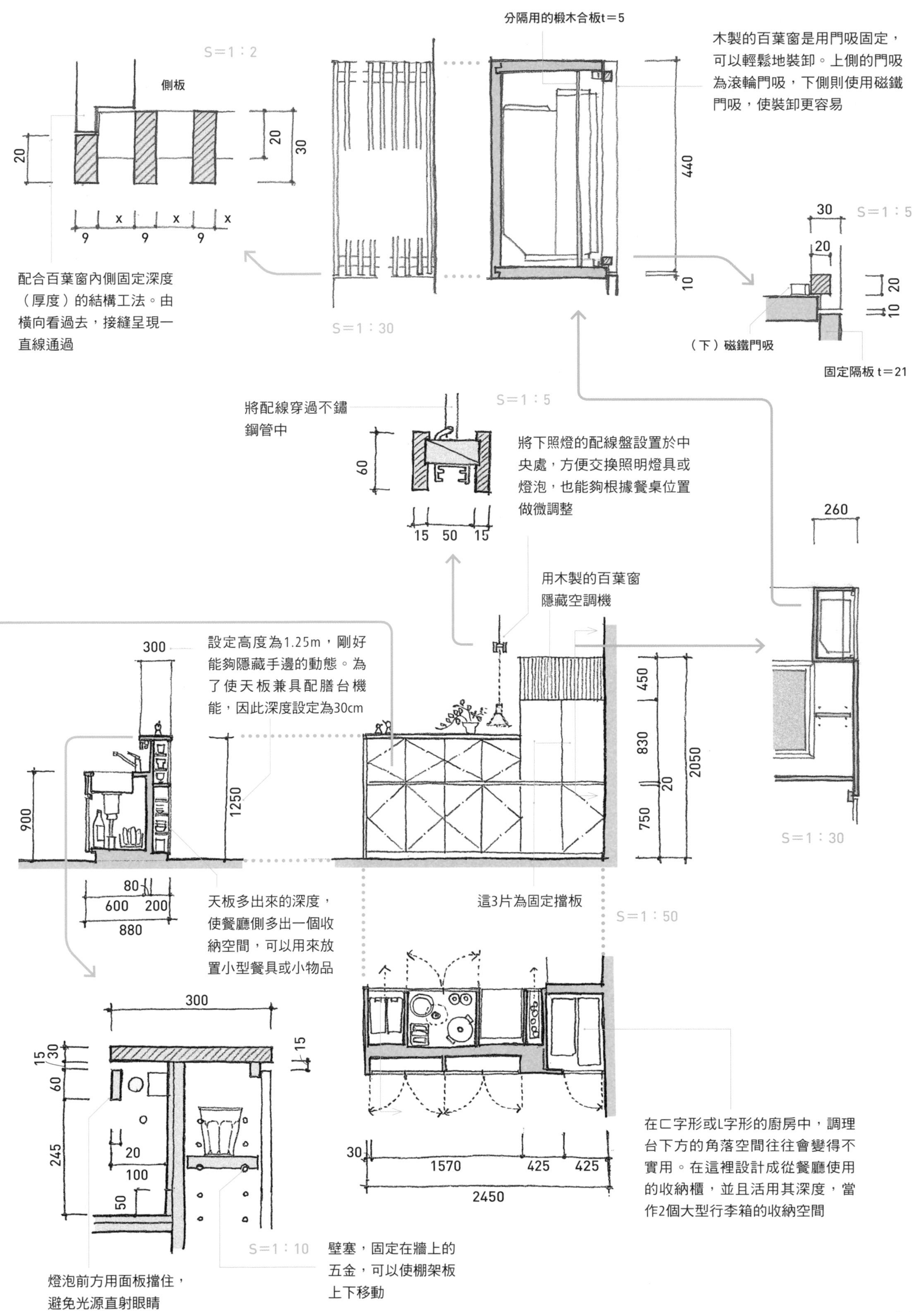

分隔用的椴木合板t＝5
木製的百葉窗是用門吸固定，可以輕鬆地裝卸。上側的門吸為滾輪門吸，下側則使用磁鐵門吸，使裝卸更容易
S＝1：2
側板
20
20
30
x
x
x
9
9
9
配合百葉窗內側固定深度（厚度）的結構工法。由橫向看過去，接縫呈現一直線通過
S＝1：30
440
10
30
S＝1：5
20
20
10
10
（下）磁鐵門吸
固定隔板 t＝21
將配線穿過不鏽鋼管中
S＝1：5
60
15
50
15
將下照燈的配線盤設置於中央處，方便交換照明燈具或燈泡，也能夠根據餐桌位置做微調整
260
用木製的百葉窗隱藏空調機
300
設定高度為1.25m，剛好能夠隱藏手邊的動態。為了使天板兼具配膳台機能，因此深度設定為30cm
900
1250
450
830
20
750
2050
S＝1：30
80
600
200
880
天板多出來的深度，使餐廳側多出一個收納空間，可以用來放置小型餐具或小物品
這3片為固定擋板
S＝1：50
300
15
30
60
15
245
20
100
50
30
1570
425
425
2450
在匸字形或L字形的廚房中，調理台下方的角落空間往往會變得不實用。在這裡設計成從餐廳使用的收納櫃，並且活用其深度，當作2個大型行李箱的收納空間
S＝1：10
壁塞，固定在牆上的五金，可以使棚架板上下移動
燈泡前方用面板擋住，避免光源直射眼睛

SECTION 3-3

樓梯周圍

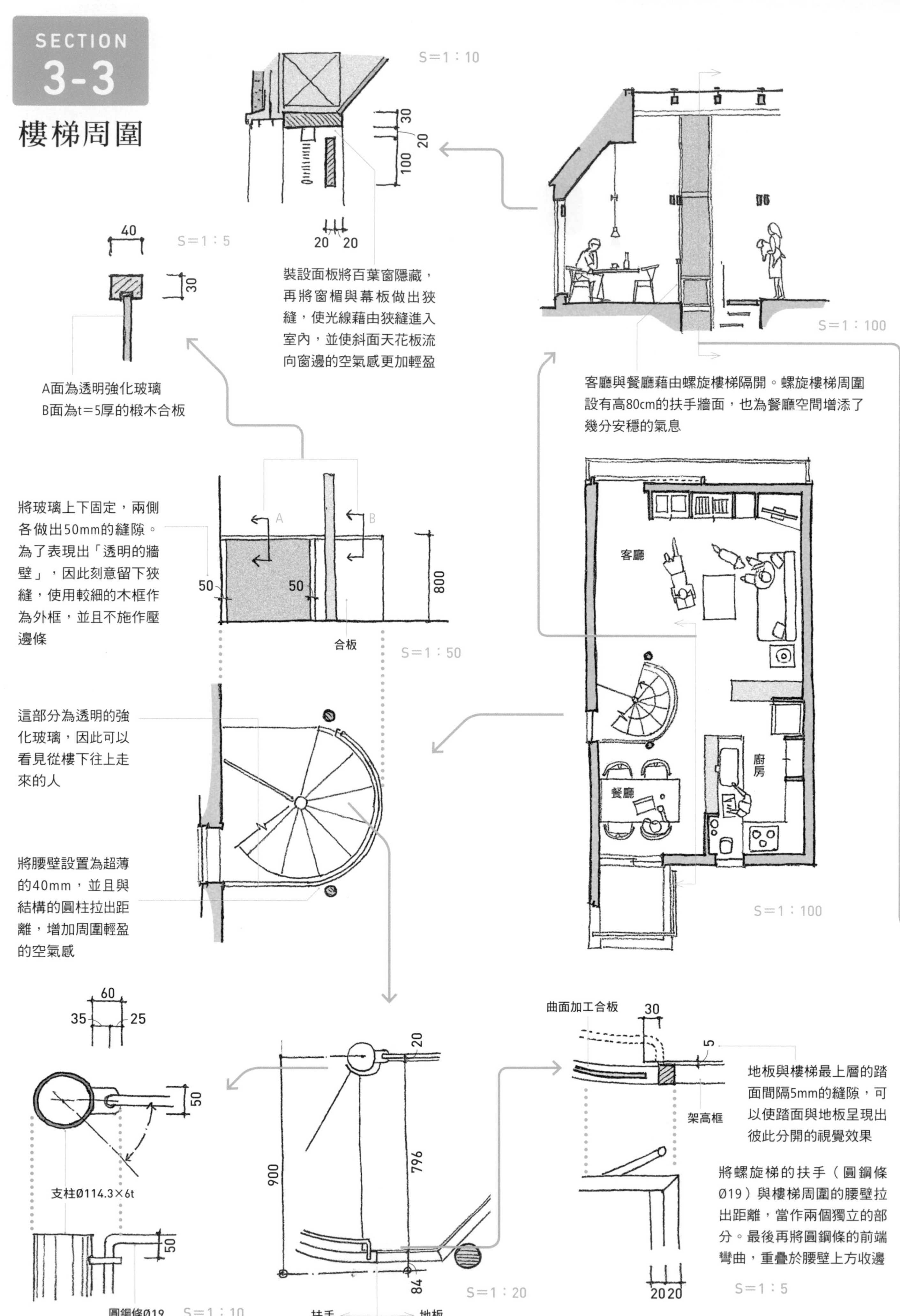

S=1：10
30
20
100
20 20
裝設面板將百葉窗隱藏，再將窗楣與幕板做出狹縫，使光線藉由狹縫進入室內，並使斜面天花板流向窗邊的空氣感更加輕盈
S=1：100
客廳與餐廳藉由螺旋樓梯隔開。螺旋樓梯周圍設有高80cm的扶手牆面，也為餐廳空間增添了幾分安穩的氣息
40
S=1：5
30
A面為透明強化玻璃
B面為t=5厚的椴木合板
將玻璃上下固定，兩側各做出50mm的縫隙。為了表現出「透明的牆壁」，因此刻意留下狹縫，使用較細的木框作為外框，並且不施作壓邊條
A
B
50
50
800
合板
S=1：50
客廳
廚房
餐廳
S=1：100
這部分為透明的強化玻璃，因此可以看見從樓下往上走來的人
將腰壁設置為超薄的40mm，並且與結構的圓柱拉出距離，增加周圍輕盈的空氣感
60
35
25
50
支柱Ø114.3×6t
50
圓鋼條Ø19
S=1：10
20
900
796
84
扶手
地板
S=1：20
曲面加工合板
30
5
架高框
地板與樓梯最上層的踏面間隔5mm的縫隙，可以使踏面與地板呈現出彼此分開的視覺效果
將螺旋梯的扶手（圓鋼條Ø19）與樓梯周圍的腰壁拉出距離，當作兩個獨立的部分。最後再將圓鋼條的前端彎曲，重疊於腰壁上方收邊
2020
S=1：5

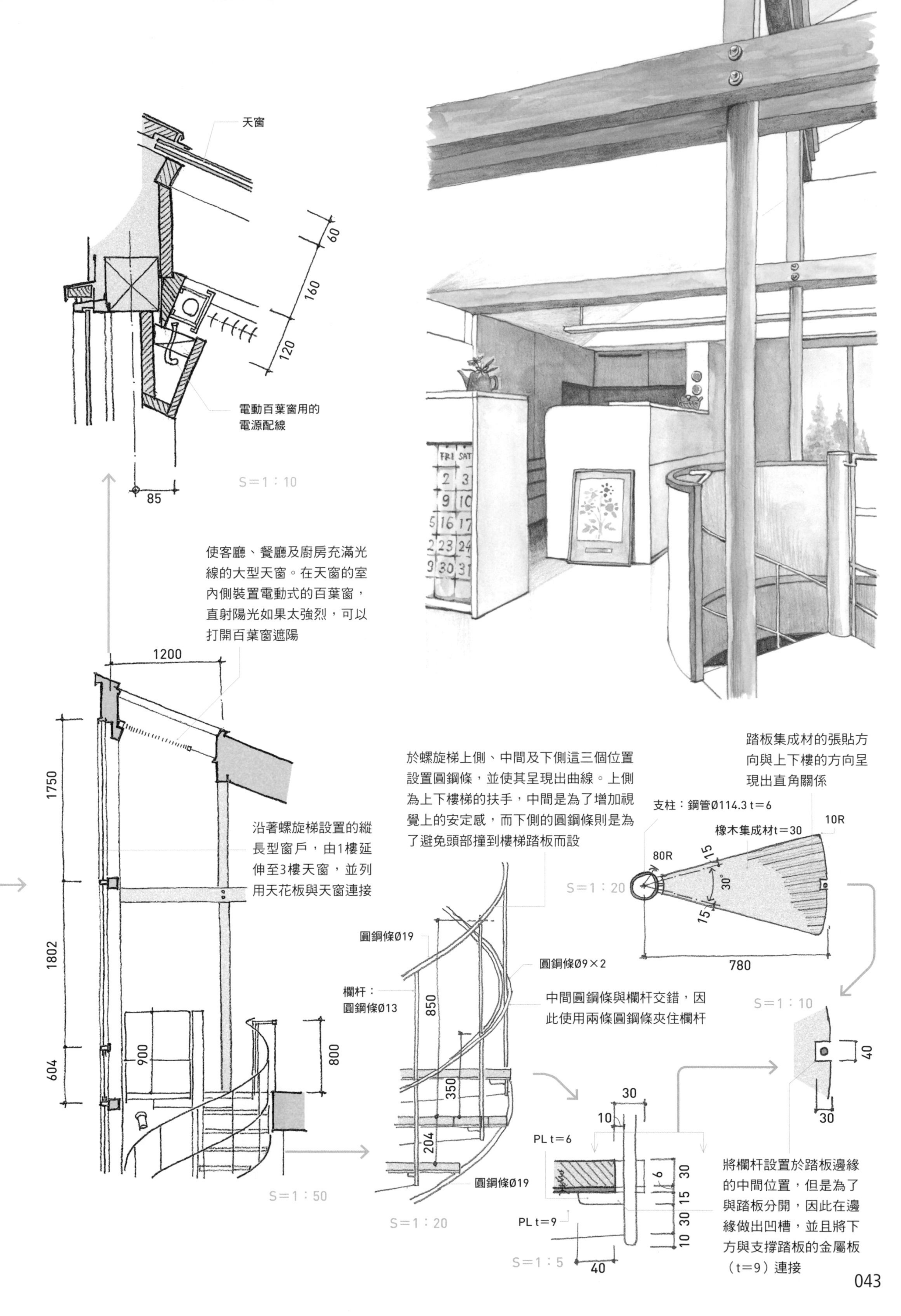
天窗
60
160
120
電動百葉窗用的
電源配線
S＝1：10
85
使客廳、餐廳及廚房充滿光線的大型天窗。在天窗的室內側裝置電動式的百葉窗，直射陽光如果太強烈，可以打開百葉窗遮陽
1200
1750
1802
604
900
800
沿著螺旋梯設置的縱長型窗戶，由1樓延伸至3樓天窗，並列用天花板與天窗連接
S＝1：50
於螺旋梯上側、中間及下側這三個位置設置圓鋼條，並使其呈現出曲線。上側為上下樓梯的扶手，中間是為了增加視覺上的安定感，而下側的圓鋼條則是為了避免頭部撞到樓梯踏板而設
圓鋼條Ø19
欄杆：
圓鋼條Ø13
850
圓鋼條Ø9×2
中間圓鋼條與欄杆交錯，因此使用兩條圓鋼條夾住欄杆
350
204
圓鋼條Ø19
S＝1：20
踏板集成材的張貼方向與上下樓的方向呈現出直角關係
支柱：鋼管Ø114.3 t＝6
橡木集成材t＝30
10R
80R
15
30°
15
S＝1：20
780
S＝1：10
40
30
30
10
PL t＝6
PL t＝9
6
30
15
30
10
40
S＝1：5
將欄杆設置於踏板邊緣的中間位置，但是為了與踏板分開，因此在邊緣做出凹槽，並且將下方與支撐踏板的金屬板（t=9）連接

將臥室 配置於地下室

為了能夠將受限於容積率的住宅面積最佳化，因此打造出地下室並配置臥室。臥室也是全家人的起居間，因此想要將房間面向室外，增加空間的舒適感。最後決定在南側設置採光井（開放空間），讓陽光與微風進入室內。另外，將衣帽間配置在回遊動線上，能夠藉由通風減少溼氣堆積。為分房睡的屋主夫婦設置兩間主臥室，其中一間臥室雖然小巧，但是只要將拉門打開後，採光井和兩間臥室能夠連接成一大空間，完全不會令人感到狹小擁擠。

2

地下室臥室周圍
P.046

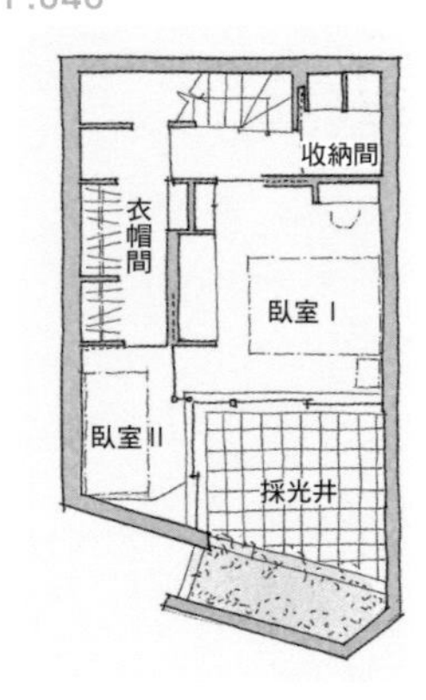
收納間
衣帽間
臥室 I
臥室 II
採光井

BF

1 玄關周圍
P.045

3 浴室周圍
P.048

4 開口部周圍
P.049

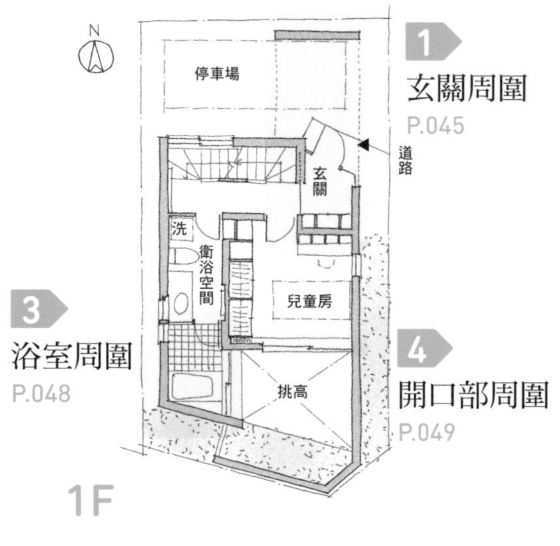
N
停車場
道路
玄關
洗
衛浴空間
兒童房
挑高

1F

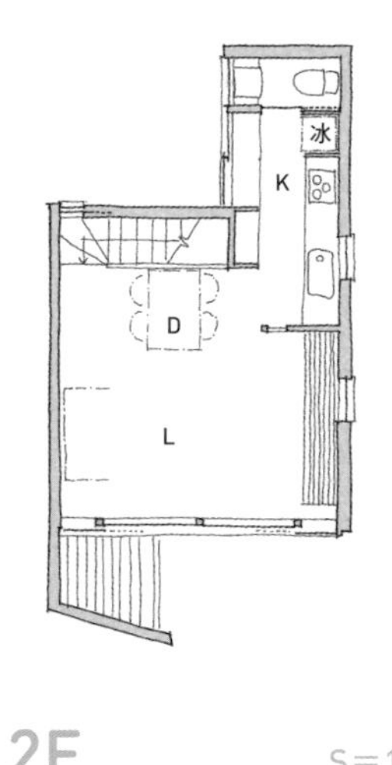
冰
K
D
L

2F

S=1：200

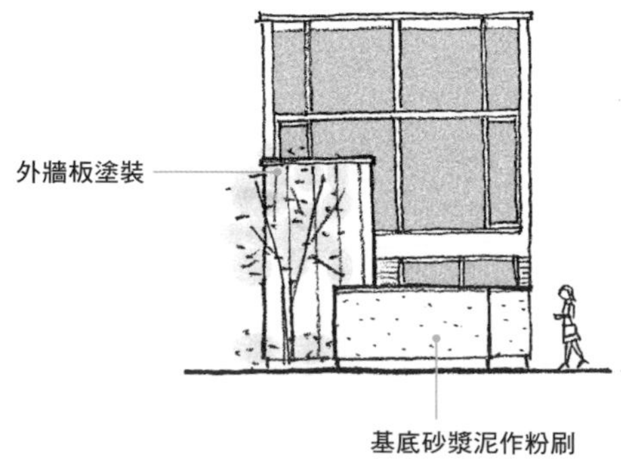
外牆板塗裝
基底砂漿泥作粉刷

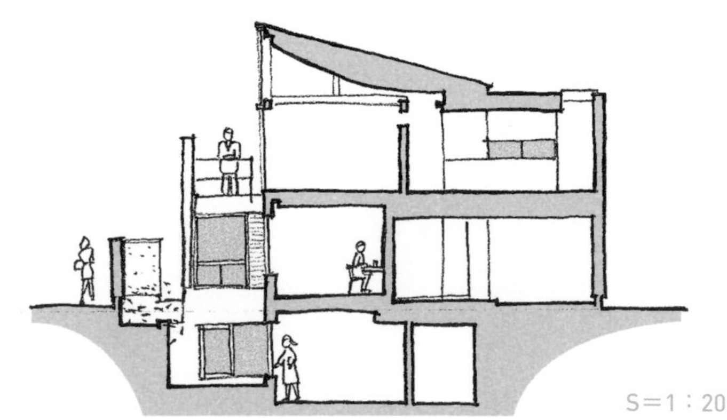

S=1：200

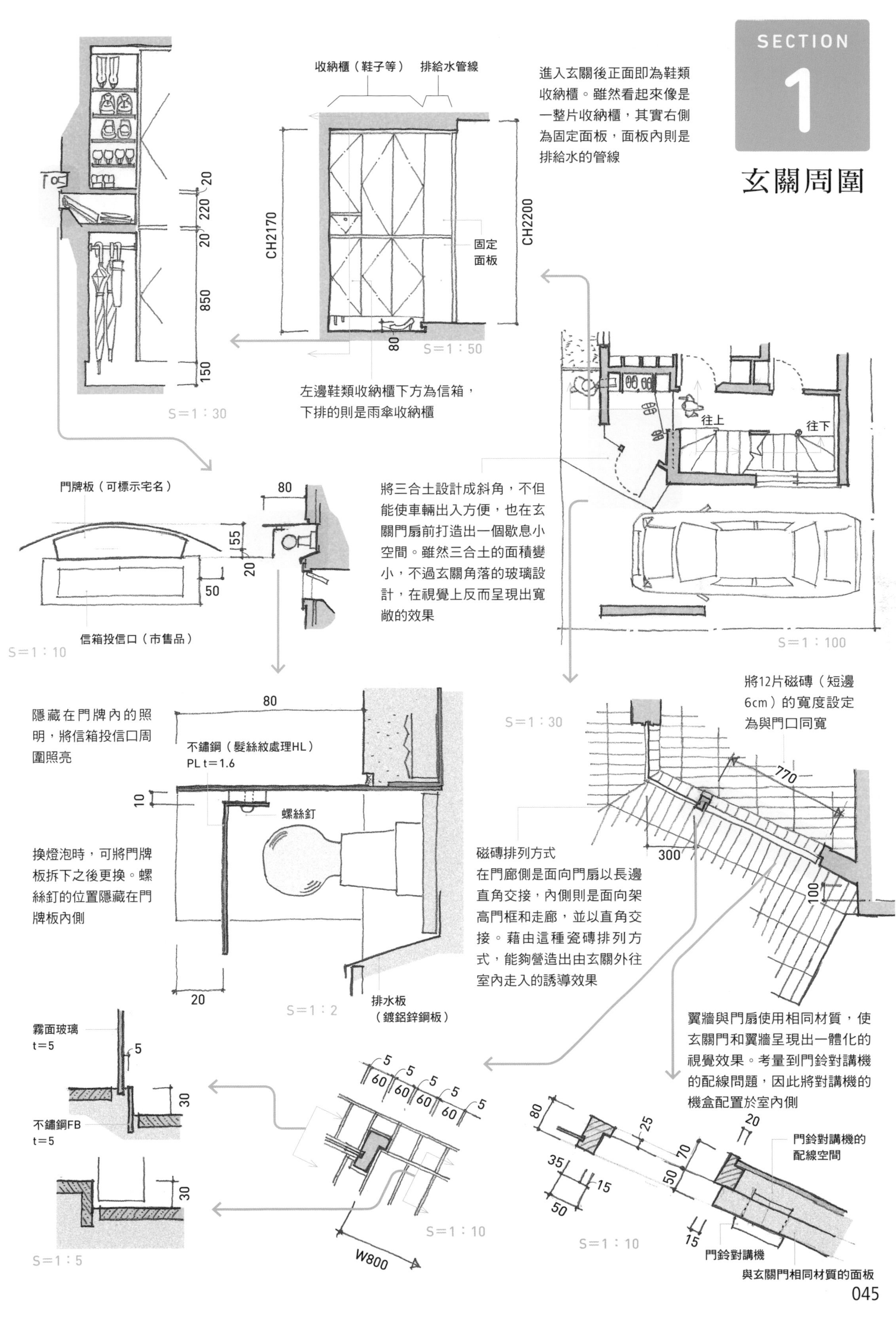
SECTION
1
玄關周圍
收納櫃（鞋子等）
排給水管線
進入玄關後正面即為鞋類收納櫃。雖然看起來像是一整片收納櫃，其實右側為固定面板，面板內則是排給水的管線
CH2170
CH2200
固定
面板
80
S＝1：50
20
220
20
850
150
S＝1：30
左邊鞋類收納櫃下方為信箱，下排的則是雨傘收納櫃
往上
往下
S＝1：100
門牌板（可標示宅名）
80
55
20
50
信箱投信口（市售品）
S＝1：10
將三合土設計成斜角，不但能使車輛出入方便，也在玄關門扇前打造出一個歇息小空間。雖然三合土的面積變小，不過玄關角落的玻璃設計，在視覺上反而呈現出寬敞的效果
隱藏在門牌內的照明，將信箱投信口周圍照亮
80
不鏽鋼（髮絲紋處理HL）
PL t＝1.6
10
螺絲釘
換燈泡時，可將門牌板拆下之後更換。螺絲釘的位置隱藏在門牌板內側
20
S＝1：2
排水板
（鍍鋁鋅鋼板）
S＝1：30
將12片磁磚（短邊6cm）的寬度設定為與門口同寬
770
300
100
磁磚排列方式
在門廊側是面向門扇以長邊直角交接，內側則是面向架高門框和走廊，並以直角交接。藉由這種瓷磚排列方式，能夠營造出由玄關外往室內走入的誘導效果
翼牆與門扇使用相同材質，使玄關門和翼牆呈現出一體化的視覺效果。考量到門鈴對講機的配線問題，因此將對講機的機盒配置於室內側
霧面玻璃
t＝5
5
30
不鏽鋼FB
t＝5
30
S＝1：5
5
60
5
60
5
60
5
60
5
W800
S＝1：10
80
25
20
門鈴對講機的
配線空間
70
35
15
50
50
15
S＝1：10
門鈴對講機
與玄關門相同材質的面板

SECTION 2

地下室 臥室周圍

設置於收納櫃內的佛堂。將放置佛堂的棚架高度設定為離地1m高，方便站立參拜。打開門扇後佛堂下方設有一段收納空間，可以用來放置佛堂必需物品

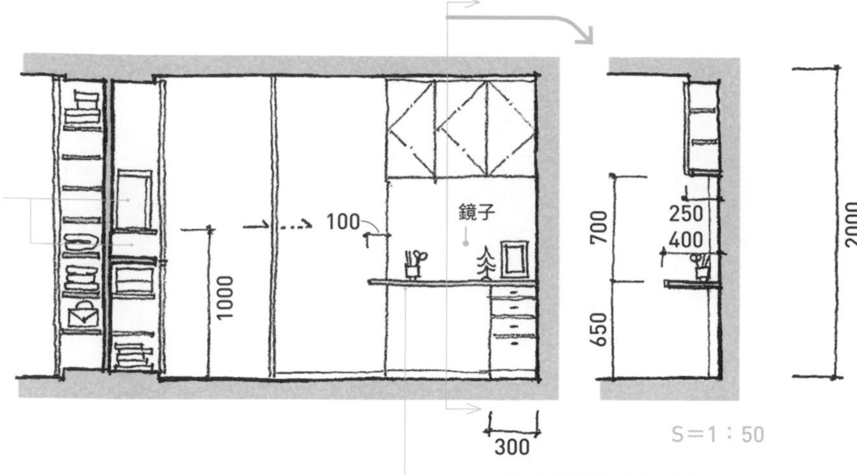

100
鏡子
1000
700
650
250
400
2000
300
S=1：50

設置簡單的固定式書桌，並於正面貼上鏡子兼用梳妝台。上方為吊櫃，書桌旁也設有抽屜櫃

在衣帽間的牆面設置大容量的衣物收納

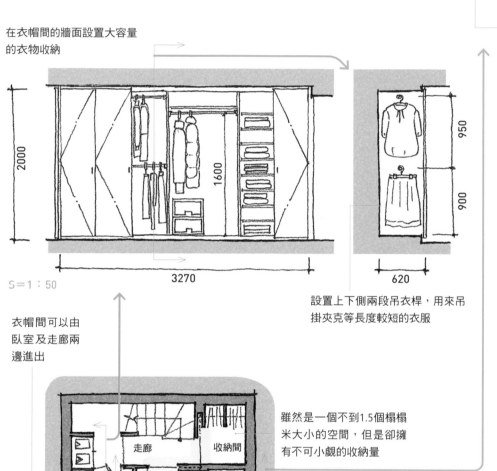

2000
1600
3270
950
900
620
S=1：50

設置上下側兩段吊衣桿，用來吊掛夾克等長度較短的衣服

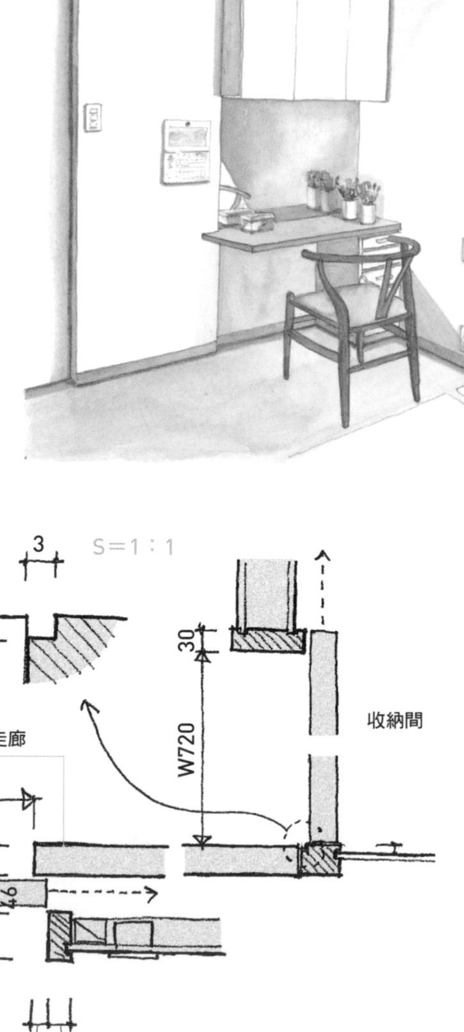

衣帽間可以由臥室及走廊兩邊進出

雖然是一個不到1.5個榻榻米大小的空間，但是卻擁有不可小覷的收納量

走廊
收納間
衣帽間
臥室Ⅰ
臥室Ⅱ
採光井
S=1：100

2-2
地下室隔間門扇周圍

將床邊的棚架當作走出採光井的踏台

為了能有效使用有限的地下室空間，因此用椴木合板製作出較薄的牆壁。這部分的薄板牆面沒有裝設任何開關或插座等機器設備

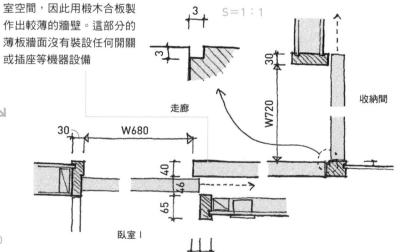

3
S=1：1
3
30
W720
收納間
走廊
30
W680
40
46
65
臥室Ⅰ
20
30
S=1：10

地下室隔間門扇周圍

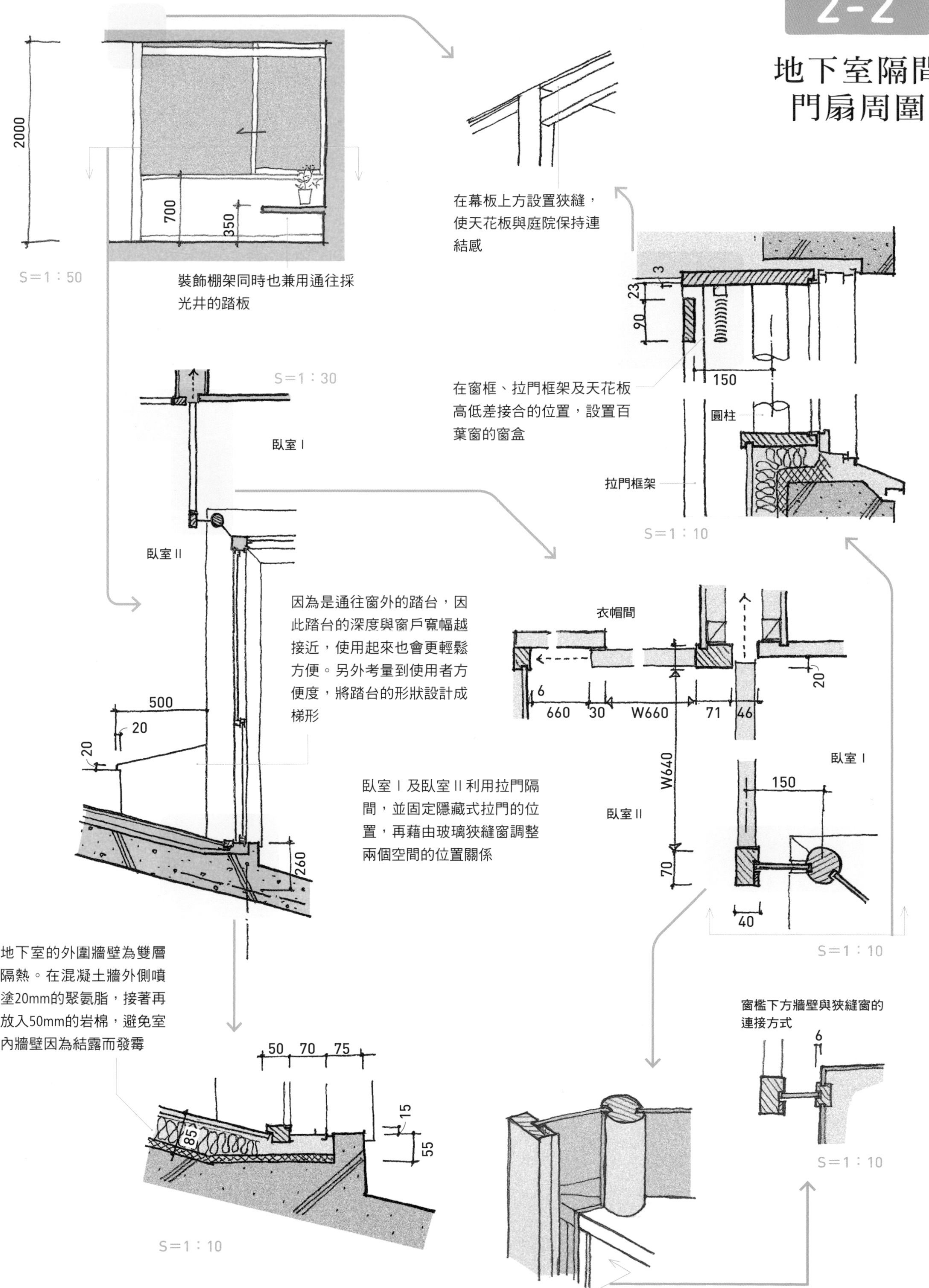
2000
700
350
S=1：50
裝飾棚架同時也兼用通往採光井的踏板
在幕板上方設置狹縫，使天花板與庭院保持連結感
3
23
90
150
在窗框、拉門框架及天花板高低差接合的位置，設置百葉窗的窗盒
圓柱
拉門框架
S=1：10
S=1：30
臥室 I
臥室 II
因為是通往窗外的踏台，因此踏台的深度與窗戶寬幅越接近，使用起來也會更輕鬆方便。另外考量到使用者方便度，將踏台的形狀設計成梯形
500
20
20
260
臥室 I 及臥室 II 利用拉門隔間，並固定隱藏式拉門的位置，再藉由玻璃狹縫窗調整兩個空間的位置關係
衣帽間
6
660
30
W660
71
46
20
W640
70
臥室 I
臥室 II
150
40
S=1：10
地下室的外圍牆壁為雙層隔熱。在混凝土牆外側噴塗20mm的聚氨脂，接著再放入50mm的岩棉，避免室內牆壁因為結露而發霉
50
70
75
15
55
85
S=1：10
窗檻下方牆壁與狹縫窗的連接方式
6
S=1：10

SECTION

3

浴室周圍

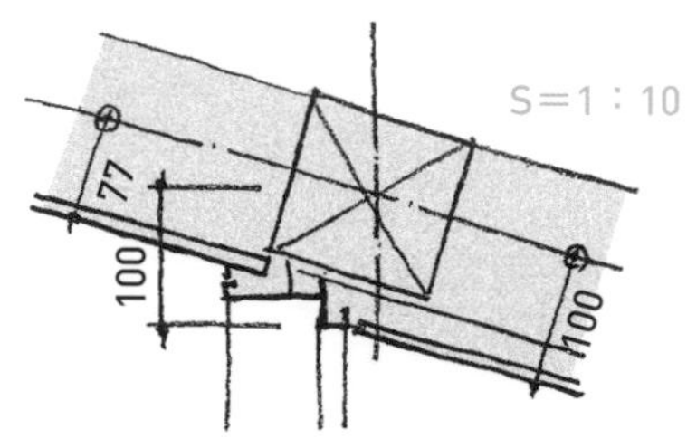
S＝1：10
77
100
100

浴室的牆壁呈現出往外敞開的設計，並且藉由翼牆呈現出視覺上的拉進感，使浴室內部產生寬敞感的同時，又能夠感受到被包覆的安穩氣氛

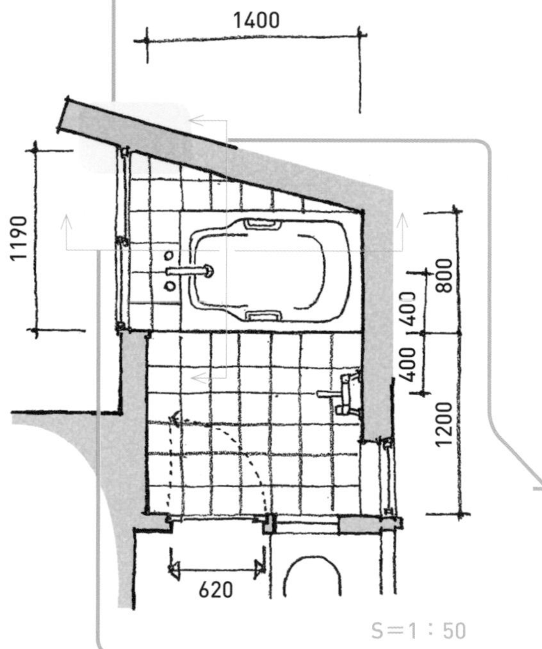
1400
1190
800
400
400
1200
620
S＝1：50

浴室的窗戶設計成上下兩段。上方為不透明的玻璃固定窗，讓柔和的光線進入室內。下方則是透明玻璃製的左右拉窗，在沐浴的同時也能享受到採光井栽種的盎然綠意

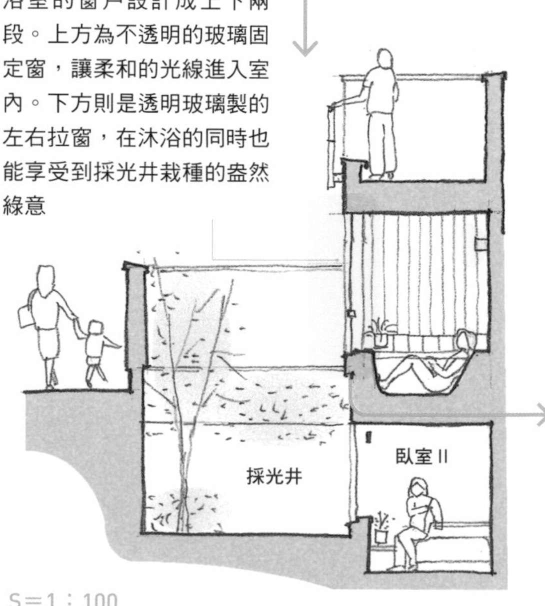
採光井
臥室 II
S＝1：100

上方的固定式玻璃窗由下往上漸層透明。上方30cm的透明設計，不用擔心由鄰宅而來的視線。可以透過這個透明的部分悠閒地眺望天空

上方30cm為透明玻璃

10cm寬度為不透明→透明的漸層加工設計

霧面玻璃（不透明）

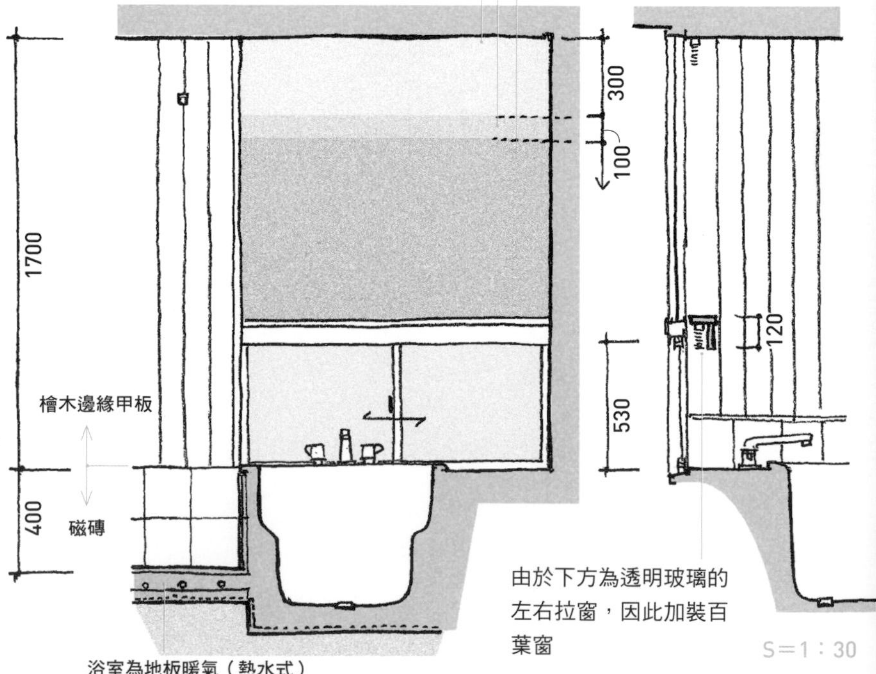
1700
檜木邊緣甲板
400
磁磚
300
100
120
530
S＝1：30

由於下方為透明玻璃的左右拉窗，因此加裝百葉窗

浴室為地板暖氣（熱水式）

SECTION 4

開口部周圍

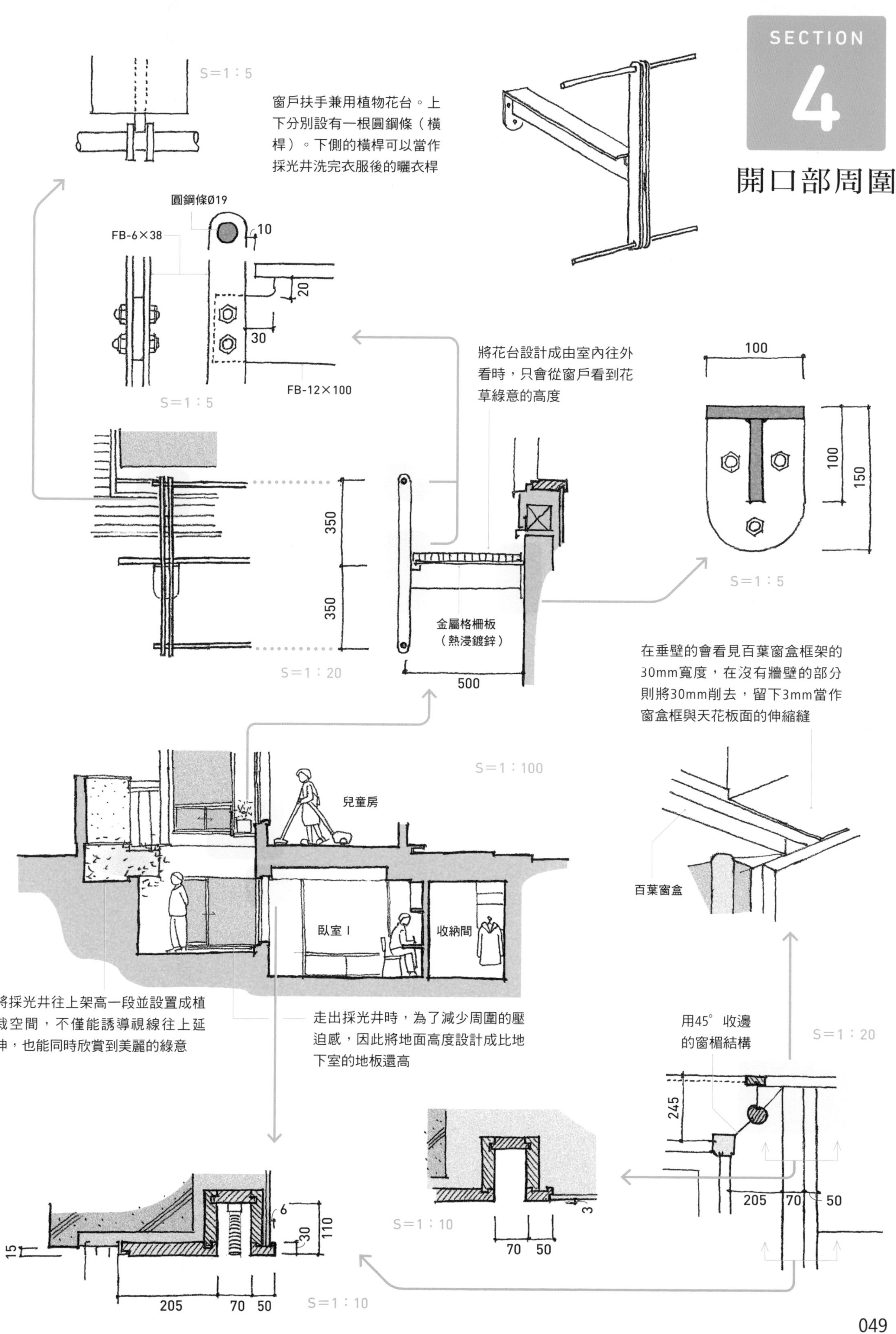

S＝1：5
窗戶扶手兼用植物花台。上下分別設有一根圓鋼條（橫桿）。下側的橫桿可以當作採光井洗完衣服後的曬衣桿
圓鋼條Ø19
FB-6×38
10
20
30
FB-12×100
S＝1：5
將花台設計成由室內往外看時，只會從窗戶看到花草綠意的高度
100
100
150
S＝1：5
350
350
S＝1：20
金屬格柵板
（熱浸鍍鋅）
500
在垂壁的會看見百葉窗盒框架的30mm寬度，在沒有牆壁的部分則將30mm削去，留下3mm當作窗盒框與天花板面的伸縮縫
S＝1：100
兒童房
臥室 I
收納間
百葉窗盒
將採光井往上架高一段並設置成植栽空間，不僅能誘導視線往上延伸，也能同時欣賞到美麗的綠意
走出採光井時，為了減少周圍的壓迫感，因此將地面高度設計成比地下室的地板還高
用45°收邊的窗楣結構
S＝1：20
245
205
70
50
S＝1：10
3
70
50
6
30
110
15
205
70
50
S＝1：10

CASE09 ／ 三住奏

與母親及姊弟家族共同生活的3代同堂住宅

這是一棟三個家庭保持著不即不離共同生活的住宅。上下樓的姊弟家族客廳，將母親的客廳與中庭夾在中間，讓孩子們全家人的動態，能夠透過中庭傳遞至母親的所在位置。另外，母親居住的樓層往上半層樓即為女兒的家庭，往下半層樓為兒子家庭，母親不論移動到哪裡都能使負擔減少到最低。在裝修這棟屋齡25年住宅時，於必要的位置裝上扶手，方便高齡96歲的母親行走家中各處。

2 P.054

兒童房

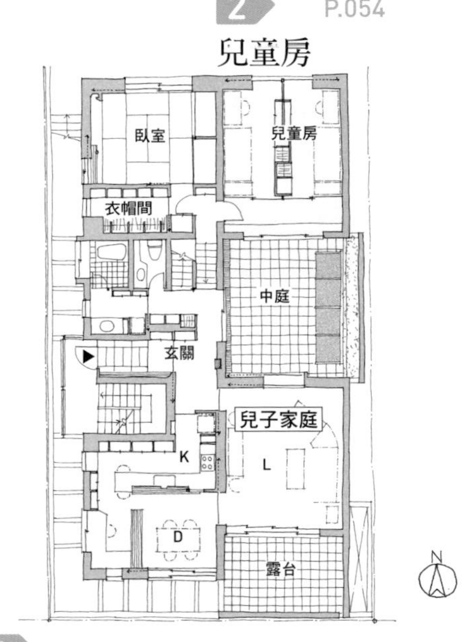
臥室
兒童房
衣帽間
中庭
玄關
兒子家庭
K
L
D
露台
N

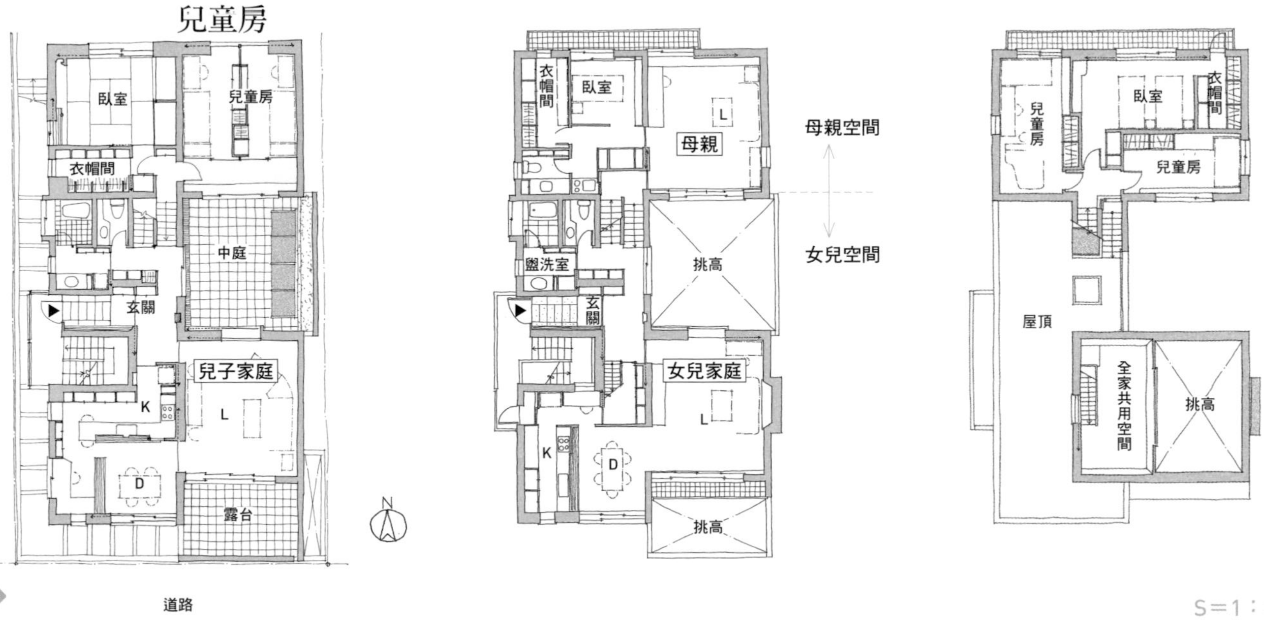

1

道路

餐廳・廚房周圍

P.051

衣帽間
臥室
母親
L
母親空間
女兒空間
盥洗室
玄關
挑高
女兒家庭
K
D
L
挑高

兒童房
臥室
衣帽間
兒童房
屋頂
全家共用空間
挑高

S＝1：300

1F [兒子空間]　2F [女兒＋母親空間]　3F [女兒空間]

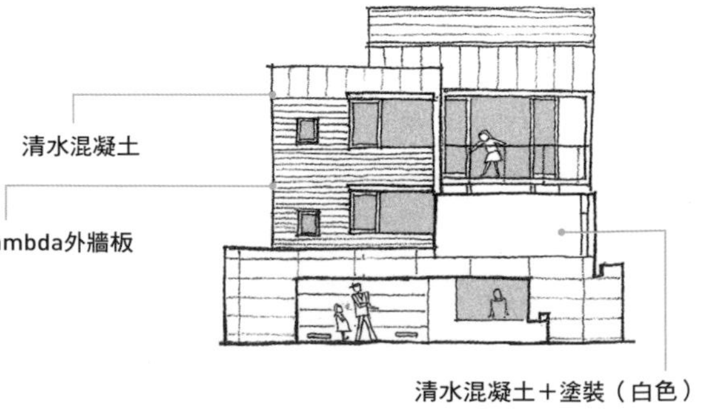

清水混凝土
Lambda外牆板
清水混凝土＋塗裝（白色）

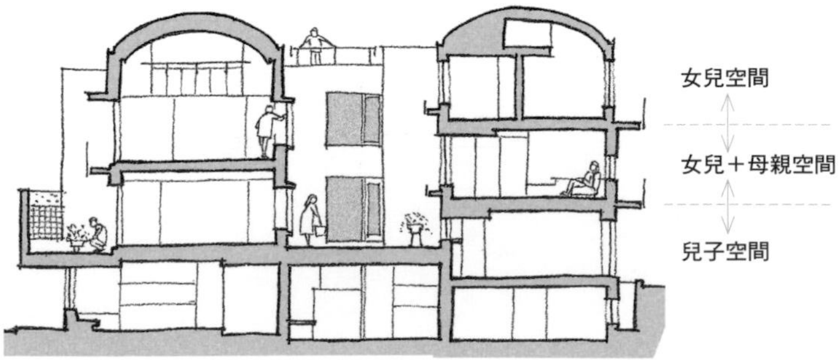

女兒空間
女兒＋母親空間
兒子空間

S＝1：300

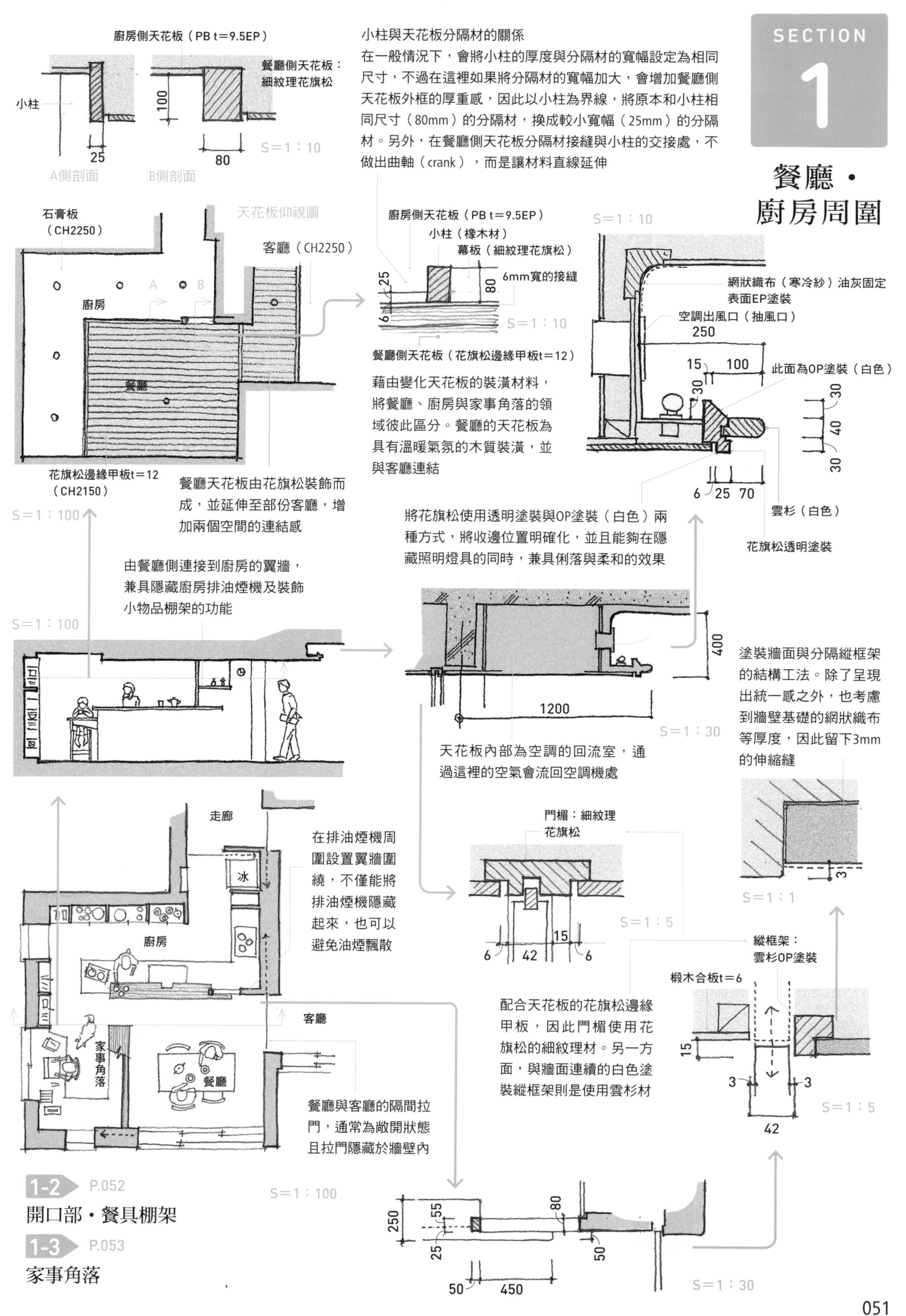

SECTION
1
餐廳・
廚房周圍
廚房側天花板（PB t=9.5EP）
餐廳側天花板：
細紋理花旗松
小柱
100
25
80
S=1：10
A側剖面
B側剖面
小柱與天花板分隔材的關係
在一般情況下，會將小柱的厚度與分隔材的寬幅設定為相同尺寸，不過在這裡如果將分隔材的寬幅加大，會增加餐廳側天花板外框的厚重感，因此以小柱為界線，將原本和小柱相同尺寸（80mm）的分隔材，換成較小寬幅（25mm）的分隔材。另外，在餐廳側天花板分隔材接縫與小柱的交接處，不做出曲軸（crank），而是讓材料直線延伸
石膏板
（CH2250）
天花板仰視圖
客廳（CH2250）
廚房
餐廳
A
B
花旗松邊緣甲板t=12
（CH2150）
餐廳天花板由花旗松裝飾而成，並延伸至部份客廳，增加兩個空間的連結感
S=1：100
廚房側天花板（PB t=9.5EP）
小柱（橡木材）
幕板（細紋理花旗松）
6mm寬的接縫
25
80
6
S=1：10
餐廳側天花板（花旗松邊緣甲板t=12）
藉由變化天花板的裝潢材料，將餐廳、廚房與家事角落的領域彼此區分。餐廳的天花板為具有溫暖氣氛的木質裝潢，並與客廳連結
S=1：10
網狀織布（寒冷紗）油灰固定
表面EP塗裝
空調出風口（抽風口）
250
15
100
30
此面為OP塗裝（白色）
30
40
30
6
25
70
雲杉（白色）
花旗松透明塗裝
將花旗松使用透明塗裝與OP塗裝（白色）兩種方式，將收邊位置明確化，並且能夠在隱藏照明燈具的同時，兼具俐落與柔和的效果
由餐廳側連接到廚房的翼牆，兼具隱藏廚房排油煙機及裝飾小物品棚架的功能
S=1：100
400
1200
S=1：30
天花板內部為空調的回流室，通過這裡的空氣會流回空調機處
塗裝牆面與分隔縱框架的結構工法。除了呈現出統一感之外，也考慮到牆壁基礎的網狀織布等厚度，因此留下3mm的伸縮縫
3
S=1：1
走廊
冰
廚房
在排油煙機周圍設置翼牆圍繞，不僅能將排油煙機隱藏起來，也可以避免油煙飄散
客廳
家事角落
餐廳
餐廳與客廳的隔間拉門，通常為敞開狀態且拉門隱藏於牆壁內
S=1：100
門楣：細紋理
花旗松
15
6
42
6
S=1：5
縱框架：
雲杉OP塗裝
椴木合板t=6
15
3
3
42
S=1：5
配合天花板的花旗松邊緣甲板，因此門楣使用花旗松的細紋理材。另一方面，與牆面連續的白色塗裝縱框架則是使用雲杉材
250
55
25
80
50
50
450
S=1：30
1-2 P.052
開口部・餐具棚架
1-3 P.053
家事角落

SECTION 1-2

開口部・餐具棚架

在鋁製窗框與日式拉窗（障子）之間，可以將百葉窗往下拉，除了具有遮陽效果外，也能夠調整由室外而來的視線範圍

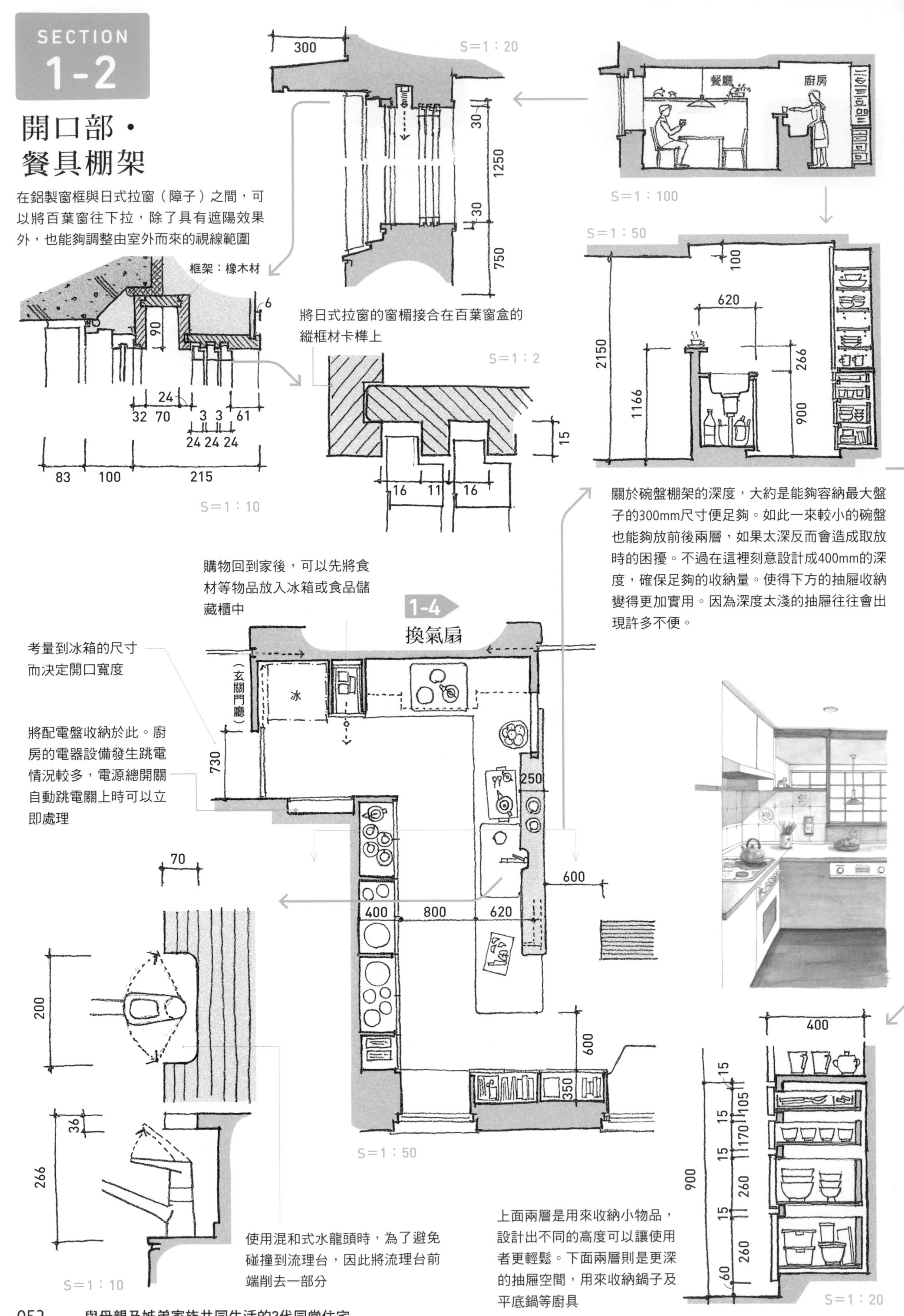

框架：橡木材
將日式拉窗的窗楣接合在百葉窗盒的縱框材卡榫上
S=1：20
S=1：100
S=1：50
S=1：2
S=1：10
餐廳
廚房
關於碗盤棚架的深度，大約是能夠容納最大盤子的300mm尺寸便足夠。如此一來較小的碗盤也能夠放前後兩層，如果太深反而會造成取放時的困擾。不過在這裡刻意設計成400mm的深度，確保足夠的收納量。使得下方的抽屜收納變得更加實用。因為深度太淺的抽屜往往會出現許多不便。
購物回到家後，可以先將食材等物品放入冰箱或食品儲藏櫃中
1-4
換氣扇
考量到冰箱的尺寸而決定開口寬度
（玄關門廳）
冰
將配電盤收納於此。廚房的電器設備發生跳電情況較多，電源總開關自動跳電關上時可以立即處理
使用混和式水龍頭時，為了避免碰撞到流理台，因此將流理台前端削去一部分
上面兩層是用來收納小物品，設計出不同的高度可以讓使用者更輕鬆。下面兩層則是更深的抽屜空間，用來收納鍋子及平底鍋等廚具

SECTION 1-3 家事角落

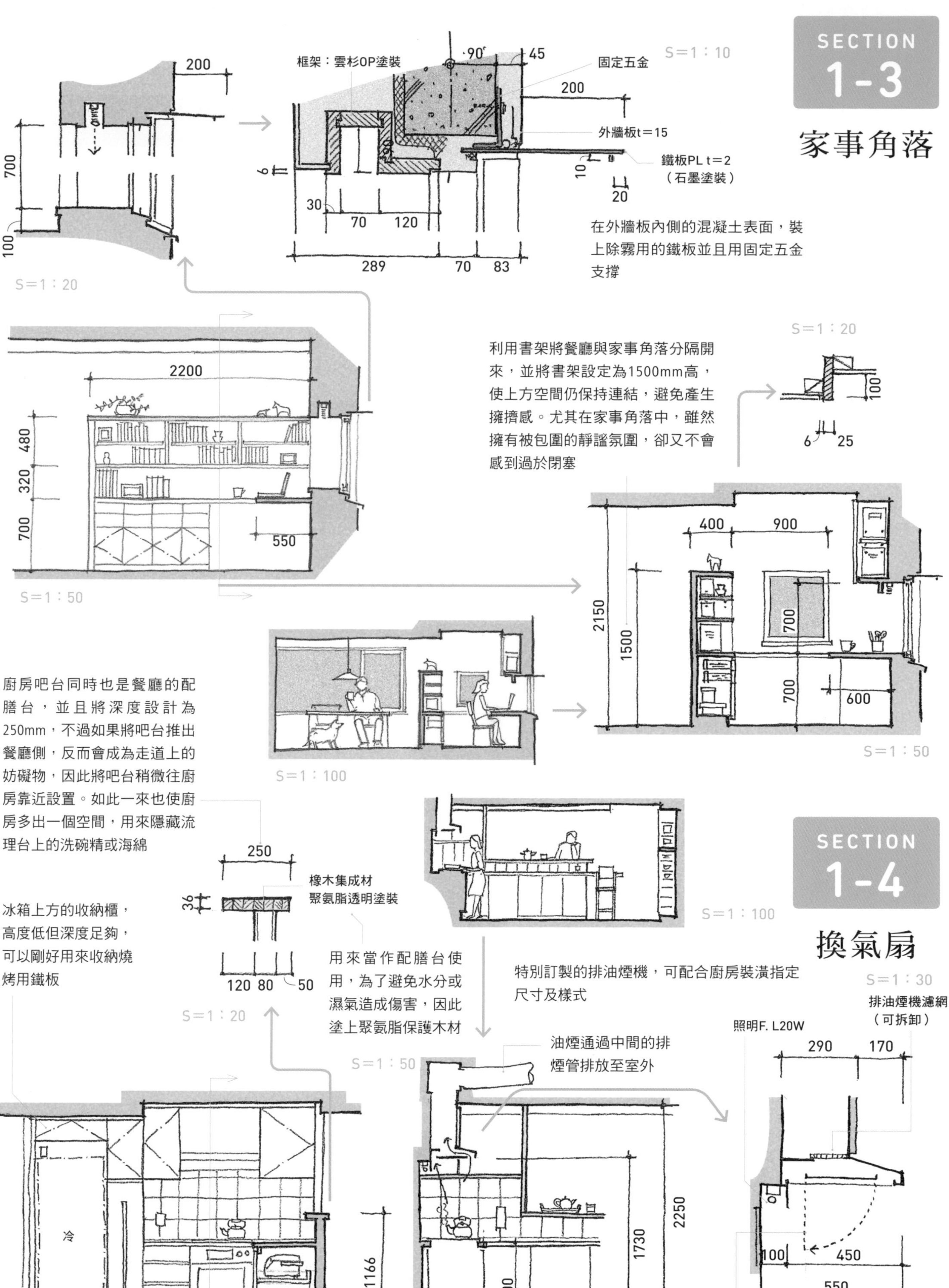
S=1：20
200
700
100
S=1：10
框架：雲杉OP塗裝
90
45
固定五金
200
外牆板t=15
鐵板PL t=2
（石墨塗裝）
6
10
20
30
70
120
289
70
83
在外牆板內側的混凝土表面，裝上除霧用的鐵板並且用固定五金支撐
S=1：20
100
6
25
利用書架將餐廳與家事角落分隔開來，並將書架設定為1500mm高，使上方空間仍保持連結，避免產生擁擠感。尤其在家事角落中，雖然擁有被包圍的靜謐氛圍，卻又不會感到過於閉塞
2200
480
320
700
550
S=1：50
400
900
2150
1500
700
700
600
S=1：50
S=1：100
廚房吧台同時也是餐廳的配膳台，並且將深度設計為250mm，不過如果將吧台推出餐廳側，反而會成為走道上的妨礙物，因此將吧台稍微往廚房靠近設置。如此一來也使廚房多出一個空間，用來隱藏流理台上的洗碗精或海綿
S=1：100
SECTION 1-4
換氣扇
250
36
橡木集成材
聚氨脂透明塗裝
120
80
50
S=1：20
用來當作配膳台使用，為了避免水分或濕氣造成傷害，因此塗上聚氨脂保護木材
冰箱上方的收納櫃，高度低但深度足夠，可以剛好用來收納燒烤用鐵板
特別訂製的排油煙機，可配合廚房裝潢指定尺寸及樣式
S=1：30
排油煙機濾網
（可拆卸）
照明F. L20W
290
170
100
450
550
S=1：50
油煙通過中間的排煙管排放至室外
冷
1166
900
1730
2250
S=1：50
食品儲藏櫃
（罐頭、乾糧等收納）
將腳邊的擋板拆卸後，可以控制瓦斯總開關及插座
用來接濾網滴油的接油板，是藉由蝶形鉸鏈接合方式，方便打開清掃

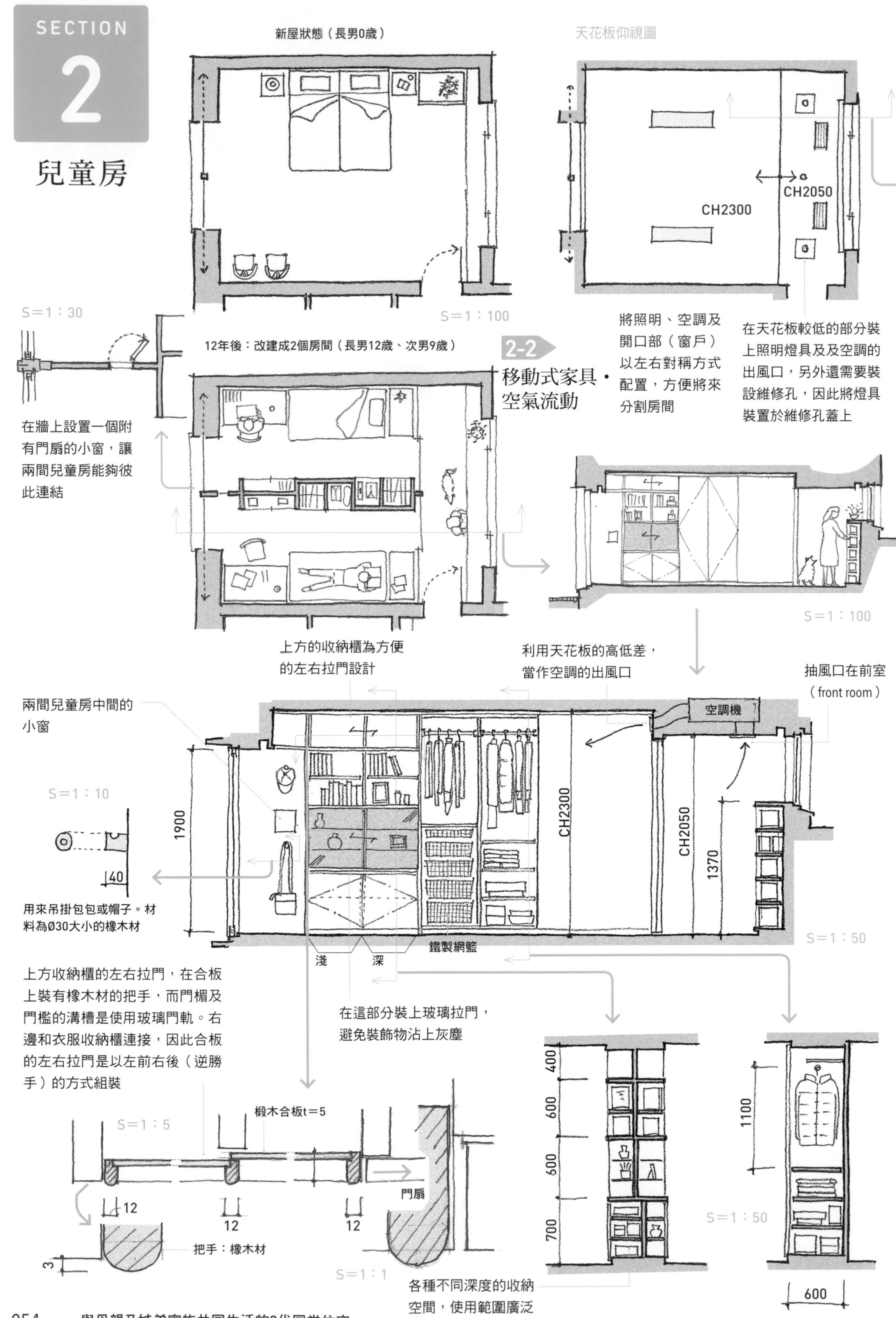
SECTION
2
兒童房
新屋狀態（長男0歲）
天花板仰視圖
CH2300
CH2050
S=1：30
S=1：100
12年後：改建成2個房間（長男12歲、次男9歲）
2-2
移動式家具・
空氣流動
將照明、空調及開口部（窗戶）以左右對稱方式配置，方便將來分割房間
在天花板較低的部分裝上照明燈具及及空調的出風口，另外還需要裝設維修孔，因此將燈具裝置於維修孔蓋上
在牆上設置一個附有門扇的小窗，讓兩間兒童房能夠彼此連結
S=1：100
上方的收納櫃為方便的左右拉門設計
利用天花板的高低差，當作空調的出風口
抽風口在前室（front room）
兩間兒童房中間的小窗
空調機
S=1：10
1900
CH2300
CH2050
1370
40
用來吊掛包包或帽子。材料為Ø30大小的橡木材
淺
深
鐵製網籃
S=1：50
上方收納櫃的左右拉門，在合板上裝有橡木材的把手，而門楣及門檻的溝槽是使用玻璃門軌。右邊和衣服收納櫃連接，因此合板的左右拉門是以左前右後（逆勝手）的方式組裝
在這部分裝上玻璃拉門，避免裝飾物沾上灰塵
S=1：5
椴木合板t=5
門扇
12
12
12
3
把手：橡木材
S=1：1
400
600
600
700
1100
S=1：50
600
各種不同深度的收納空間，使用範圍廣泛

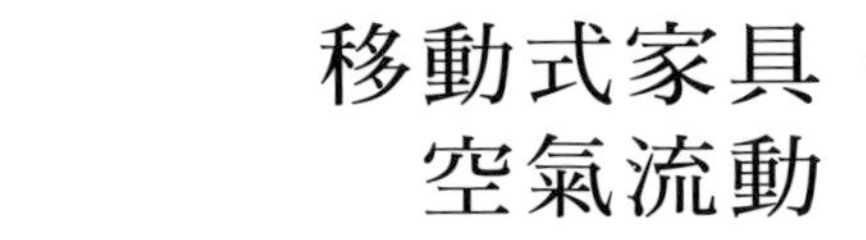
SECTION
2-2

移動式家具・空氣流動

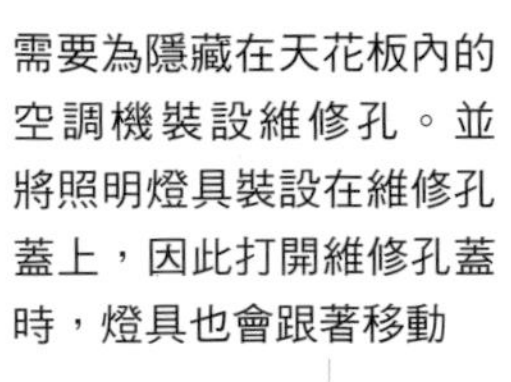

需要為隱藏在天花板內的空調機裝設維修孔。並將照明燈具裝設在維修孔蓋上，因此打開維修孔蓋時，燈具也會跟著移動

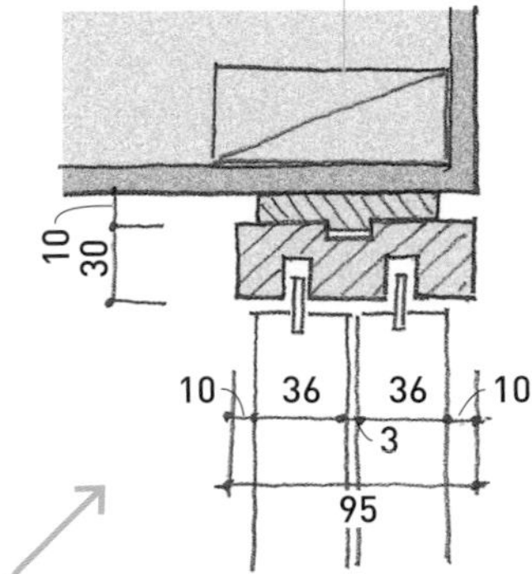
基底材料
S=1：50
10
30
10
36
36
10
3
95

為了能夠在不破壞原有裝潢下裝設門楣，因此在原有的角落區放入大塊的基底材料

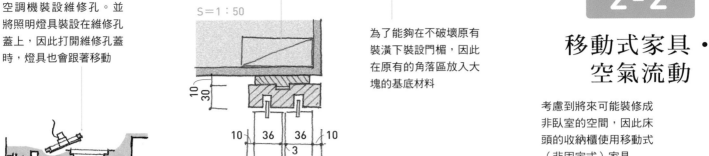

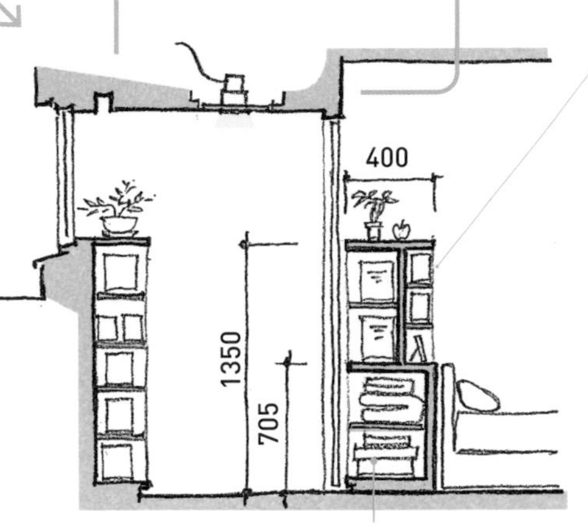
S=1：5
400
1350
705
S=1：50

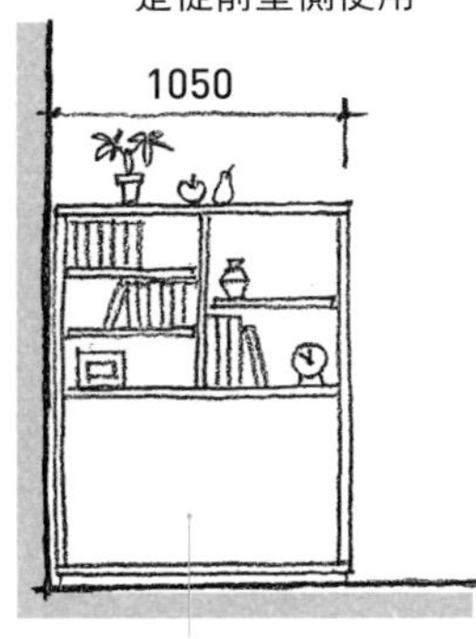
1050

將床頭側的棚架設計成較淺的深度，用來放置小物品。內側的棚架則是從前室側使用

下方的棚架皆為由前室側使用的收納空間

床頭前方為固定式擋板

考慮到將來可能裝修成非臥室的空間，因此床頭的收納櫃使用移動式（非固定式）家具

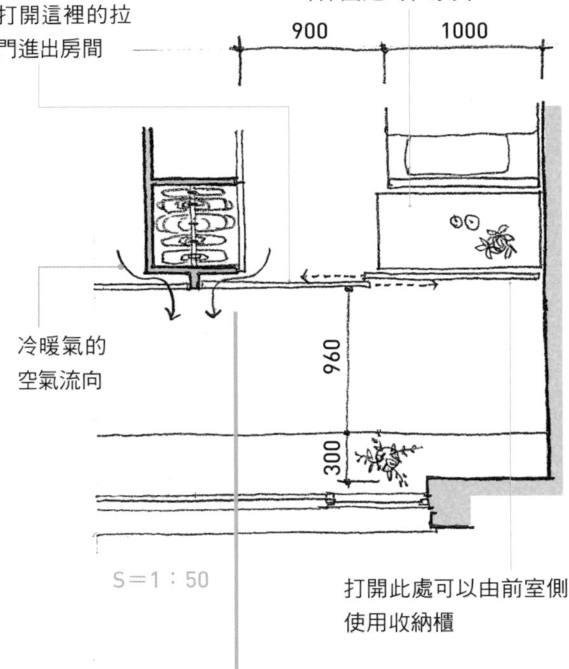
900
1000
960
300
S=1：50

打開這裡的拉門進出房間

冷暖氣的空氣流向

打開此處可以由前室側使用收納櫃

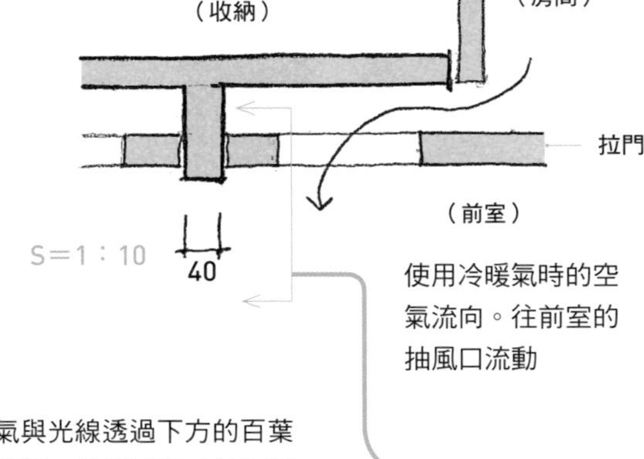
（收納）
（房間）
拉門
（前室）
S=1：10
40

使用冷暖氣時的空氣流向。往前室的抽風口流動

空氣與光線透過下方的百葉窗傳遞。就算兒童房的門扇關起來後，也能知道電燈是否點亮著

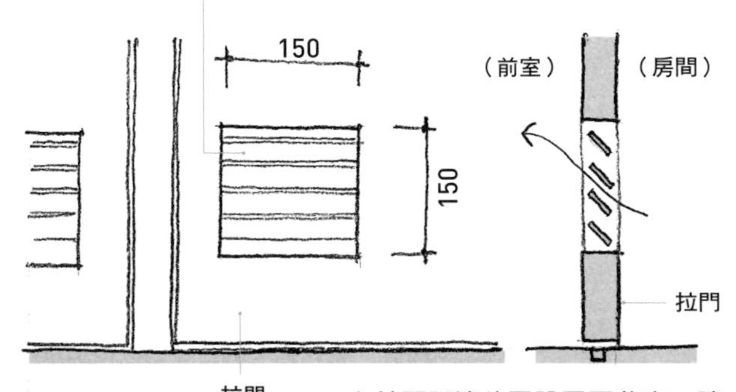
150
150
（前室）
（房間）
拉門
S=1：10
拉門

在拉門腳邊位置設置百葉窗，讓空氣流通的同時又能遮蔽視線

各自擁有「獨自空間」，並緩和地彼此相連

在這棟住宅中，將客廳、餐廳及廚房配置於2樓。並且利用回遊動線將LDK彼此連結，在客廳與餐廳之間配置了樓梯，而餐廳與廚房之間則是設置開放式廚房，廚房和餐廳也是利用空間一隅的動線連結，使得LDK分別擁有各自的「領域」，又同時緩和地彼此連結在一起。另外，客廳與餐廳還能藉由挑高與樓上的兒童房連接。

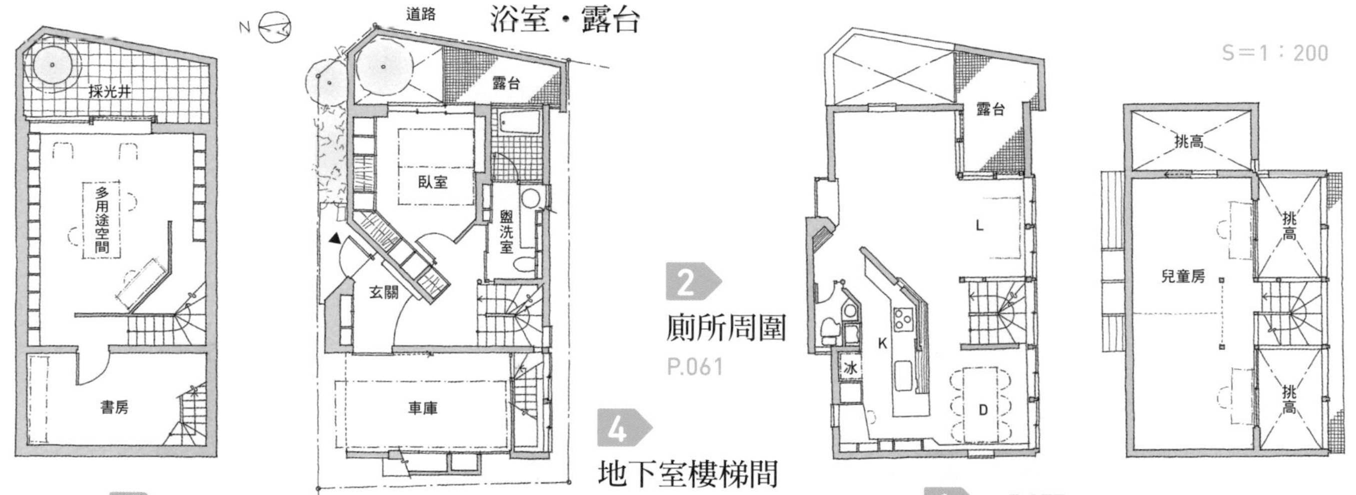

3 P.062 浴室・露台

2 廁所周圍 P.061

4 地下室樓梯間 P.063

1 P.057 客廳・餐廳周圍

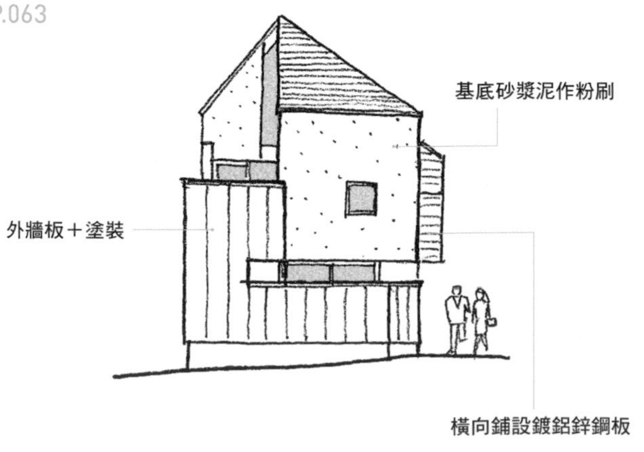

S＝1：200

采光井　多用途空間　書房

N　道路　露台　臥室　盥洗室　玄關　車庫

露台　L　K　冰　D

挑高　兒童房　挑高　挑高

BF　1F　2F　3F

基底砂漿泥作粉刷

外牆板＋塗裝

橫向鋪設鍍鋁鋅鋼板

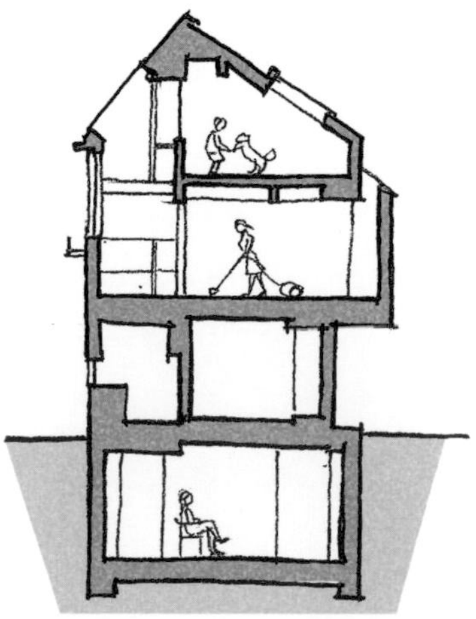

S＝1：200

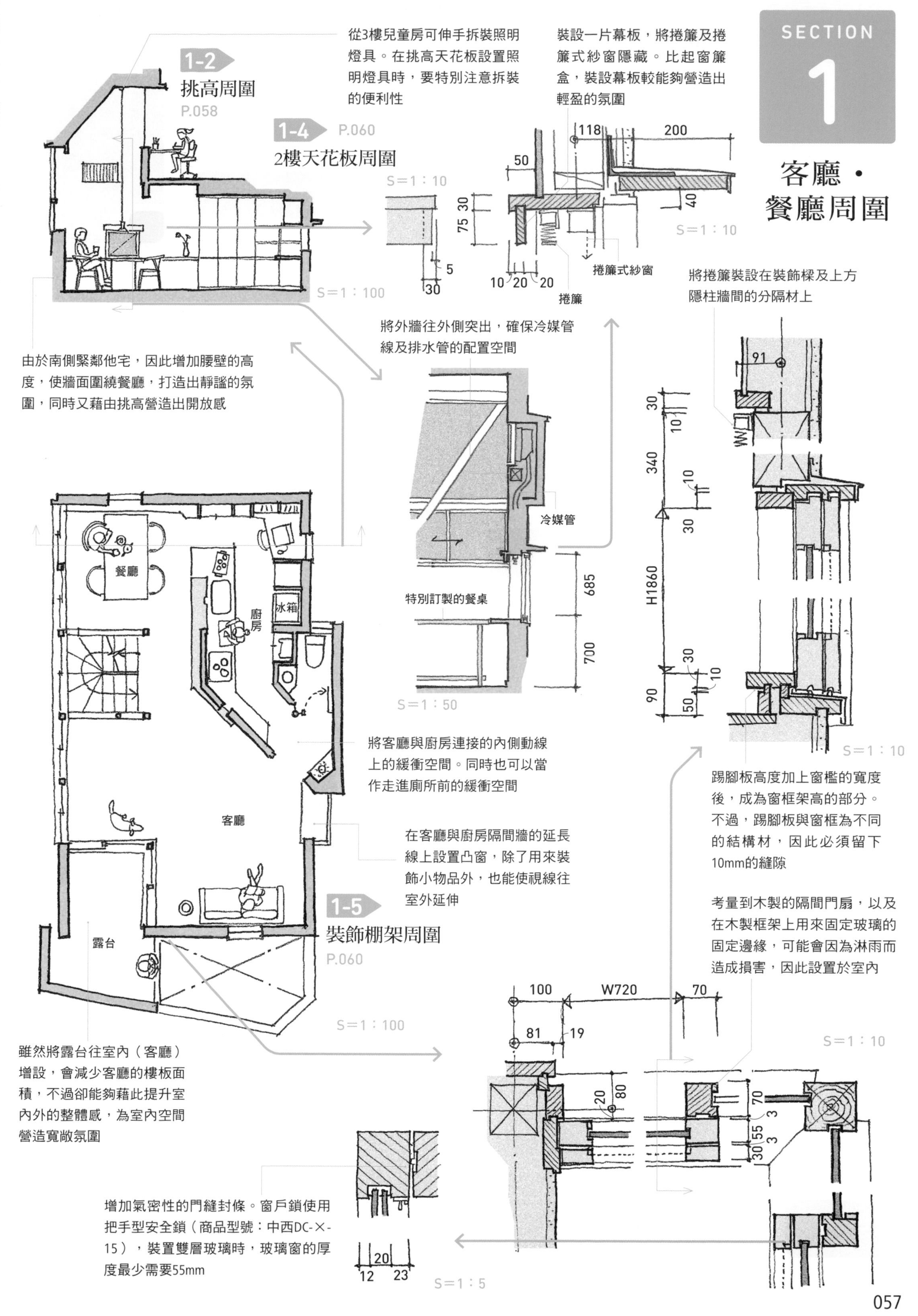
1-2
挑高周圍
P.058
1-4 P.060
2樓天花板周圍
從3樓兒童房可伸手拆裝照明燈具。在挑高天花板設置照明燈具時，要特別注意拆裝的便利性
裝設一片幕板，將捲簾及捲簾式紗窗隱藏。比起窗簾盒，裝設幕板較能夠營造出輕盈的氛圍
S=1：10
S=1：100
捲簾式紗窗
捲簾
將捲簾裝設在裝飾樑及上方隱柱牆間的分隔材上
將外牆往外側突出，確保冷媒管線及排水管的配置空間
由於南側緊鄰他宅，因此增加腰壁的高度，使牆面圍繞餐廳，打造出靜謐的氛圍，同時又藉由挑高營造出開放感
冷媒管
特別訂製的餐桌
S=1：50
餐廳
廚房
冰箱
客廳
露台
將客廳與廚房連接的內側動線上的緩衝空間。同時也可以當作走進廁所前的緩衝空間
在客廳與廚房隔間牆的延長線上設置凸窗，除了用來裝飾小物品外，也能使視線往室外延伸
1-5
裝飾棚架周圍
P.060
踢腳板高度加上窗檻的寬度後，成為窗框架高的部分。不過，踢腳板與窗框為不同的結構材，因此必須留下10mm的縫隙
考量到木製的隔間門扇，以及在木製框架上用來固定玻璃的固定邊緣，可能會因為淋雨而造成損害，因此設置於室內
雖然將露台往室內（客廳）增設，會減少客廳的樓板面積，不過卻能夠藉此提升室內外的整體感，為室內空間營造寬敞氛圍
增加氣密性的門縫封條。窗戶鎖使用把手型安全鎖（商品型號：中西DC-X-15），裝置雙層玻璃時，玻璃窗的厚度最少需要55mm
S=1：5
W720
H1860

SECTION 1-2

挑高周圍

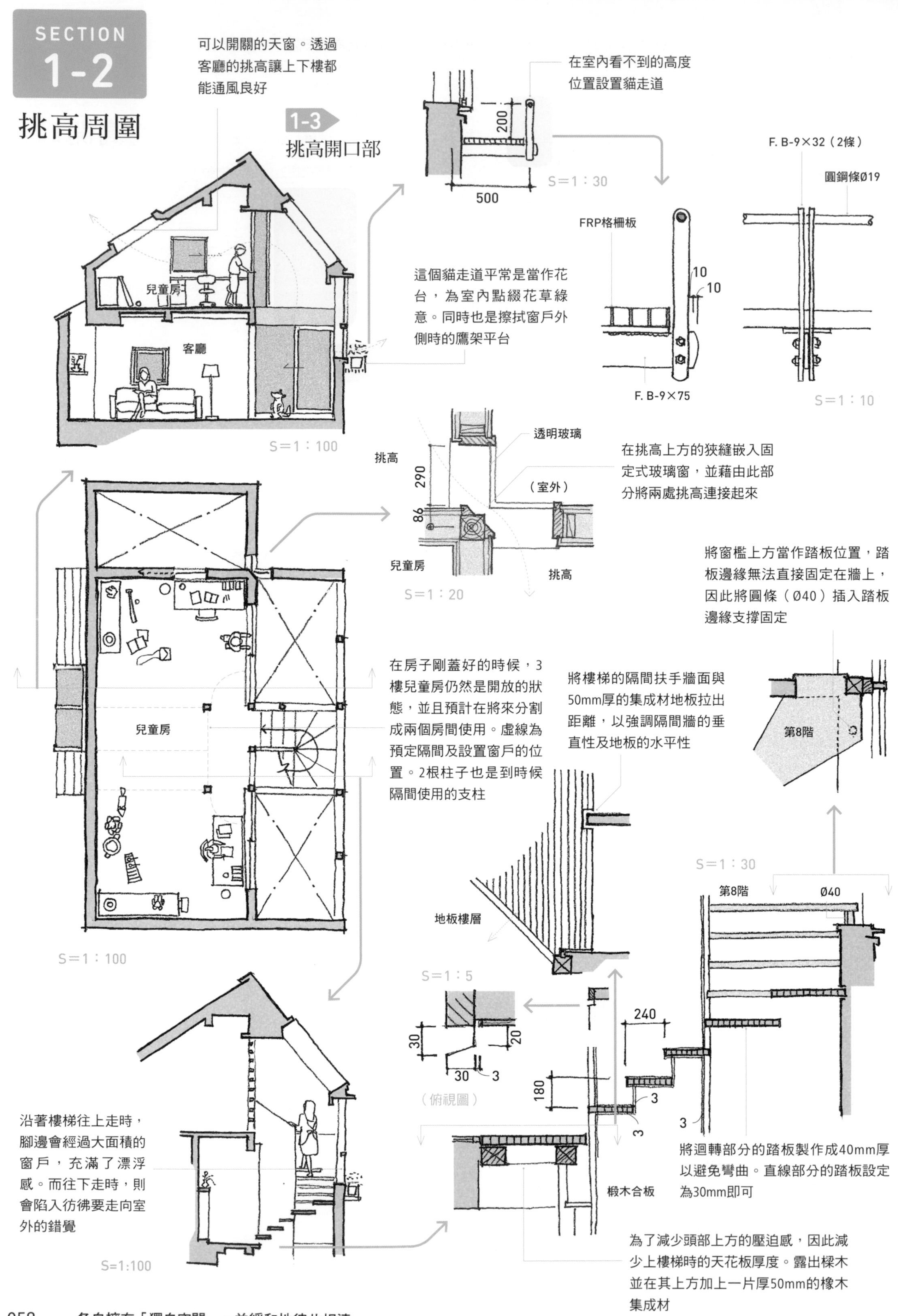

可以開關的天窗。透過客廳的挑高讓上下樓都能通風良好
1-3
挑高開口部
在室內看不到的高度位置設置貓走道
200
500
S＝1：30
F. B-9×32（2條）
圓鋼條Ø19
FRP格柵板
10
10
F. B-9×75
S＝1：10
兒童房
客廳
這個貓走道平常是當作花台，為室內點綴花草綠意。同時也是擦拭窗戶外側時的鷹架平台
S＝1：100
透明玻璃
挑高
290
86
（室外）
兒童房
挑高
S＝1：20
在挑高上方的狹縫嵌入固定式玻璃窗，並藉由此部分將兩處挑高連接起來
將窗檻上方當作踏板位置，踏板邊緣無法直接固定在牆上，因此將圓條（Ø40）插入踏板邊緣支撐固定
第8階
兒童房
在房子剛蓋好的時候，3樓兒童房仍然是開放的狀態，並且預計在將來分割成兩個房間使用。虛線為預定隔間及設置窗戶的位置。2根柱子也是到時候隔間使用的支柱
將樓梯的隔間扶手牆面與50mm厚的集成材地板拉出距離，以強調隔間牆的垂直性及地板的水平性
S＝1：30
第8階
Ø40
地板樓層
S＝1：100
S＝1：5
30
20
30
3
（俯視圖）
240
180
3
3
3
沿著樓梯往上走時，腳邊會經過大面積的窗戶，充滿了漂浮感。而往下走時，則會陷入彷彿要走向室外的錯覺
椴木合板
將迴轉部分的踏板製作成40mm厚以避免彎曲。直線部分的踏板設定為30mm即可
S=1:100
為了減少頭部上方的壓迫感，因此減少上樓梯時的天花板厚度。露出樑木並在其上方加上一片厚50mm的橡木集成材

挑高開口部

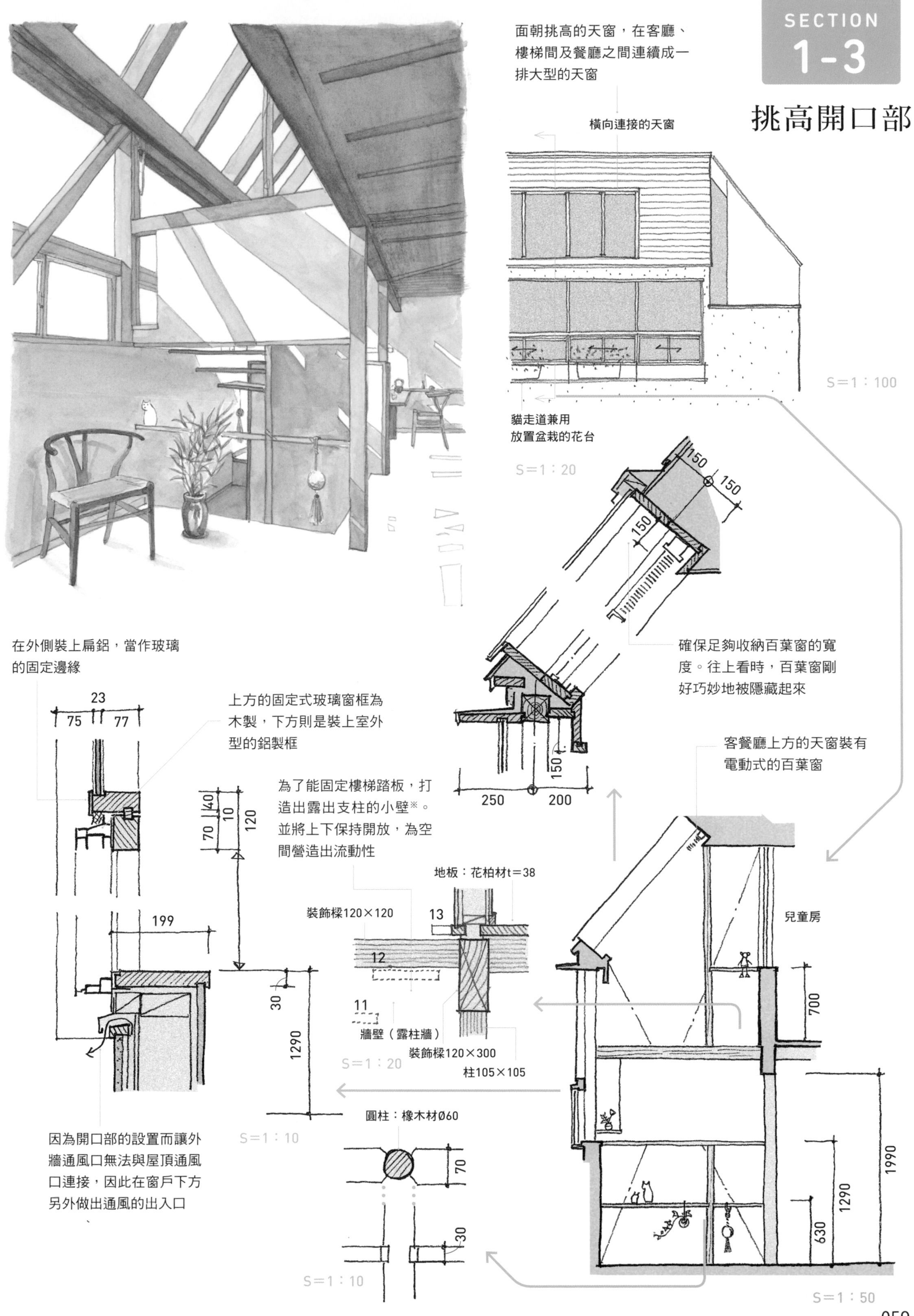
面朝挑高的天窗，在客廳、樓梯間及餐廳之間連續成一排大型的天窗
橫向連接的天窗
S＝1：100
貓走道兼用放置盆栽的花台
S＝1：20
150
150
150
確保足夠收納百葉窗的寬度。往上看時，百葉窗剛好巧妙地被隱藏起來
150
250
200
客餐廳上方的天窗裝有電動式的百葉窗
在外側裝上扁鋁，當作玻璃的固定邊緣
23
75
77
上方的固定式玻璃窗框為木製，下方則是裝上室外型的鋁製框
40
10
70
120
199
30
1290
S＝1：10
因為開口部的設置而讓外牆通風口無法與屋頂通風口連接，因此在窗戶下方另外做出通風的出入口
為了能固定樓梯踏板，打造出露出支柱的小壁※。並將上下保持開放，為空間營造出流動性
地板：花柏材t＝38
裝飾樑120×120
13
12
11
牆壁（露柱牆）
裝飾樑120×300
柱105×105
S＝1：20
圓柱：橡木材Ø60
70
30
S＝1：10
兒童房
700
1990
1290
630
S＝1：50

※小壁：指日式建築中，門楣（鴨居）與天花板之間的牆壁。

SECTION 1-4

2樓天花板周圍

120mm寬的樑以及105mm大小的柱。如果使用120mm大小的柱，會使柱子突出樑的表面而無法接合。樑的斜邊為2～3mm，因此能剛好與柱接合

S=1：1

這種狀態為NG

S=1：1

在天花板露出樑及橫木作為裝飾。橫木尺寸為60×150mm。天花板可以直接看到3樓的地板材。地板為花柏材，厚度36mm×寬度150mm

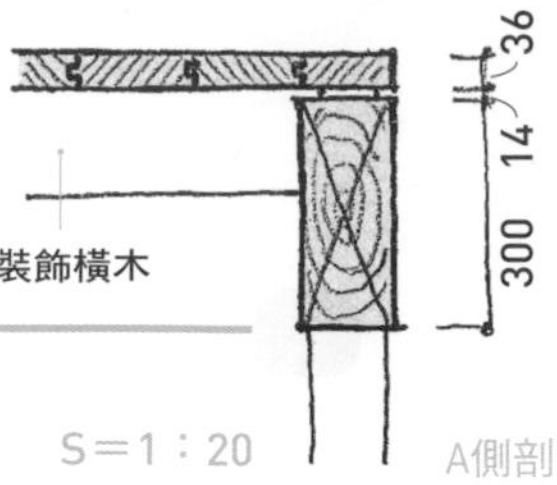

裝飾橫木

36 14 300

S=1：20　A側剖面

雖然將牆面做成隱柱牆，但是為了將裝飾樑外露，因此將收邊材裝在樑上

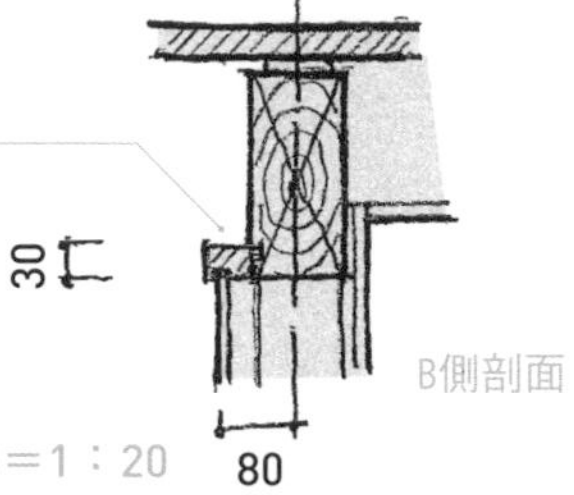

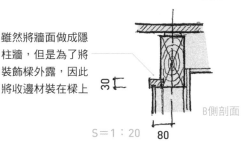

30 80

S=1：20　B側剖面

廚房天花板為石膏板

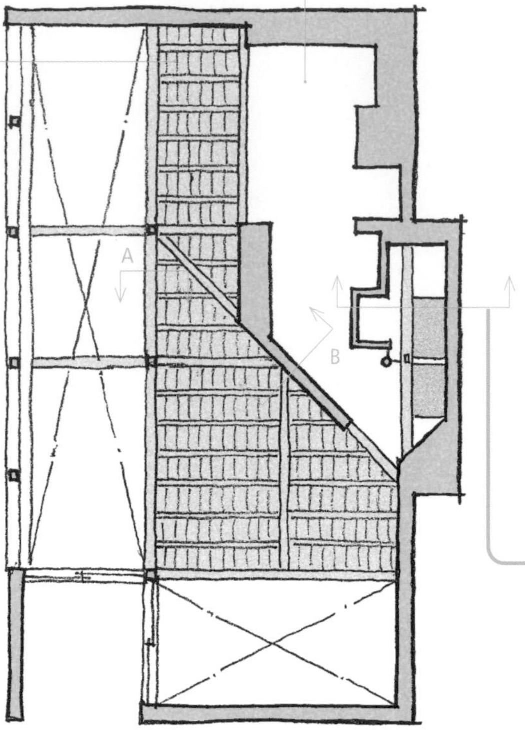

A　B

天花板仰視圖　S=1：100

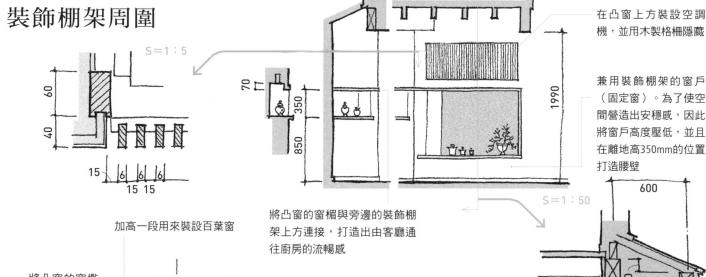

SECTION 1-5

裝飾棚架周圍

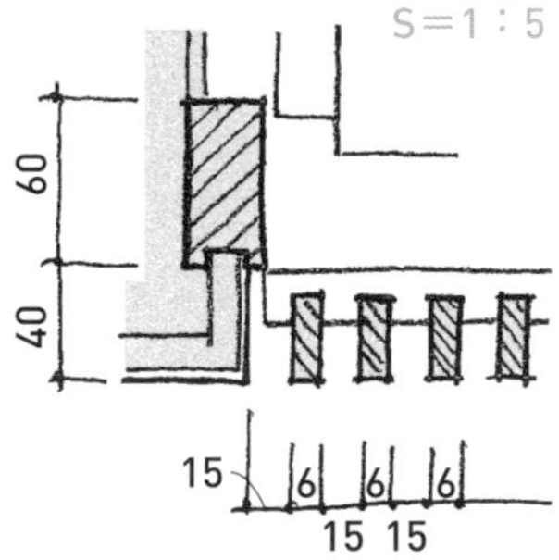

S=1：5

60 40 15 6 6 6 15 15

在凸窗上方裝設空調機，並用木製格柵隱藏

兼用裝飾棚架的窗戶（固定窗）。為了使空間營造出安穩感，因此將窗戶高度壓低，並且在離地高350mm的位置打造腰壁

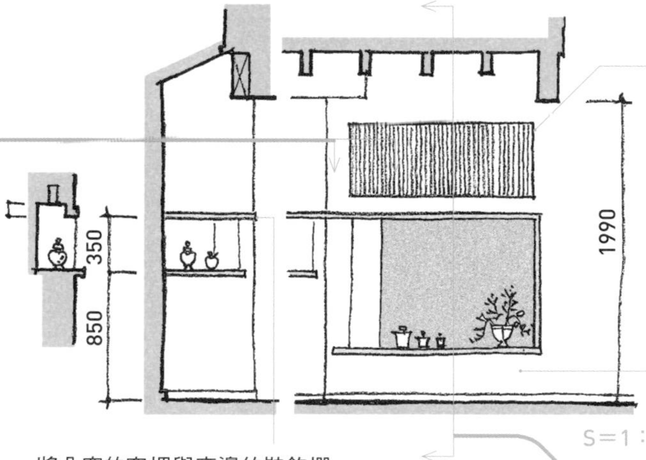

70 350 850 1990

S=1：50

將凸窗的窗楣與旁邊的裝飾棚架上方連接，打造出由客廳通往廚房的流暢感

加高一段用來裝設百葉窗

將凸窗的窗檻往室內突出5cm，可以藉此增加窗戶往外延伸的效果

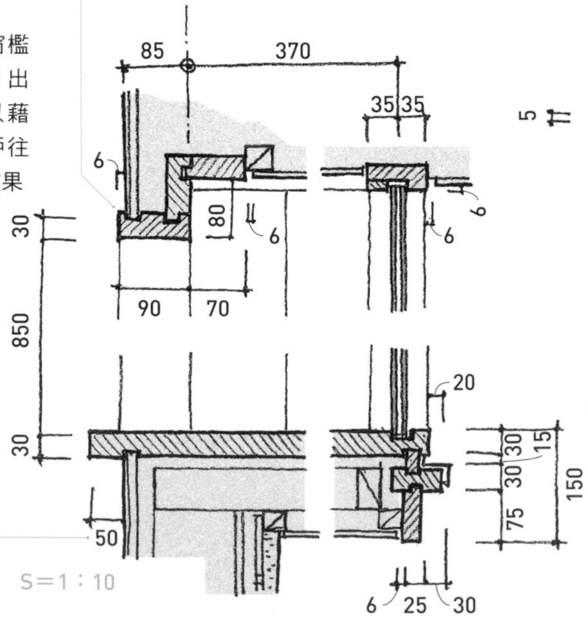

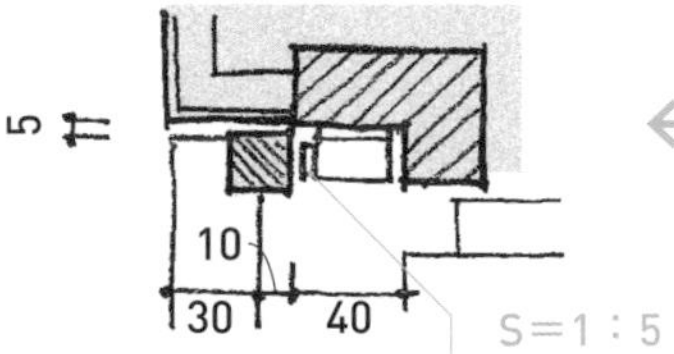

85 370 35 35 6 80 6 6 90 70 30 850 30 50 20 30 15 30 75 150 6 25 30

S=1：10

5 10 30 40

S=1：5

格柵的上下側皆裝設門扣固定

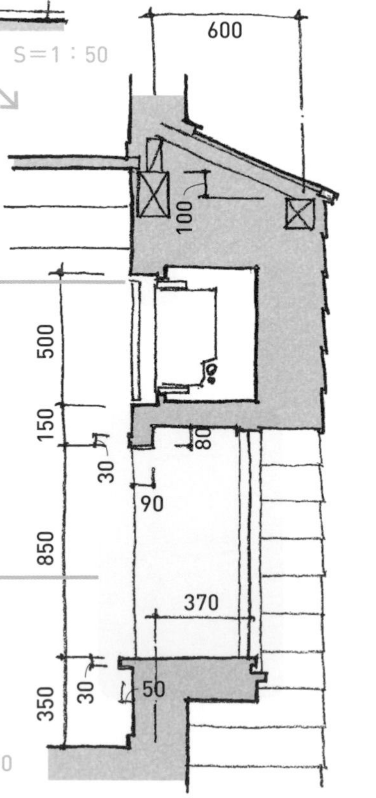

600 100 500 150 80 30 90 850 370 350 30 50

S=1：30

廁所周圍

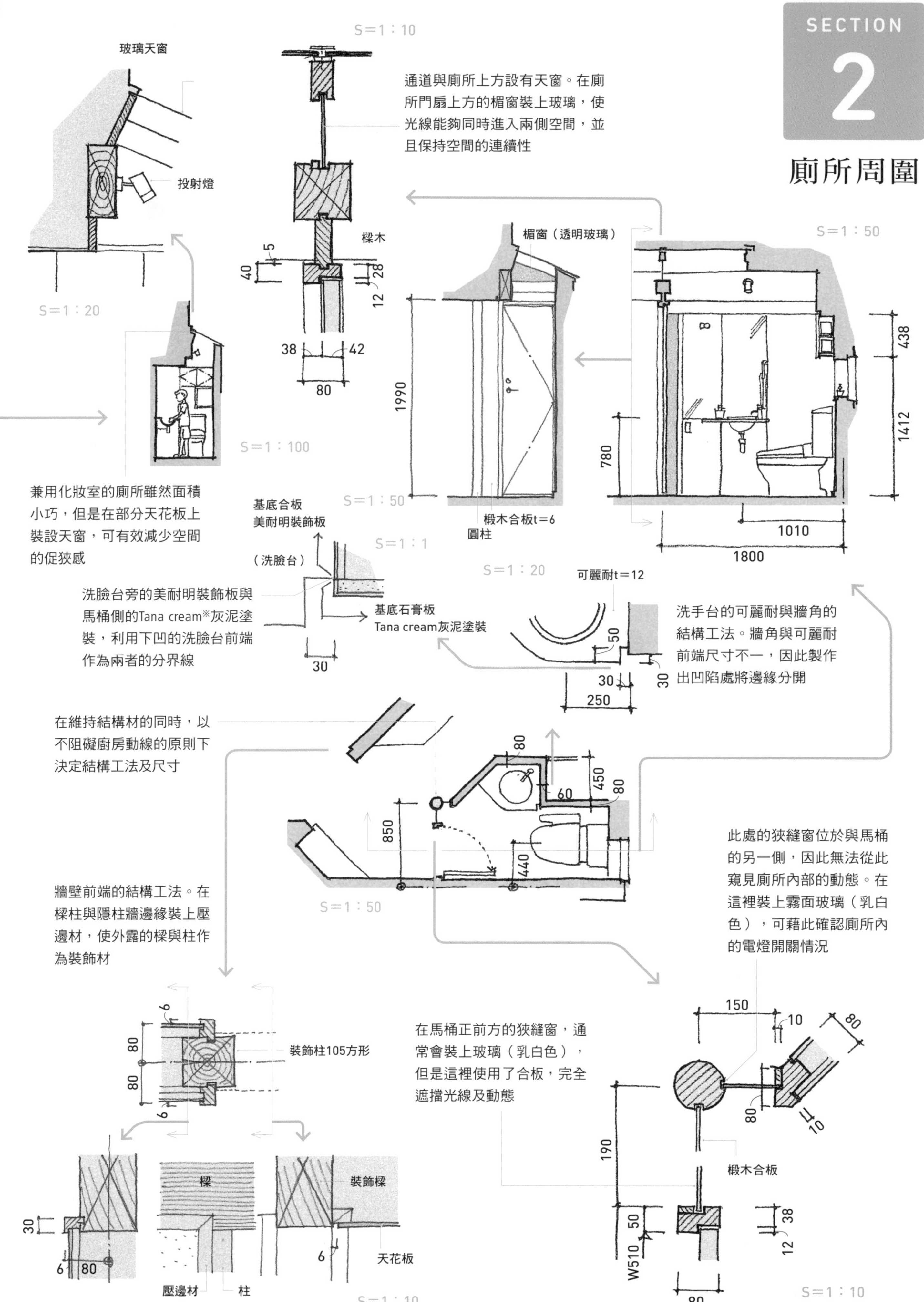
S=1：10
玻璃天窗
投射燈
通道與廁所上方設有天窗。在廁所門扇上方的楣窗裝上玻璃，使光線能夠同時進入兩側空間，並且保持空間的連續性
樑木
5
40
28
12
38
42
80
S=1：20
S=1：100
S=1：50
楣窗（透明玻璃）
1990
椴木合板t=6
圓柱
S=1：50
438
1412
780
1010
1800
兼用化妝室的廁所雖然面積小巧，但是在部分天花板上裝設天窗，可有效減少空間的促狹感
基底合板
美耐明裝飾板
（洗臉台）
S=1：1
S=1：50
S=1：20
可麗耐t=12
洗臉台旁的美耐明裝飾板與馬桶側的Tana cream※灰泥塗裝，利用下凹的洗臉台前端作為兩者的分界線
基底石膏板
Tana cream灰泥塗裝
30
50
30
250
30
洗手台的可麗耐與牆角的結構工法。牆角與可麗耐前端尺寸不一，因此製作出凹陷處將邊緣分開
在維持結構材的同時，以不阻礙廚房動線的原則下決定結構工法及尺寸
80
450
60
80
850
440
S=1：50
牆壁前端的結構工法。在樑柱與隱柱牆邊緣裝上壓邊材，使外露的樑與柱作為裝飾材
此處的狹縫窗位於與馬桶的另一側，因此無法從此窺見廁所內部的動態。在這裡裝上霧面玻璃（乳白色），可藉此確認廁所內的電燈開關情況
6
80
80
6
裝飾柱105方形
在馬桶正前方的狹縫窗，通常會裝上玻璃（乳白色），但是這裡使用了合板，完全遮擋光線及動態
150
10
80
80
10
190
椴木合板
50
W510
38
12
80
30
6
80
樑
壓邊材
柱
6
裝飾樑
天花板
S=1：10
S=1：10

※Tana cream：商品名，原文為「タナクリーム」。為日本田中石灰工業株式會社所生產販售的一種環保灰泥塗料。

SECTION 3

浴室・露台

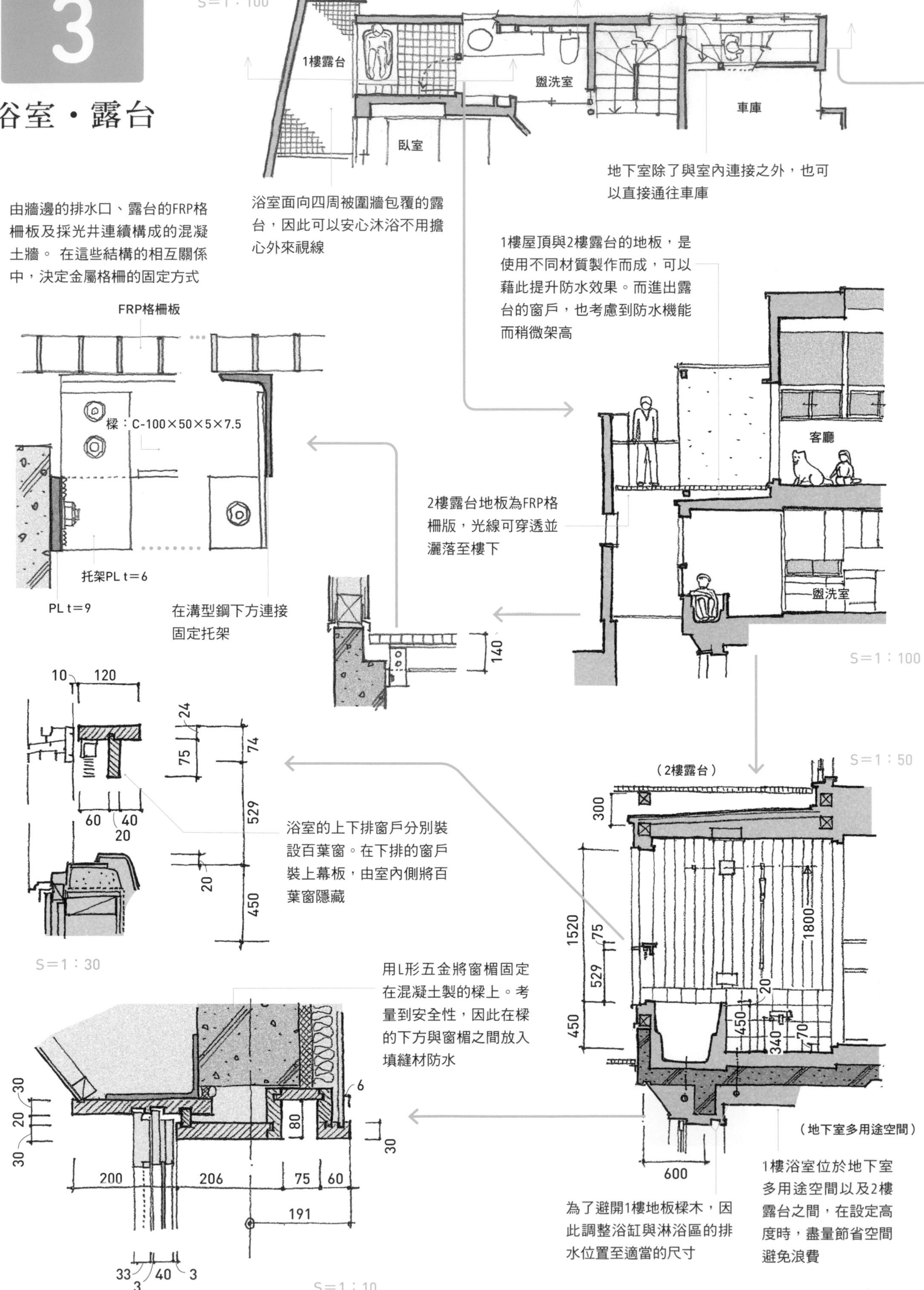

S＝1：100
1樓露台
盥洗室
車庫
臥室
地下室除了與室內連接之外，也可以直接通往車庫
浴室面向四周被圍牆包覆的露台，因此可以安心沐浴不用擔心外來視線
由牆邊的排水口、露台的FRP格柵板及採光井連續構成的混凝土牆。 在這些結構的相互關係中，決定金屬格柵的固定方式
1樓屋頂與2樓露台的地板，是使用不同材質製作而成，可以藉此提升防水效果。而進出露台的窗戶，也考慮到防水機能而稍微架高
FRP格柵板
樑：C-100×50×5×7.5
托架PL t＝6
PL t＝9
在溝型鋼下方連接固定托架
客廳
2樓露台地板為FRP格柵版，光線可穿透並灑落至樓下
盥洗室
140
S＝1：100
S＝1：50
（2樓露台）
300
1520
75
529
450
1800
20
450
340
70
600
（地下室多用途空間）
10
120
24
74
75
529
60
40
20
20
450
浴室的上下排窗戶分別裝設百葉窗。在下排的窗戶裝上幕板，由室內側將百葉窗隱藏
S＝1：30
用L形五金將窗楣固定在混凝土製的樑上。考量到安全性，因此在樑的下方與窗楣之間放入填縫材防水
30
20
30
6
80
30
200
206
75
60
191
33
3
40
3
S＝1：10
為了避開1樓地板樑木，因此調整浴缸與淋浴區的排水位置至適當的尺寸
1樓浴室位於地下室多用途空間以及2樓露台之間，在設定高度時，盡量節省空間避免浪費

SECTION 4

地下室樓梯間

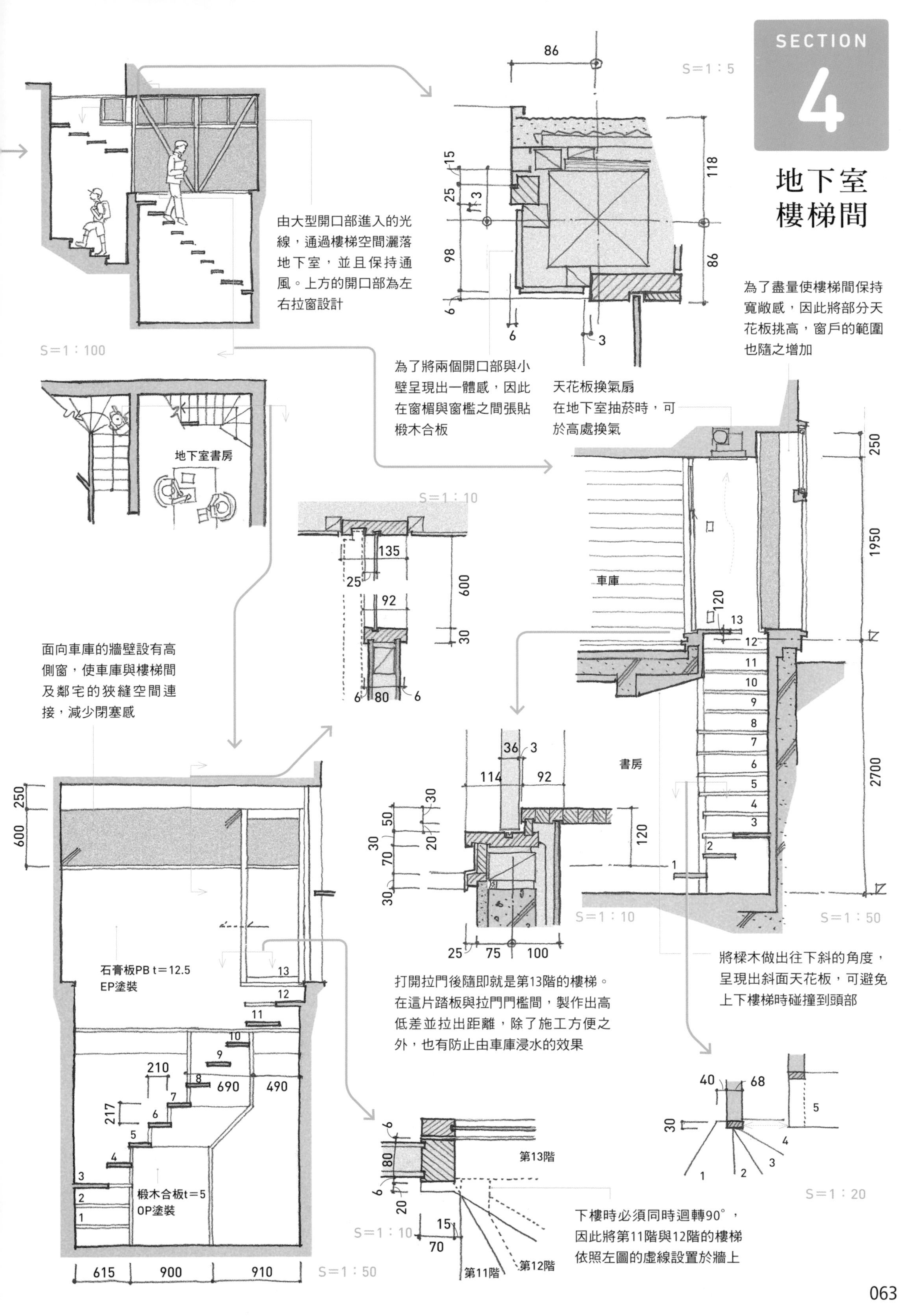

S=1：5
86
15
25
3
98
6
118
86
6
3
S=1：100
由大型開口部進入的光線，通過樓梯空間灑落地下室，並且保持通風。上方的開口部為左右拉窗設計
為了將兩個開口部與小壁呈現出一體感，因此在窗楣與窗檻之間張貼椴木合板
天花板換氣扇
在地下室抽菸時，可於高處換氣
為了盡量使樓梯間保持寬敞感，因此將部分天花板挑高，窗戶的範圍也隨之增加
地下室書房
S=1：10
135
25
600
92
30
6
80
6
車庫
250
1950
120
13
12
11
10
9
8
7
6
5
4
3
2
1
2700
書房
面向車庫的牆壁設有高側窗，使車庫與樓梯間及鄰宅的狹縫空間連接，減少閉塞感
36
3
114
92
30
50
20
30
70
30
120
25
75
100
S=1：10
S=1：50
250
600
石膏板PB t=12.5
EP塗裝
13
12
11
10
9
8
7
6
5
4
3
2
1
210
690
490
217
椴木合板t=5
OP塗裝
615
900
910
S=1：50
打開拉門後隨即就是第13階的樓梯。在這片踏板與拉門門檻間，製作出高低差並拉出距離，除了施工方便之外，也有防止由車庫浸水的效果
將樑木做出往下斜的角度，呈現出斜面天花板，可避免上下樓梯時碰撞到頭部
6
80
6
20
第13階
15
70
S=1：10
第11階
第12階
下樓時必須同時迴轉90°，因此將第11階與12階的樓梯依照左圖的虛線設置於牆上
40
68
30
5
4
3
2
1
S=1：20

CASE11 ／ 久之原的家

利用4座樓梯將空間連結

這是一棟上下樓各自生活的二代同堂住宅。兩個家庭共用小庭院、露台及屋頂等室外空間，並藉此緩和地連結。連接上下樓層的樓梯扮演了重要的角色，在室內外設置了四座樓梯。其中一座為入口門廳的樓梯，以及連接露台與屋頂的室外樓梯，另外兩座則是室內的樓梯。入口門廳與露台的樓梯可以直接穿鞋行走，考量到室外雨水問題而使用鋼鐵構成，室內樓梯則由木材製成。

1F

L　D　K　冰　工作間　中庭　洗　衣帽間　臥室　玄關　車庫　入口大門　道路

1 玄關周圍
P.065

2 2樓樓梯周圍
P.068

2F

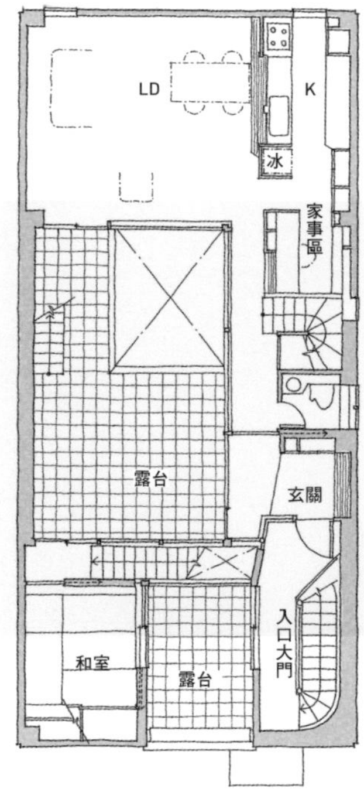

LD　K　冰　家事區　露台　玄關　和室　露台　入口大門

3 3樓樓梯周圍
P.070

3F

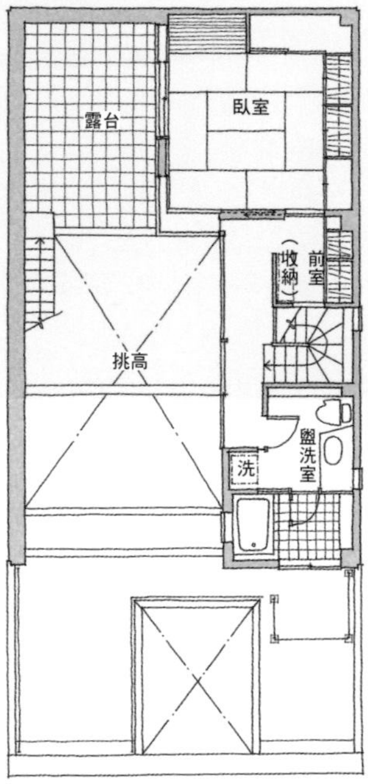

露台　臥室　(收納)　前室　挑高　盥洗室　洗

S＝1：200

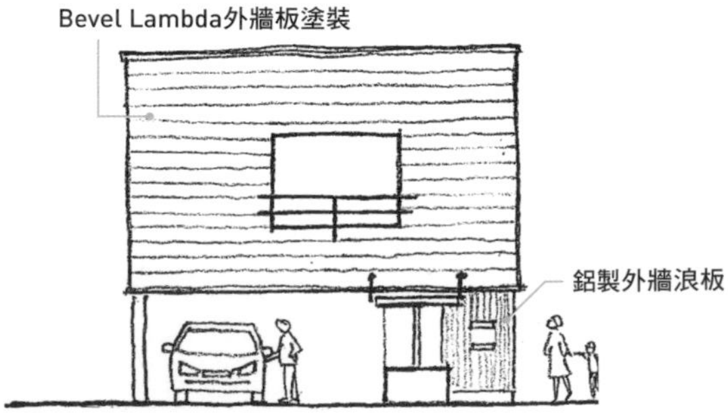

Bevel Lambda外牆板塗裝

鋁製外牆浪板

基底砂漿泥作粉刷

鋁製外牆浪板

S＝1：200

SECTION
1
玄關周圍

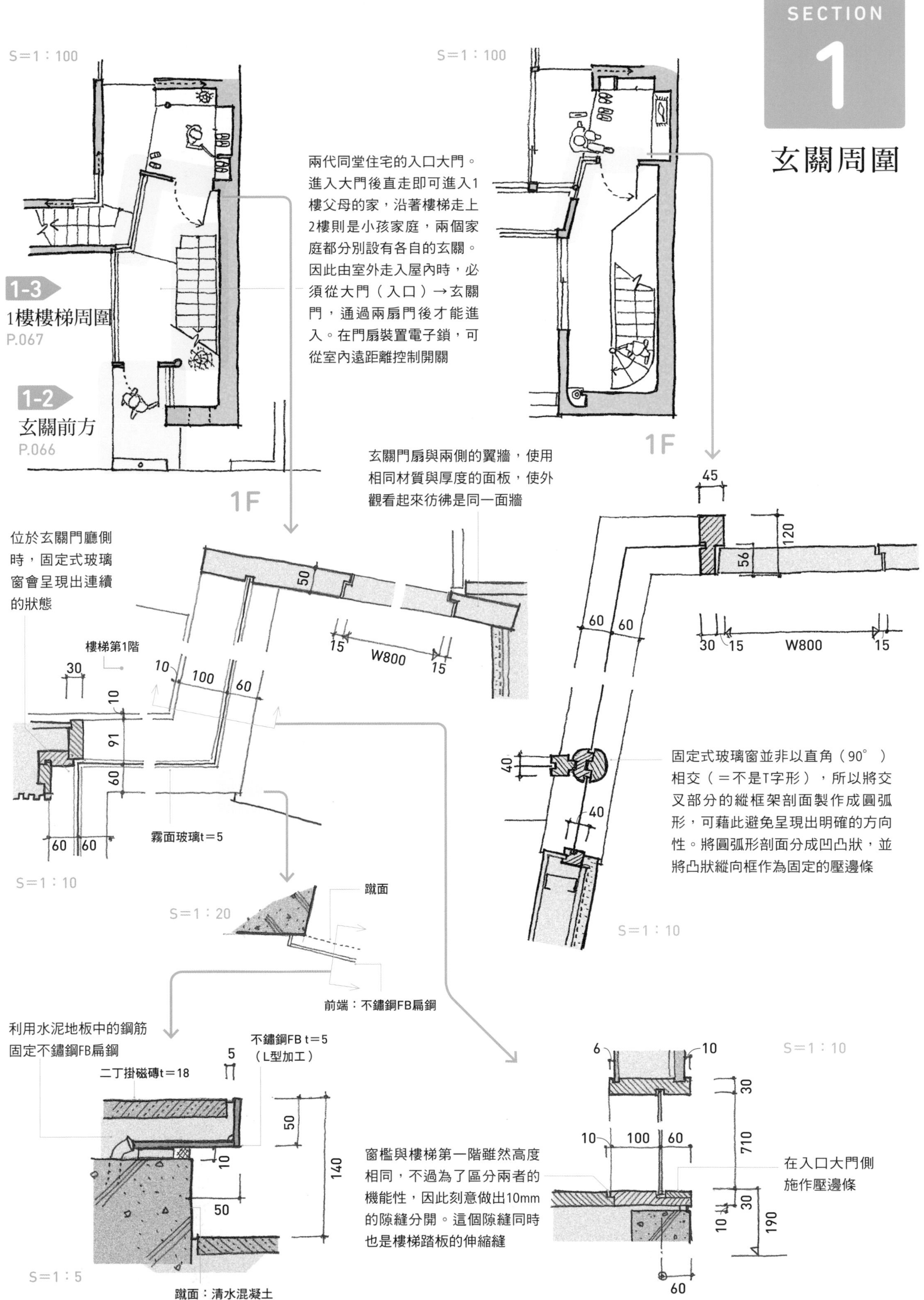

S＝1：100
S＝1：100
1-3
1樓樓梯周圍
P.067
1-2
玄關前方
P.066
1F
1F
位於玄關門廳側時，固定式玻璃窗會呈現出連續的狀態
樓梯第1階
霧面玻璃t＝5
S＝1：10
S＝1：20
蹴面
前端：不鏽鋼FB扁鋼
W800
45
120
56
W800
S＝1：10
利用水泥地板中的鋼筋固定不鏽鋼FB扁鋼
二丁掛磁磚t＝18
不鏽鋼FB t＝5
（L型加工）
S＝1：5
蹴面：清水混凝土
S＝1：10
在入口大門側施作壓邊條

兩代同堂住宅的入口大門。進入大門後直走即可進入1樓父母的家，沿著樓梯走上2樓則是小孩家庭，兩個家庭都分別設有各自的玄關。因此由室外走入屋內時，必須從大門（入口）→玄關門，通過兩扇門後才能進入。在門扇裝置電子鎖，可從室內遠距離控制開關

玄關門扇與兩側的翼牆，使用相同材質與厚度的面板，使外觀看起來彷彿是同一面牆

固定式玻璃窗並非以直角（90°）相交（＝不是T字形），所以將交叉部分的縱框架剖面製作成圓弧形，可藉此避免呈現出明確的方向性。將圓弧形剖面分成凹凸狀，並將凸狀縱向框作為固定的壓邊條

窗檻與樓梯第一階雖然高度相同，不過為了區分兩者的機能性，因此刻意做出10mm的隙縫分開。這個隙縫同時也是樓梯踏板的伸縮縫

SECTION 1-2

玄關前方

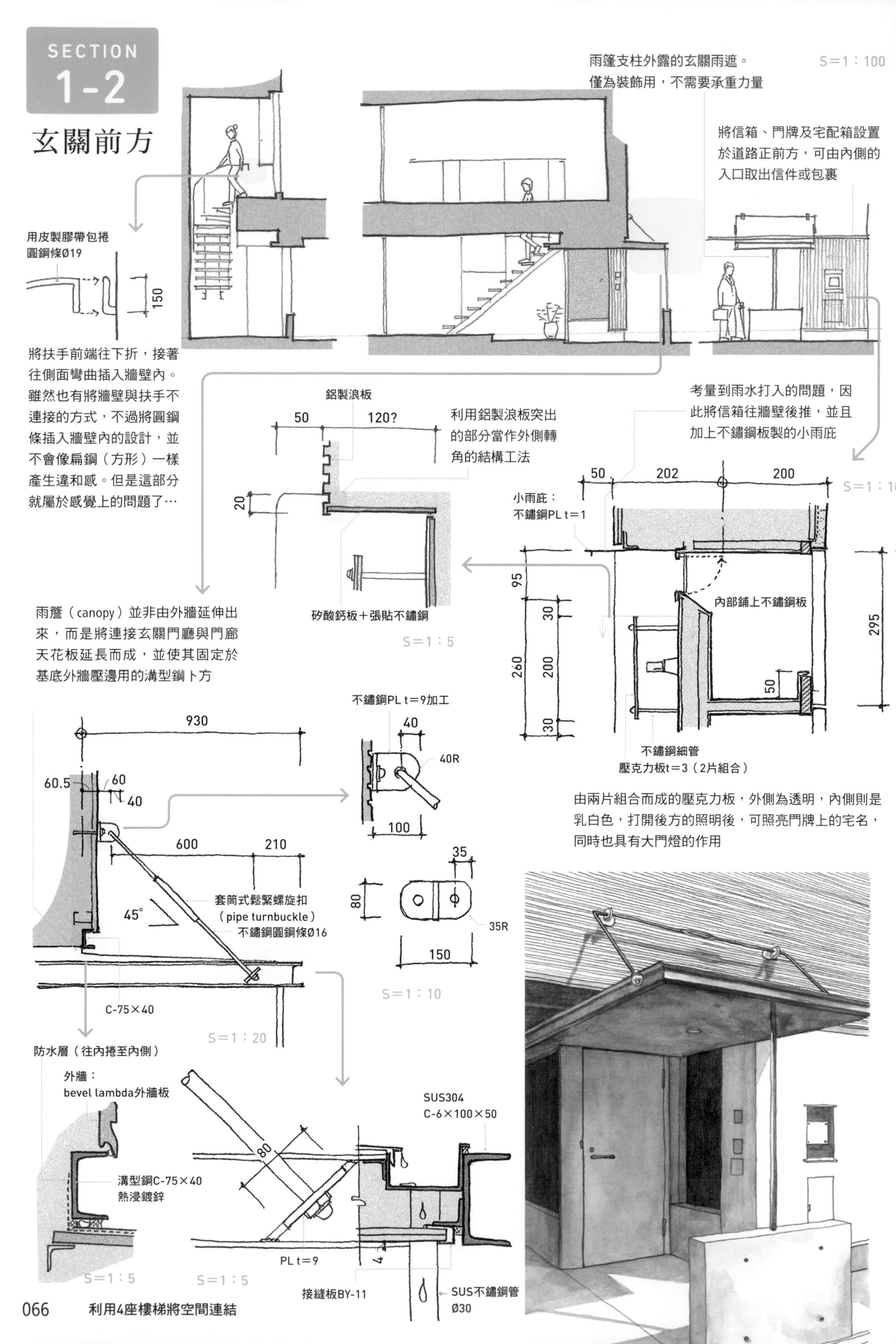

雨篷支柱外露的玄關雨遮。
僅為裝飾用，不需要承重力量
S=1：100
將信箱、門牌及宅配箱設置
於道路正前方，可由內側的
入口取出信件或包裹
用皮製膠帶包捲
圓鋼條Ø19
150
將扶手前端往下折，接著
往側面彎曲插入牆壁內。
雖然也有將牆壁與扶手不
連接的方式，不過將圓鋼
條插入牆壁內的設計，並
不會像扁鋼（方形）一樣
產生違和感。但是這部分
就屬於感覺上的問題了…
鋁製浪板
50
120?
利用鋁製浪板突出
的部分當作外側轉
角的結構工法
20
矽酸鈣板＋張貼不鏽鋼
S=1：5
考量到雨水打入的問題，因
此將信箱往牆壁後推，並且
加上不鏽鋼板製的小雨庇
50
202
200
S=1：10
小雨庇：
不鏽鋼PL t=1
內部鋪上不鏽鋼板
95
30
260
200
30
50
295
不鏽鋼細管
壓克力板t=3（2片組合）
由兩片組合而成的壓克力板，外側為透明，內側則是
乳白色，打開後方的照明後，可照亮門牌上的宅名，
同時也具有大門燈的作用
雨篷（canopy）並非由外牆延伸出
來，而是將連接玄關門廳與門廊
天花板延長而成，並使其固定於
基底外牆壓邊用的溝型鋼卜方
930
60.5
60
40
600
210
45°
套筒式鬆緊螺旋扣
（pipe turnbuckle）
不鏽鋼圓鋼條Ø16
C-75×40
S=1：20
不鏽鋼PL t=9加工
40
40R
100
35
80
35R
150
S=1：10
防水層（往內捲至內側）
外牆：
bevel lambda外牆板
溝型鋼C-75×40
熱浸鍍鋅
S=1：5
80
SUS304
C-6×100×50
PL t=9
4
S=1：5
接縫板BY-11
SUS不鏽鋼管
Ø30

1樓樓梯周圍

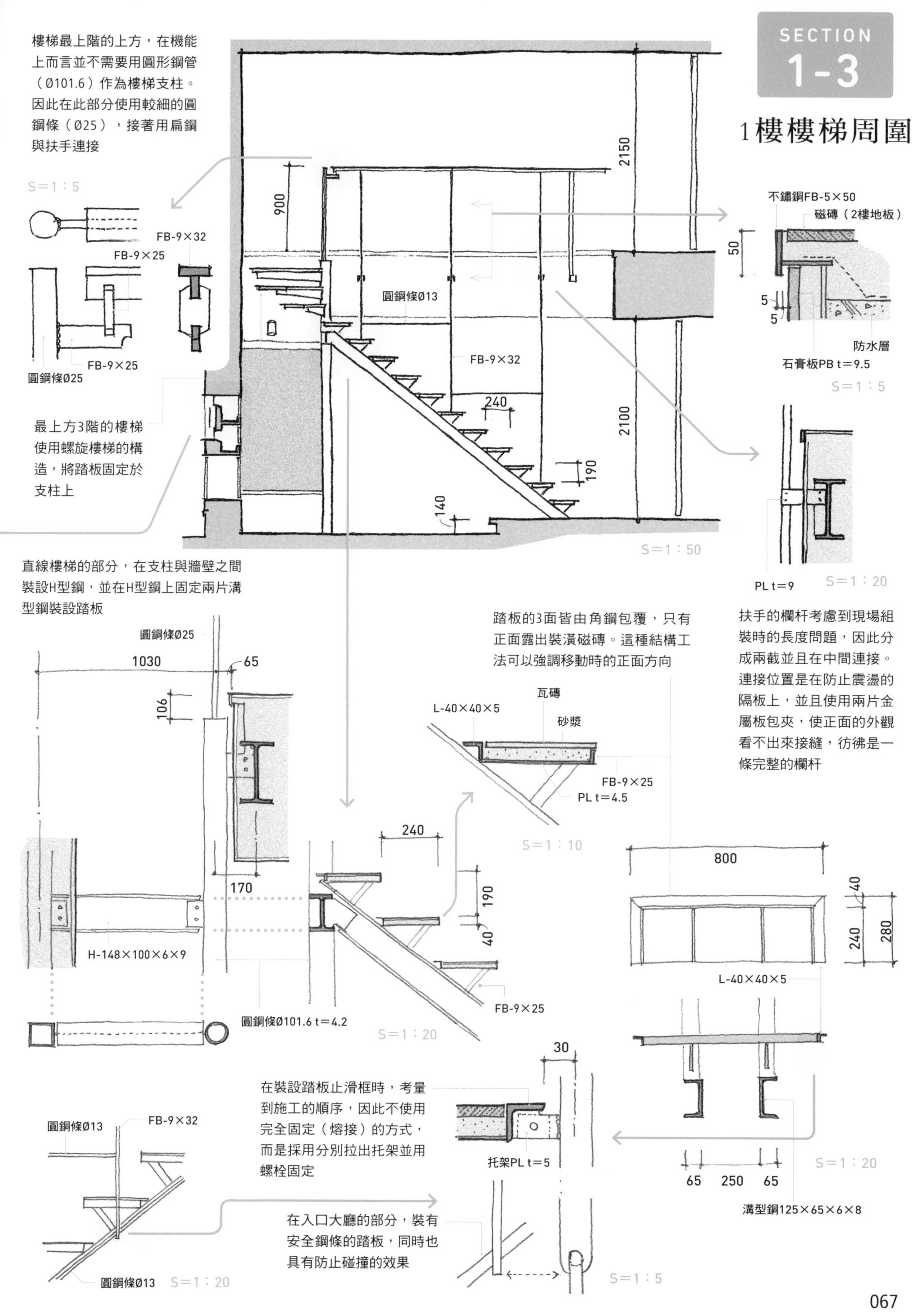
樓梯最上階的上方，在機能上而言並不需要用圓形鋼管（Ø101.6）作為樓梯支柱。因此在此部分使用較細的圓鋼條（Ø25），接著用扁鋼與扶手連接
S=1：5
FB-9×32
FB-9×25
FB-9×25
圓鋼條Ø25
最上方3階的樓梯使用螺旋樓梯的構造，將踏板固定於支柱上
900
2150
圓鋼條Ø13
FB-9×32
240
2100
190
140
S=1：50
不鏽鋼FB-5×50
磁磚（2樓地板）
50
5
5
防水層
石膏板PB t=9.5
S=1：5
PL t=9
S=1：20
扶手的欄杆考慮到現場組裝時的長度問題，因此分成兩截並且在中間連接。連接位置是在防止震盪的隔板上，並且使用兩片金屬板包夾，使正面的外觀看不出來接縫，彷彿是一條完整的欄杆
直線樓梯的部分，在支柱與牆壁之間裝設H型鋼，並在H型鋼上固定兩片溝型鋼裝設踏板
圓鋼條Ø25
1030
65
106
170
H-148×100×6×9
圓鋼條Ø101.6 t=4.2
240
190
40
FB-9×25
S=1：20
踏板的3面皆由角鋼包覆，只有正面露出裝潢磁磚。這種結構工法可以強調移動時的正面方向
瓦磚
L-40×40×5
砂漿
FB-9×25
PL t=4.5
S=1：10
800
40
240
280
L-40×40×5
S=1：20
65
250
65
溝型鋼125×65×6×8
30
在裝設踏板止滑框時，考量到施工的順序，因此不使用完全固定（熔接）的方式，而是採用分別拉出托架並用螺栓固定
托架PL t=5
在入口大廳的部分，裝有安全鋼條的踏板，同時也具有防止碰撞的效果
S=1：5
圓鋼條Ø13
FB-9×32
圓鋼條Ø13
S=1：20

SECTION 2

2樓樓梯周圍

將轉角的格子豎框裝上和紙夾層的玻璃，遮住由樓梯側而來的視線。另外，將日式拉門（障子）的框架縮小，並且與豎框分開，使和室外以及室外的光線，能夠藉由內凹部分進入和室空間。也能夠藉此強調和室與樓梯間的連結感

可拉進牆壁內隱藏的日式拉門。設計門套蓋的打開角度時，有90°及180°兩種方式。一般是由開口部的深度（牆壁的厚度）而決定，在這裡為了能使室內空間更大，減少了牆壁厚度，因此打開範圍製作成90°

將投射燈設置於此處的天花板，可以藉由強烈的反光強調此部分的曲面

因為設置開口部而改變牆面厚度，將此部分的內側轉角製作成曲面，可以誘導上樓的人沿著曲面進入和室

父母家庭由樓梯進入，小孩家庭則是由室外（露台）進入和室。將這個與日常生活獨立出來的和室空間，讓兩世代家庭都能任意使用

連接著1樓父母家庭的樓梯。兩代家庭都分別藉由這個中庭露台連結。和室兩側為中庭露台及和室前方的露台，光線由樓梯上方兩側進入室內，並且讓1樓也能充滿光線

此座直線樓梯的扶手如果使用同一條材質製作，會造成長度過長的問題，因此使用相同材質的細木條組合連接

沿著樓梯傾斜而上的扶手，將一端水平延伸至樓梯上方，藉此營造出移動空間的流動感。另外再將扶手最前端往下折90°，防止袖口捲到扶手

2樓中庭露台通往3樓露台的樓梯

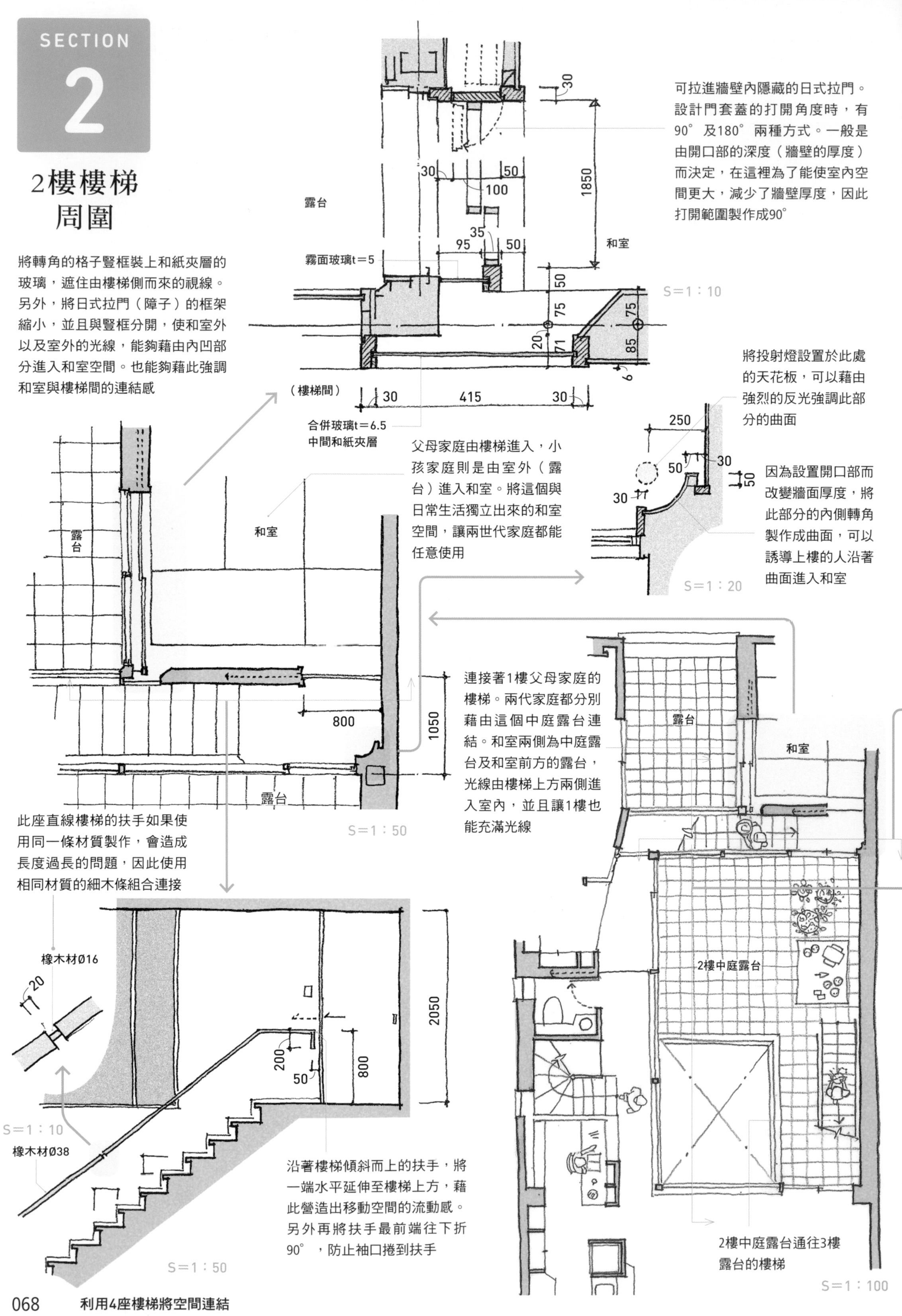

露台
霧面玻璃t=5
和室
30
1850
30
50
100
35
95
50
50
75
20
71
75
85
6
（樓梯間）
30
415
30
合併玻璃t=6.5
中間和紙夾層
S=1：10
250
50
30
30
50
S=1：20
露台
和室
800
1050
露台
S=1：50
露台
和室
2樓中庭露台
S=1：100
橡木材Ø16
20
S=1：10
橡木材Ø38
200
50
800
2050
S=1：50

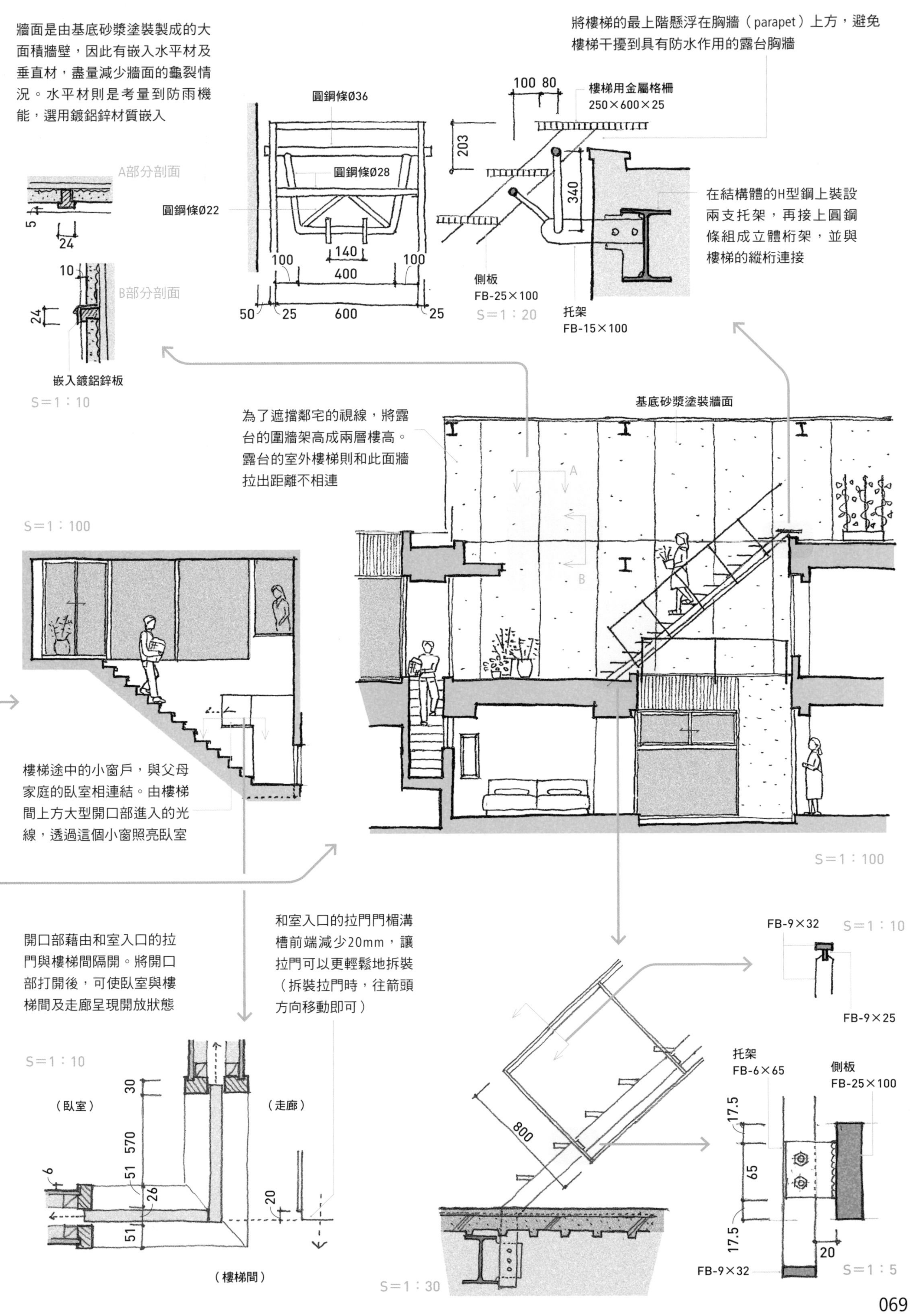
牆面是由基底砂漿塗裝製成的大面積牆壁，因此有嵌入水平材及垂直材，盡量減少牆面的龜裂情況。水平材則是考量到防雨機能，選用鍍鋁鋅材質嵌入
A部分剖面
B部分剖面
嵌入鍍鋁鋅板
S＝1：10
圓鋼條Ø36
圓鋼條Ø28
圓鋼條Ø22
將樓梯的最上階懸浮在胸牆（parapet）上方，避免樓梯干擾到具有防水作用的露台胸牆
樓梯用金屬格柵
250×600×25
側板
FB-25×100
托架
FB-15×100
S＝1：20
在結構體的H型鋼上裝設兩支托架，再接上圓鋼條組成立體桁架，並與樓梯的縱桁連接
基底砂漿塗裝牆面
為了遮擋鄰宅的視線，將露台的圍牆架高成兩層樓高。露台的室外樓梯則和此面牆拉出距離不相連
S＝1：100
樓梯途中的小窗戶，與父母家庭的臥室相連結。由樓梯間上方大型開口部進入的光線，透過這個小窗照亮臥室
S＝1：100
開口部藉由和室入口的拉門與樓梯間隔開。將開口部打開後，可使臥室與樓梯間及走廊呈現開放狀態
和室入口的拉門門楣溝槽前端減少20mm，讓拉門可以更輕鬆地拆裝（拆裝拉門時，往箭頭方向移動即可）
S＝1：10
（臥室）
（走廊）
（樓梯間）
S＝1：30
FB-9×32
FB-9×25
S＝1：10
托架
FB-6×65
側板
FB-25×100
FB-9×32
S＝1：5

SECTION 3

3樓樓梯周圍

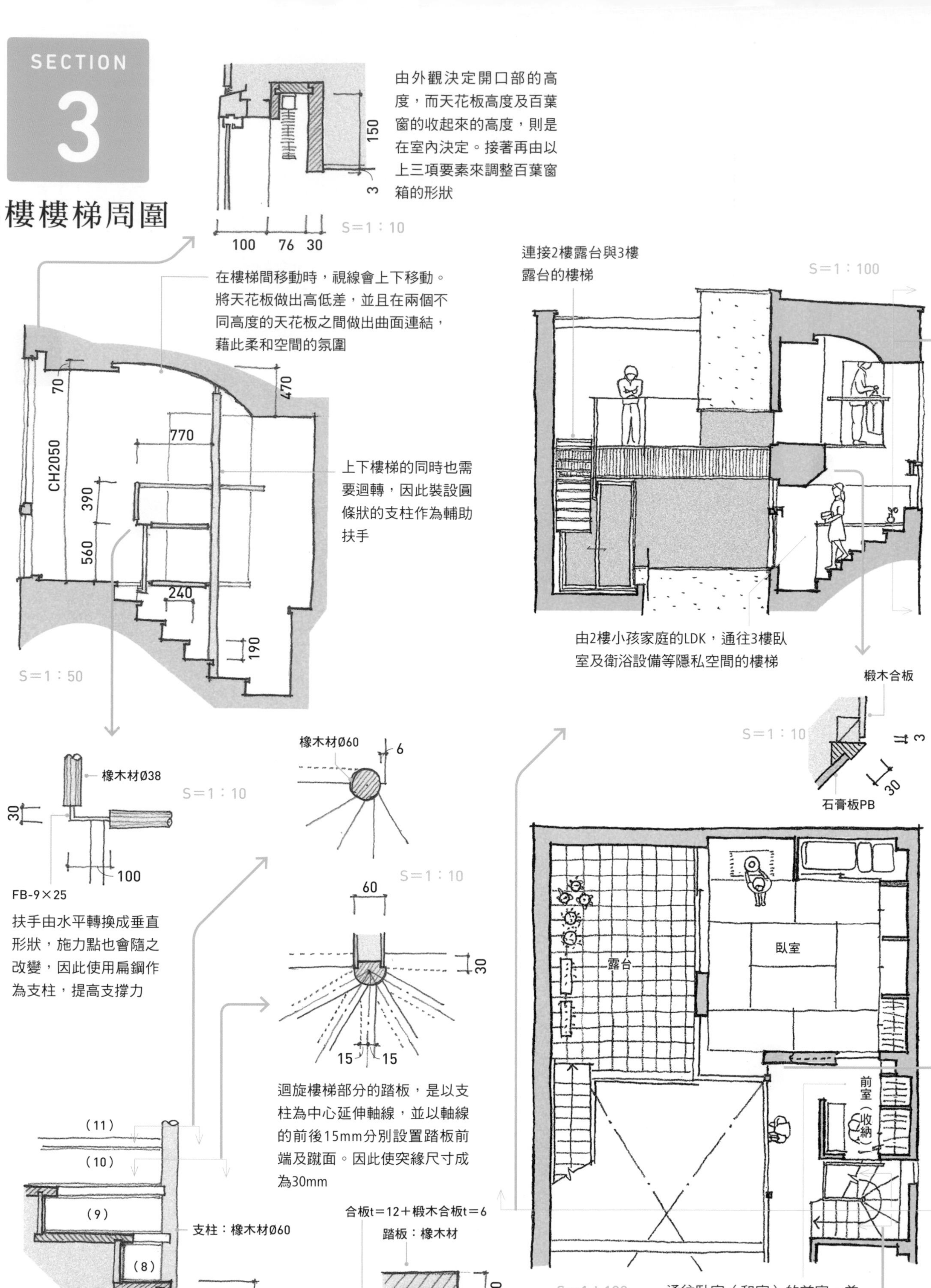

由外觀決定開口部的高度，而天花板高度及百葉窗的收起來的高度，則是在室內決定。接著再由以上三項要素來調整百葉窗箱的形狀
150
3
100 76 30
S=1：10
在樓梯間移動時，視線會上下移動。將天花板做出高低差，並且在兩個不同高度的天花板之間做出曲面連結，藉此柔和空間的氛圍
70
470
CH2050
770
390
560
240
190
上下樓梯的同時也需要迴轉，因此裝設圓條狀的支柱作為輔助扶手
S=1：50
連接2樓露台與3樓露台的樓梯
S=1：100
由2樓小孩家庭的LDK，通往3樓臥室及衛浴設備等隱私空間的樓梯
椴木合板
S=1：10
3
30
石膏板PB
橡木材Ø38
30
S=1：10
100
FB-9×25
扶手由水平轉換成垂直形狀，施力點也會隨之改變，因此使用扁鋼作為支柱，提高支撐力
橡木材Ø60
6
S=1：10
60
30
15 15
迴旋樓梯部分的踏板，是以支柱為中心延伸軸線，並以軸線的前後15mm分別設置踏板前端及蹴面。因此使突緣尺寸成為30mm
臥室
露台
前室（收納）
(11)
(10)
(9)
支柱：橡木材Ø60
(8)
(7)
190
(6)
S=1：20
合板t=12＋椴木合板t=6
踏板：橡木材
30
6
30
S=1：5
S=1：100
通往臥室（和室）的前室，兼具收納機能，另外內側則與樓梯間的小窗戶連接

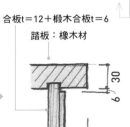

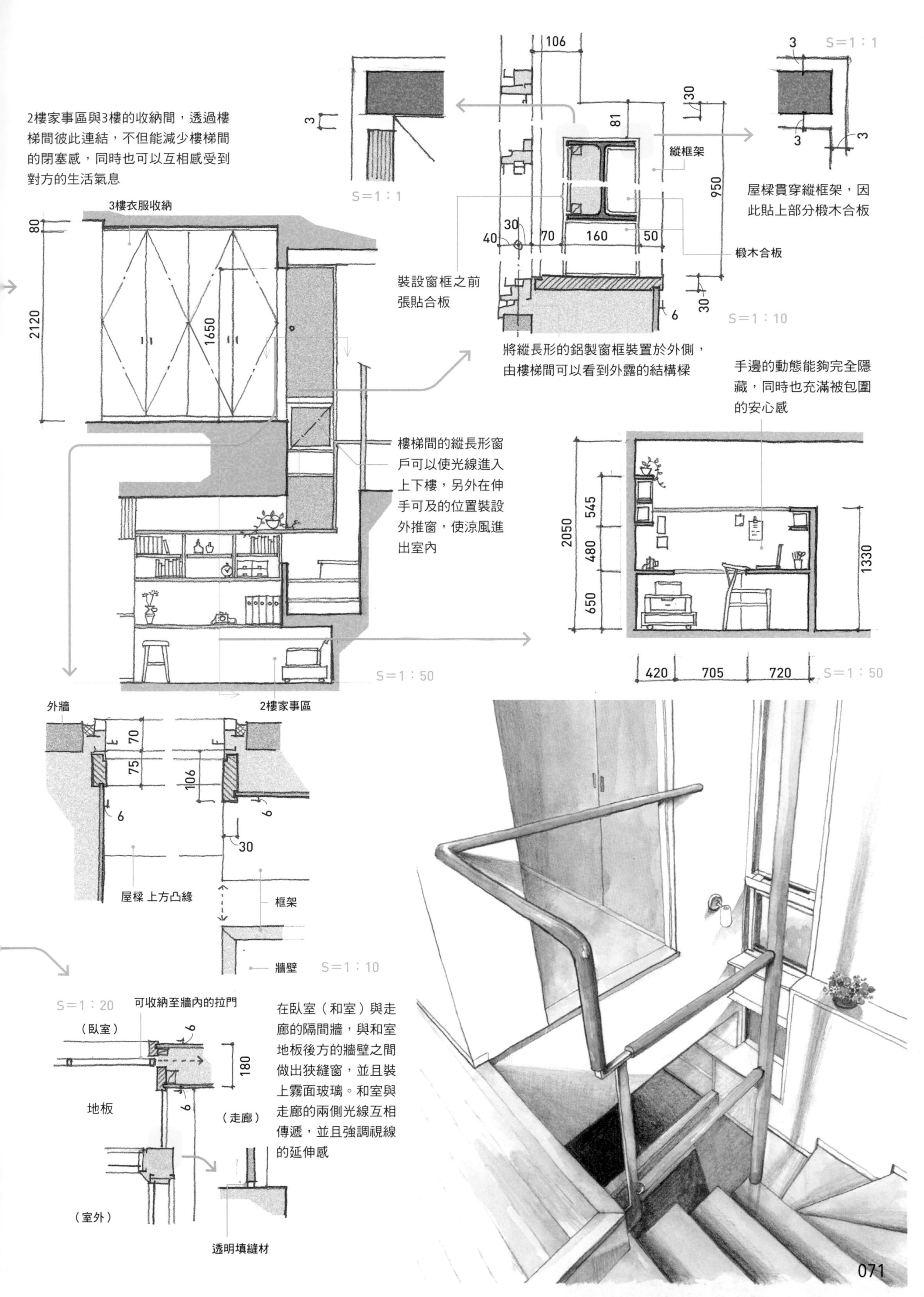
2樓家事區與3樓的收納間，透過樓梯間彼此連結，不但能減少樓梯間的閉塞感，同時也可以互相感受到對方的生活氣息
3樓衣服收納
80
2120
1650
S＝1：50
2樓家事區
S＝1：1
106
3
30
81
縱框架
950
40
30
70
160
50
30
6
S＝1：10
屋樑貫穿縱框架，因此貼上部分椴木合板
椴木合板
裝設窗框之前張貼合板
將縱長形的鋁製窗框裝置於外側，由樓梯間可以看到外露的結構樑
手邊的動態能夠完全隱藏，同時也充滿被包圍的安心感
樓梯間的縱長形窗戶可以使光線進入上下樓，另外在伸手可及的位置裝設外推窗，使涼風進出室內
2050
545
480
650
1330
420
705
720
S＝1：50
外牆
70
75
106
6
30
屋樑 上方凸緣
框架
牆壁
S＝1：10
S＝1：20
可收納至牆內的拉門
（臥室）
180
地板
（走廊）
（室外）
透明填縫材
在臥室（和室）與走廊的隔間牆，與和室地板後方的牆壁之間做出狹縫窗，並且裝上霧面玻璃。和室與走廊的兩側光線互相傳遞，並且強調視線的延伸感

將餐桌打造成生活的中心

這是一棟周圍綠樹林立的小山莊。在無隔間的LDK中，設置了長邊達2m40cm的大型餐桌。這張餐桌就是山莊的生活中心。長度是可容納3人並排坐的大小。與廚房之間設置了固定式的長椅，椅背則當作廚房的吧台。這個用餐空間與寬敞的木製甲板露台相連接，使生活自然地融入屋外的綠意當中。

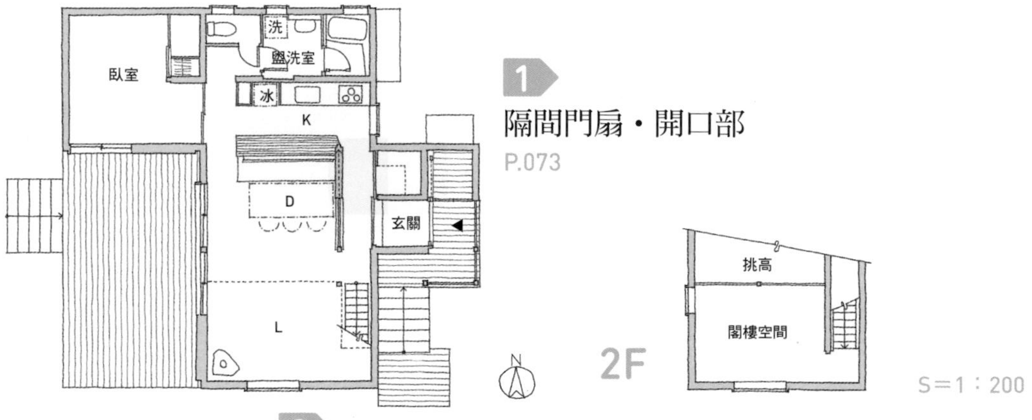

臥室
洗
盥洗室
冰
K
D
玄關
L
1F

1 隔間門扇・開口部
P.073

挑高
閣樓空間
2F

S＝1：200

2 P.074
餐廳・廚房周圍

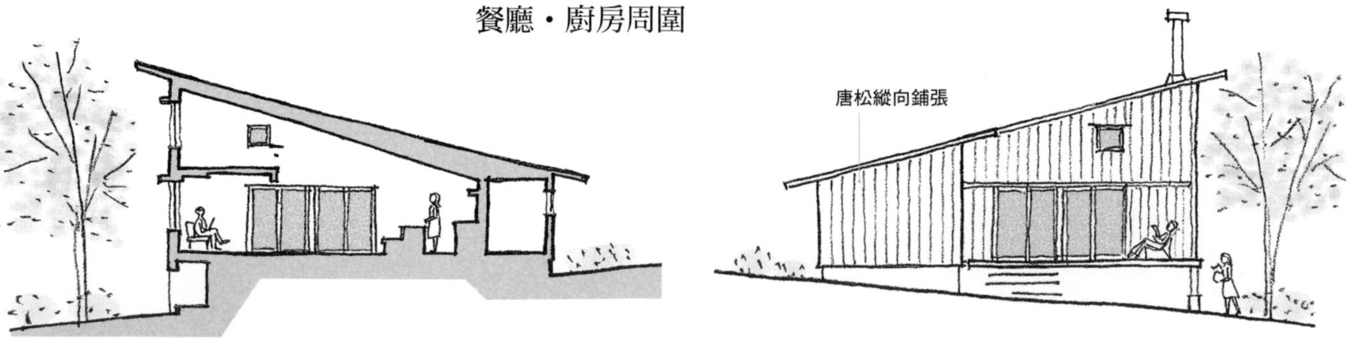

唐松縱向鋪張

S＝1：200

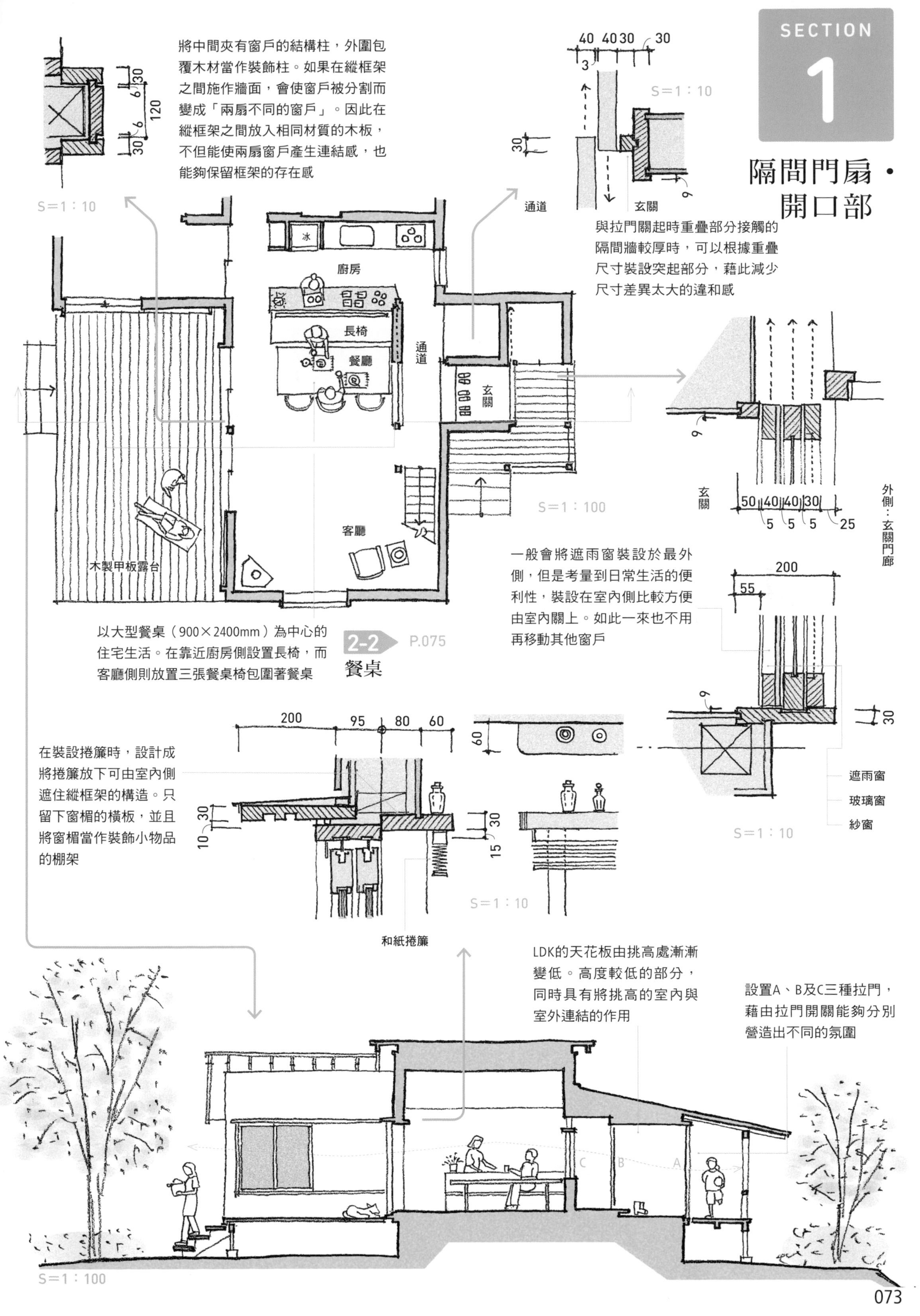
將中間夾有窗戶的結構柱，外圍包覆木材當作裝飾柱。如果在縱框架之間施作牆面，會使窗戶被分割而變成「兩扇不同的窗戶」。因此在縱框架之間放入相同材質的木板，不但能使兩扇窗戶產生連結感，也能夠保留框架的存在感
S=1：10
與拉門關起時重疊部分接觸的隔間牆較厚時，可以根據重疊尺寸裝設突起部分，藉此減少尺寸差異太大的違和感
通道
玄關
廚房
冰
長椅
餐廳
通道
玄關
客廳
木製甲板露台
S=1：100
外側：玄關門廊
一般會將遮雨窗裝設於最外側，但是考量到日常生活的便利性，裝設在室內側比較方便由室內關上。如此一來也不用再移動其他窗戶
以大型餐桌（900×2400mm）為中心的住宅生活。在靠近廚房側設置長椅，而客廳側則放置三張餐桌椅包圍著餐桌
2-2 P.075
餐桌
在裝設捲簾時，設計成將捲簾放下可由室內側遮住縱框架的構造。只留下窗楣的橫板，並且將窗楣當作裝飾小物品的棚架
和紙捲簾
遮雨窗
玻璃窗
紗窗
LDK的天花板由挑高處漸漸變低。高度較低的部分，同時具有將挑高的室內與室外連結的作用
設置A、B及C三種拉門，藉由拉門開關能夠分別營造出不同的氛圍
S=1：100

SECTION 2

餐廳・廚房周圍

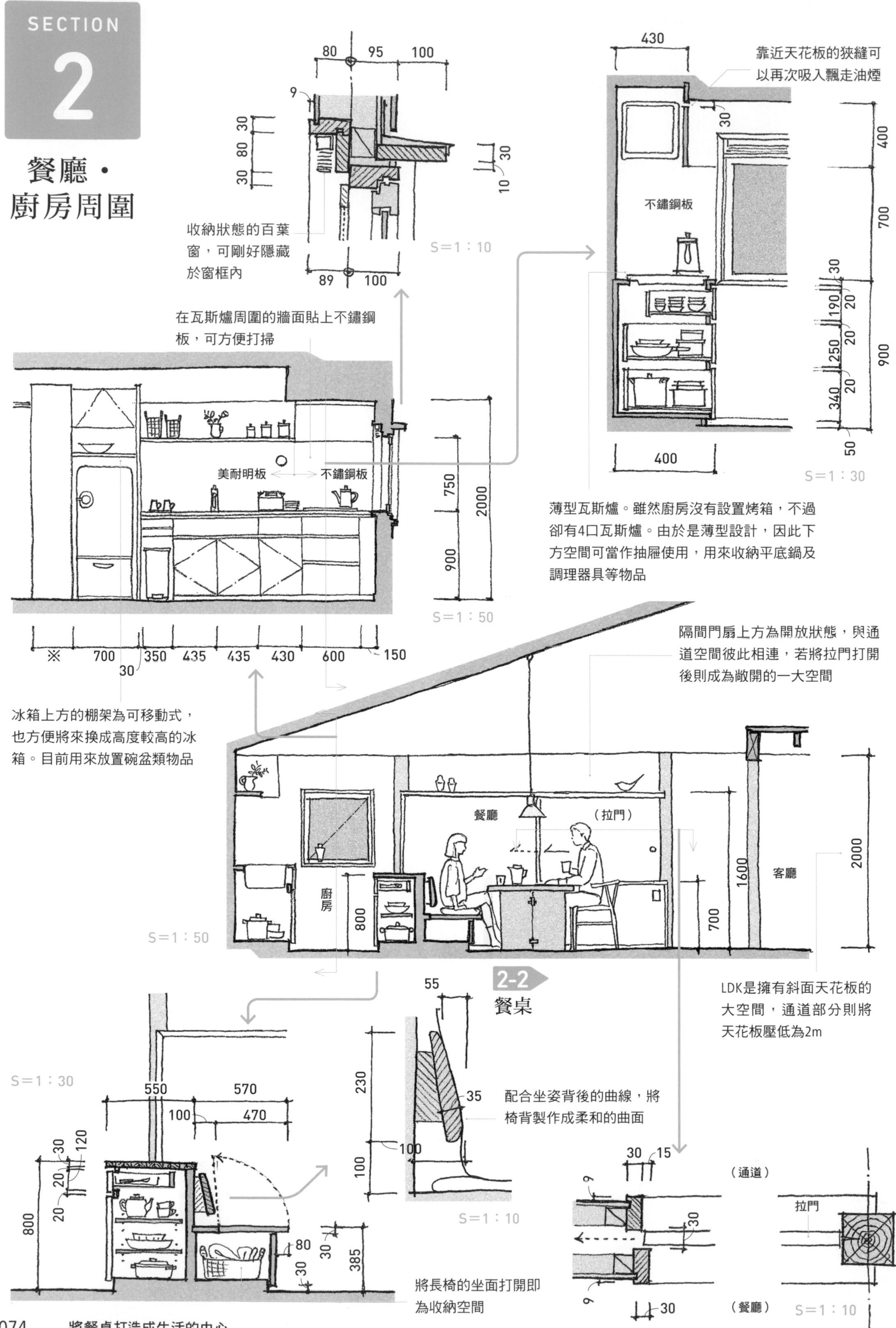

收納狀態的百葉窗，可剛好隱藏於窗框內
S=1：10
靠近天花板的狹縫可以再次吸入飄走油煙
不鏽鋼板
S=1：30
在瓦斯爐周圍的牆面貼上不鏽鋼板，可方便打掃
美耐明板
不鏽鋼板
S=1：50
薄型瓦斯爐。雖然廚房沒有設置烤箱，不過卻有4口瓦斯爐。由於是薄型設計，因此下方空間可當作抽屜使用，用來收納平底鍋及調理器具等物品
冰箱上方的棚架為可移動式，也方便將來換成高度較高的冰箱。目前用來放置碗盆類物品
隔間門扇上方為開放狀態，與通道空間彼此相連，若將拉門打開後則成為敞開的一大空間
餐廳
（拉門）
廚房
客廳
S=1：50
LDK是擁有斜面天花板的大空間，通道部分則將天花板壓低為2m
2-2 餐桌
S=1：30
配合坐姿背後的曲線，將椅背製作成柔和的曲面
S=1：10
將長椅的坐面打開即為收納空間
（通道）
拉門
（餐廳）
S=1：10

SECTION 2-2

餐桌

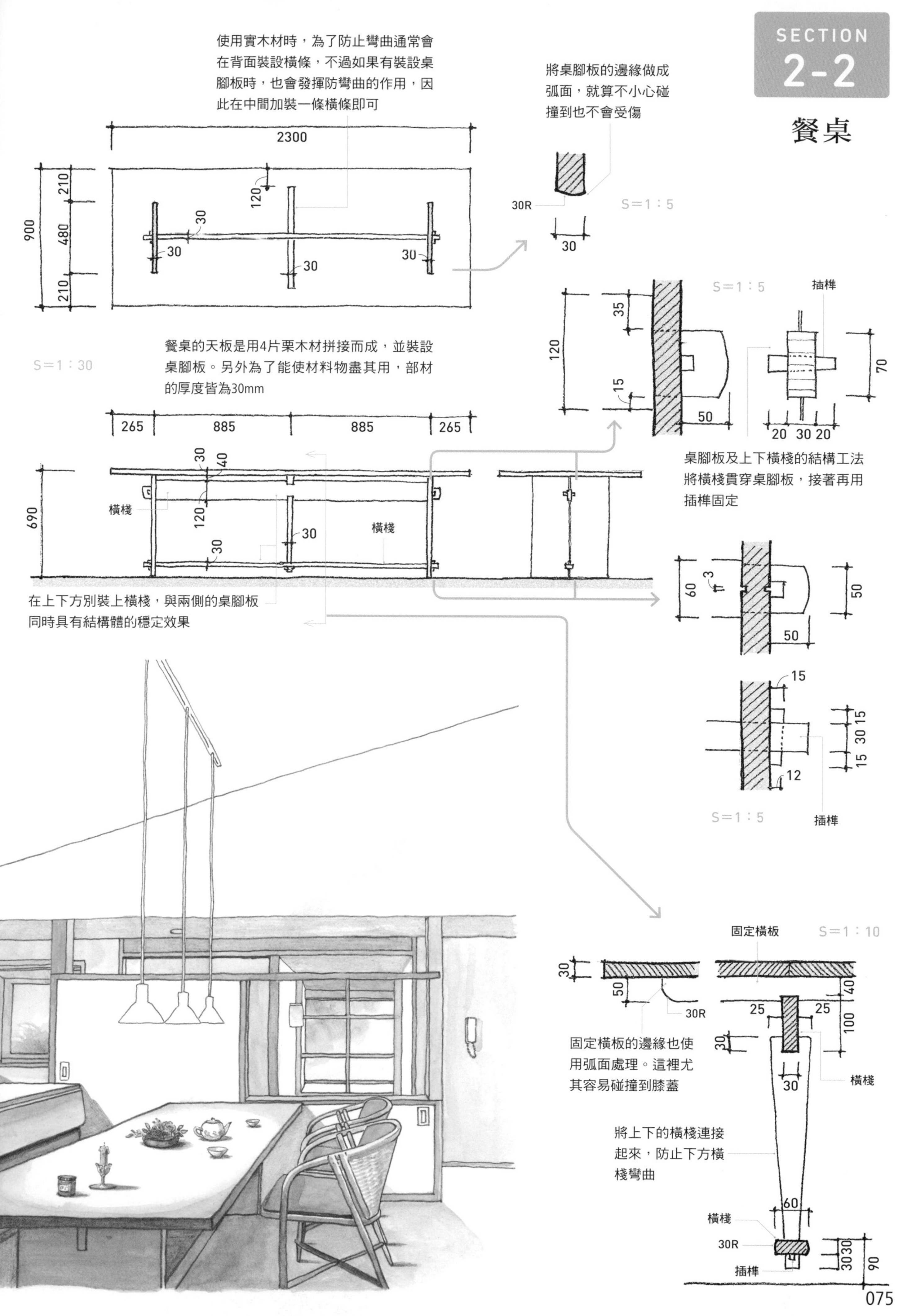

使用實木材時，為了防止彎曲通常會在背面裝設橫條，不過如果有裝設桌腳板時，也會發揮防彎曲的作用，因此在中間加裝一條橫條即可
將桌腳板的邊緣做成弧面，就算不小心碰撞到也不會受傷
2300
900
210
480
210
120
30
30
30
30
30R
S=1：5
30
餐桌的天板是用4片栗木材拼接而成，並裝設桌腳板。另外為了能使材料物盡其用，部材的厚度皆為30mm
S=1：30
S=1：5
插榫
120
35
15
50
70
20 30 20
265 885 885 265
690
30
40
120
30
30
橫棧
橫棧
桌腳板及上下橫棧的結構工法
將橫棧貫穿桌腳板，接著再用插榫固定
在上下方別裝上橫棧，與兩側的桌腳板同時具有結構體的穩定效果
60
3
50
50
15
15 30 15
12
S=1：5
插榫
固定橫板
S=1：10
30
50
30R
40
25
25
100
30
固定橫板的邊緣也使用弧面處理。這裡尤其容易碰撞到膝蓋
30
橫棧
將上下的橫棧連接起來，防止下方橫棧彎曲
60
橫棧
30R
插榫
3030
90

上下樓共同擁有的採光井

在地下室分別為屋主夫婦設置各自的書房及書架。和樓上比起來，地下室更加靜謐，再加上室內不容易受到外部氣溫的影響，使地下室成為能夠安穩沉著閱讀的最佳場所。不過，除了要考慮濕氣之外，還必須要解決閉塞感的問題。因此決定設置採光井，使陽光與微風能夠進入室內。另外還能從1樓臥室窗戶，欣賞栽種於採光井的樹木綠意。

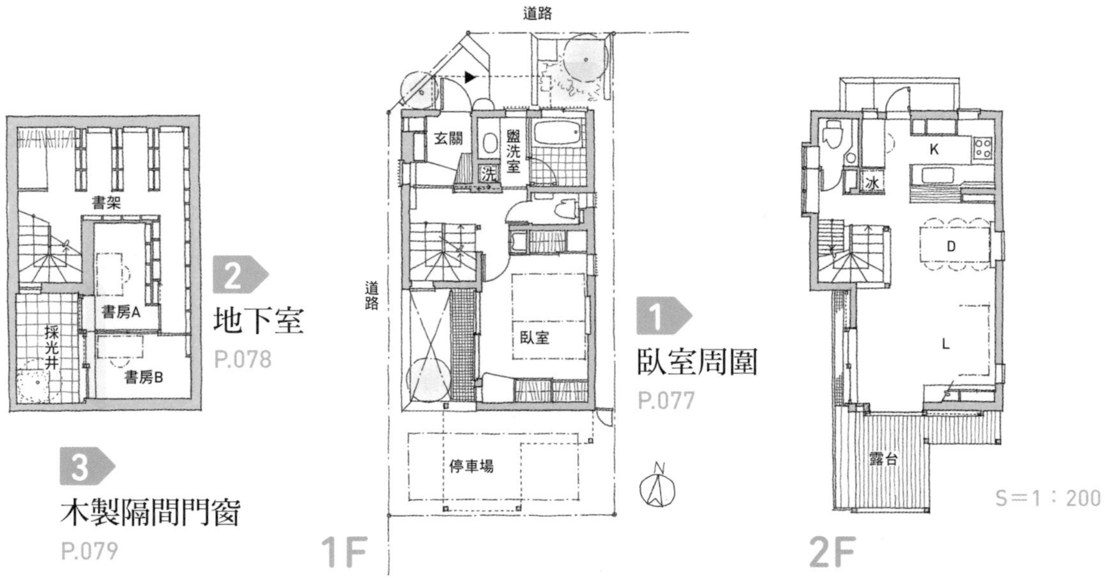

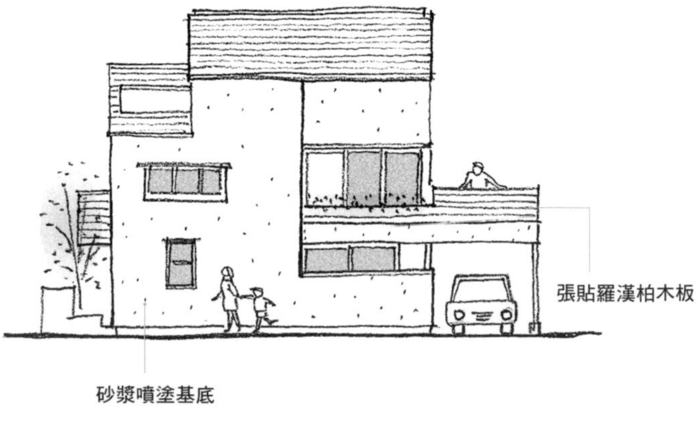

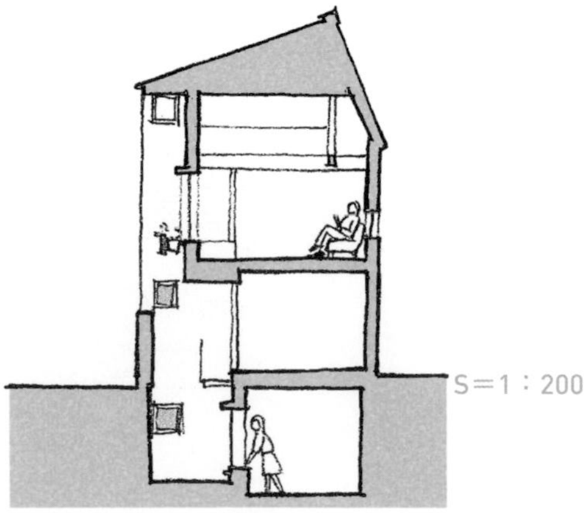

書架
書房A
書房B
採光井
BF

2 地下室 P.078

3 木製隔間門窗 P.079

道路
玄關
盥洗室
洗
臥室
停車場
1F

1 臥室周圍 P.077

K
冰
D
L
露台
S＝1：200
2F

張貼羅漢柏木板
砂漿噴塗基底
S＝1：200

SECTION 1

臥室周圍

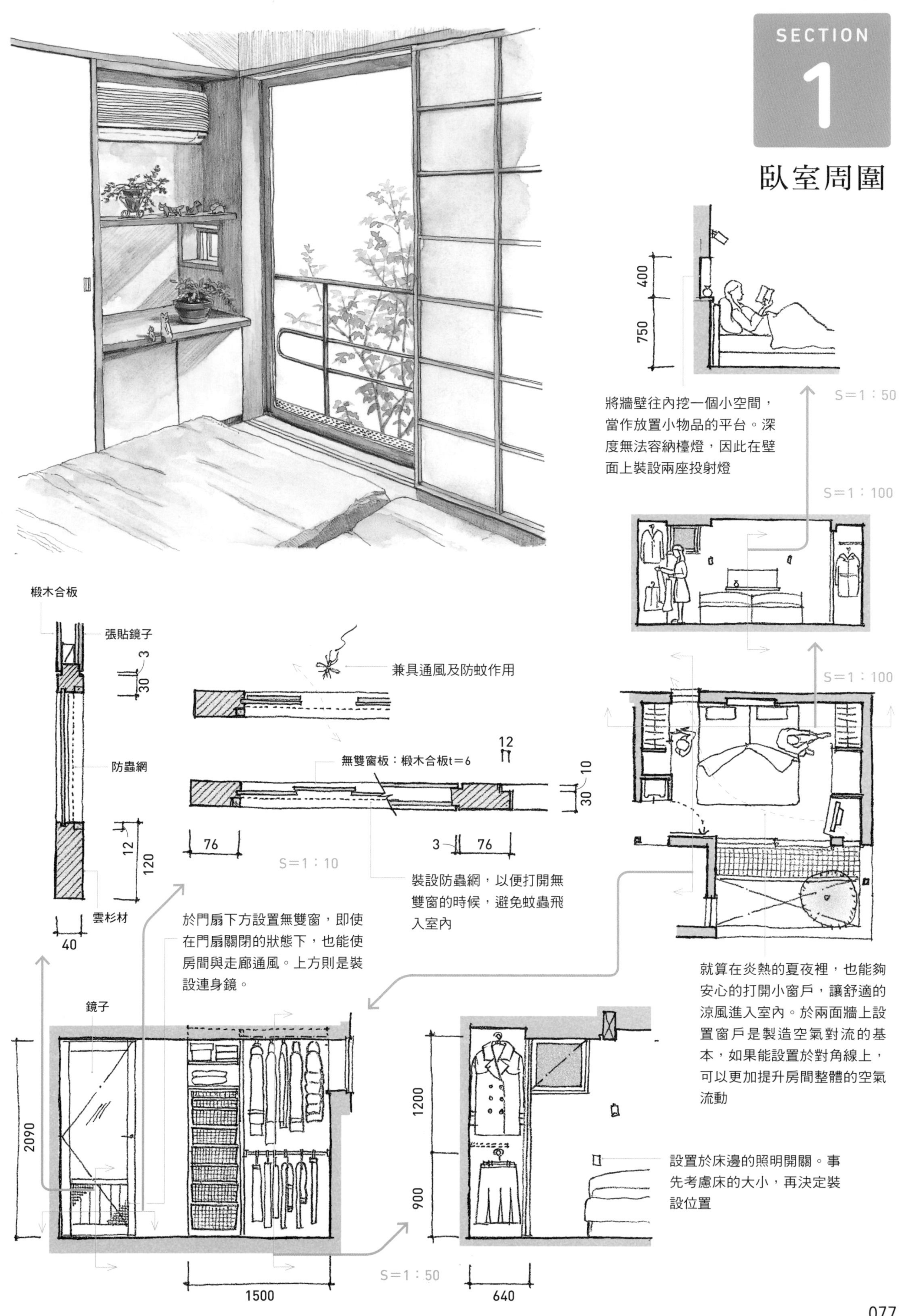

400
750
將牆壁往內挖一個小空間，當作放置小物品的平台。深度無法容納檯燈，因此在壁面上裝設兩座投射燈
S＝1：50
S＝1：100
S＝1：100
椴木合板
張貼鏡子
3
30
防蟲網
12
120
雲杉材
40
兼具通風及防蚊作用
無雙窗板：椴木合板t＝6
12
10
30
76
3
76
S＝1：10
裝設防蟲網，以便打開無雙窗的時候，避免蚊蟲飛入室內
於門扇下方設置無雙窗，即使在門扇關閉的狀態下，也能使房間與走廊通風。上方則是裝設連身鏡。
就算在炎熱的夏夜裡，也能夠安心的打開小窗戶，讓舒適的涼風進入室內。於兩面牆上設置窗戶是製造空氣對流的基本，如果能設置於對角線上，可以更加提升房間整體的空氣流動
鏡子
2090
1200
900
設置於床邊的照明開關。事先考慮床的大小，再決定裝設位置
1500
S＝1：50
640

SECTION 2

地下室

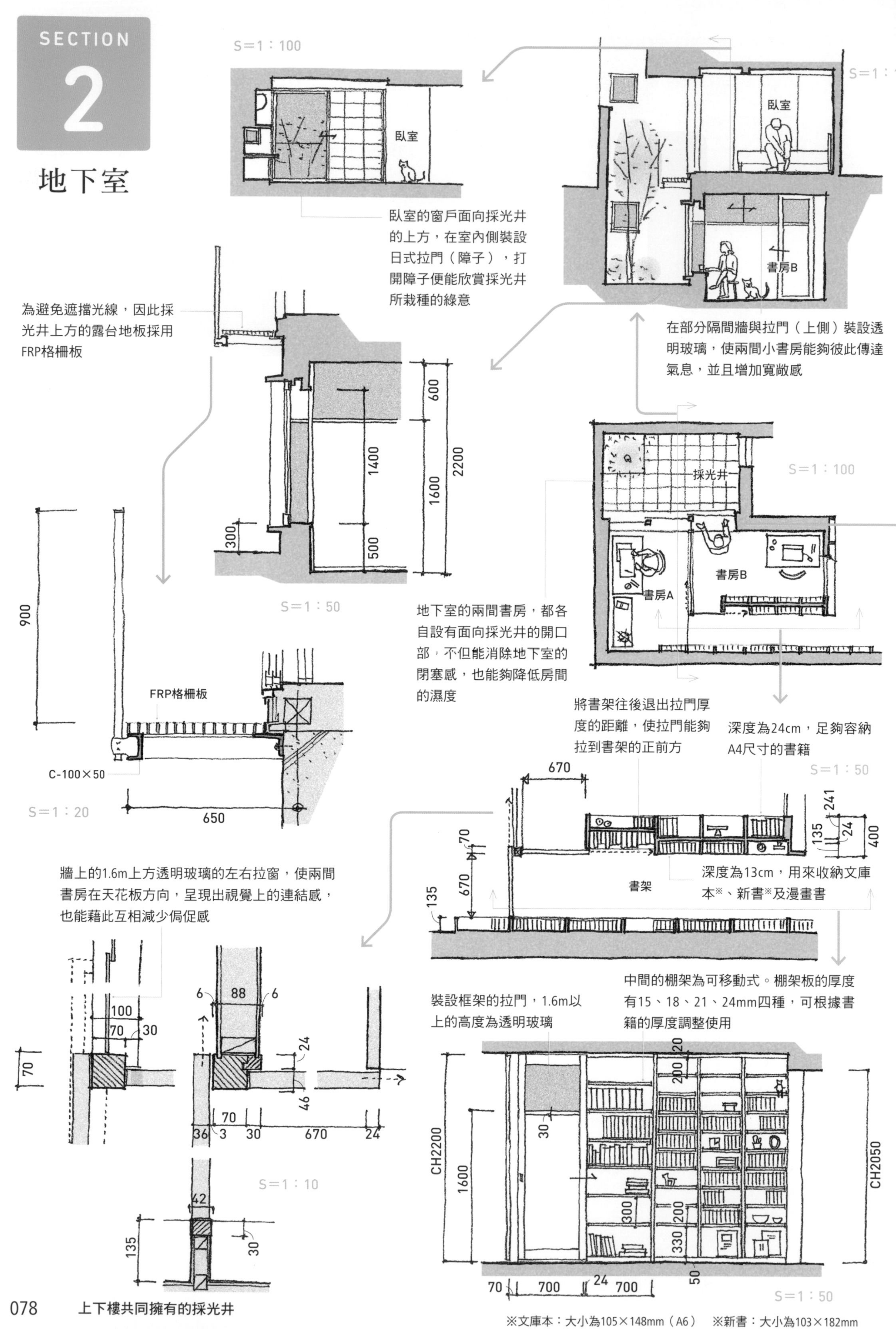

S=1：100
臥室
臥室的窗戶面向採光井的上方，在室內側裝設日式拉門（障子），打開障子便能欣賞採光井所栽種的綠意
S=1：100
臥室
書房B
在部分隔間牆與拉門（上側）裝設透明玻璃，使兩間小書房能夠彼此傳達氣息，並且增加寬敞感
為避免遮擋光線，因此採光井上方的露台地板採用FRP格柵板
600
1400
2200
1600
300
500
S=1：50
採光井
S=1：100
書房A
書房B
地下室的兩間書房，都各自設有面向採光井的開口部，不但能消除地下室的閉塞感，也能夠降低房間的濕度
900
FRP格柵板
C-100×50
S=1：20
650
將書架往後退出拉門厚度的距離，使拉門能夠拉到書架的正前方
深度為24cm，足夠容納A4尺寸的書籍
670
S=1：50
241
135
24
400
70
670
135
書架
深度為13cm，用來收納文庫本※、新書※及漫畫書
牆上的1.6m上方透明玻璃的左右拉窗，使兩間書房在天花板方向，呈現出視覺上的連結感，也能藉此互相減少侷促感
100
70
30
70
6
88
6
24
46
70
36
3
30
670
24
S=1：10
42
135
30
裝設框架的拉門，1.6m以上的高度為透明玻璃
中間的棚架為可移動式。棚架板的厚度有15、18、21、24mm四種，可根據書籍的厚度調整使用
20
200
30
CH2200
1600
300
200
330
50
CH2050
70
700
24
700
S=1：50

※文庫本：大小為105×148mm（A6）　※新書：大小為103×182mm

SECTION 3

木製隔間門窗

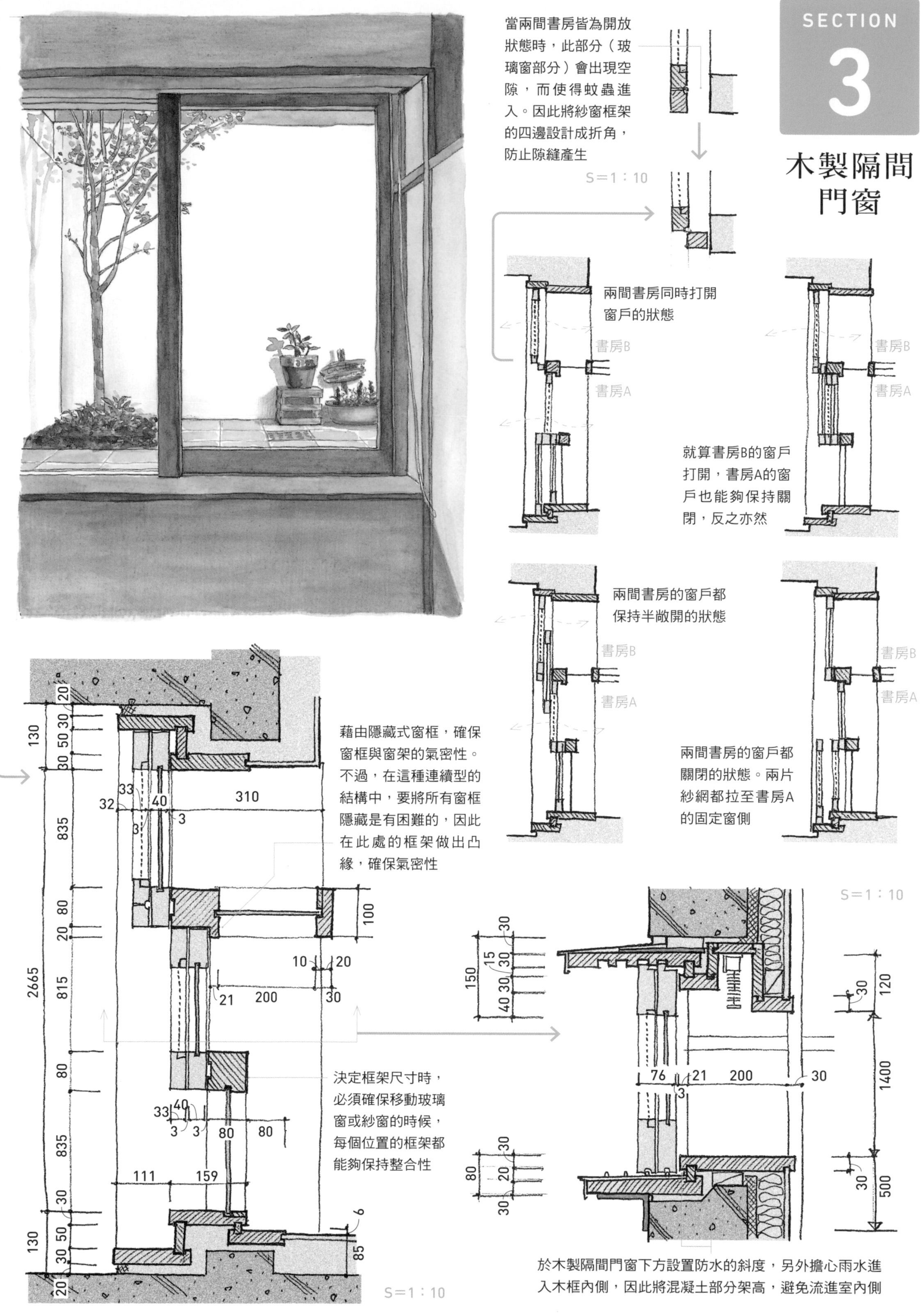

當兩間書房皆為開放狀態時，此部分（玻璃窗部分）會出現空隙，而使得蚊蟲進入。因此將紗窗框架的四邊設計成折角，防止隙縫產生
S＝1：10
兩間書房同時打開窗戶的狀態
書房B
書房A
就算書房B的窗戶打開，書房A的窗戶也能夠保持關閉，反之亦然
兩間書房的窗戶都保持半敞開的狀態
兩間書房的窗戶都關閉的狀態。兩片紗網都拉至書房A的固定窗側
藉由隱藏式窗框，確保窗框與窗架的氣密性。不過，在這種連續型的結構中，要將所有窗框隱藏是有困難的，因此在此處的框架做出凸緣，確保氣密性
決定框架尺寸時，必須確保移動玻璃窗或紗窗的時候，每個位置的框架都能夠保持整合性
S＝1：10
於木製隔間門窗下方設置防水的斜度，另外擔心雨水進入木框內側，因此將混凝土部分架高，避免流進室內側

CASE14 ／ 對山居

親朋好友共享的休閒空間

在渡假別墅中，擁有與平常不同的生活節奏。在這棟渡假別墅中，設有能夠擁抱大自然的超大型木製露台，另外設置了與露台相連、並擁有大型挑高的寬敞客廳。客廳藉由挑高與2樓的和室連接，所有的空間由外到內彼此連續，就算待在室內，也彷彿在過著身歷大自然中般的生活。與眾多親朋好友，一起度過歡樂悠閒的時光，在這種擁有連續感的空間裡，能夠充分感受到日常生活中無法享受的豐富趣味。

1 P.081

1樓隔間門窗周圍

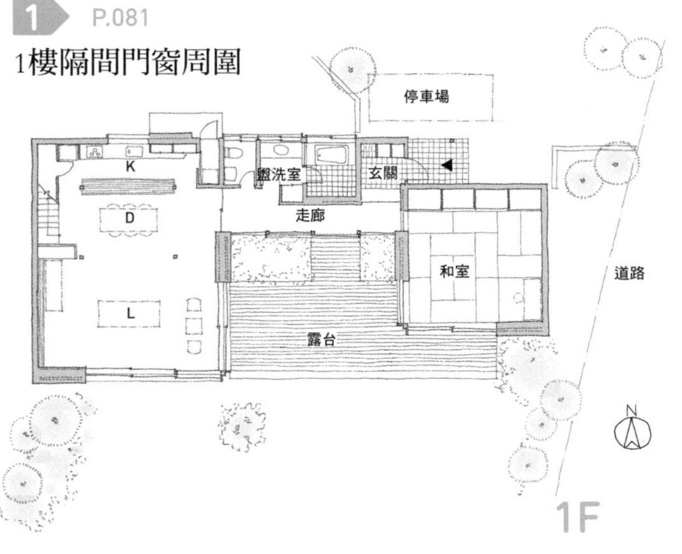

停車場
K
盥洗室
玄關
D
走廊
和室
道路
L
露台
1F

S＝1：300

S＝1：200

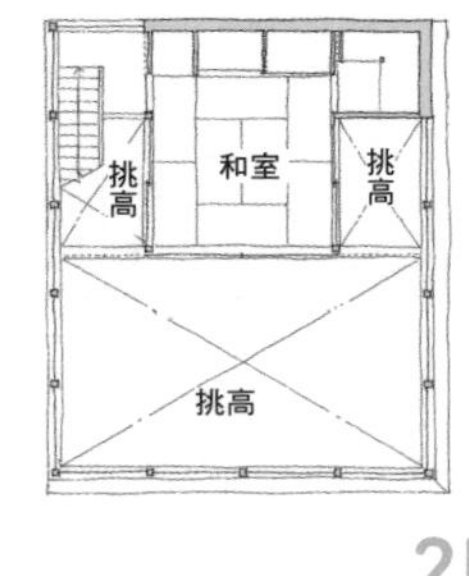

挑高
和室
挑高
挑高
2F

2 2樓和室・扶手

P.082

玻璃
基底砂漿泥作粉刷
鋪設雨淋板（杉木）

SECTION 1

1樓隔間門扇周圍

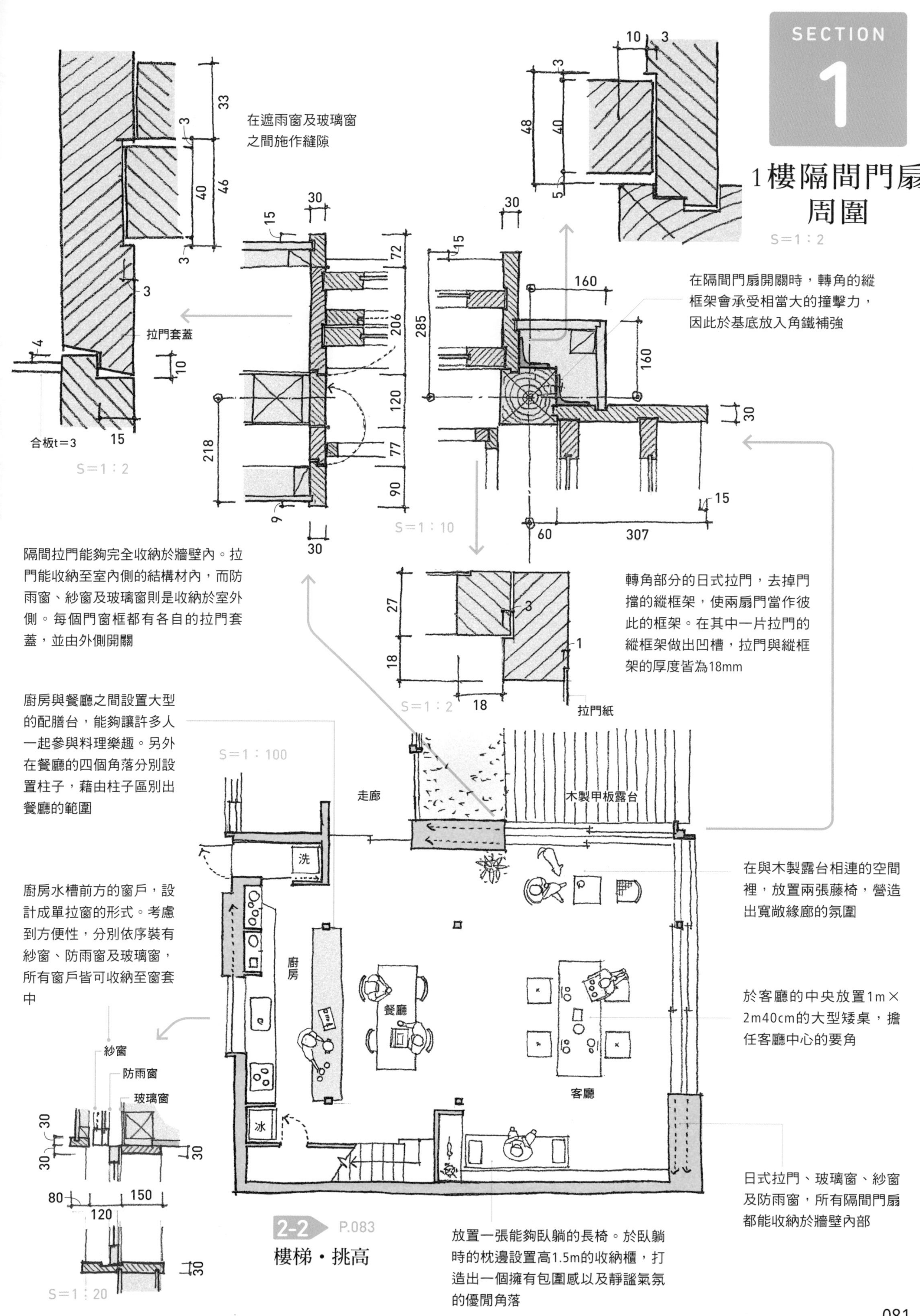

S＝1：2
在遮雨窗及玻璃窗之間施作縫隙
33
46
40
3
3
3
拉門套蓋
4
10
合板t＝3
15
S＝1：2
30
15
72
206
285
120
77
90
218
9
30
S＝1：10
15
160
160
30
15
60
307
10
3
3
48
40
5
S＝1：2
在隔間門扇開關時，轉角的縱框架會承受相當大的撞擊力，因此於基底放入角鐵補強
隔間拉門能夠完全收納於牆壁內。拉門能收納至室內側的結構材內，而防雨窗、紗窗及玻璃窗則是收納於室外側。每個門窗框都有各自的拉門套蓋，並由外側開關
27
18
3
1
S＝1：2
18
拉門紙
轉角部分的日式拉門，去掉門擋的縱框架，使兩扇門當作彼此的框架。在其中一片拉門的縱框架做出凹槽，拉門與縱框架的厚度皆為18mm
廚房與餐廳之間設置大型的配膳台，能夠讓許多人一起參與料理樂趣。另外在餐廳的四個角落分別設置柱子，藉由柱子區別出餐廳的範圍
S＝1：100
走廊
木製甲板露台
洗
廚房
餐廳
客廳
冰
在與木製露台相連的空間裡，放置兩張藤椅，營造出寬敞緣廊的氛圍
廚房水槽前方的窗戶，設計成單拉窗的形式。考慮到方便性，分別依序裝有紗窗、防雨窗及玻璃窗，所有窗戶皆可收納至窗套中
於客廳的中央放置1m×2m40cm的大型矮桌，擔任客廳中心的要角
紗窗
防雨窗
玻璃窗
30
30
30
80
150
120
30
S＝1：20
日式拉門、玻璃窗、紗窗及防雨窗，所有隔間門扇都能收納於牆壁內部
放置一張能夠臥躺的長椅。於臥躺時的枕邊設置高1.5m的收納櫃，打造出一個擁有包圍感以及靜謐氣氛的優閒角落

2-2 P.083 樓梯・挑高

SECTION 2

2樓和室周圍扶手

三面挑高的2樓和室。將和室拉門（襖）打開後，就彷彿飄浮在空中般

2-2 P.083 樓梯・挑高

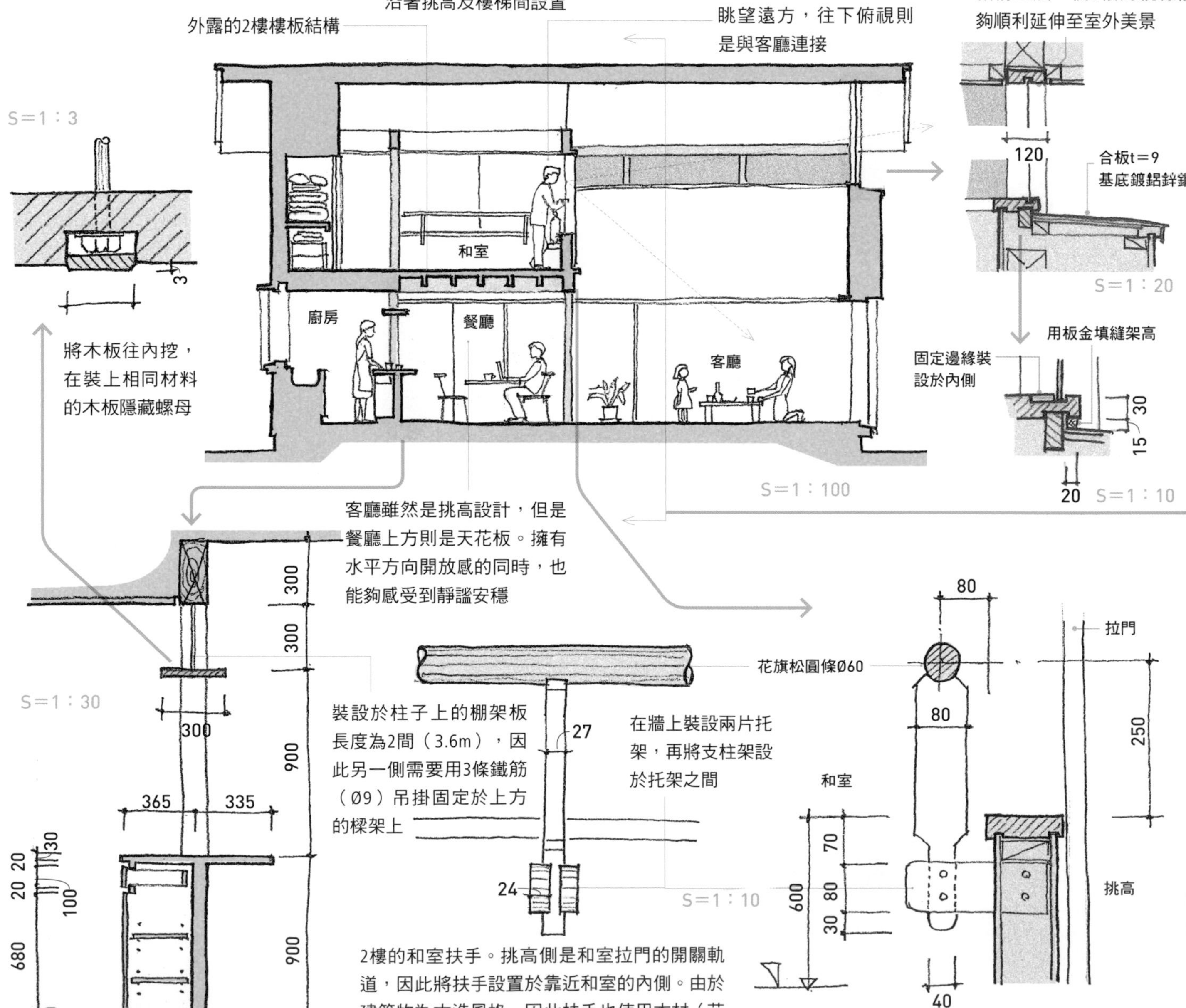

S=1：50
挑高
和室
挑高
挑高
兩片和室拉門能夠分別往兩側拉開，呈現出面向挑高的整片開口，使和室和挑高瞬間成為一體空間
扶手
60
200
拉門
拉門
S=1：30
高側窗
沿著挑高及樓梯間設置
站在2樓可以透過高側窗眺望遠方，往下俯視則是與客廳連接
從天花板到屋簷下，以及開口部的窗楣都是使用平行的結構工法，使2樓的視線能夠順利延伸至室外美景
外露的2樓樓板結構
120
合板t=9
基底鍍鋁鋅鋼板
S=1：20
用板金填縫架高
固定邊緣裝設於內側
30
15
20
S=1：10
S=1：3
3
將木板往內挖，在裝上相同材料的木板隱藏螺母
和室
廚房
餐廳
客廳
S=1：100
客廳雖然是挑高設計，但是餐廳上方則是天花板。擁有水平方向開放感的同時，也能夠感受到靜謐安穩
300
300
S=1：30
300
900
365
335
900
20
20
30
100
680
50
裝設於柱子上的棚架板長度為2間（3.6m），因此另一側需要用3條鐵筋（Ø9）吊掛固定於上方的樑架上
27
24
在牆上裝設兩片托架，再將支柱架設於托架之間
S=1：10
80
花旗松圓條Ø60
80
拉門
250
和室
挑高
70
80
30
600
40

2樓的和室扶手。挑高側是和室拉門的開關軌道，因此將扶手設置於靠近和室的內側。由於建築物為木造風格，因此扶手也使用木材（花旗松）製作。製作木製扶手時，要同時擁有強度及纖細的設計有相當的難度…

樓梯・挑高

S＝1：50

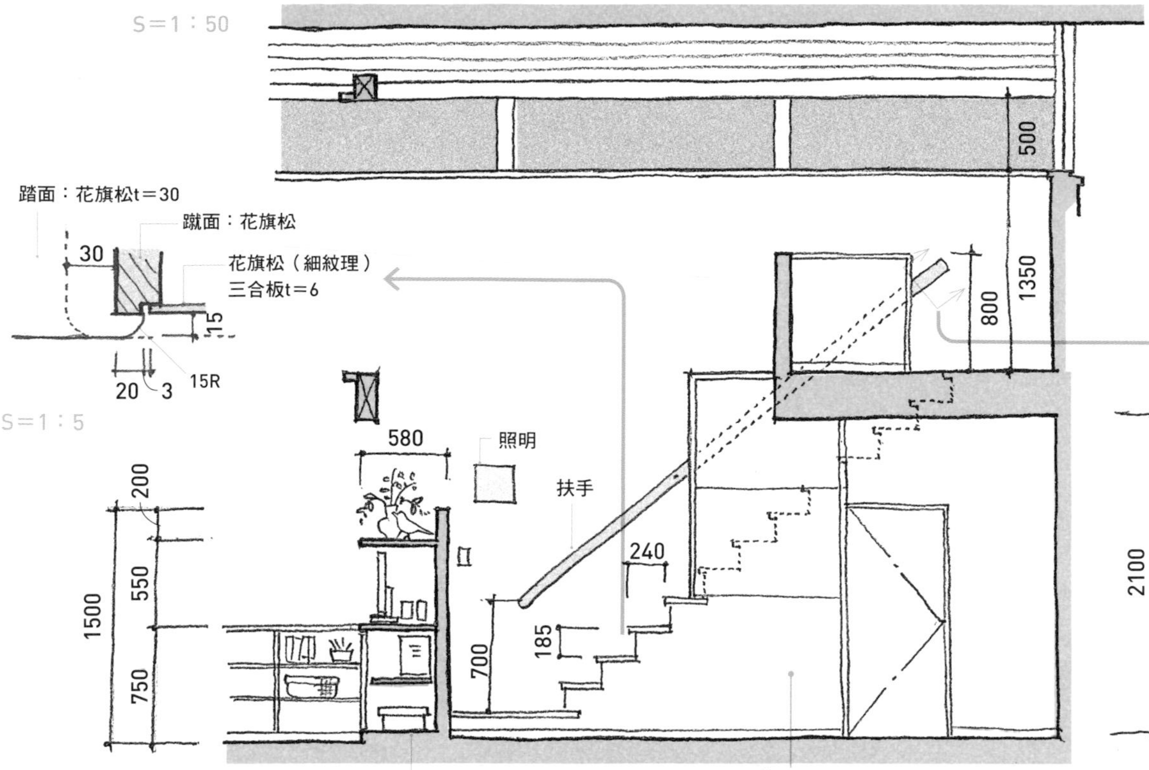

踏面：花旗松t＝30
踢面：花旗松
花旗松（細紋理）三合板t＝6
15R

S＝1：5

照明
扶手

牆壁：花旗松三合板t＝6

沿著樓梯往下走後，正面迎來的是收納棚架。藉由這個棚架，將餐廳與客廳柔和地區隔開來

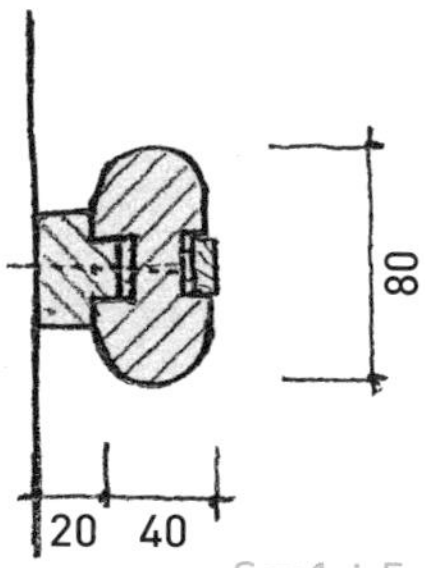

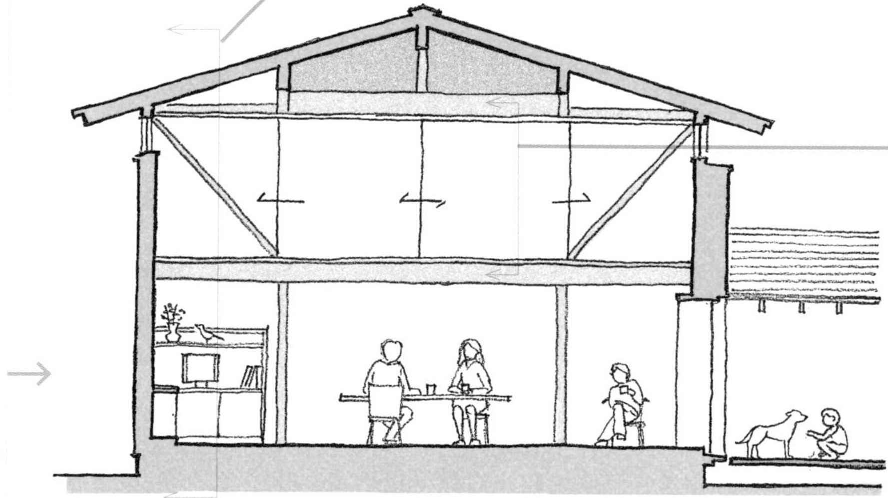

S＝1：5

扶手的剖面構造，橢圓形的設計使手掌能夠輕鬆扶握

榻榻米
花旗松合板t＝6（直紋）
基底合板t＝12
餐廳天花板：花旗松邊緣甲板t＝12

S＝1：10

S＝1：100

兩扇和室拉門都關閉的狀態。拉門是左右分開的設計，將拉門敞開後，2樓可以透過挑高與1樓彼此連接

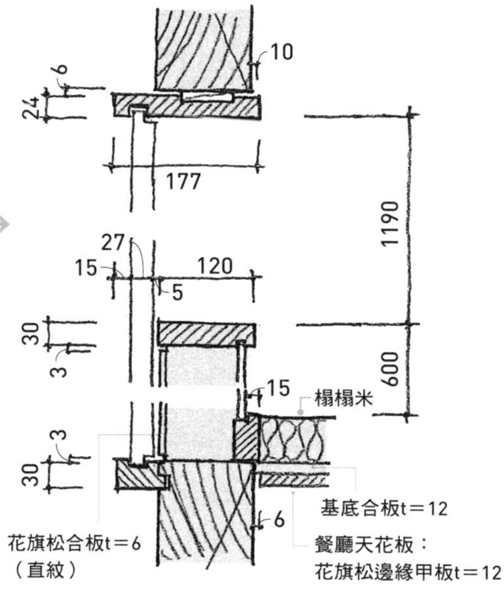

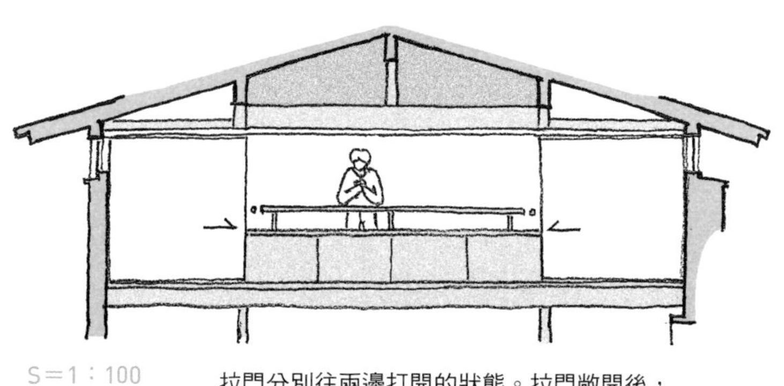

S＝1：100

拉門分別往兩邊打開的狀態。拉門敞開後，使2樓和室的腰壁及扶手顯露出來

將廚房打造成生活的中心

由斜面天花板覆蓋的LDK，是以廚房為中心，並於兩側配置客廳及餐廳。廚房為擁有吧台的開放式廚房，並分別與客廳及餐廳連結，在此樓層中擔任空間中心的要角。雖然廚房位於中心位置，但是卻能夠直接通往走廊，周圍也設置了充足的收納空間，除了擁有便利的家事動線之外，也為全家人打造出生活方便的空間。

父親的房間
中庭
臥室
衣帽間
道路
門廳
玄關
盥洗室
洗
車庫
N

1F

兒童房
收納間
走廊
D
K
冰
陽台
L
兒童房
露台

2F

2 餐廳開口部 P.092

3 廚房周圍 P.093

1 客廳周圍 P.091

S＝1：200

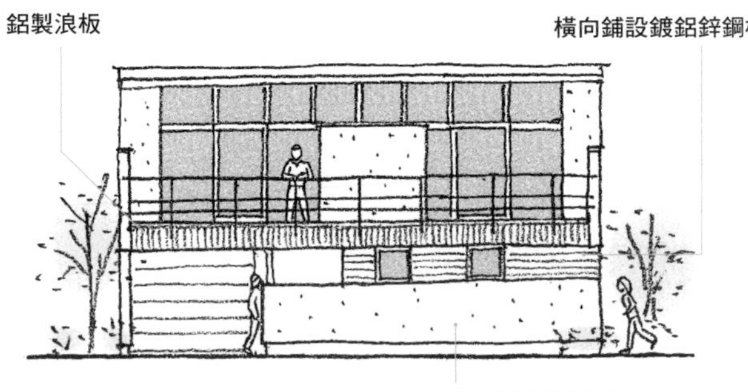

鋁製浪板
橫向鋪設鍍鋁鋅鋼板
基底砂漿泥作粉刷

S＝1：200

SECTION 1 客廳周圍

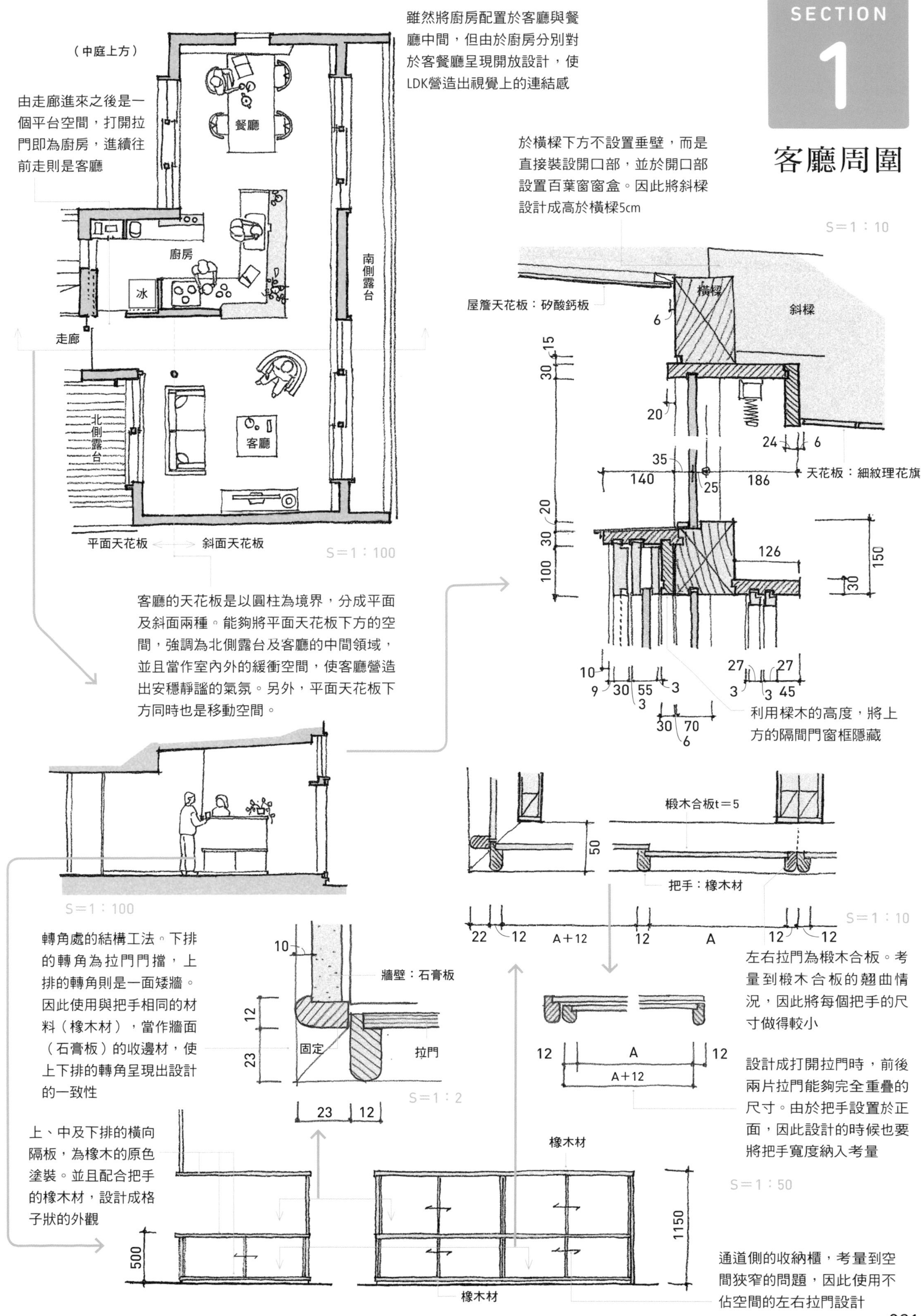

（中庭上方）
餐廳
廚房
冰
走廊
南側露台
北側露台
客廳
平面天花板
斜面天花板
S＝1：100
屋簷天花板：矽酸鈣板
橫樑
斜樑
天花板：細紋理花旗松
S＝1：10
利用樑木的高度，將上方的隔間門窗框隱藏
椴木合板t＝5
把手：橡木材
S＝1：10
牆壁：石膏板
固定
拉門
S＝1：2
橡木材
S＝1：50

雖然將廚房配置於客廳與餐廳中間，但由於廚房分別對於客餐廳呈現開放設計，使LDK營造出視覺上的連結感

由走廊進來之後是一個平台空間，打開拉門即為廚房，進續往前走則是客廳

於橫樑下方不設置垂壁，而是直接裝設開口部，並於開口部設置百葉窗窗盒。因此將斜樑設計成高於橫樑5cm

客廳的天花板是以圓柱為境界，分成平面及斜面兩種。能夠將平面天花板下方的空間，強調為北側露台及客廳的中間領域，並且當作室內外的緩衝空間，使客廳營造出安穩靜謐的氣氛。另外，平面天花板下方同時也是移動空間。

轉角處的結構工法。下排的轉角為拉門門擋，上排的轉角則是一面矮牆。因此使用與把手相同的材料（橡木材），當作牆面（石膏板）的收邊材，使上下排的轉角呈現出設計的一致性

左右拉門為椴木合板。考量到椴木合板的翹曲情況，因此將每個把手的尺寸做得較小

設計成打開拉門時，前後兩片拉門能夠完全重疊的尺寸。由於把手設置於正面，因此設計的時候也要將把手寬度納入考量

上、中及下排的橫向隔板，為橡木的原色塗裝。並且配合把手的橡木材，設計成格子狀的外觀

通道側的收納櫃，考量到空間狹窄的問題，因此使用不佔空間的左右拉門設計

CASE18 ／ 祐天寺的家

盡可能將光線傳遞至樓下

建造於都市的住宅，經常會藉由設置天窗來採光。並且盡可能地有效利用由天窗進入的自然光。這棟住宅也為此下了許多工夫。3樓臥室設有3個天窗，其中一扇天窗的光線能夠直達2樓餐廳。此外，由2樓客廳南側進入的光線，則透過樓梯間部份的玻璃地板，照亮1樓玄關。

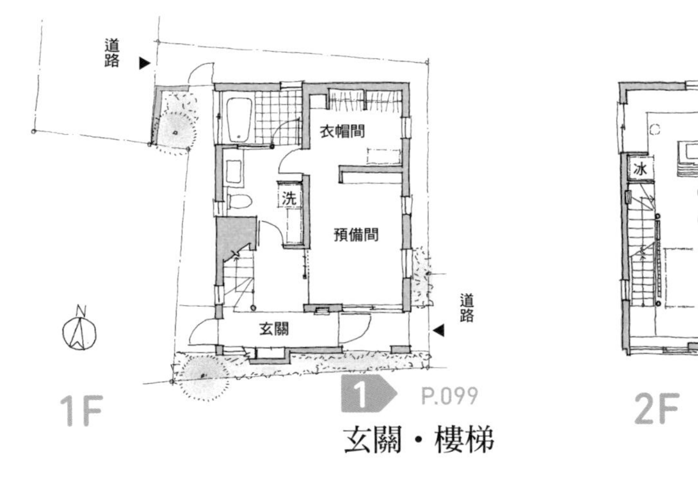

道路
衣帽間
洗
預備間
玄關
道路
1F
1 P.099
玄關・樓梯

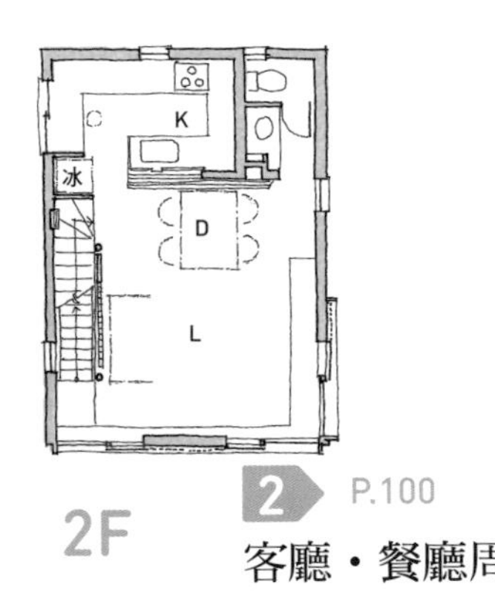

K
冰
D
L
2F
2 P.100
客廳・餐廳周圍

臥室
LF
3
客廳・餐廳
～臥室
P.101

S＝1：200

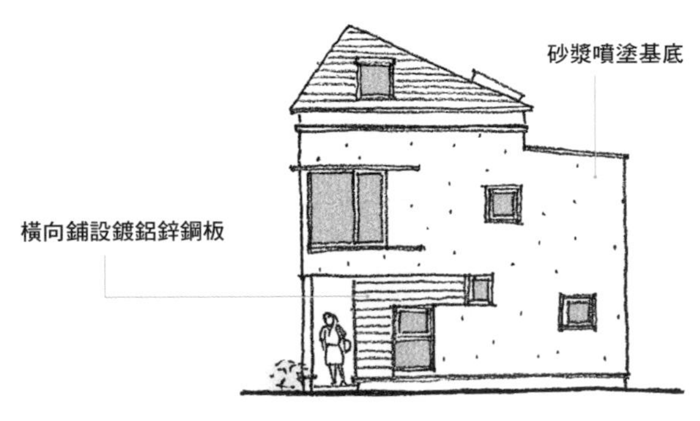

砂漿噴塗基底
橫向鋪設鍍鋁鋅鋼板

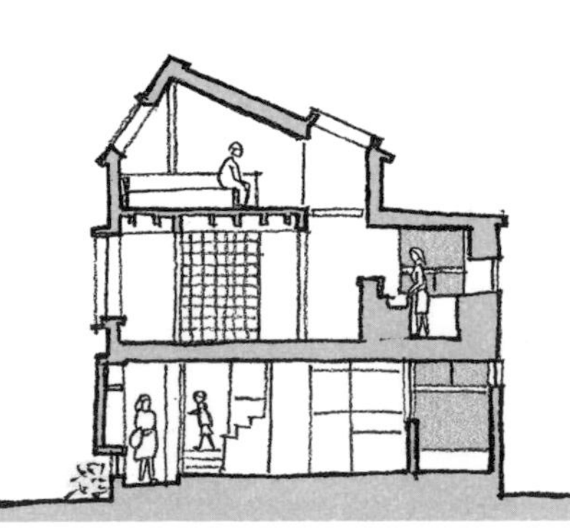

S＝1：200

SECTION 1

玄關・樓梯

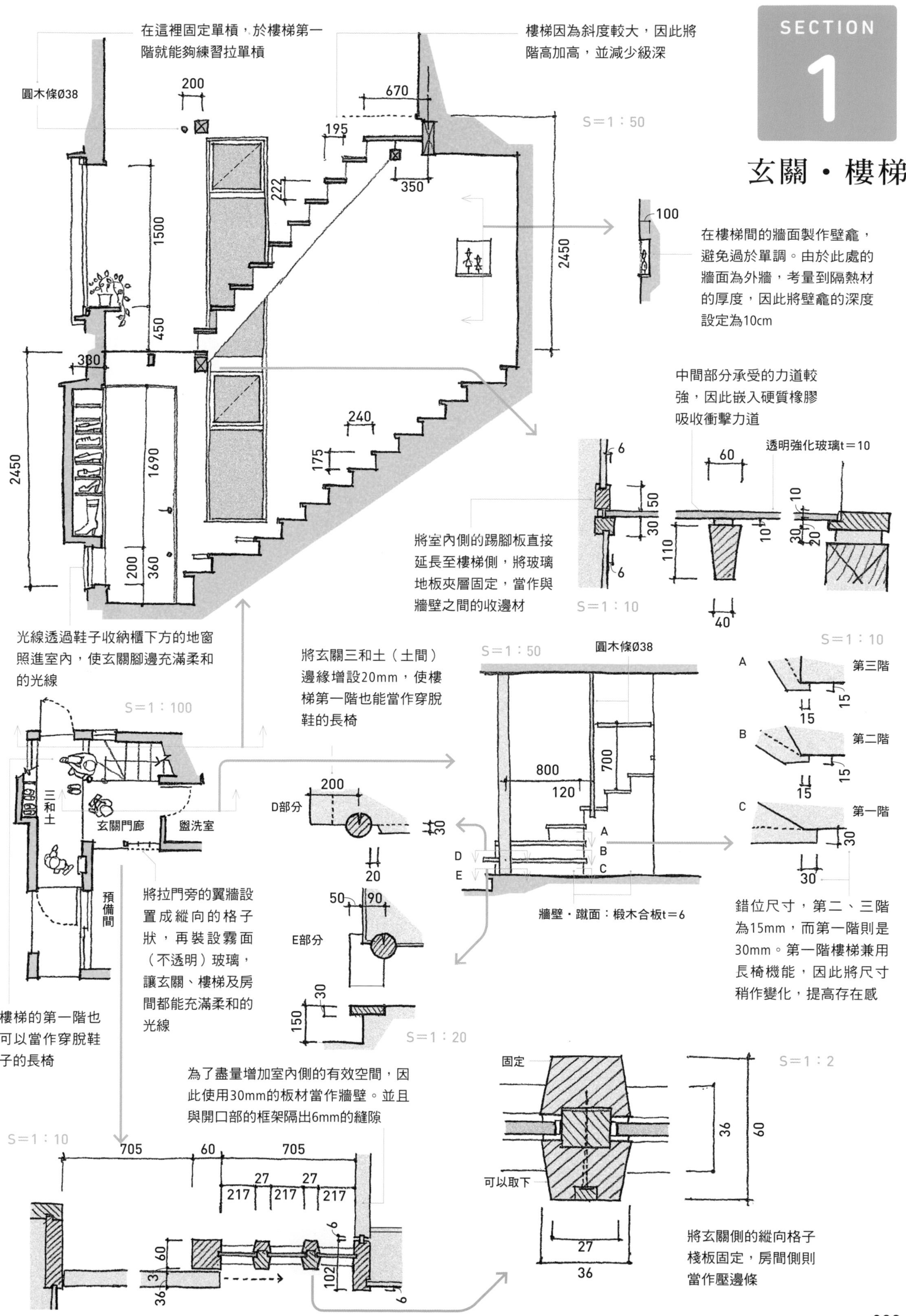

在這裡固定單槓，於樓梯第一階就能夠練習拉單槓
圓木條Ø38
200
670
195
222
350
樓梯因為斜度較大，因此將階高加高，並減少級深
S＝1：50
1500
450
2450
100
在樓梯間的牆面製作壁龕，避免過於單調。由於此處的牆面為外牆，考量到隔熱材的厚度，因此將壁龕的深度設定為10cm
380
2450
1690
240
175
200
360
中間部分承受的力道較強，因此嵌入硬質橡膠吸收衝擊力道
6
60
透明強化玻璃t＝10
50
30
110
10
30
20
40
將室內側的踢腳板直接延長至樓梯側，將玻璃地板夾層固定，當作與牆壁之間的收邊材
S＝1：10
光線透過鞋子收納櫃下方的地窗照進室內，使玄關腳邊充滿柔和的光線
將玄關三和土（土間）邊緣增設20mm，使樓梯第一階也能當作穿脫鞋的長椅
S＝1：100
三和土
玄關門廊
盥洗室
預備間
S＝1：50
圓木條Ø38
800
120
700
A
B
C
D
E
牆壁・踢面：椴木合板t＝6
S＝1：10
A
第三階
15
15
B
第二階
15
15
C
第一階
30
30
D部分
200
30
20
E部分
50
90
30
150
S＝1：20
將拉門旁的翼牆設置成縱向的格子狀，再裝設霧面（不透明）玻璃，讓玄關、樓梯及房間都能充滿柔和的光線
錯位尺寸，第二、三階為15mm，而第一階則是30mm。第一階樓梯兼用長椅機能，因此將尺寸稍作變化，提高存在感
樓梯的第一階也可以當作穿脫鞋子的長椅
為了盡量增加室內側的有效空間，因此使用30mm的板材當作牆壁。並且與開口部的框架隔出6mm的縫隙
S＝1：10
705
60
705
27
27
217
217
217
6
60
3
36
102
6
固定
可以取下
S＝1：2
36
60
27
36
將玄關側的縱向格子棧板固定，房間側則當作壓邊條

SECTION

2

客廳・餐廳周圍

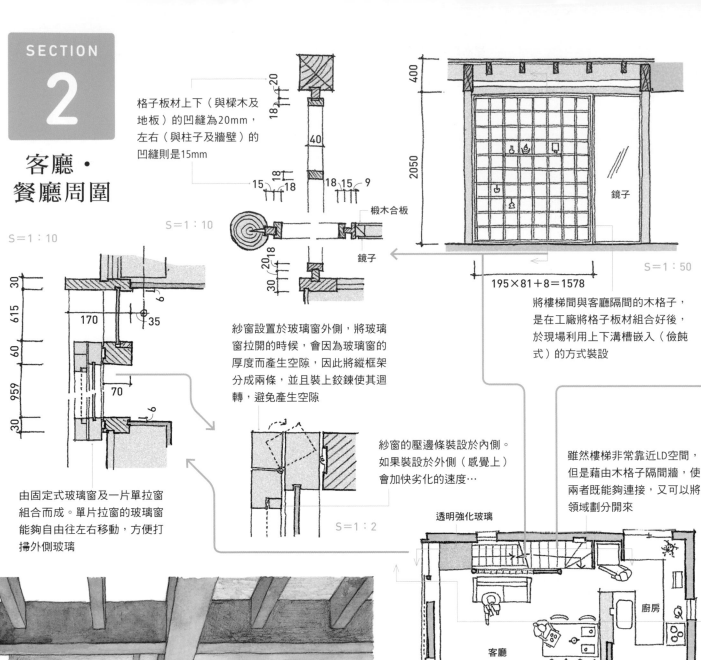

格子板材上下（與樑木及地板）的凹縫為20mm，左右（與柱子及牆壁）的凹縫則是15mm

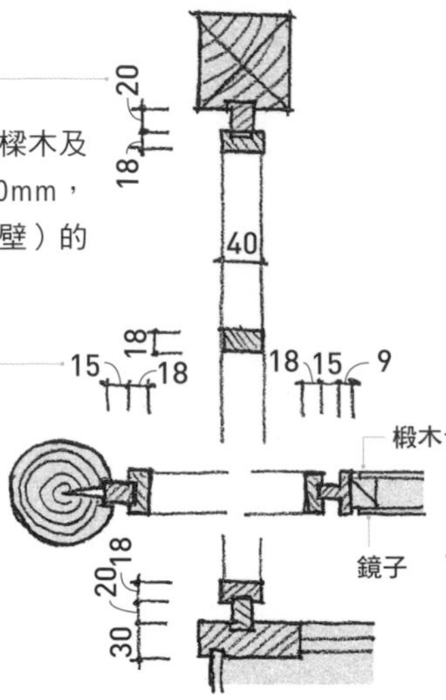

S=1：10

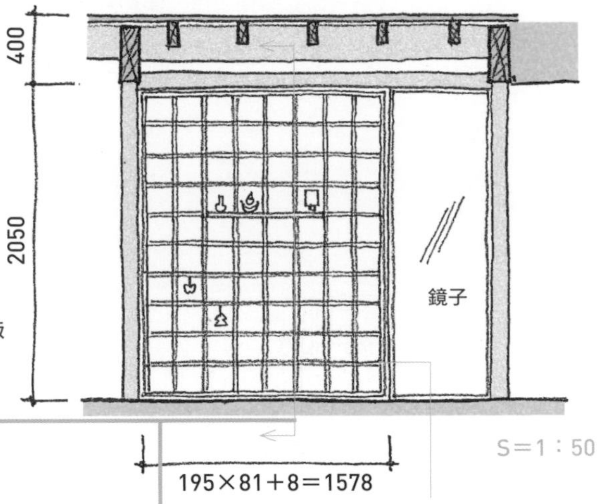

椴木合板

鏡子

400

2050

鏡子

195×81+8=1578

S=1：50

將樓梯間與客廳隔間的木格子，是在工廠將格子板材組合好後，於現場利用上下溝槽嵌入（倹飩式）的方式裝設

S=1：10

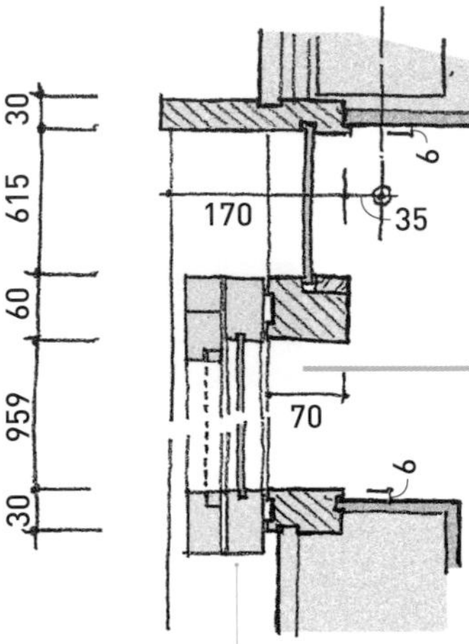

紗窗設置於玻璃窗外側，將玻璃窗拉開的時候，會因為玻璃窗的厚度而產生空隙，因此將縱框架分成兩條，並且裝上鉸鍊使其迴轉，避免產生空隙

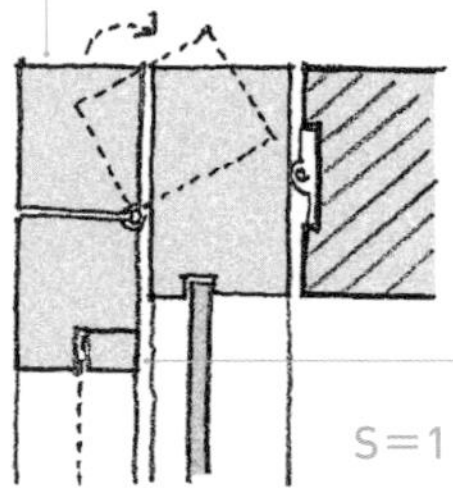

紗窗的壓邊條裝設於內側。如果裝設於外側（感覺上）會加快劣化的速度…

S=1：2

由固定式玻璃窗及一片單拉窗組合而成。單片拉窗的玻璃窗能夠自由往左右移動，方便打掃外側玻璃

雖然樓梯非常靠近LD空間，但是藉由木格子隔間牆，使兩者既能夠連接，又可以將領域劃分開來

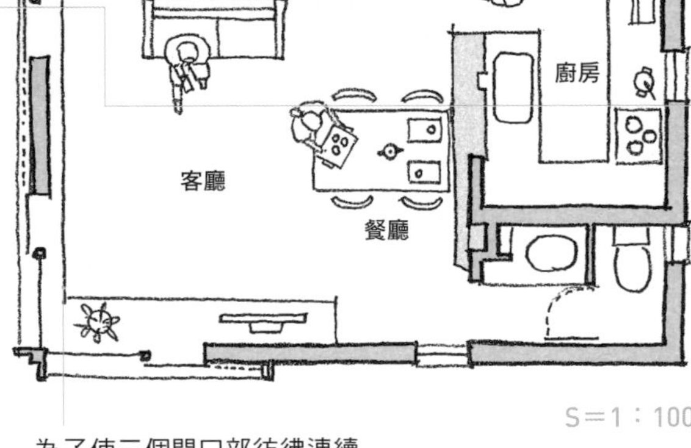
透明強化玻璃
廚房
客廳
餐廳

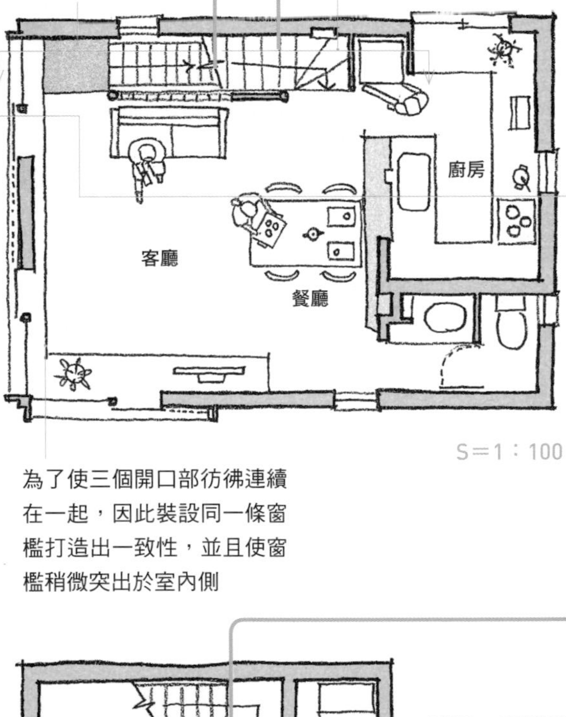

S=1：100

為了使三個開口部彷彿連續在一起，因此裝設同一條窗檻打造出一致性，並且使窗檻稍微突出於室內側

盡可能將光線傳遞至樓下

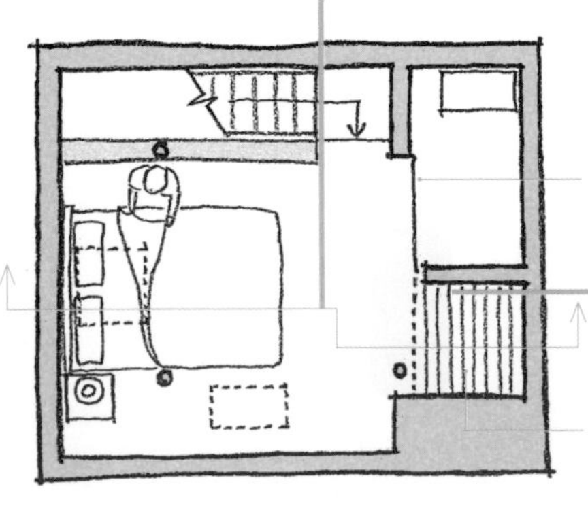

透過一扇拉門，將連續至2樓的挑高隔開

最上層的臥室與2樓餐廳及挑高彼此連接

S=1：100

SECTION 3

客廳・餐廳～臥室

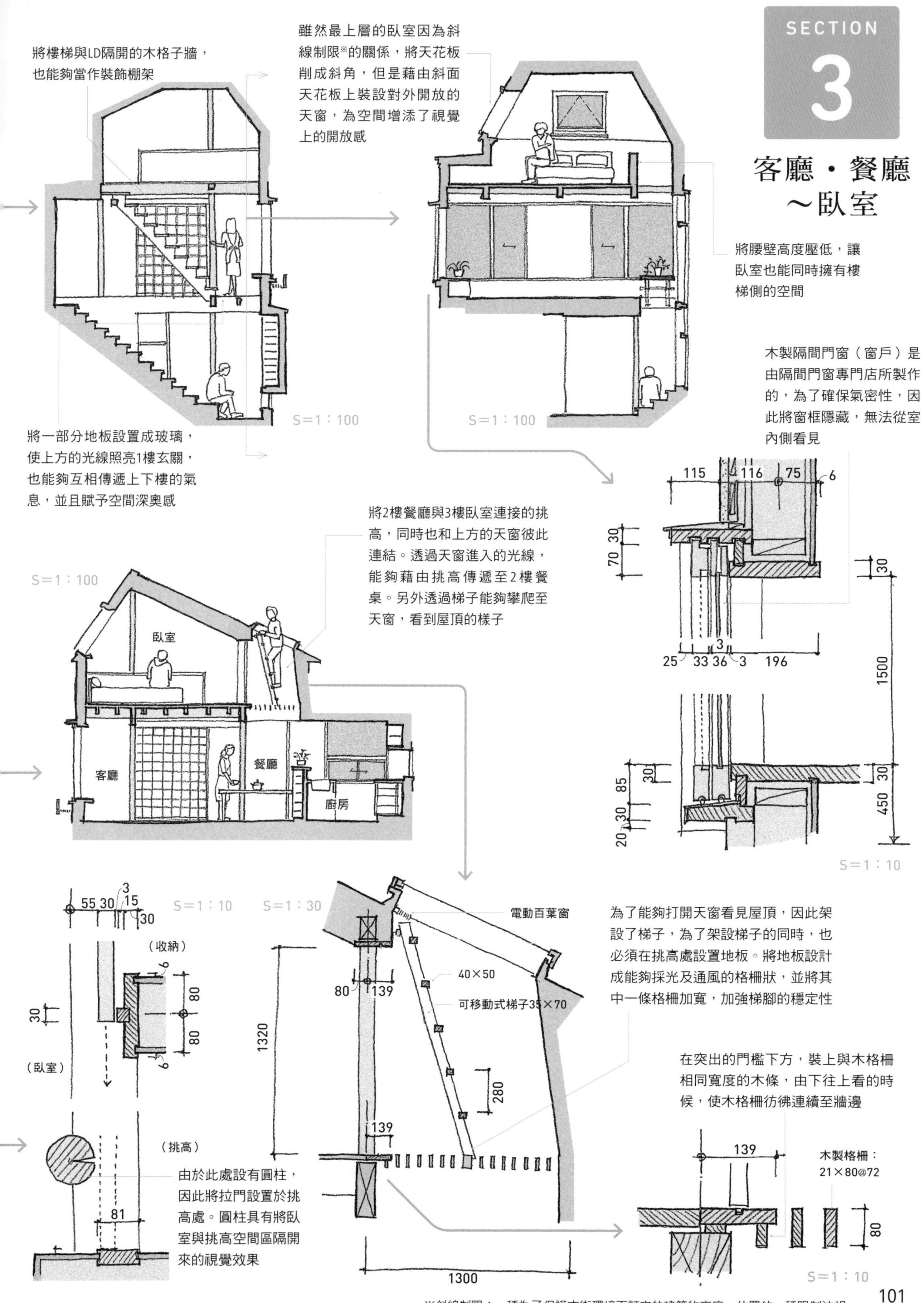

將樓梯與LD隔開的木格子牆，也能夠當作裝飾棚架
雖然最上層的臥室因為斜線制限※的關係，將天花板削成斜角，但是藉由斜面天花板上裝設對外開放的天窗，為空間增添了視覺上的開放感
將腰壁高度壓低，讓臥室也能同時擁有樓梯側的空間
將一部分地板設置成玻璃，使上方的光線照亮1樓玄關，也能夠互相傳遞上下樓的氣息，並且賦予空間深奧感
S=1：100
S=1：100
木製隔間門窗（窗戶）是由隔間門窗專門店所製作的，為了確保氣密性，因此將窗框隱藏，無法從室內側看見
115
116
75
6
70
30
30
25
33
36
3
3
196
1500
30
85
30
20
30
450
S=1：10
將2樓餐廳與3樓臥室連接的挑高，同時也和上方的天窗彼此連結。透過天窗進入的光線，能夠藉由挑高傳遞至2樓餐桌。另外透過梯子能夠攀爬至天窗，看到屋頂的樣子
S=1：100
臥室
客廳
餐廳
廚房
S=1：10
S=1：30
55
30
3
15
30
（收納）
30
6
80
80
6
（臥室）
（挑高）
81
由於此處設有圓柱，因此將拉門設置於挑高處。圓柱具有將臥室與挑高空間區隔開來的視覺效果
電動百葉窗
40×50
80
139
可移動式梯子35×70
1320
280
139
1300
為了能夠打開天窗看見屋頂，因此架設了梯子，為了架設梯子的同時，也必須在挑高處設置地板。將地板設計成能夠採光及通風的格柵狀，並將其中一條格柵加寬，加強梯腳的穩定性
在突出的門檻下方，裝上與木格柵相同寬度的木條，由下往上看的時候，使木格柵彷彿連續至牆邊
139
木製格柵：
21×80@72
80
S=1：10

※斜線制限：一種為了保護市街環境而訂定的建築物高度、位置的一種限制法規。

不即不離的空間關係

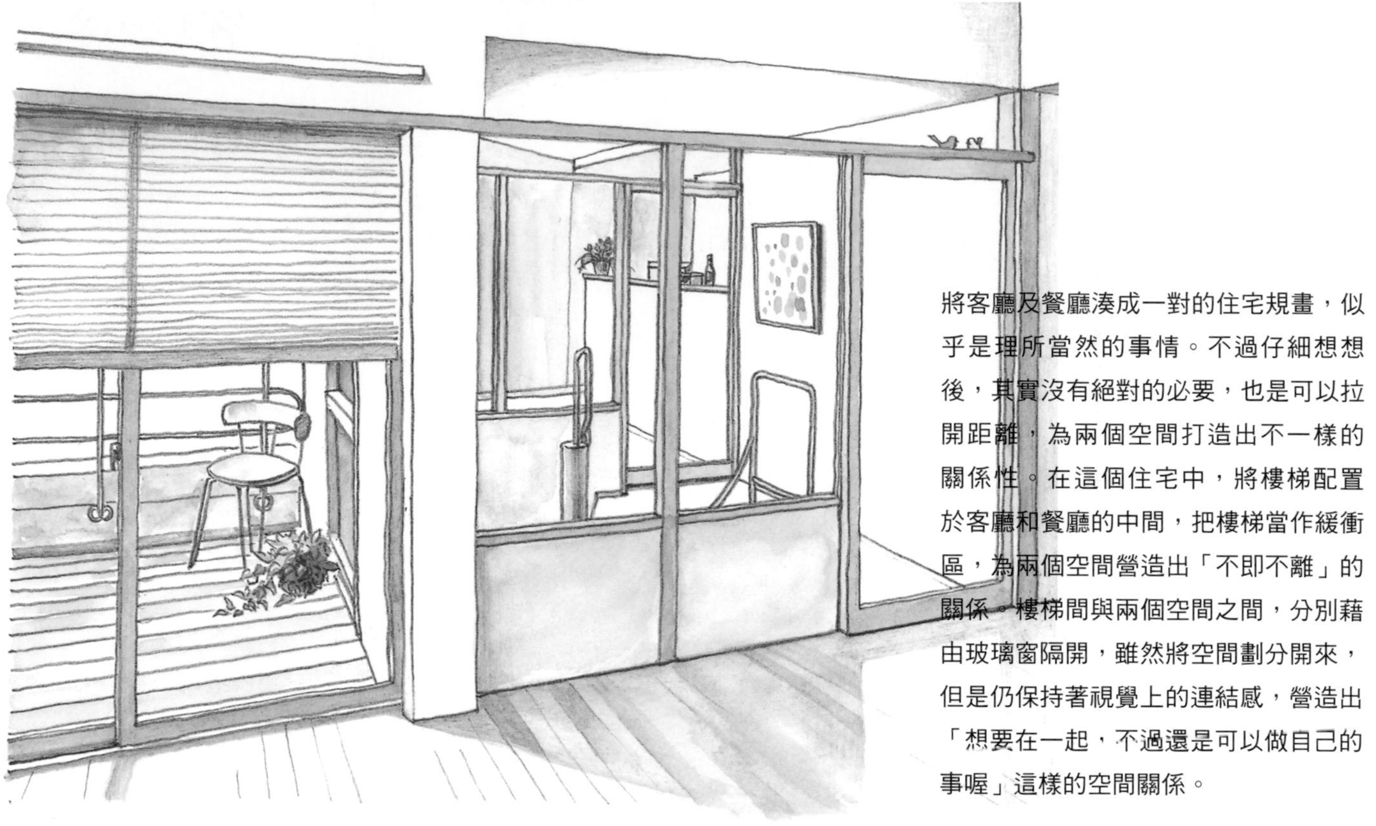

將客廳及餐廳湊成一對的住宅規畫，似乎是理所當然的事情。不過仔細想想後，其實沒有絕對的必要，也是可以拉開距離，為兩個空間打造出不一樣的關係性。在這個住宅中，將樓梯配置於客廳和餐廳的中間，把樓梯當作緩衝區，為兩個空間營造出「不即不離」的關係。樓梯間與兩個空間之間，分別藉由玻璃窗隔開，雖然將空間劃分開來，但是仍保持著視覺上的連結感，營造出「想要在一起，不過還是可以做自己的事喔」這樣的空間關係。

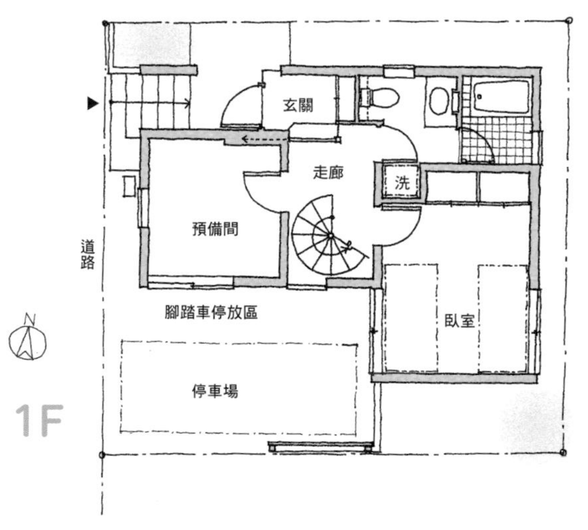

玄關
走廊
洗
預備間
道路
腳踏車停放區
臥室
停車場
1F

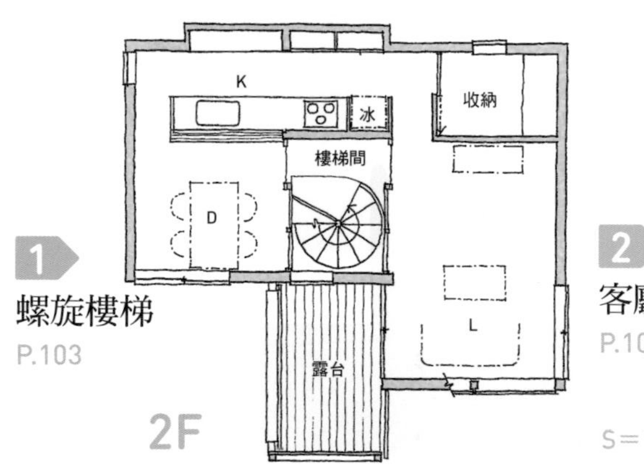

3 P.105
餐廳・廚房周圍
K
冰
收納
樓梯間
D
1
螺旋樓梯
P.103
2
客廳・露台
P.104
L
露台
2F
S＝1：150

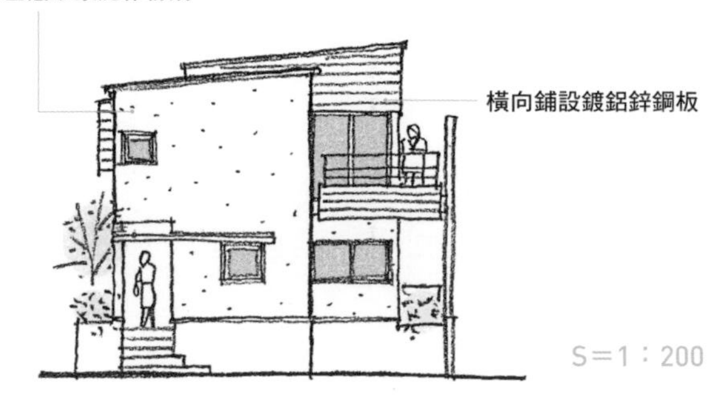

基底砂漿泥作粉刷
橫向鋪設鍍鋁鋅鋼板
S＝1：200

SECTION 1

螺旋樓梯

走上2樓後，樓梯間的左側為餐廳，右側則配置客廳。餐廳與客廳同時也能透過廚房連接，形成一個以廚房為中心的回遊動線

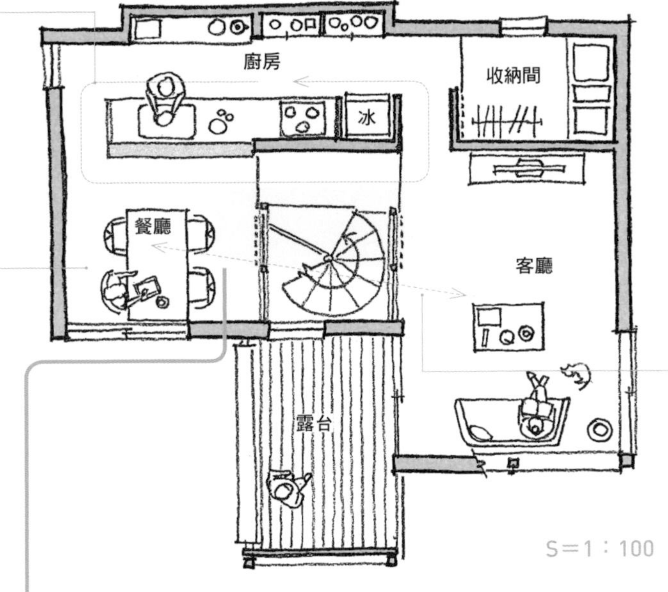

廚房
收納間
冰
餐廳
客廳
露台
S＝1：100

餐桌大小約為4.5個榻榻米。對於全家4口而言，是非常足夠的大小。並且與對面式的廚房連接，因此能夠感受到比實際面積還大的寬敞感

雖然樓梯間利用牆壁及拉門隔開，但是在牆壁及拉門上都裝設了玻璃，使餐廳及客廳仍能保持視覺上的連結

最上層的大塊踏板，是將兩片集成材（或是實木材），重疊成穩定性極佳的踏面。支撐踏板的基底，則是利用鋼槽材，以及和踏面類似形狀的板材製作平面，再固定於牆壁及支柱的托架上

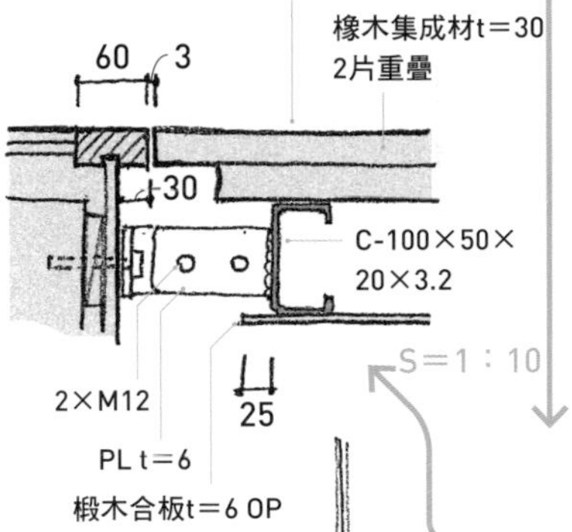

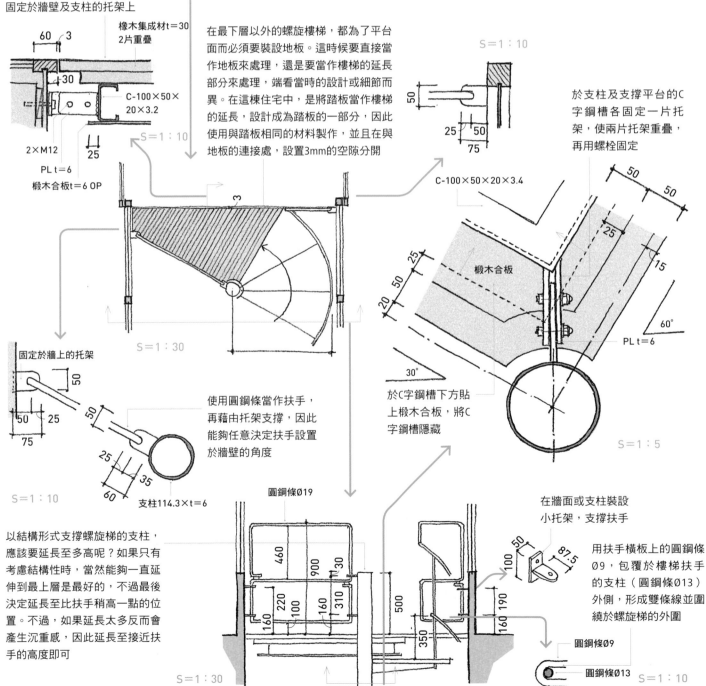

橡木集成材t＝30 2片重疊

C-100×50×20×3.2

2×M12

PL t＝6

椴木合板t＝6 OP

S＝1：10

在最下層以外的螺旋樓梯，都為了平台面而必須要裝設地板。這時候要直接當作地板來處理，還是要當作樓梯的延長部分來處理，端看當時的設計或細節而異。在這棟住宅中，是將踏板當作樓梯的延長，設計成為踏板的一部分，因此使用與踏板相同的材料製作，並且在與地板的連接處，設置3mm的空隙分開

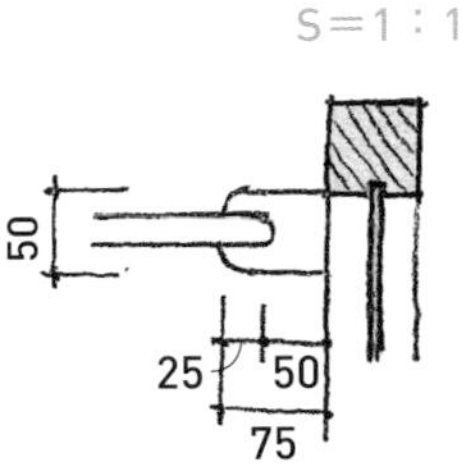

S＝1：10

於支柱及支撐平台的C字鋼槽各固定一片托架，使兩片托架重疊，再用螺栓固定

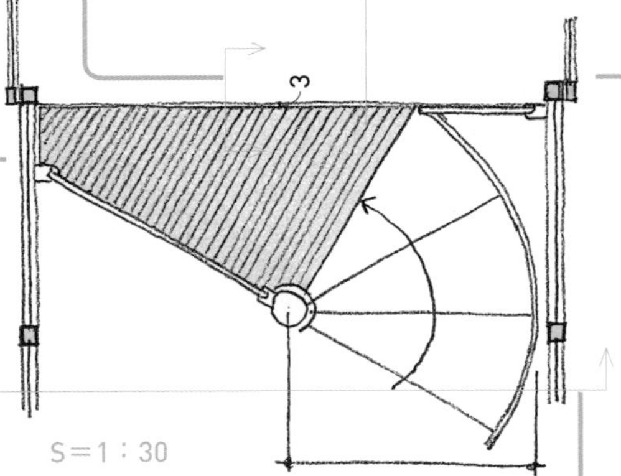

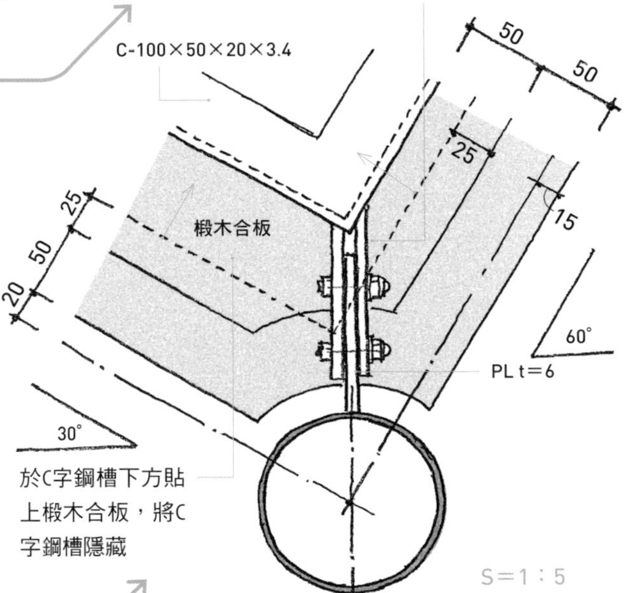

C-100×50×20×3.4

椴木合板

PL t＝6

S＝1：30

固定於牆上的托架

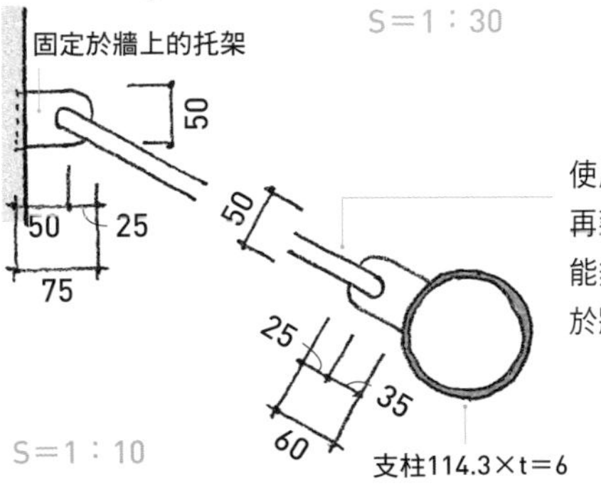

使用圓鋼條當作扶手，再藉由托架支撐，因此能夠任意決定扶手設置於牆壁的角度

於C字鋼槽下方貼上椴木合板，將C字鋼槽隱藏

S＝1：5

S＝1：10

支柱114.3×t＝6

以結構形式支撐螺旋梯的支柱，應該要延長至多高呢？如果只有考慮結構性時，當然能夠一直延伸到最上層是最好的，不過最後決定延長至比扶手稍高一點的位置。不過，如果延長太多反而會產生沉重感，因此延長至接近扶手的高度即可

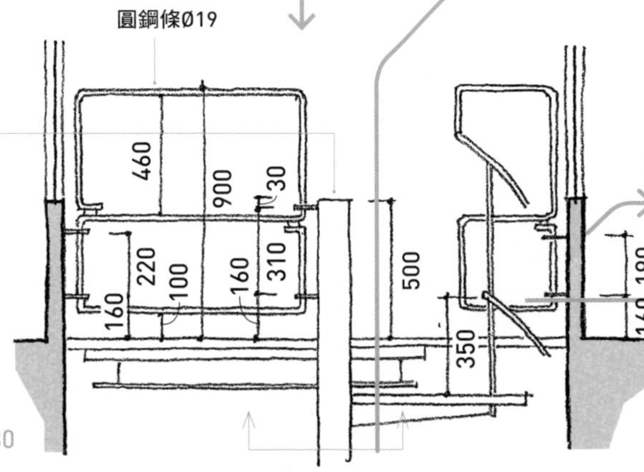

圓鋼條Ø19

S＝1：30

在牆面或支柱裝設小托架，支撐扶手

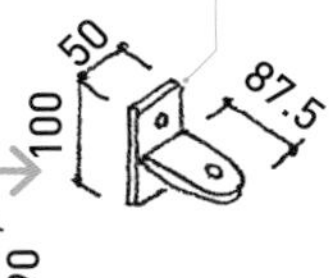

用扶手橫板上的圓鋼條Ø9，包覆於樓梯扶手的支柱（圓鋼條Ø13）外側，形成雙條線並圍繞於螺旋梯的外圍

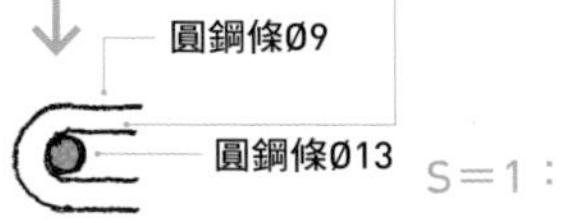

圓鋼條Ø9

圓鋼條Ø13

S＝1：10

SECTION 2

客廳・露台

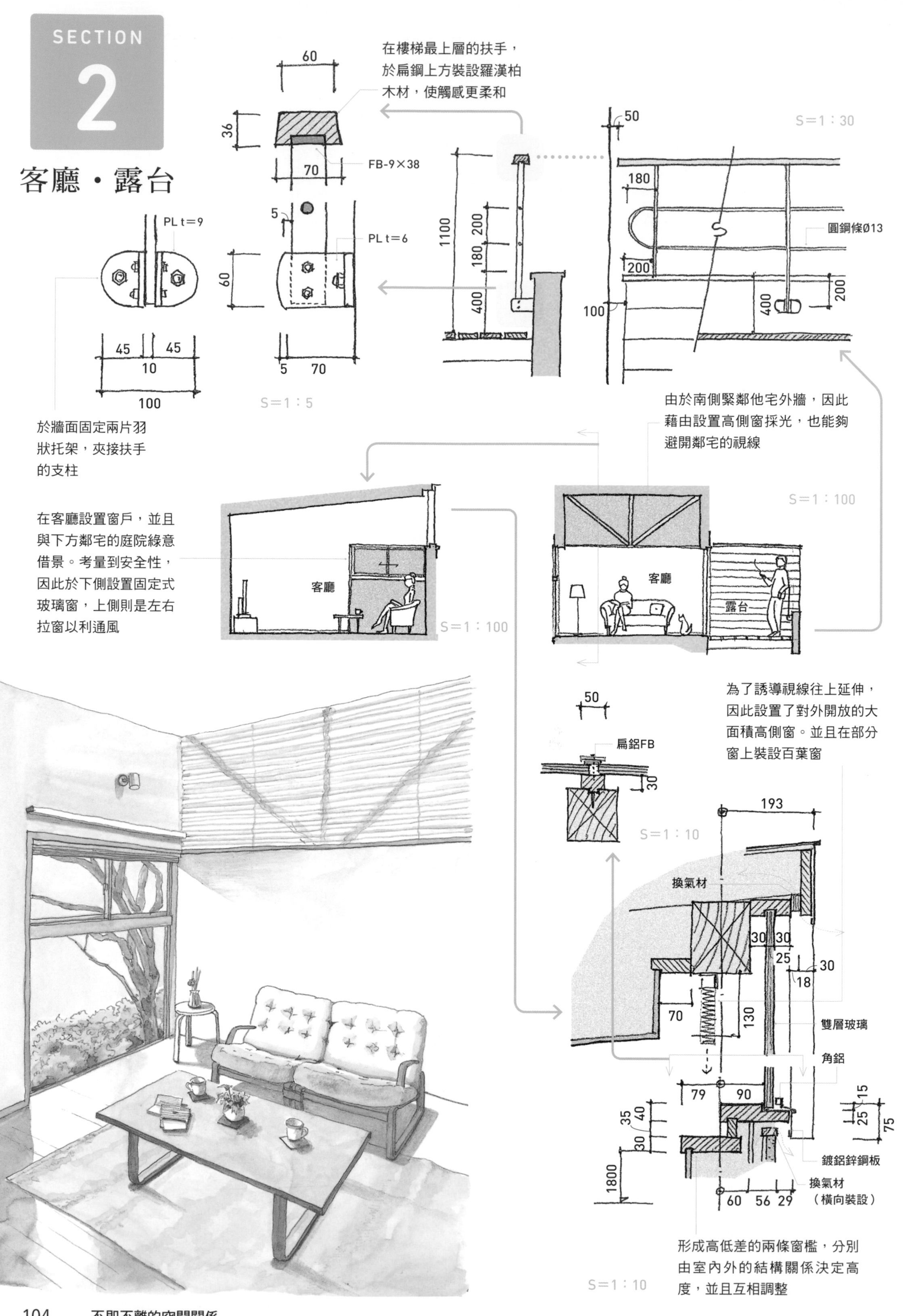
在樓梯最上層的扶手，
於扁鋼上方裝設羅漢柏
木材，使觸感更柔和
60
36
70
FB-9×38
PL t=9
5
PL t=6
60
45
45
10
100
5
70
S=1：5
於牆面固定兩片羽
狀托架，夾接扶手
的支柱
50
S=1：30
1100
200
180
400
180
圓鋼條Ø13
200
100
400
200
由於南側緊鄰他宅外牆，因此
藉由設置高側窗採光，也能夠
避開鄰宅的視線
S=1：100
在客廳設置窗戶，並且
與下方鄰宅的庭院綠意
借景。考量到安全性，
因此於下側設置固定式
玻璃窗，上側則是左右
拉窗以利通風
客廳
S=1：100
客廳
露台
50
扁鋁FB
30
S=1：10
為了誘導視線往上延伸，
因此設置了對外開放的大
面積高側窗。並且在部分
窗上裝設百葉窗
193
換氣材
30
30
25
30
18
70
130
雙層玻璃
角鋁
79
90
15
25
75
35
40
30
1800
鍍鋁鋅鋼板
換氣材
（橫向裝設）
60
56
29
形成高低差的兩條窗檻，分別
由室內外的結構關係決定高
度，並且互相調整
S=1：10

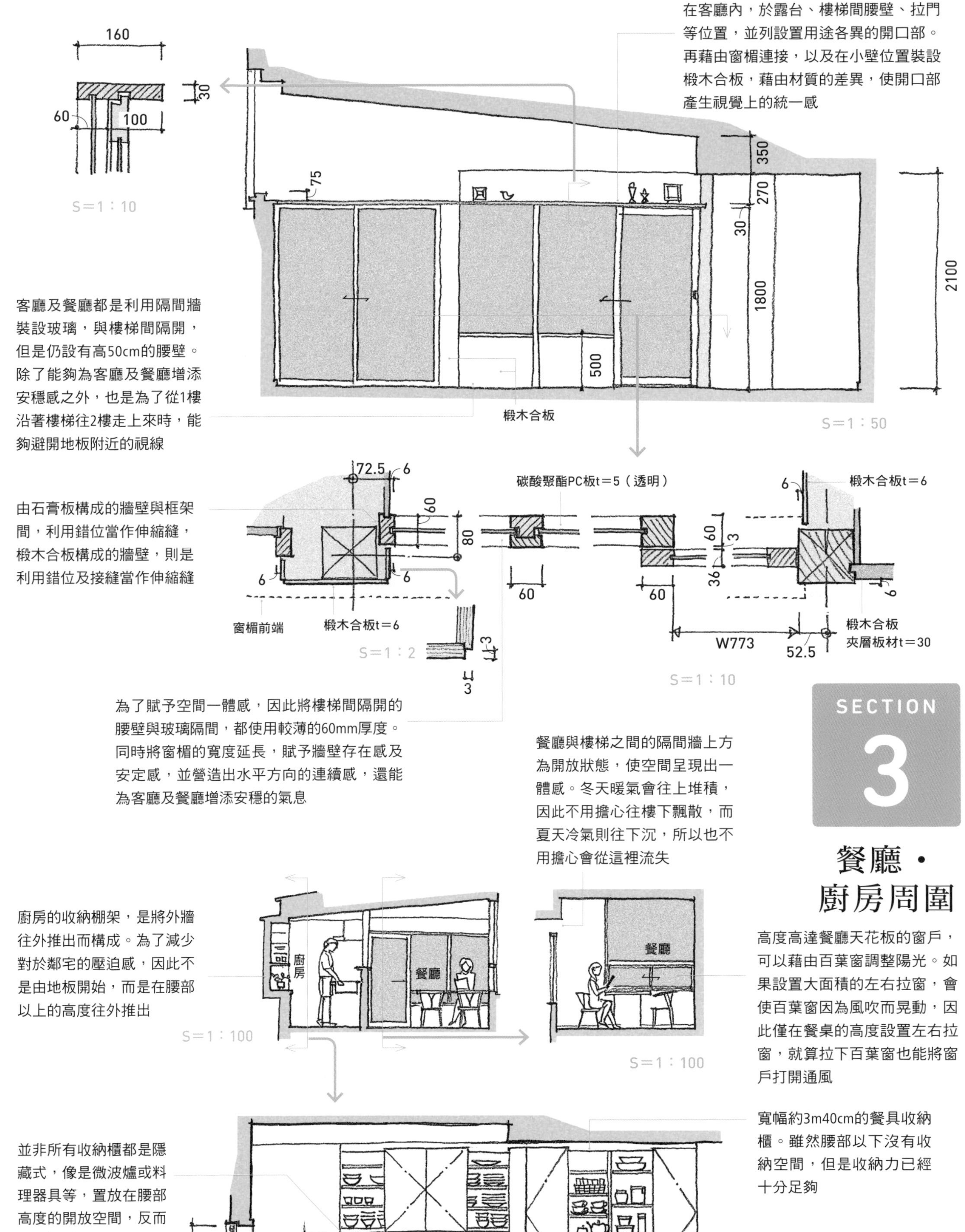
160
30
60
100
S＝1：10
75
350
270
30
1800
2100
500
椴木合板
S＝1：50
72.5
6
60
80
碳酸聚酯PC板t＝5（透明）
椴木合板t＝6
60
3
36
窗楣前端
椴木合板t＝6
S＝1：2
W773
52.5
椴木合板
夾層板材t＝30
S＝1：10
廚房
餐廳
S＝1：100
S＝1：100
500
750
700
S＝1：50

在客廳內，於露台、樓梯間腰壁、拉門等位置，並列設置用途各異的開口部。再藉由窗楣連接，以及在小壁位置裝設椴木合板，藉由材質的差異，使開口部產生視覺上的統一感

客廳及餐廳都是利用隔間牆裝設玻璃，與樓梯間隔開，但是仍設有高50cm的腰壁。除了能夠為客廳及餐廳增添安穩感之外，也是為了從1樓沿著樓梯往2樓走上來時，能夠避開地板附近的視線

由石膏板構成的牆壁與框架間，利用錯位當作伸縮縫，椴木合板構成的牆壁，則是利用錯位及接縫當作伸縮縫

為了賦予空間一體感，因此將樓梯間隔開的腰壁與玻璃隔間，都使用較薄的60mm厚度。同時將窗楣的寬度延長，賦予牆壁存在感及安定感，並營造出水平方向的連續感，還能為客廳及餐廳增添安穩的氣息

餐廳與樓梯之間的隔間牆上方為開放狀態，使空間呈現出一體感。冬天暖氣會往上堆積，因此不用擔心往樓下飄散，而夏天冷氣則往下沉，所以也不用擔心會從這裡流失

廚房的收納棚架，是將外牆往外推出而構成。為了減少對於鄰宅的壓迫感，因此不是由地板開始，而是在腰部以上的高度往外推出

並非所有收納櫃都是隱藏式，像是微波爐或料理器具等，置放在腰部高度的開放空間，反而更加便利

SECTION

3

餐廳・廚房周圍

高度高達餐廳天花板的窗戶，可以藉由百葉窗調整陽光。如果設置大面積的左右拉窗，會使百葉窗因為風吹而晃動，因此僅在餐桌的高度設置左右拉窗，就算拉下百葉窗也能將窗戶打開通風

寬幅約3m40cm的餐具收納櫃。雖然腰部以下沒有收納空間，但是收納力已經十分足夠

窗戶、收納、天花板…藉由各種要素劃分區域

將固定型收納家具以中島形式置放，將客廳（L）、餐廳（D）、廚房（K）及家事角落這四個區域緩和地隔開，分別打造出各自的領域。就算在同一空間內，也能夠藉由不同的天花板高度或形狀，賦予變化性，依照不同用途打造出合適的空間。另外，窗戶也根據每個空間所適合的大小與形狀設置，營造出舒適的氣氛。就算是配置於一大空間的LDK，也能夠利用各種形式的操作，根據生活方式打造出適得其所的空間。

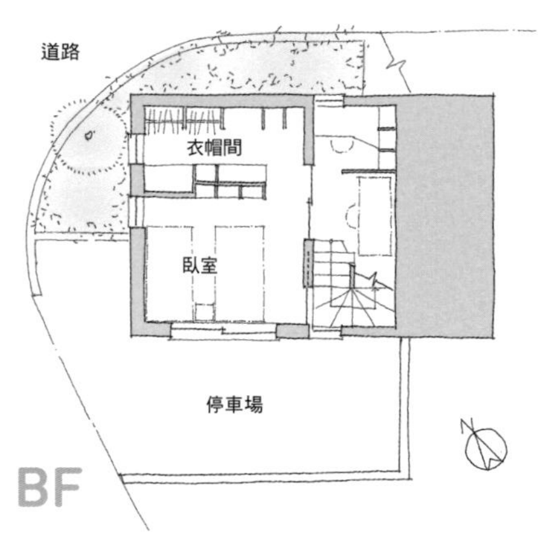
道路
衣帽間
臥室
停車場
BF

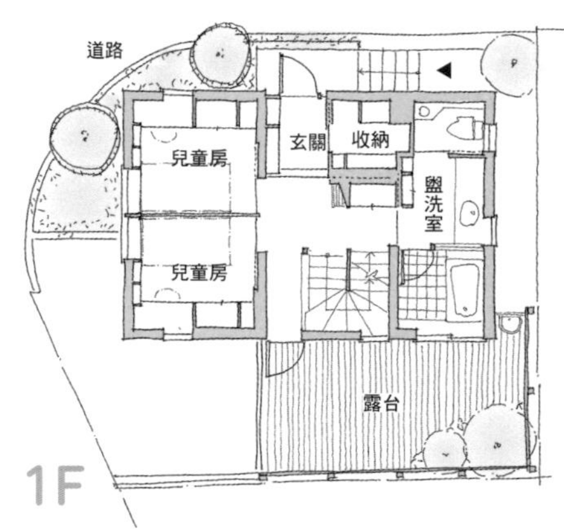
道路
兒童房
兒童房
玄關
收納
盥洗室
露台
1F

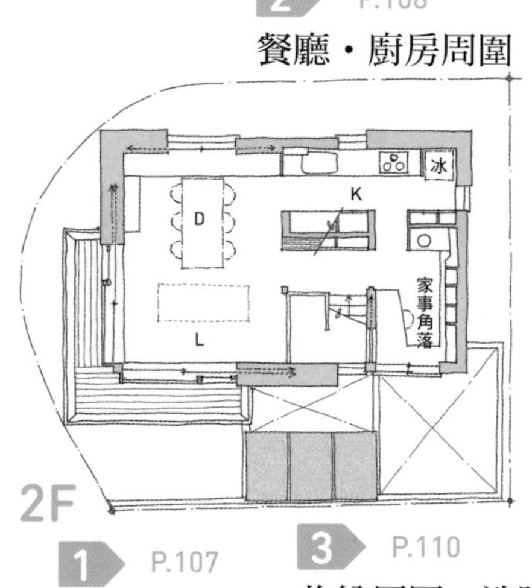
冰
K
D
家事角落
L
2F

2 P.108
餐廳・廚房周圍

1 P.107
客廳開口部

3 P.110
收納周圍・洗臉台

S＝1：200

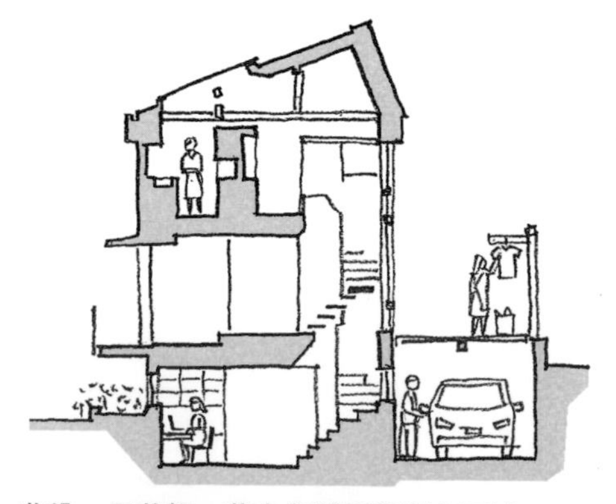

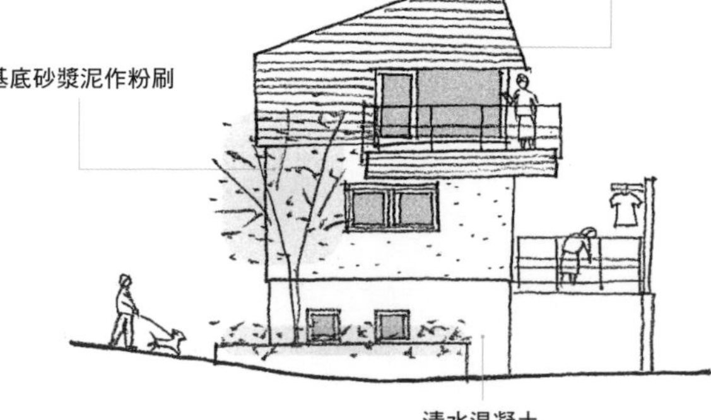
橫向鋪設鍍鋁鋅鋼板
基底砂漿泥作粉刷
清水混凝土

S＝1：200

SECTION 1

客廳開口部

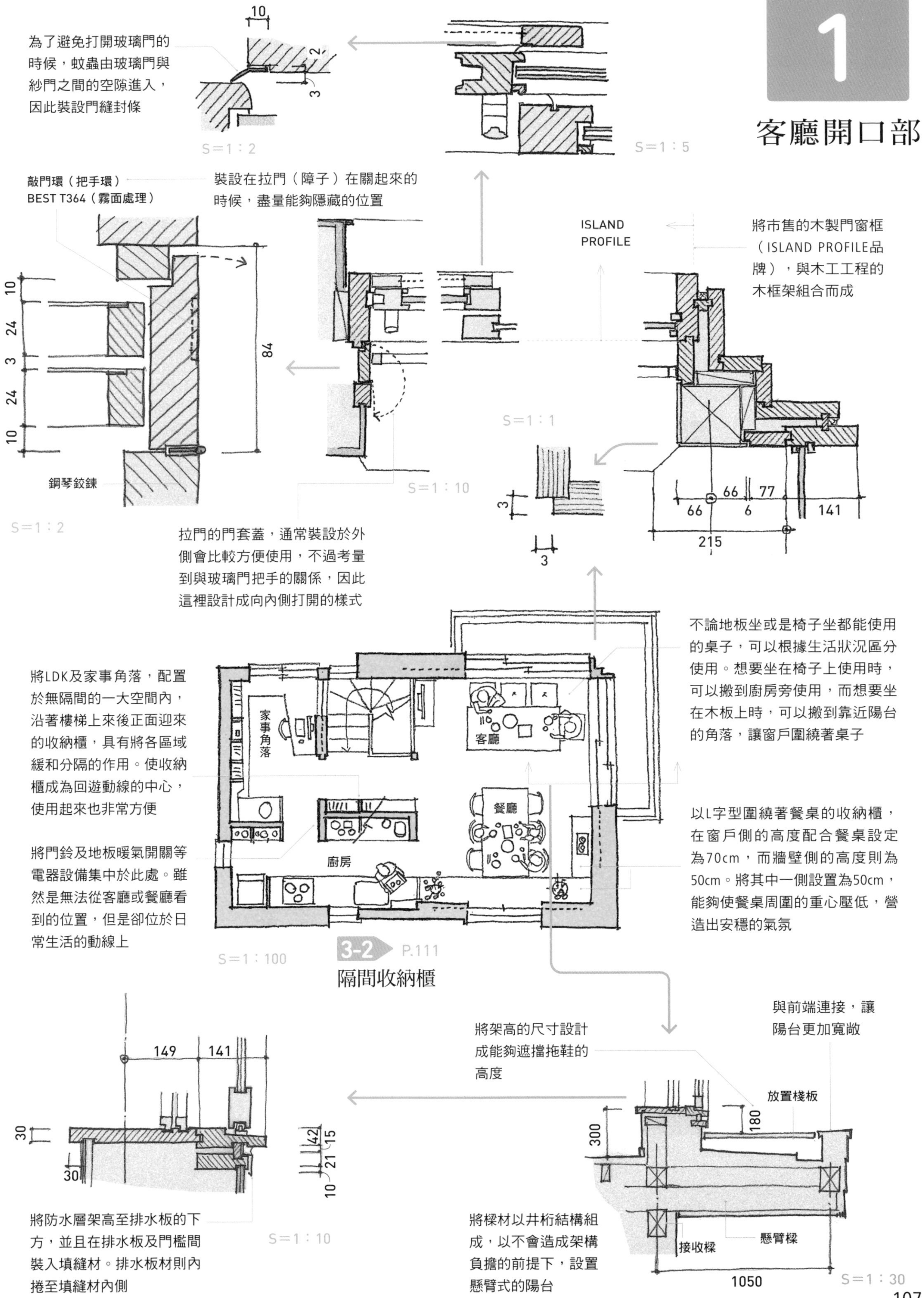

為了避免打開玻璃門的時候，蚊蟲由玻璃門與紗門之間的空隙進入，因此裝設門縫封條
10
2
3
S=1：2
S=1：5
敲門環（把手環）
BEST T364（霧面處理）
裝設在拉門（障子）在關起來的時候，盡量能夠隱藏的位置
ISLAND PROFILE
將市售的木製門窗框（ISLAND PROFILE品牌），與木工工程的木框架組合而成
10
24
3
24
10
84
鋼琴鉸鍊
S=1：2
S=1：10
S=1：1
3
3
66
66
6
77
141
215
拉門的門套蓋，通常裝設於外側會比較方便使用，不過考量到與玻璃門把手的關係，因此這裡設計成向內側打開的樣式
將LDK及家事角落，配置於無隔間的一大空間內，沿著樓梯上來後正面迎來的收納櫃，具有將各區域緩和分隔的作用。使收納櫃成為回遊動線的中心，使用起來也非常方便
家事角落
客廳
餐廳
廚房
不論地板坐或是椅子坐都能使用的桌子，可以根據生活狀況區分使用。想要坐在椅子上使用時，可以搬到廚房旁使用，而想要坐在木板上時，可以搬到靠近陽台的角落，讓窗戶圍繞著桌子
以L字型圍繞著餐桌的收納櫃，在窗戶側的高度配合餐桌設定為70cm，而牆壁側的高度則為50cm。將其中一側設置為50cm，能夠使餐桌周圍的重心壓低，營造出安穩的氣氛
將門鈴及地板暖氣開關等電器設備集中於此處。雖然是無法從客廳或餐廳看到的位置，但是卻位於日常生活的動線上
S=1：100
3-2 P.111
隔間收納櫃
與前端連接，讓陽台更加寬敞
將架高的尺寸設計成能夠遮擋拖鞋的高度
149
141
30
30
42
15
21
10
放置棧板
300
180
將防水層架高至排水板的下方，並且在排水板及門檻間裝入填縫材。排水板材則內捲至填縫材內側
S=1：10
將樑材以井桁結構組成，以不會造成架構負擔的前提下，設置懸臂式的陽台
接收樑
懸臂樑
1050
S=1：30

SECTION 3

收納櫃周圍・洗臉台

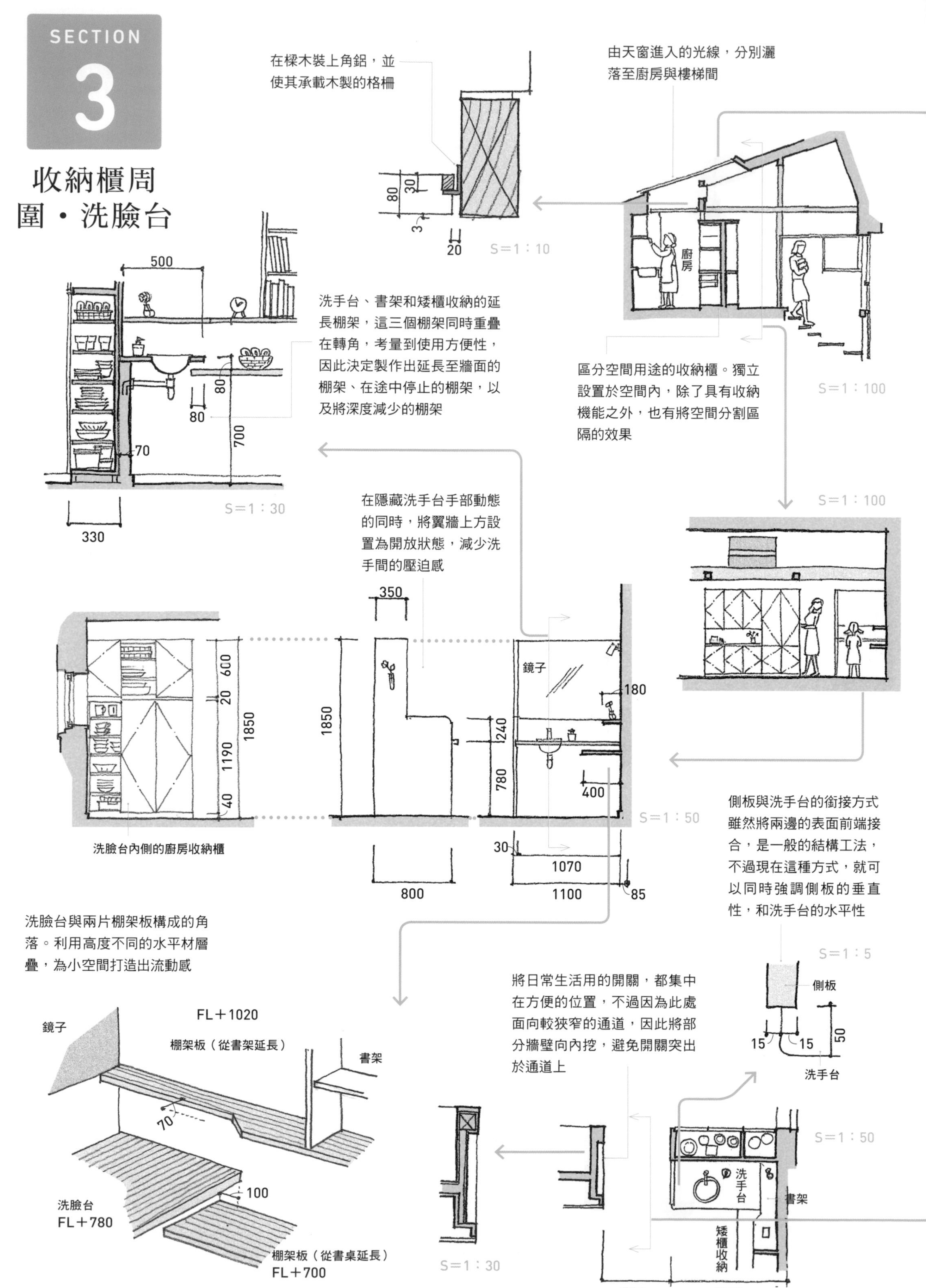

在樑木裝上角鋁，並使其承載木製的格柵
80
30
3
20
S＝1：10
由天窗進入的光線，分別灑落至廚房與樓梯間
廚房
S＝1：100
500
80
80
70
700
330
S＝1：30
洗手台、書架和矮櫃收納的延長棚架，這三個棚架同時重疊在轉角，考量到使用方便性，因此決定製作出延長至牆面的棚架、在途中停止的棚架，以及將深度減少的棚架
區分空間用途的收納櫃。獨立設置於空間內，除了具有收納機能之外，也有將空間分割區隔的效果
S＝1：100
在隱藏洗手台手部動態的同時，將翼牆上方設置為開放狀態，減少洗手間的壓迫感
350
600
20
1190
40
1850
1850
鏡子
180
240
780
400
S＝1：50
洗臉台內側的廚房收納櫃
30
1070
800
1100
85
側板與洗手台的銜接方式雖然將兩邊的表面前端接合，是一般的結構工法，不過現在這種方式，就可以同時強調側板的垂直性，和洗手台的水平性
S＝1：5
側板
15
15
50
洗手台
洗臉台與兩片棚架板構成的角落。利用高度不同的水平材層疊，為小空間打造出流動感
鏡子
FL＋1020
棚架板（從書架延長）
書架
70
100
洗臉台
FL＋780
棚架板（從書桌延長）
FL＋700
將日常生活用的開關，都集中在方便的位置，不過因為此處面向較狹窄的通道，因此將部分牆壁向內挖，避免開關突出於通道上
S＝1：30
S＝1：50
洗手台
書架
矮櫃收納
707
1185

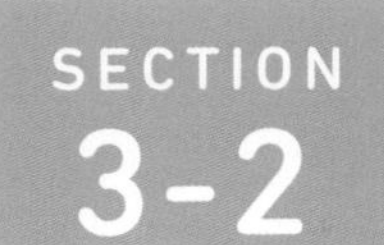

隔間收納櫃

天窗
灰泥塗裝
灰泥塗裝
S=1：20
6
6 18
30
18 6
裝飾收邊材：
細紋理花旗松
斜面天花板：
細紋理花旗松
S=1：5

斜面天花板與天窗周圍的牆面，分別使用不同的塗裝，因此嵌入細紋理花旗松的收邊材。再將收邊材下方的寬度減少為18mm，可以避免收邊材的存在感過於突出

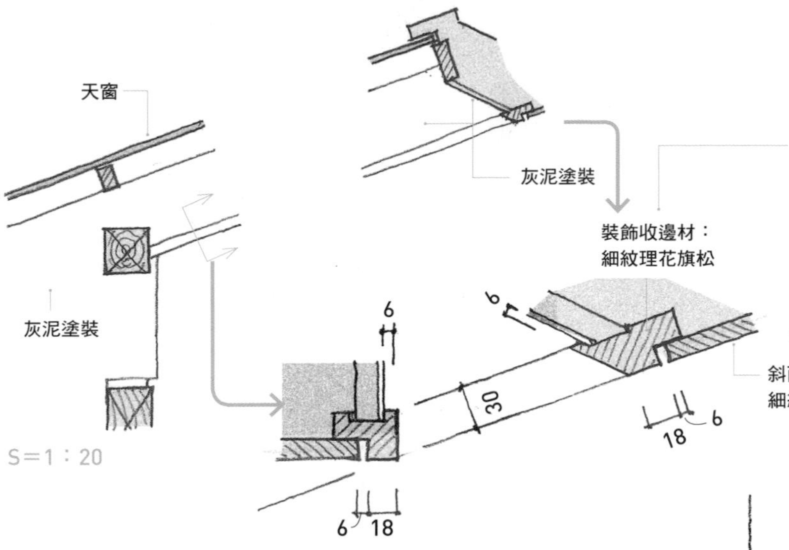

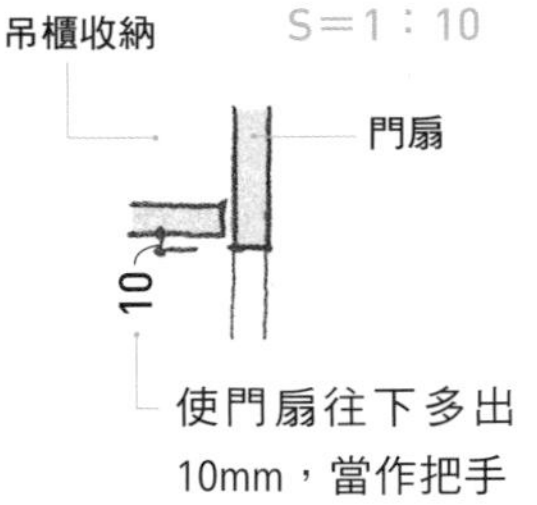

吊櫃收納
S=1：10
門扇
10

使門扇往下多出10mm，當作把手

乍看之下只有一個箱子，其實是在工廠製作4個箱子後，再到現場組合製作。在現場組合製作，也可以使電器類的配線更容易

廚房的EP塗裝天花板，與天窗部分的灰泥牆壁連接，因此嵌入雲杉當作分隔材

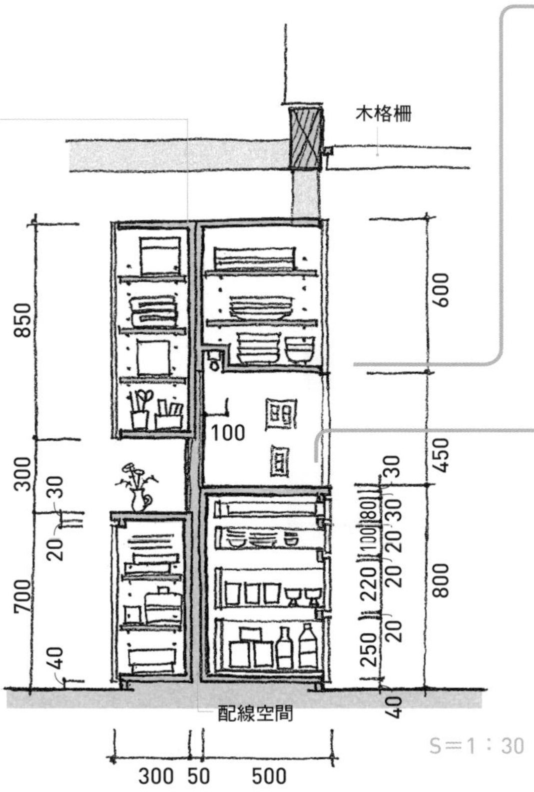

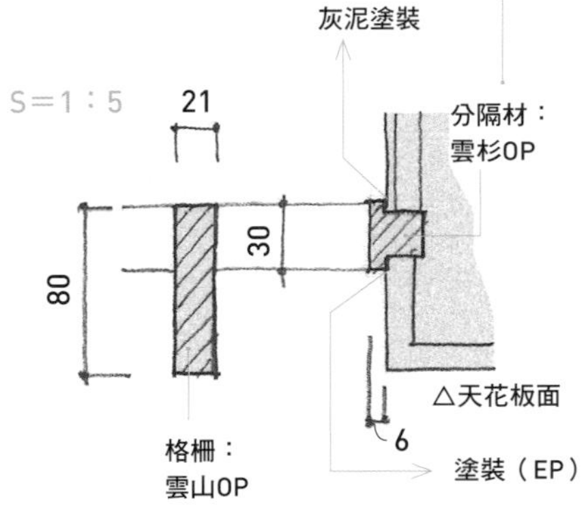

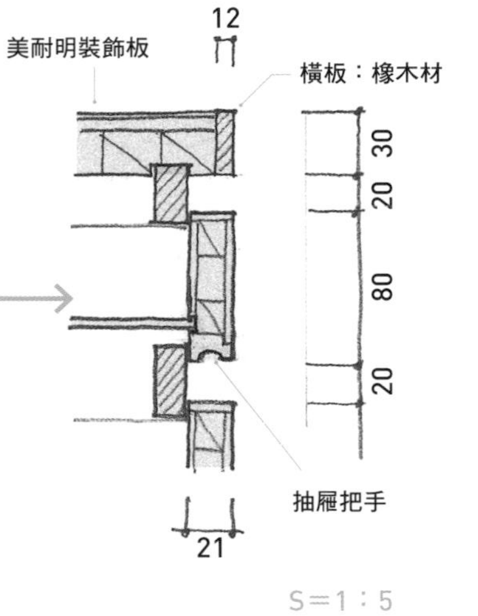

灰泥塗裝
S=1：5
21
分隔材：
雲杉OP
80
30
△天花板面
6
格柵：
雲山OP
塗裝（EP）
木格柵
850
300
30
20
700
40
100
600
450
30
80
100
30
20
220
20
250
20
800
40
配線空間
300 50 500
S=1：30
美耐明裝飾板
12
橫板：橡木材
30
20
80
20
抽屜把手
21
S=1：5

將開關、大門對講機、地板暖氣的控制閥等操作機器，集中設置於收納櫃的側面。並且將這部分的牆壁往內挖4cm，避免這些機器控制面板突出於通道

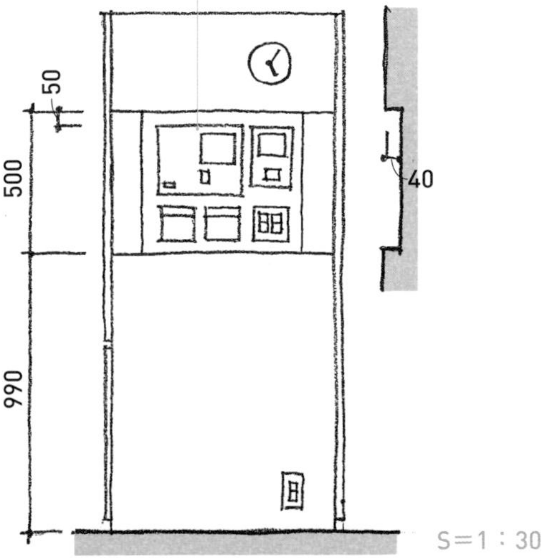

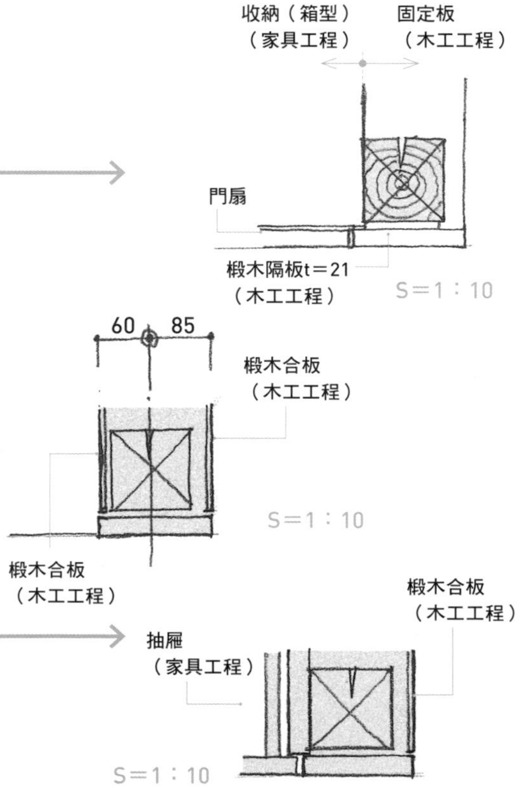

50
500
990
40
S=1：30
木格柵
收納（箱型）
（家具工程）
固定板
（木工工程）
門扇
椴木隔板t=21
（木工工程）
S=1：10
60 85
椴木合板
（木工工程）
S=1：10
椴木合板
（木工工程）
抽屜
（家具工程）
椴木合板
（木工工程）
S=1：10

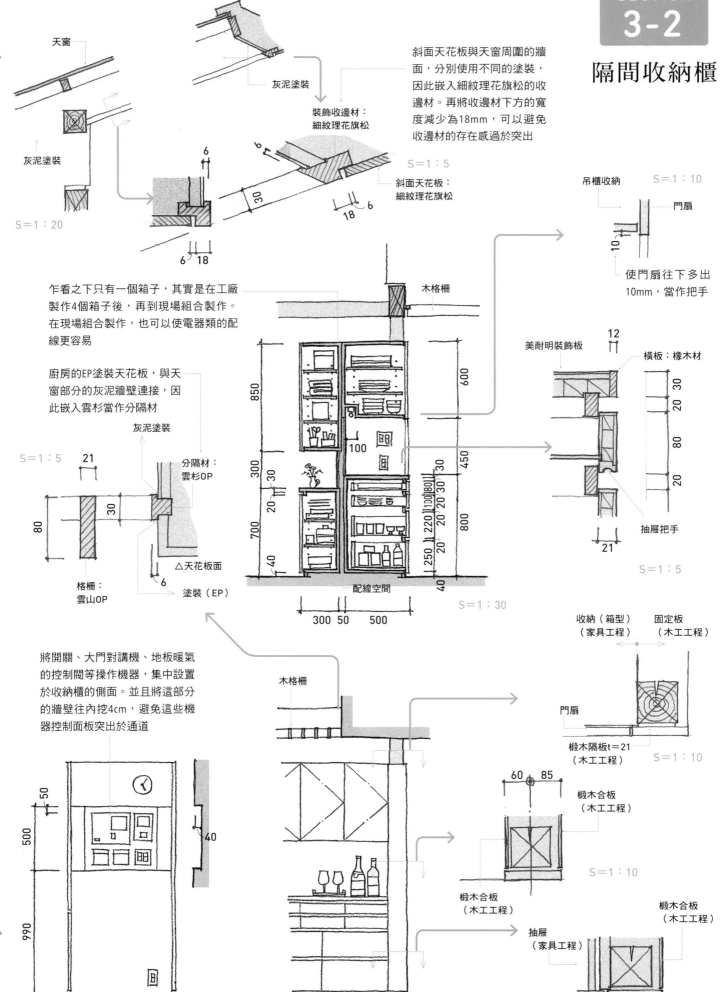

為移動空間中的天花板，打造出高低差

從小巧的回遊動線到大型的回遊動線，在這棟住宅中打造了好幾條回遊動線。動線，就是以移動為前提的空間，如果在移動的同時，場景也能漸漸地出現變化，就可以營造出多采多姿的空間。有各式各樣賦予空間變化的方式，不過若是為天花板打造出高低差，就能夠產生流動性，賦予空間生命力。在這棟住宅中，則是為樓梯間周圍的天花板，賦予不同的高低變化。

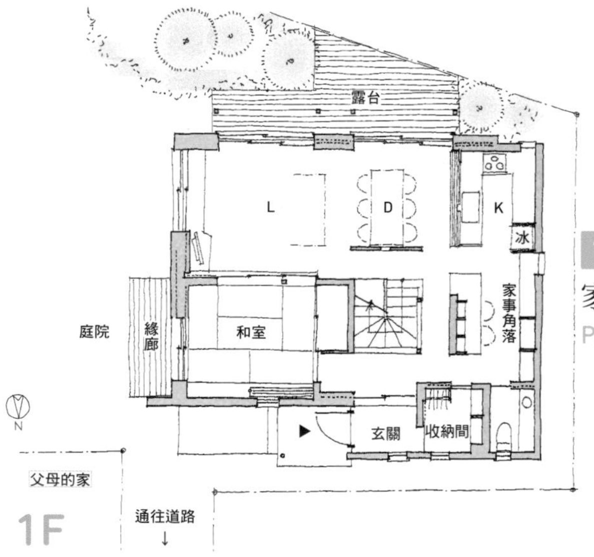

露台
L
D
K
冰
家事角落
和室
緣廊
庭院
玄關
收納間
N
父母的家
通往道路
↓
1F

1 家事角落
P.113

2 樓梯周圍
P.114

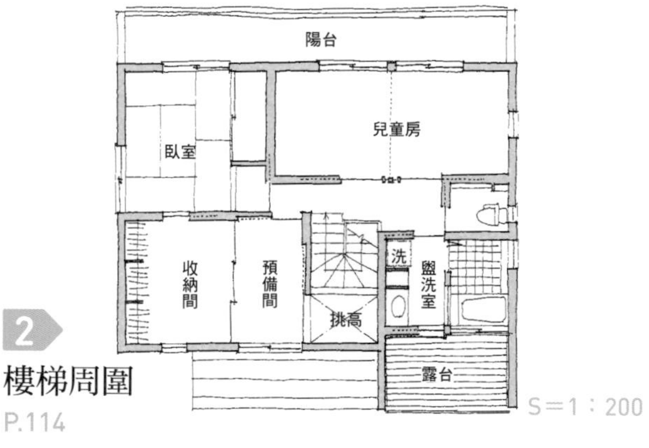

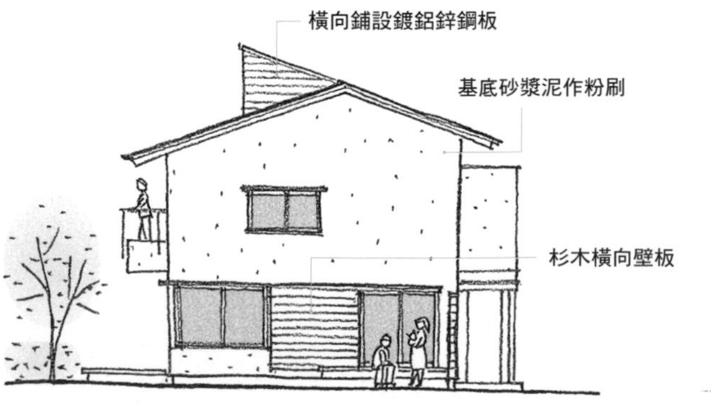

陽台
臥室
兒童房
收納間
預備間
挑高
洗
盥洗室
露台
2F
S＝1：200

橫向鋪設鍍鋁鋅鋼板
基底砂漿泥作粉刷
杉木橫向壁板

S＝1：200

SECTION 1 家事角落

家事角落、樓梯間和餐桌旁的隔間牆，分別以各自為中心，形成3個回遊動線，因而打造出具有機動性的家事動線

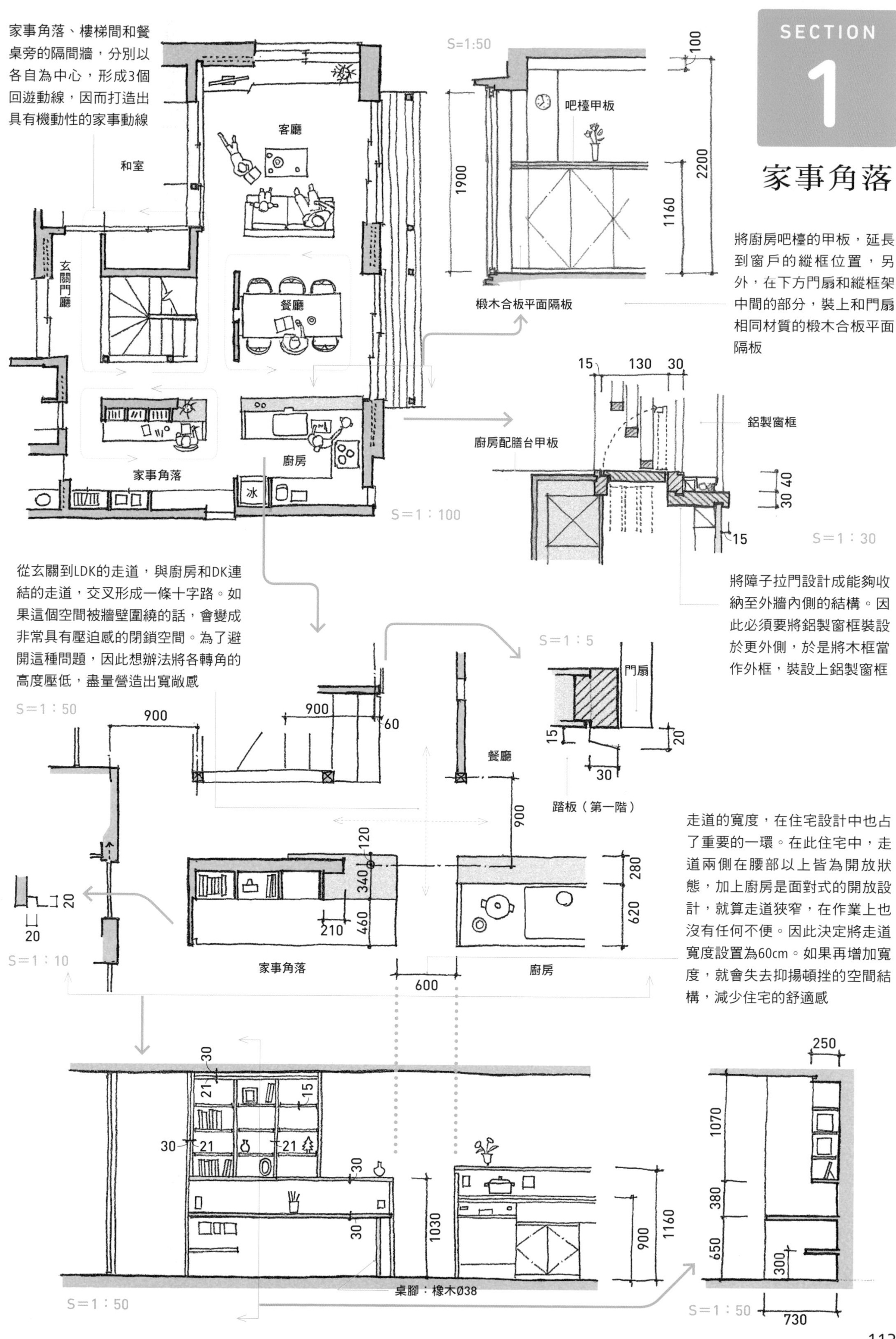

S=1:50
吧檯甲板
1900
2200
1160
100
客廳
和室
玄關門廳
餐廳
家事角落
廚房
冰
S=1：100
椴木合板平面隔板
15
130
30
鋁製窗框
廚房配膳台甲板
40
30
15
S=1：30
S=1：5
門扇
15
20
30
踏板（第一階）
S=1：50
900
900
60
餐廳
900
120
340
460
210
280
620
20
20
S=1：10
家事角落
廚房
600
30
21
15
30
21
21
30
30
1030
900
1160
桌腳：橡木Ø38
S=1：50
250
1070
380
650
300
S=1：50
730

將廚房吧檯的甲板，延長到窗戶的縱框位置，另外，在下方門扇和縱框架中間的部分，裝上和門扇相同材質的椴木合板平面隔板

將障子拉門設計成能夠收納至外牆內側的結構。因此必須要將鋁製窗框裝設於更外側，於是將木框當作外框，裝設上鋁製窗框

從玄關到LDK的走道，與廚房和DK連結的走道，交叉形成一條十字路。如果這個空間被牆壁圍繞的話，會變成非常具有壓迫感的閉鎖空間。為了避開這種問題，因此想辦法將各轉角的高度壓低，盡量營造出寬敞感

走道的寬度，在住宅設計中也占了重要的一環。在此住宅中，走道兩側在腰部以上皆為開放狀態，加上廚房是面對式的開放設計，就算走道狹窄，在作業上也沒有任何不便。因此決定將走道寬度設置為60cm。如果再增加寬度，就會失去抑揚頓挫的空間結構，減少住宅的舒適感

SECTION 2

樓梯周圍

牆壁為珪藻土，天花板則是粉刷塗裝。為了將兩邊做出區隔，因此在樓梯挑高的壁面與1樓天花板連接的部分，製作出具有凹凸的高低差

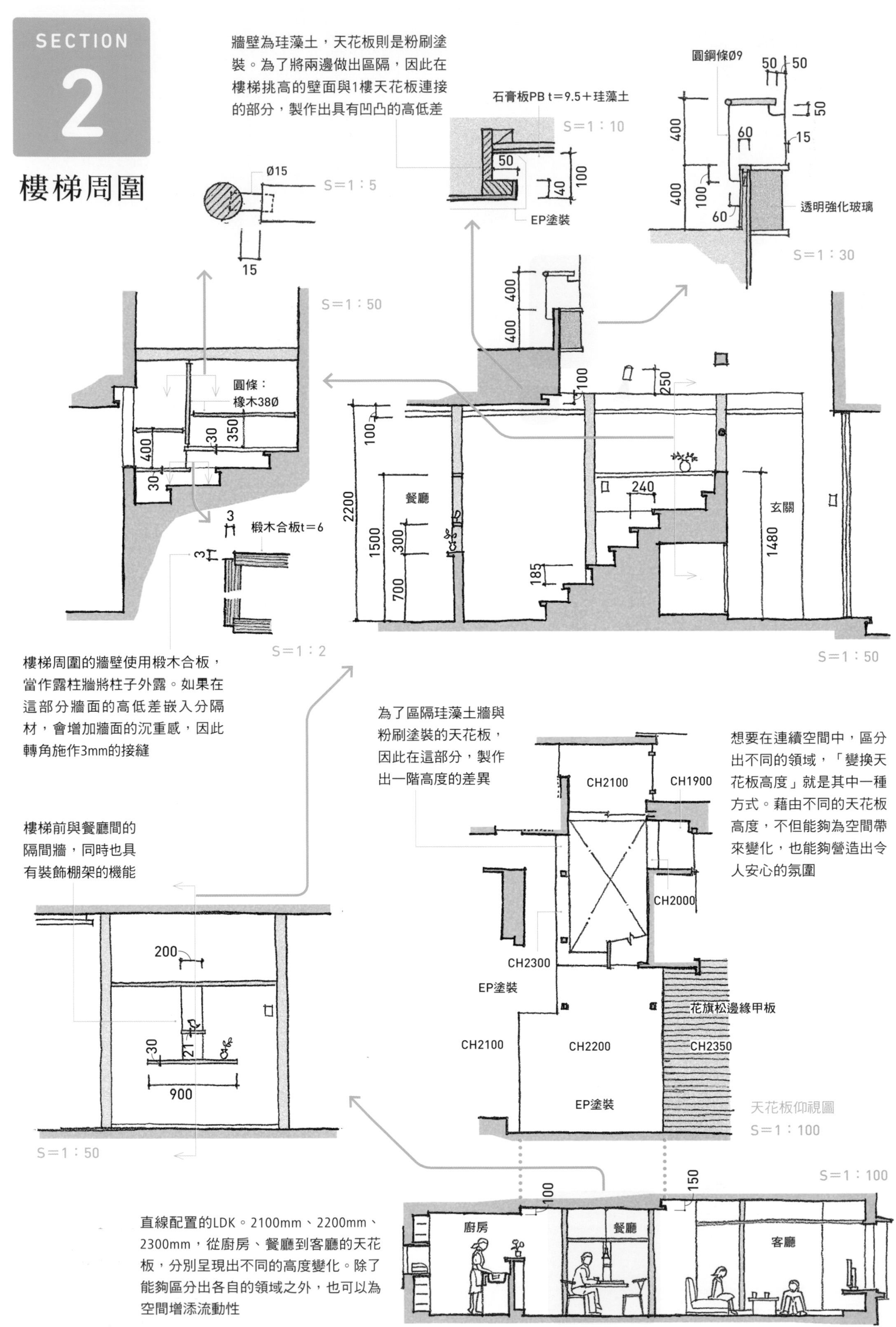

Ø15
S＝1：5
15
石膏板PB t＝9.5＋珪藻土
S＝1：10
50
40
100
EP塗裝
圓鋼條Ø9
50
50
50
400
60
15
400
100
60
透明強化玻璃
S＝1：30
S＝1：50
圓條：
椽木38Ø
350
30
400
30
3
椴木合板t＝6
3
S＝1：2
400
400
100
250
100
2200
餐廳
1500
300
700
240
185
玄關
1480
S＝1：50
CH2100
CH1900
CH2000
CH2300
EP塗裝
花旗松邊緣甲板
CH2100
CH2200
CH2350
EP塗裝
天花板仰視圖
S＝1：100
200
30
21
900
S＝1：50
S＝1：100
100
150
廚房
餐廳
客廳

樓梯周圍的牆壁使用椴木合板，當作露柱牆將柱子外露。如果在這部分牆面的高低差嵌入分隔材，會增加牆面的沉重感，因此轉角施作3mm的接縫

為了區隔珪藻土牆與粉刷塗裝的天花板，因此在這部分，製作出一階高度的差異

想要在連續空間中，區分出不同的領域，「變換天花板高度」就是其中一種方式。藉由不同的天花板高度，不但能夠為空間帶來變化，也能夠營造出令人安心的氛圍

樓梯前與餐廳間的隔間牆，同時也具有裝飾棚架的機能

直線配置的LDK。2100mm、2200mm、2300mm，從廚房、餐廳到客廳的天花板，分別呈現出不同的高度變化。除了能夠區分出各自的領域之外，也可以為空間增添流動性

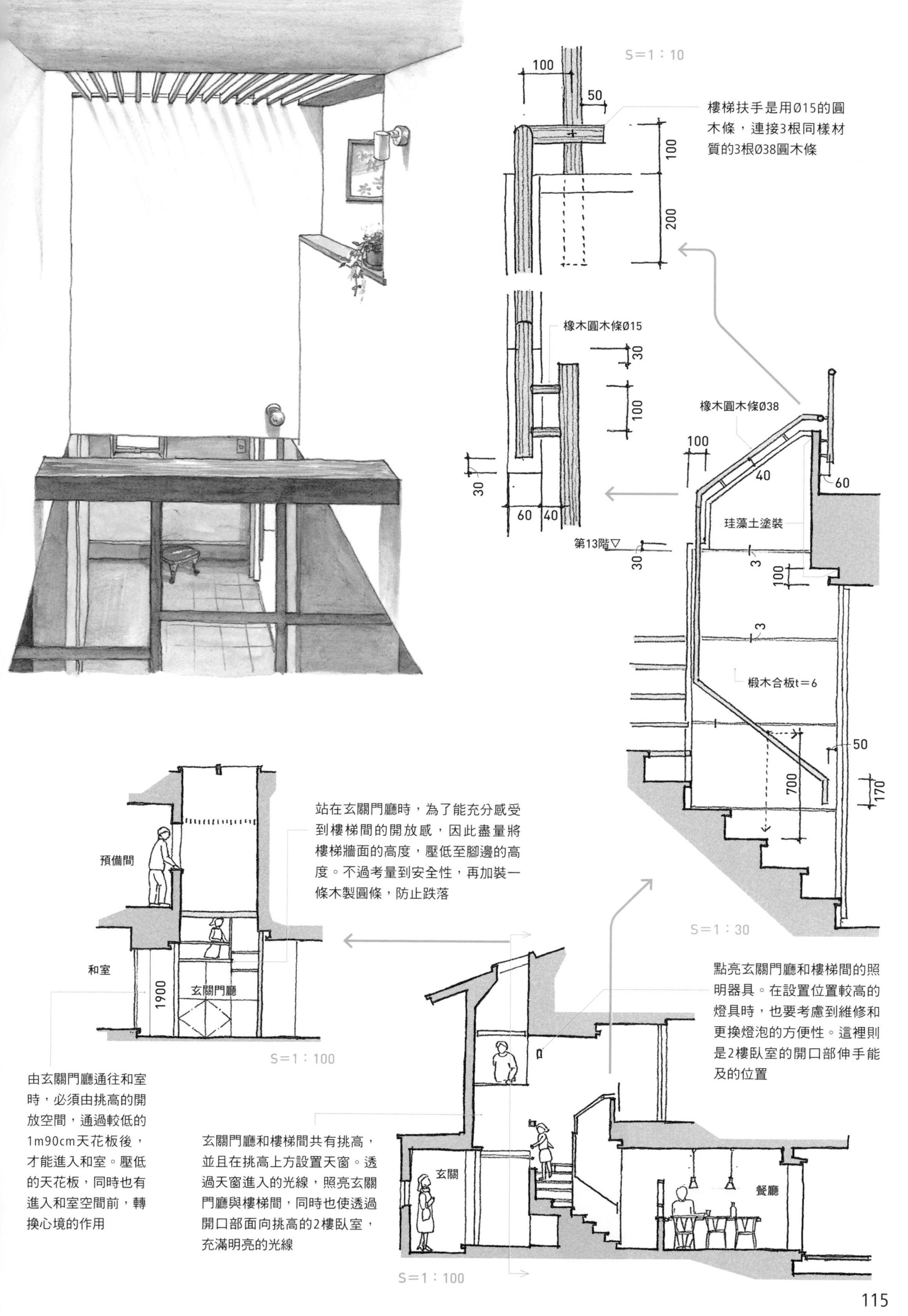

S=1：10
100
50
樓梯扶手是用Ø15的圓木條，連接3根同樣材質的3根Ø38圓木條
100
200
橡木圓木條Ø15
30
100
30
60
40
第13階▽
30
橡木圓木條Ø38
100
40
60
珪藻土塗裝
3
100
3
椴木合板t=6
50
700
170
S=1：30
站在玄關門廳時，為了能充分感受到樓梯間的開放感，因此盡量將樓梯牆面的高度，壓低至腳邊的高度。不過考量到安全性，再加裝一條木製圓條，防止跌落
預備間
和室
1900
玄關門廳
S=1：100
由玄關門廳通往和室時，必須由挑高的開放空間，通過較低的1m90cm天花板後，才能進入和室。壓低的天花板，同時也有進入和室空間前，轉換心境的作用
點亮玄關門廳和樓梯間的照明器具。在設置位置較高的燈具時，也要考慮到維修和更換燈泡的方便性。這裡則是2樓臥室的開口部伸手能及的位置
玄關門廳和樓梯間共有挑高，並且在挑高上方設置天窗。透過天窗進入的光線，照亮玄關門廳與樓梯間，同時也使透過開口部面向挑高的2樓臥室，充滿明亮的光線
玄關
餐廳
S=1：100

將挑高空間打造成生活的中心

餐廳上方的挑高，與兩個樓梯間的挑高，這三個挑高將1樓及2樓緊密的連接。尤其是餐廳的挑高，將2樓臥室和預備間，以及開放式的書房空間，打造出不即不離的空間關係，使全家人都能隨時感受到彼此的氣息。另外，藉由設置兩座樓梯，讓生活的動線更加豐富。雖然是地坪僅有24坪的小巧住宅，卻能擁有超越實際面積的寬敞感。

3 開口部周圍 P.120

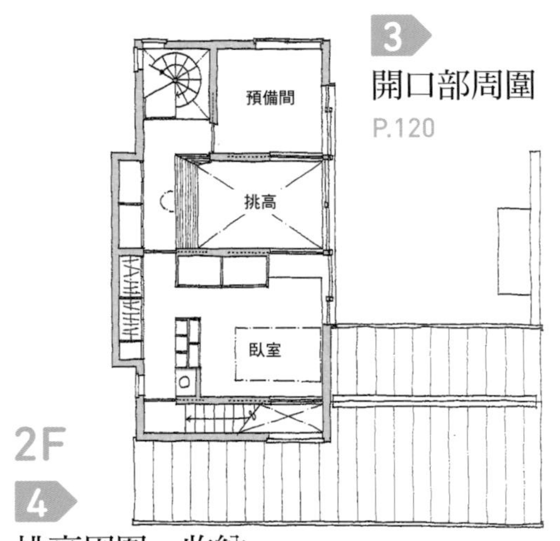

預備間
挑高
臥室

2F

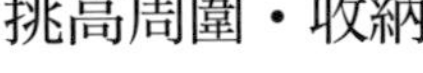

4 挑高周圍・收納 P.121

1 P.117 LDK周圍

道路（前方5～6m）
L
D
露台
K
冰
收納間
盥洗室
洗
玄關
停車場
道路
道路

2 樓梯周圍 P.119

S=1：200

1F

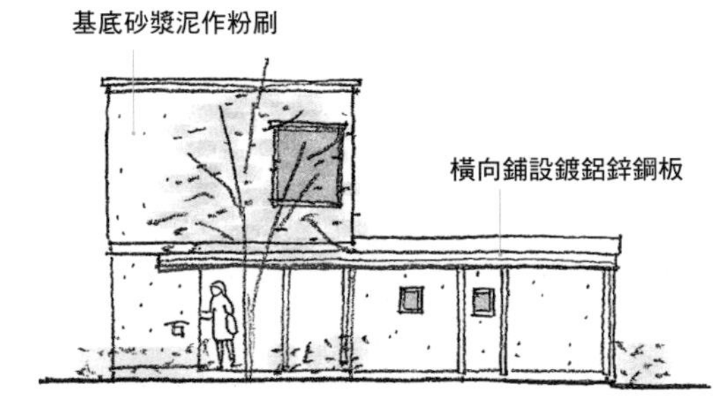

基底砂漿泥作粉刷
橫向鋪設鍍鋁鋅鋼板

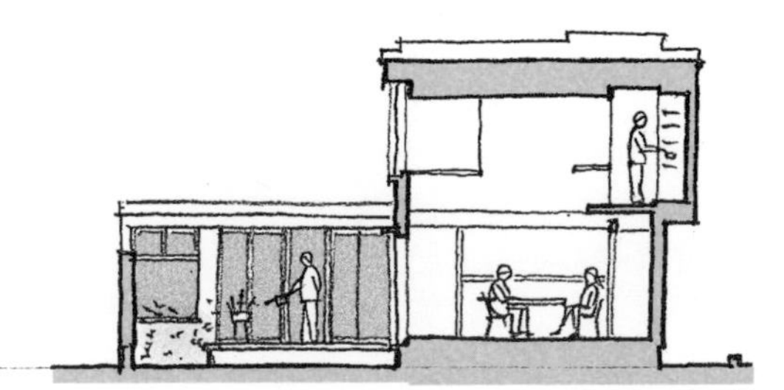

S=1：200

SECTION
1
LDK周圍

在LDK前方的庭院，設置大小可比擬LDK的超大木甲板露台，並且在周圍架起圍柵，避開鄰宅的視線。藉由這種包覆感，能夠為與LDK連接的露台，營造超越實際面積的寬敞感

通往2樓臥室的樓梯。不經由LDK，可以直接由玄關通過收納間，直接到達臥室。臥室也可以不經過LDK，直接通往1樓的衛浴空間

一大空間的LDK，餐廳上方為挑高設計。藉由挑高與2樓臥室等各空間彼此連接，讓餐廳成為住宅的中心

露台
（盥洗室）
客廳
廚房
（收納）
餐廳
（玄關門廊）

S=1：100

沿著這個螺旋梯而上，可以到達2樓的書房角落，並與臥室彼此相連。書房角落透過挑高，與1樓彼此連接成開放空間，因此樓梯也設計成擁有開放感的螺旋梯

1-2 P.118
廚房周圍

S=1：10

40
40
15
6
70
30
6
50

屋簷下、窗戶及天花板，都依照各自的高度製作，不過為了減少百葉窗（收起來的時候）的存在感，因此與旁邊窗戶的窗楣連續，製作成一條無隙縫的樣式

2樓臥室和預備間，配合屋頂的斜度，設置了斜面天花板。而挑高上方的天花板，則設計成往下低一段的平面。如此一來，便能稍微降低空間的連續感，並藉此提高各空間的獨立性。透過開口部（窗戶）連結，而營造出的連續感，以及天花板營造出的獨立性，使空間中的沉靜感和寬敞感，呈現出完美的平衡

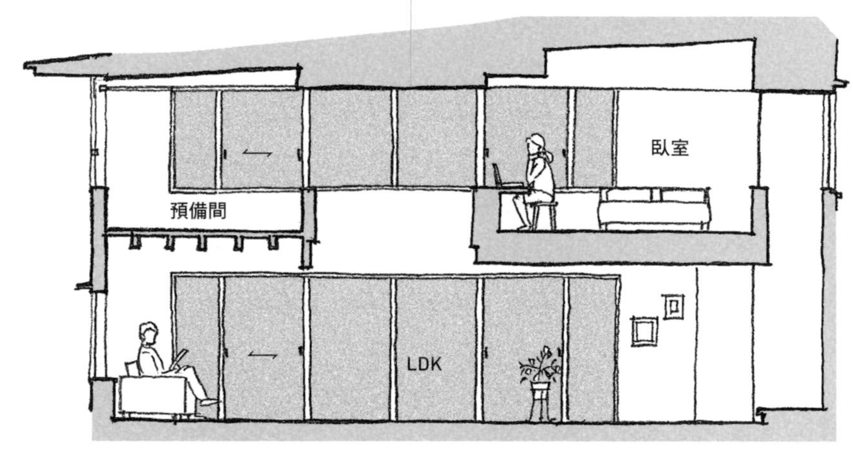
臥室
預備間
LDK

S=1：100

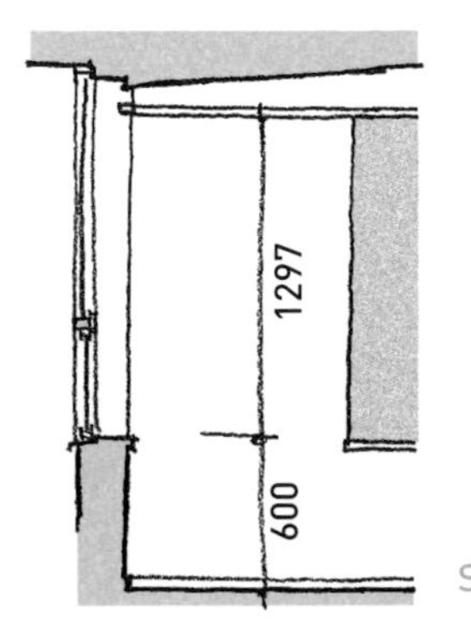
1297
600

S=1：50

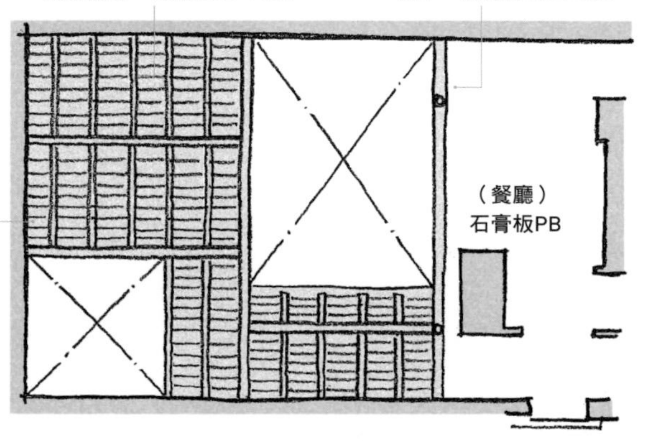
格柵樓板：花旗松60×150
樑木：花旗松120×270
花柏t=38
（餐廳）
石膏板PB

餐廳為石膏板裝潢，而客廳則是將樑木及格柵樓板外露。樑木及格柵樓板上方的花柏木材（厚38mm），同時也是2樓的木地板材。透過裝潢材料的變換，可以有效劃分出領域

天花板仰視圖
S=1：100

SECTION 1-2

廚房周圍

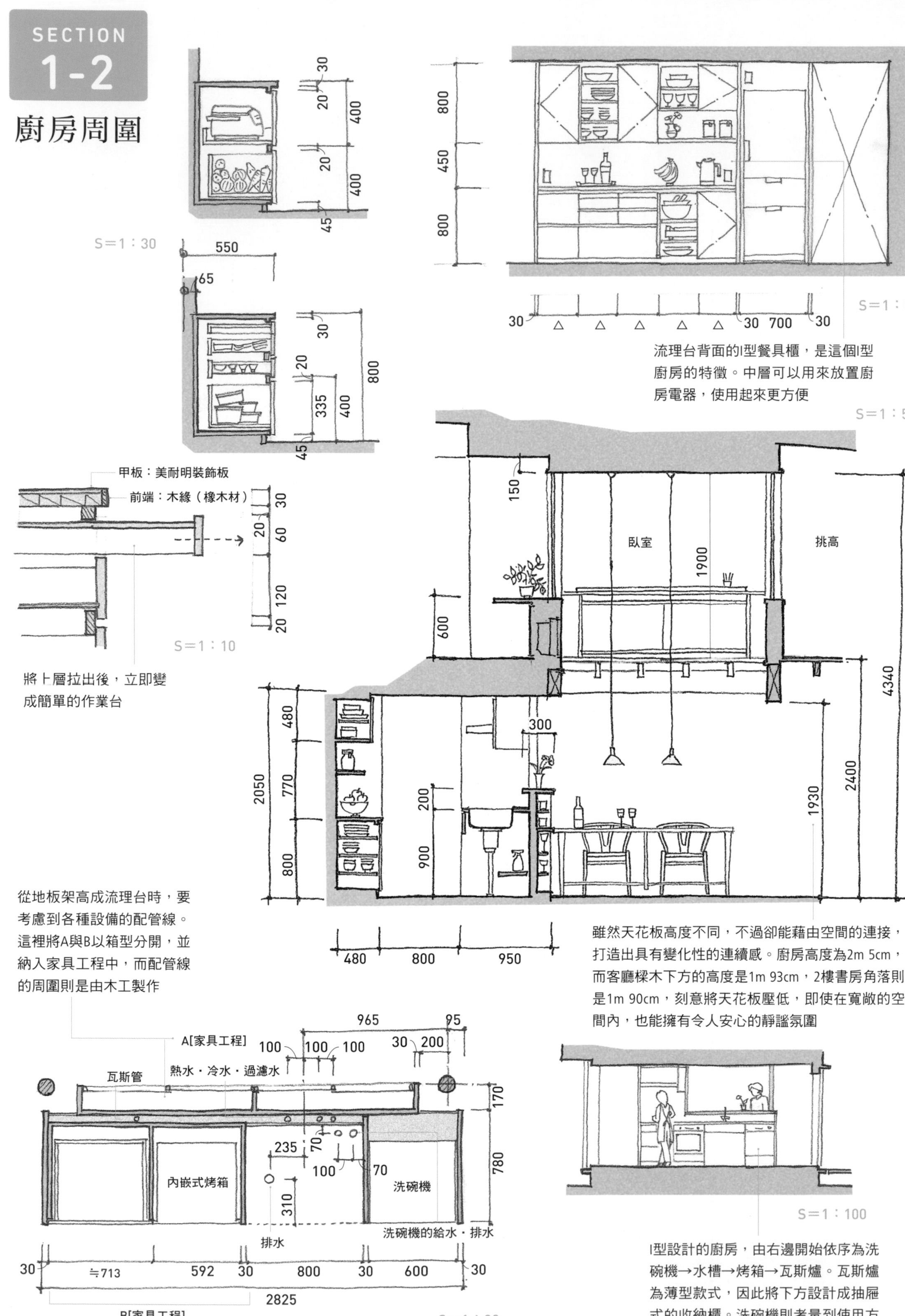

S＝1：30
550
65
30
20
400
20
400
45
30
20
335
400
800
45
甲板：美耐明裝飾板
前端：木緣（橡木材）
30
20
60
120
20
S＝1：10
將上層拉出後，立即變成簡單的作業台
800
450
800
30
30 700
30
S＝1：50
流理台背面的I型餐具櫃，是這個I型廚房的特徵。中層可以用來放置廚房電器，使用起來更方便
S＝1：50
150
臥室
挑高
1900
600
4340
480
300
2050
770
200
2400
1930
900
800
480
800
950
雖然天花板高度不同，不過卻能藉由空間的連接，打造出具有變化性的連續感。廚房高度為2m 5cm，而客廳樑木下方的高度是1m 93cm，2樓書房角落則是1m 90cm，刻意將天花板壓低，即使在寬敞的空間內，也能擁有令人安心的靜謐氛圍
從地板架高成流理台時，要考慮到各種設備的配管線。這裡將A與B以箱型分開，並納入家具工程中，而配管線的周圍則是由木工製作
965
95
A[家具工程]
100
100
100
30
200
瓦斯管
熱水・冷水・過濾水
170
235
70
100
70
780
內嵌式烤箱
洗碗機
310
排水
洗碗機的給水・排水
30
≒713
592
30
800
30
600
30
2825
B[家具工程]
S＝1：30
S＝1：100
I型設計的廚房，由右邊開始依序為洗碗機→水槽→烤箱→瓦斯爐。瓦斯爐為薄型款式，因此將下方設計成抽屜式的收納櫃。洗碗機則考量到使用方便性，而設置於水槽旁邊

SECTION 2

樓梯周圍

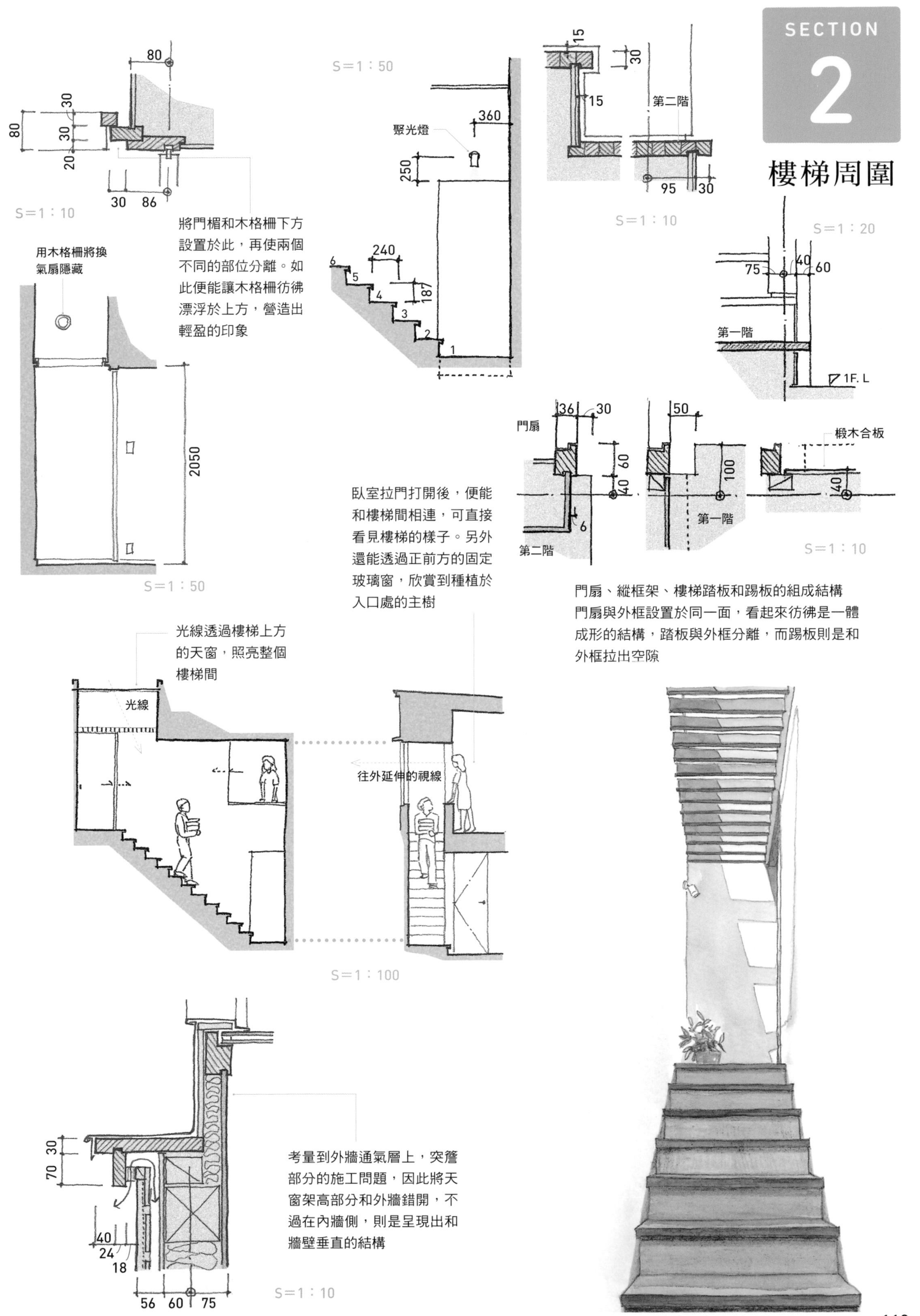

80
30
30
80
20
30
86
S＝1：10
將門楣和木格柵下方設置於此，再使兩個不同的部位分離。如此便能讓木格柵彷彿漂浮於上方，營造出輕盈的印象
用木格柵將換氣扇隱藏
2050
S＝1：50
S＝1：50
聚光燈
360
250
240
187
6
5
4
3
2
1
15
30
15
第二階
95
30
S＝1：10
S＝1：20
75
40
60
第一階
1F. L
門扇
36
30
60
40
6
第二階
50
100
第一階
椴木合板
40
S＝1：10
門扇、縱框架、樓梯踏板和踢板的組成結構
門扇與外框設置於同一面，看起來彷彿是一體成形的結構，踏板與外框分離，而踢板則是和外框拉出空隙
臥室拉門打開後，便能和樓梯間相連，可直接看見樓梯的樣子。另外還能透過正前方的固定玻璃窗，欣賞到種植於入口處的主樹
光線透過樓梯上方的天窗，照亮整個樓梯間
光線
往外延伸的視線
S＝1：100
70
30
40
24
18
56
60
75
考量到外牆通氣層上，突簷部分的施工問題，因此將天窗架高部分和外牆錯開，不過在內牆側，則是呈現出和牆壁垂直的結構
S＝1：10

SECTION 3

開口部周圍

挑高雖然與2樓起居室（臥室、預備間）彼此連接，不過也能從牆壁中拉出拉門隔間。將這扇拉門和外部開口（窗戶），都設置於柱子旁，因此能夠瞬間打造出一體化的開口部

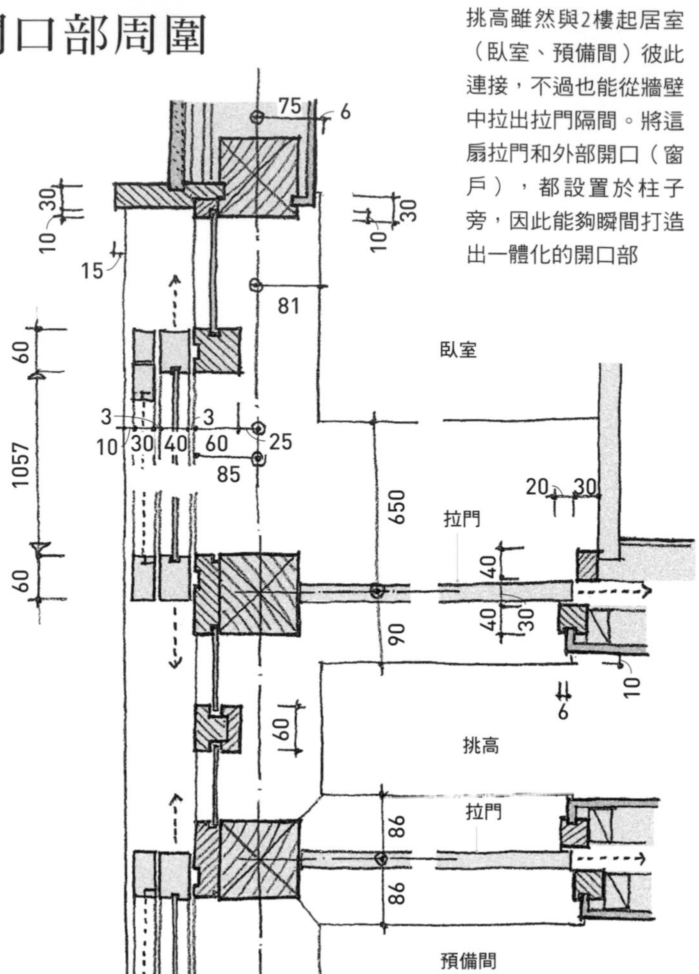

75
6
30
10
15
81
60
1057
60
臥室
3
3
10 30 40 60
25
85
650
20 30
拉門
40
40
30
90
10
6
60
挑高
拉門
86
86
預備間
S＝1：10

關上直進梯旁的兩扇拉門後，就能使連接直線梯與螺旋梯的走道，和臥室連接成一個大空間。走道旁的牆面為吊掛衣服的衣櫥

裝上鋁製的鋼槽排水，外層再鋪上鍍鋁鋅鋼板

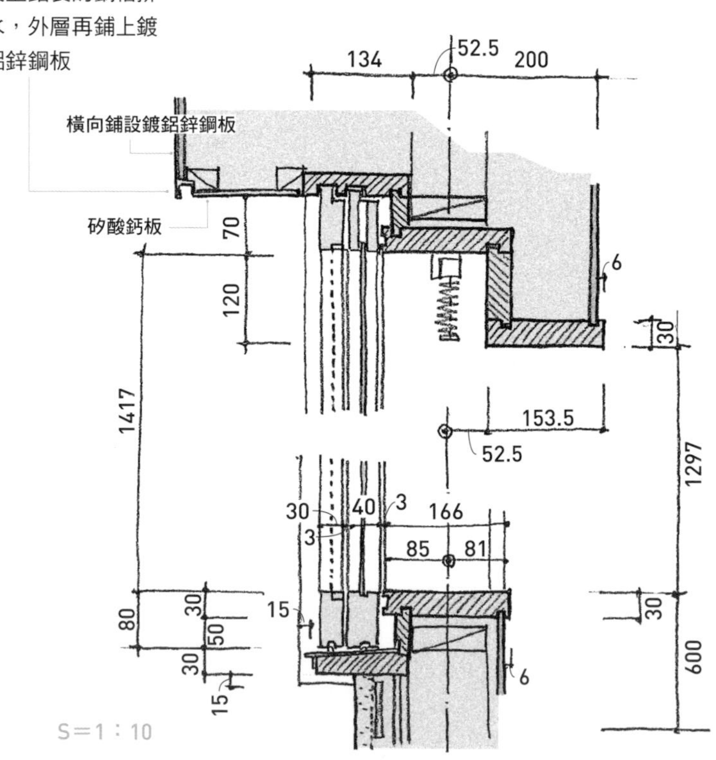

134
52.5
200
橫向鋪設鍍鋁鋅鋼板
矽酸鈣板
70
120
6
30
1417
153.5
52.5
1297
30
40
3
166
3
85
81
80
30
50
30
15
15
30
6
600
S＝1：10

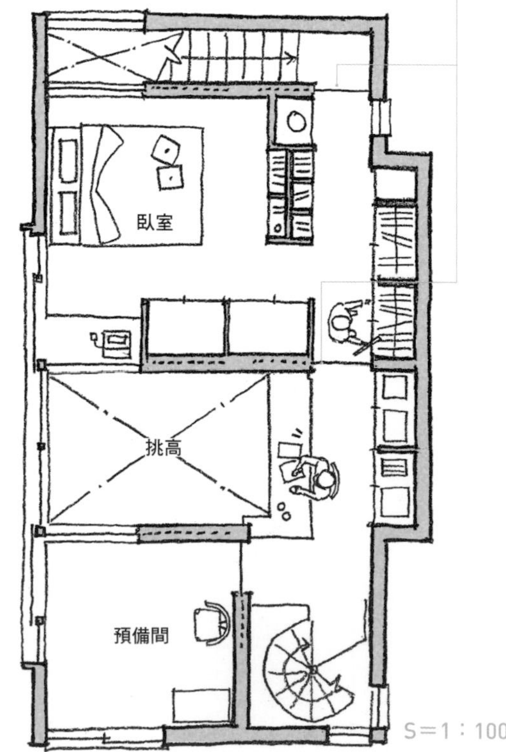

臥室
挑高
預備間
S＝1：100

SECTION
4
挑高周圍・收納

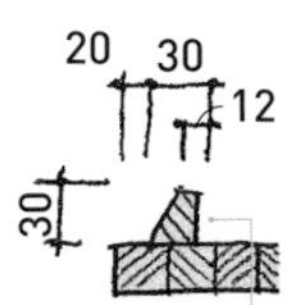
S＝1：10
20
30
12
30

防止書桌上的小物品，像是鉛筆或原子筆等，由此滾落至挑高下方

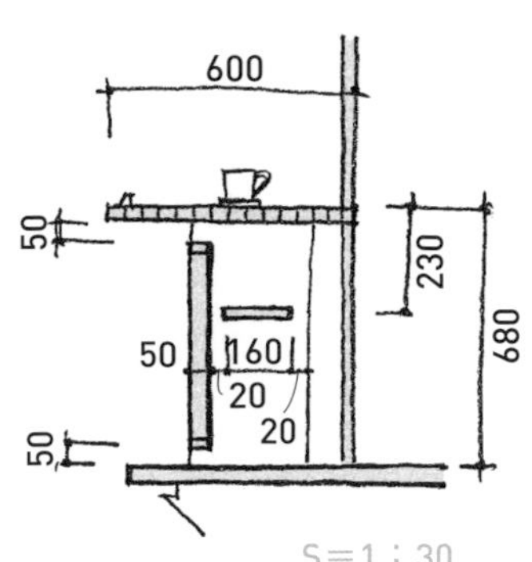
600
50
230
680
50
160
20
20
50
S＝1：30

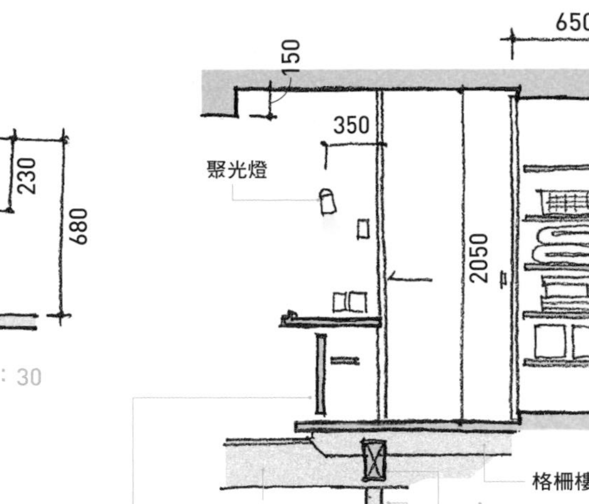
650
150
350
聚光燈
2050
S＝1：50
格柵樓板
大樑
柱子
樑木

在書房角落的挑高側，裝設隱藏腳部的木板，可以避免從1樓餐廳往上看時，直接看見腳邊動態。另外，將這片木板與桌子和地板分離，可以避免由下往上仰視時，產生壓迫感

樑木支撐裝飾地板格柵，而大樑則支撐著樑木，最後再以裝飾柱支撐。將這些結構外露，能在無形之中營造出安心感

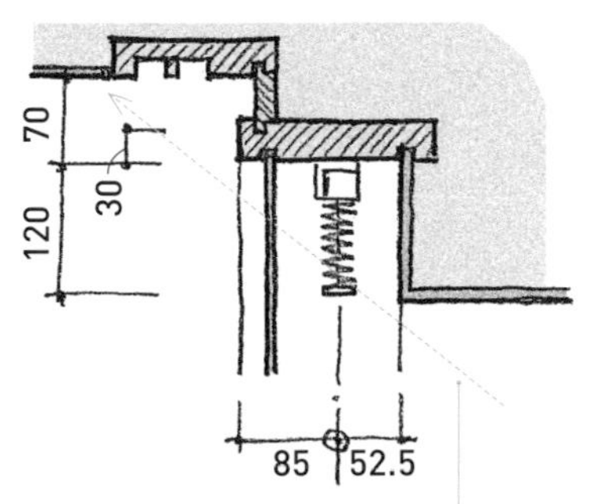
S＝1：10
70
120
30
85
52.5

從百葉窗盒往屋簷下方向，使視線往上延伸

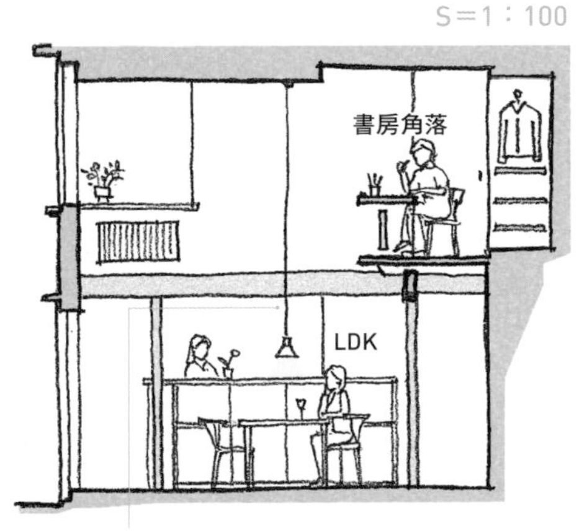
S＝1：100
書房角落
LDK

餐廳的吊燈，是由挑高上方的天花板垂吊而下。如果需要取下燈具時，從書房角落就能夠輕鬆作業

2樓書房角落的書桌面板，用兩片桌腳板垂直支撐，而水平方向的重量，則是由牆壁承受，避免搖晃

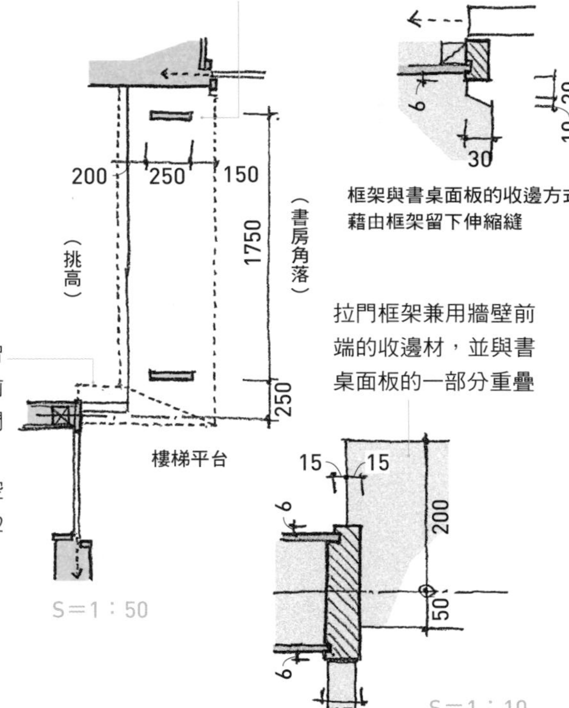
S＝1：10
6
30
10
20
200
250
150
1750
（挑高）
（書房角落）
250
樓梯平台
S＝1：50
15
15
6
200
50
6
45
S＝1：10

框架與書桌面板的收邊方式。藉由框架留下伸縮縫

為了要支撐書桌的甲板，曾考慮過是否要將牆壁往前拉，不過最後決定配合拉門的平面設置，讓樓梯平台、書房角落和挑高成為一體空間，並藉由挑高，增強1、2樓的連結感

拉門框架兼用牆壁前端的收邊材，並與書桌面板的一部分重疊

走道旁的收納櫃，也就是臥室的衣櫥。設有鐵網籃、可移動式棚架，以及衣服掛桿

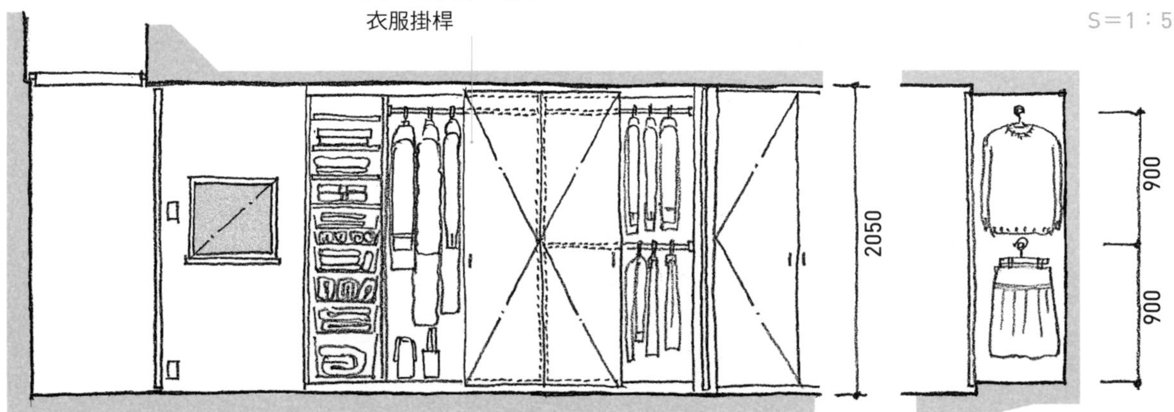
S＝1：50
2050
900
900

CASE23 ／ 祖師谷的家

由外到內，多采多姿的住宅生活

由道路走至玄關，打開大門後客廳迎面而來。但是卻又不會感到壓迫感。不論何處都是一個序幕，彷彿隨時展開故事般，每個空間都充滿了豐富性。
在這個家中，隨時能夠感受到樓層的流動性，從道路到玄關、通過玄關與客廳連接成一體空間的門廳，以及內部的廚房及和室，彼此像穿透般連接在一起。走道緩緩分歧，同時慢慢地通往內部。

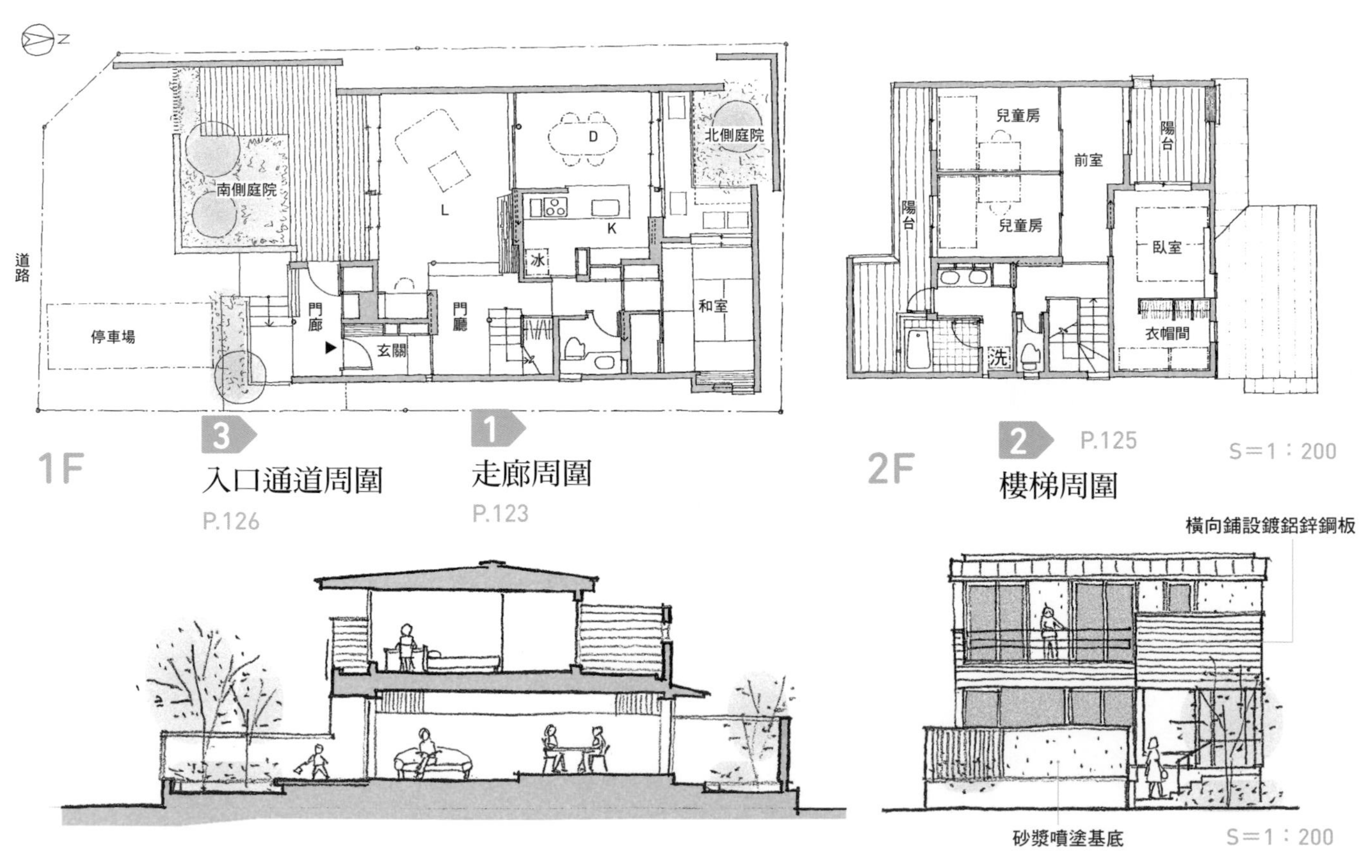
N
道路
停車場
南側庭院
門廊
玄關
門廳
L
D
K
冰
北側庭院
和室
兒童房
兒童房
前室
陽台
陽台
臥室
衣帽間
洗
1F
2F
橫向鋪設鍍鋁鋅鋼板
砂漿噴塗基底
S＝1：200
S＝1：200

3 入口通道周圍 P.126

1 走廊周圍 P.123

2 樓梯周圍 P.125

SECTION 1

走廊周圍

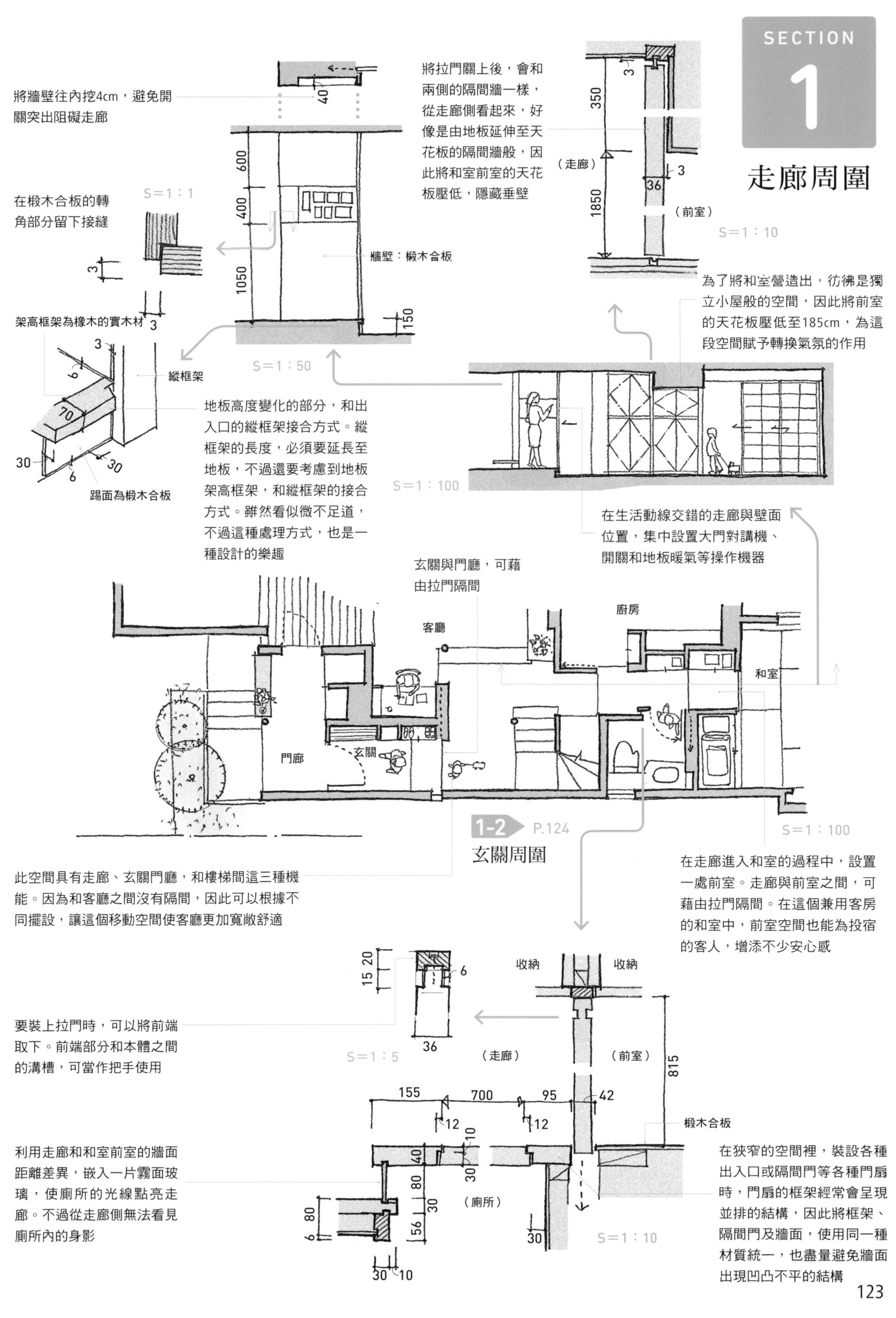

將牆壁往內挖4cm，避免開關突出阻礙走廊
40
600
400
1050
150
S＝1：1
在椴木合板的轉角部分留下接縫
3
牆壁：椴木合板
架高框架為橡木的實木材
3
3
6
70
縱框架
30
30
6
踢面為椴木合板
S＝1：50
將拉門關上後，會和兩側的隔間牆一樣，從走廊側看起來，好像是由地板延伸至天花板的隔間牆般，因此將和室前室的天花板壓低，隱藏垂壁
3
350
（走廊）
3
36
1850
（前室）
S＝1：10
為了將和室營造出，彷彿是獨立小屋般的空間，因此將前室的天花板壓低至185cm，為這段空間賦予轉換氣氛的作用
地板高度變化的部分，和出入口的縱框架接合方式。縱框架的長度，必須要延長至地板，不過還要考慮到地板架高框架，和縱框架的接合方式。雖然看似微不足道，不過這種處理方式，也是一種設計的樂趣
S＝1：100
在生活動線交錯的走廊與壁面位置，集中設置大門對講機、開關和地板暖氣等操作機器
玄關與門廳，可藉由拉門隔間
客廳
廚房
和室
門廊
玄關
S＝1：100
1-2 P.124
玄關周圍
此空間具有走廊、玄關門廳，和樓梯間這三種機能。因為和客廳之間沒有隔間，因此可以根據不同擺設，讓這個移動空間使客廳更加寬敞舒適
在走廊進入和室的過程中，設置一處前室。走廊與前室之間，可藉由拉門隔間。在這個兼用客房的和室中，前室空間也能為投宿的客人，增添不少安心感
15 20
6
36
S＝1：5
要裝上拉門時，可以將前端取下。前端部分和本體之間的溝槽，可當作把手使用
收納
收納
815
（走廊）
（前室）
155
700
95
42
12
12
10
椴木合板
40
80
30
30
56
80
6
（廁所）
30
30
10
S＝1：10
利用走廊和和室前室的牆面距離差異，嵌入一片霧面玻璃，使廁所的光線點亮走廊。不過從走廊側無法看見廁所內的身影
在狹窄的空間裡，裝設各種出入口或隔間門等各種門扇時，門扇的框架經常會呈現並排的結構，因此將框架、隔間門及牆面，使用同一種材質統一，也盡量避免牆面出現凹凸不平的結構

SECTION 1-2

玄關周圍

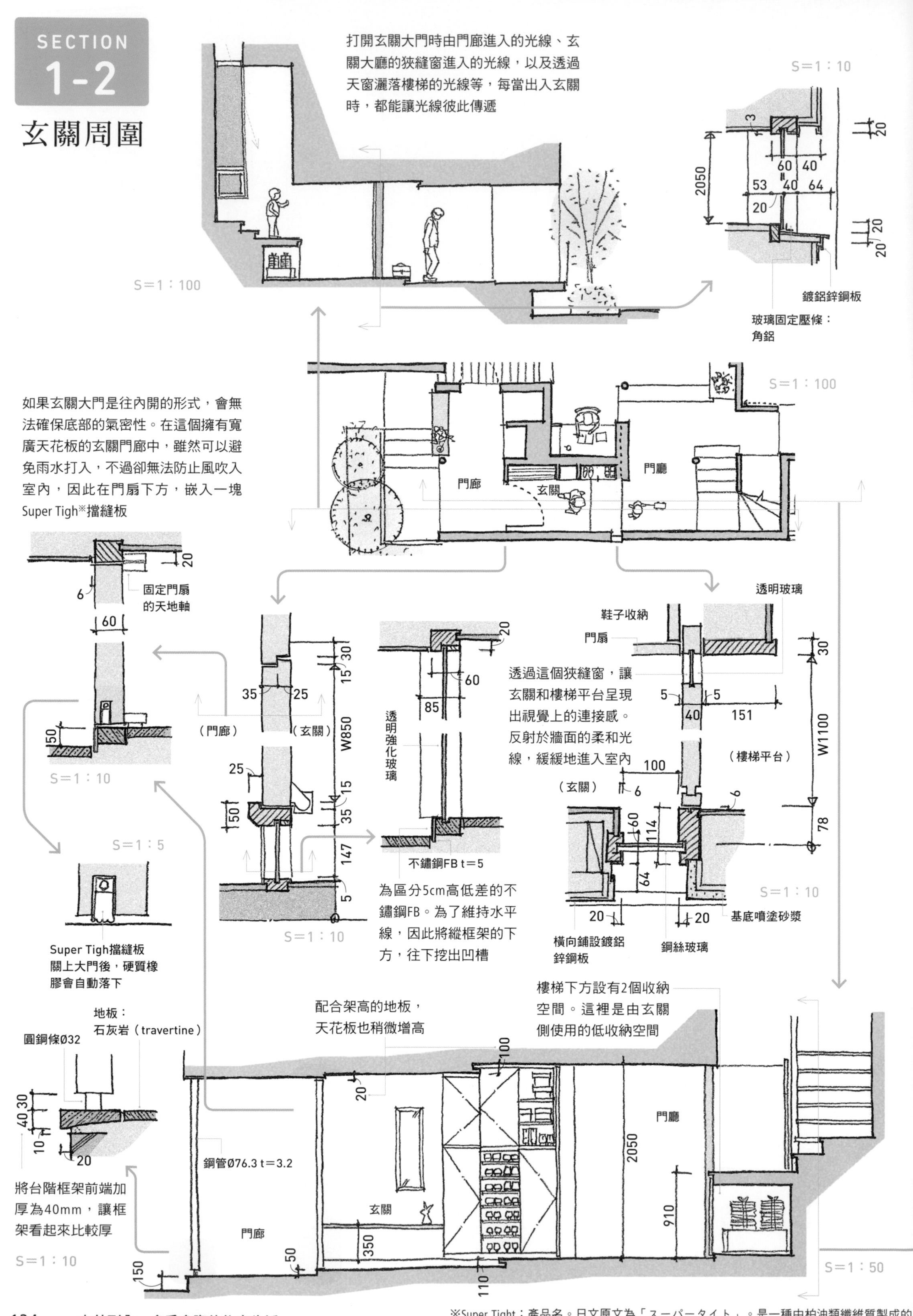

打開玄關大門時由門廊進入的光線、玄關大廳的狹縫窗進入的光線，以及透過天窗灑落樓梯的光線等，每當出入玄關時，都能讓光線彼此傳遞
S=1：100
S=1：10
2050
60
40
53
40
64
20
鍍鋁鋅鋼板
玻璃固定壓條：角鋁
門廊
玄關
門廳
如果玄關大門是往內開的形式，會無法確保底部的氣密性。在這個擁有寬廣天花板的玄關門廊中，雖然可以避免雨水打入，不過卻無法防止風吹入室內，因此在門扇下方，嵌入一塊Super Tigh※擋縫板
固定門扇的天地軸
60
50
S=1：10
S=1：5
Super Tigh擋縫板
關上大門後，硬質橡膠會自動落下
（門廊）
（玄關）
W850
35
25
147
S=1：10
透明強化玻璃
85
60
不鏽鋼FB t=5
為區分5cm高低差的不鏽鋼FB。為了維持水平線，因此將縱框架的下方，往下挖出凹槽
鞋子收納
門扇
透明玻璃
透過這個狹縫窗，讓玄關和樓梯平台呈現出視覺上的連接感。反射於牆面的柔和光線，緩緩地進入室內
（樓梯平台）
W1100
151
100
114
78
基底噴塗砂漿
橫向鋪設鍍鋁鋅鋼板
鋼絲玻璃
樓梯下方設有2個收納空間。這裡是由玄關側使用的低收納空間
配合架高的地板，天花板也稍微增高
地板：石灰岩（travertine）
圓鋼條Ø32
將台階框架前端加厚為40mm，讓框架看起來比較厚
鋼管Ø76.3 t=3.2
門廊
玄關
門廳
2050
910
350
150
110
S=1：50

※Super Tight：產品名。日文原文為「スーパータイト」。是一種由柏油類纖維質製成的擋縫板，由藤本產業株式會社生產販售。

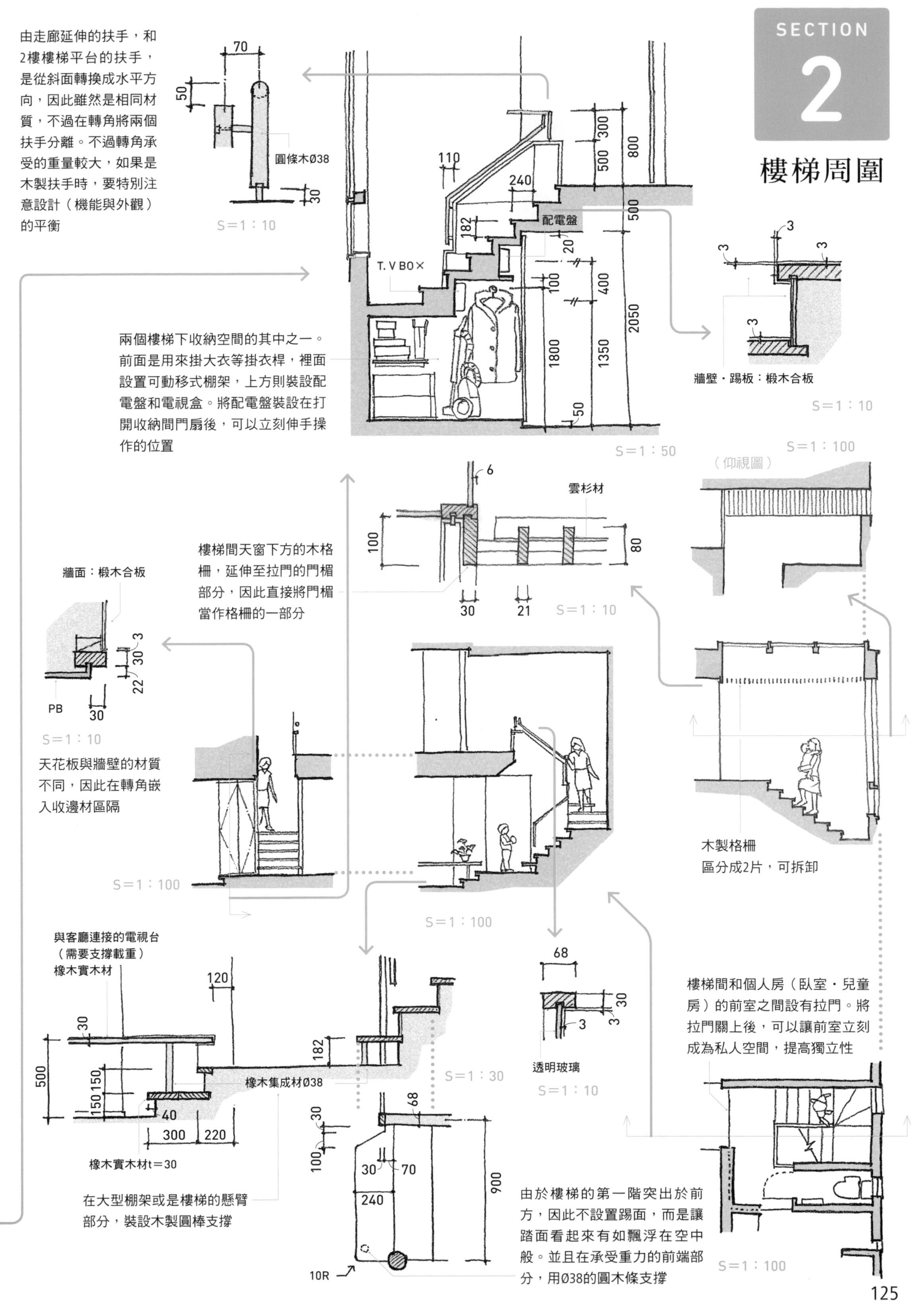
SECTION
2
樓梯周圍
由走廊延伸的扶手，和2樓樓梯平台的扶手，是從斜面轉換成水平方向，因此雖然是相同材質，不過在轉角將兩個扶手分離。不過轉角承受的重量較大，如果是木製扶手時，要特別注意設計（機能與外觀）的平衡
圓條木Ø38
S=1：10
T.V BOX
配電盤
兩個樓梯下收納空間的其中之一。前面是用來掛大衣等掛衣桿，裡面設置可動移式棚架，上方則裝設配電盤和電視盒。將配電盤裝設在打開收納間門扇後，可以立刻伸手操作的位置
S=1：50
牆壁・踢板：椴木合板
S=1：10
S=1：100
（仰視圖）
雲杉材
樓梯間天窗下方的木格柵，延伸至拉門的門楣部分，因此直接將門楣當作格柵的一部分
S=1：10
牆面：椴木合板
PB
S=1：10
天花板與牆壁的材質不同，因此在轉角嵌入收邊材區隔
S=1：100
S=1：100
木製格柵
區分成2片，可拆卸
與客廳連接的電視台
（需要支撐載重）
橡木實木材
橡木集成材Ø38
橡木實木材t=30
S=1：30
在大型棚架或是樓梯的懸臂部分，裝設木製圓棒支撐
10R
透明玻璃
S=1：10
由於樓梯的第一階突出於前方，因此不設置踢面，而是讓踏面看起來有如飄浮在空中般。並且在承受重力的前端部分，用Ø38的圓木條支撐
樓梯間和個人房（臥室・兒童房）的前室之間設有拉門。將拉門關上後，可以讓前室立刻成為私人空間，提高獨立性
S=1：100

SECTION 3

入口通道周圍

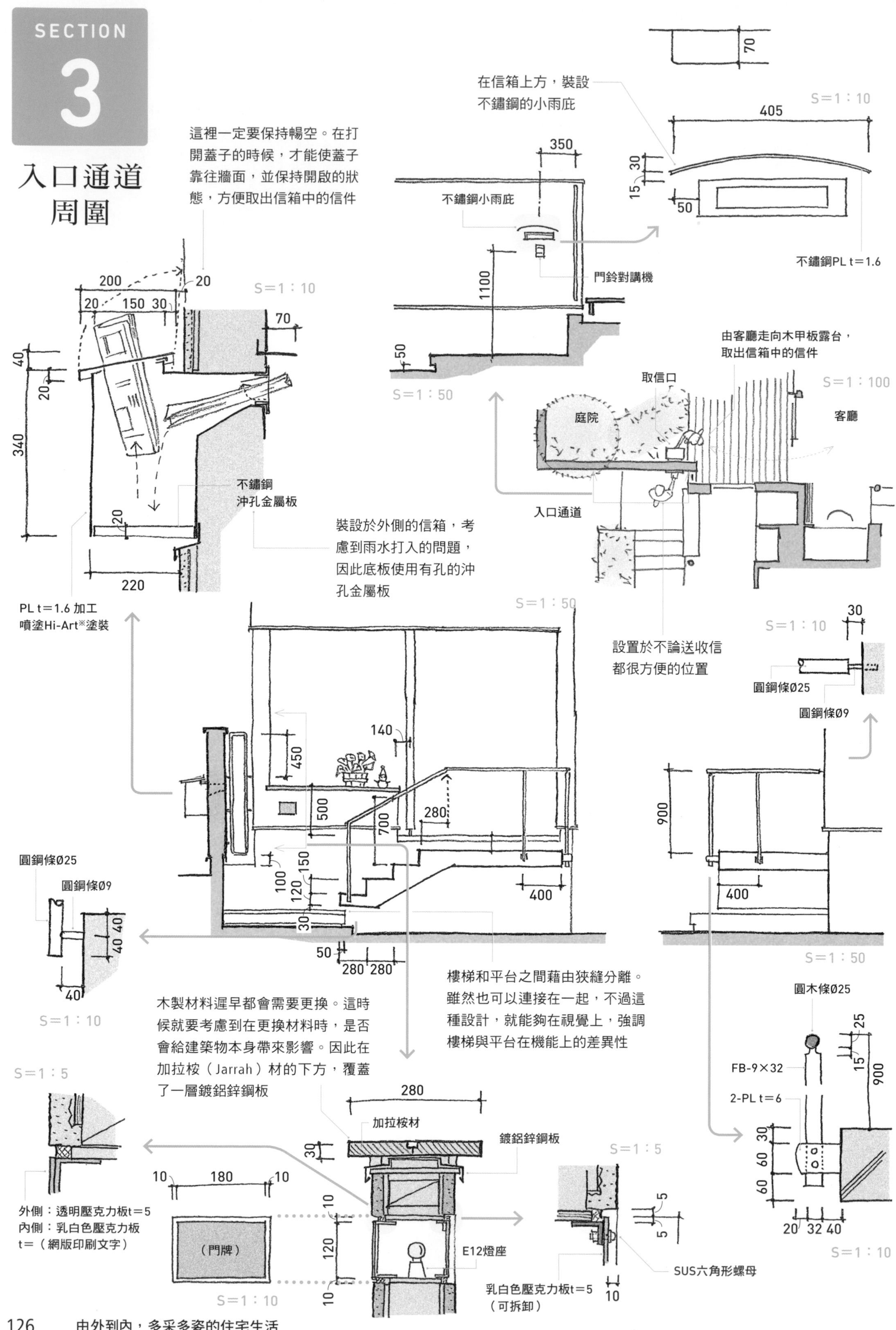

這裡一定要保持暢空。在打開蓋子的時候，才能使蓋子靠往牆面，並保持開啟的狀態，方便取出信箱中的信件
S＝1：10
不鏽鋼沖孔金屬板
裝設於外側的信箱，考慮到雨水打入的問題，因此底板使用有孔的沖孔金屬板
PL t＝1.6 加工
噴塗Hi-Art※塗裝
在信箱上方，裝設不鏽鋼的小雨庇
不鏽鋼小雨庇
門鈴對講機
S＝1：50
不鏽鋼PL t＝1.6
由客廳走向木甲板露台，取出信箱中的信件
取信口
庭院
客廳
入口通道
S＝1：100
設置於不論送收信都很方便的位置
圓鋼條Ø25
圓鋼條Ø9
圓鋼條Ø25
圓鋼條Ø9
木製材料遲早都會需要更換。這時候就要考慮到在更換材料時，是否會給建築物本身帶來影響。因此在加拉桉（Jarrah）材的下方，覆蓋了一層鍍鋁鋅鋼板
樓梯和平台之間藉由狹縫分離。雖然也可以連接在一起，不過這種設計，就能夠在視覺上，強調樓梯與平台在機能上的差異性
圓木條Ø25
FB-9×32
2-PL t＝6
加拉桉材
鍍鋁鋅鋼板
E12燈座
（門牌）
外側：透明壓克力板t＝5
內側：乳白色壓克力板t＝（網版印刷文字）
乳白色壓克力板t＝5（可拆卸）
SUS六角形螺母
S＝1：5

※Hi-Art：產品名。日原文為「ハイアート」。是一種聚氨脂壓克力樹脂塗料。

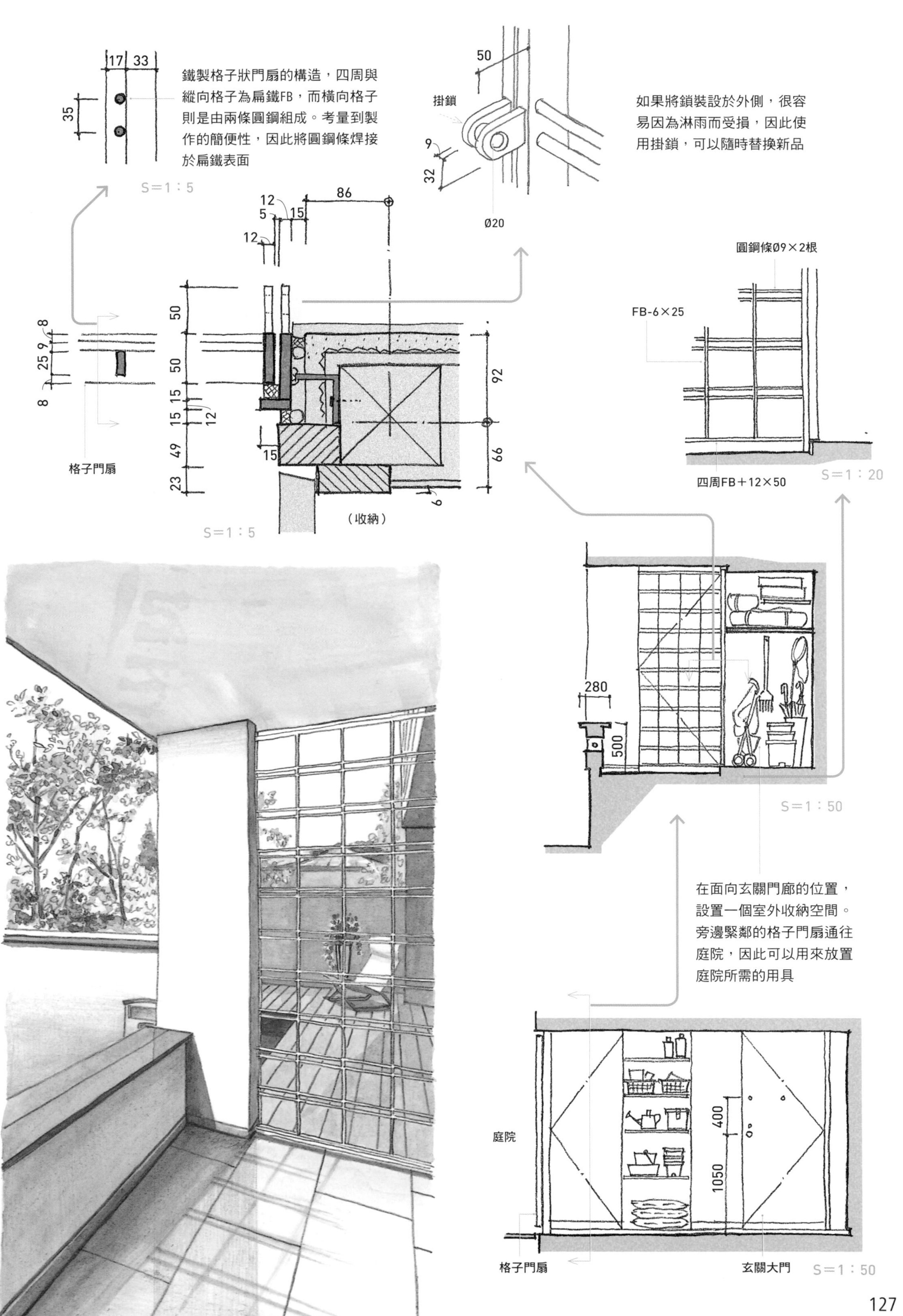
17
33
35
鐵製格子狀門扇的構造，四周與縱向格子為扁鐵FB，而橫向格子則是由兩條圓鋼組成。考量到製作的簡便性，因此將圓鋼條焊接於扁鐵表面
S＝1：5
50
掛鎖
9
32
Ø20
如果將鎖裝設於外側，很容易因為淋雨而受損，因此使用掛鎖，可以隨時替換新品
12
86
5
15
12
圓鋼條Ø9×2根
FB-6×25
8
9
25
8
50
50
15
15
12
49
23
15
92
66
6
格子門扇
（收納）
S＝1：5
四周FB＋12×50
S＝1：20
280
500
S＝1：50
在面向玄關門廊的位置，設置一個室外收納空間。旁邊緊鄰的格子門扇通往庭院，因此可以用來放置庭院所需的用具
庭院
400
1050
格子門扇
玄關大門
S＝1：50

具有挑高效果的樓梯間

本住宅為擁有地下室的兩層樓建築，因此擁有三層的樓梯間。建造地下室的時候，大多是因為受限於基地面積，就算盡量增加面積，建坪不到30坪的住宅也不在少數。在這種狀況下，因為每層樓都會有樓梯，樓梯間所占用的面積比例，往往是個令人煩惱的問題。這時候就必須要有效地利用樓梯間。將樓梯間打造成縱向的挑高空間，構築出上下樓的連接關係，並且讓光線、涼風，以及家人們的氣息，彼此傳遞交流於此空間中。

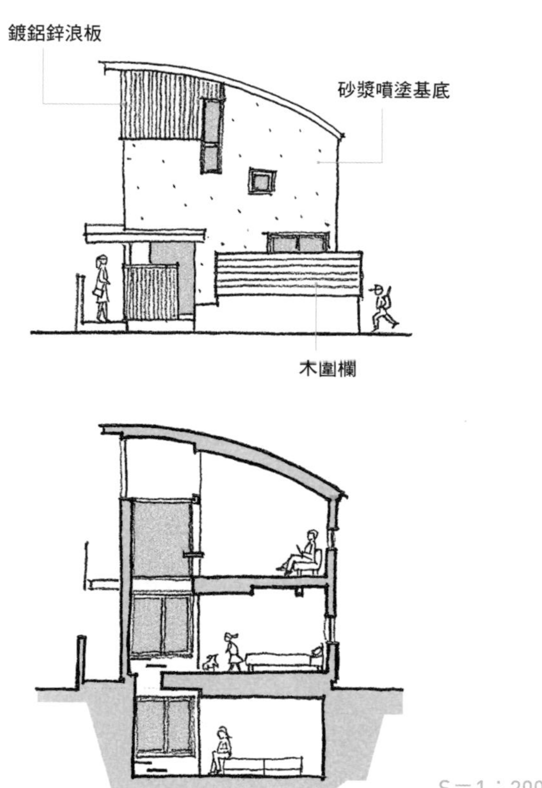
鍍鋁鋅浪板
砂漿噴塗基底
木圍欄
S＝1：200

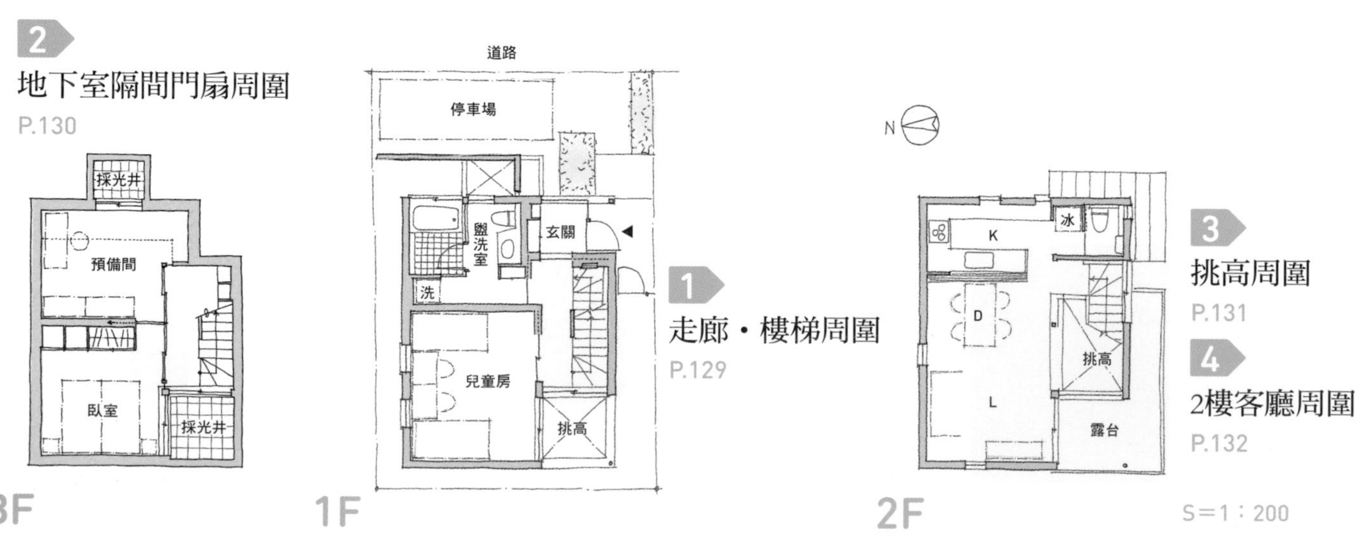
2
地下室隔間門扇周圍
P.130
採光井
預備間
臥室
採光井
BF
道路
停車場
盥洗室
玄關
洗
兒童房
挑高
1F
1
走廊・樓梯周圍
P.129
N
K
冰
D
L
挑高
露台
2F
3
挑高周圍
P.131
4
2樓客廳周圍
P.132
S＝1：200

走廊・樓梯周圍

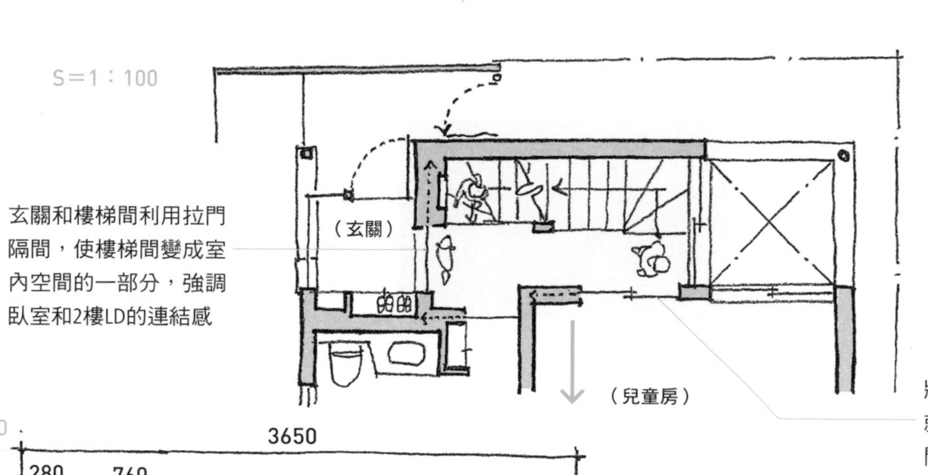
S＝1：100
（玄關）
（兒童房）

玄關和樓梯間利用拉門隔間，使樓梯間變成室內空間的一部分，強調臥室和2樓LD的連結感

將兒童房開口部的隔間門往牆內拉進，就能立刻與樓梯間成為一體空間。樓梯間透過挑高與2樓LD連接，因此讓兒童房也能感受到LD的氣息

S＝1：50

3650
280
760
790
80
145
100
780
20
68
804
1900
1260

窗框轉角部分的接合方式。設有一個小翼牆，藉由這個多出腰壁的部分，增加翼牆與開口部的連續感。另外，腰壁的裝潢材質選擇椴木合板，並與旁邊翼牆的椴木合板連接，更增牆面的連續性

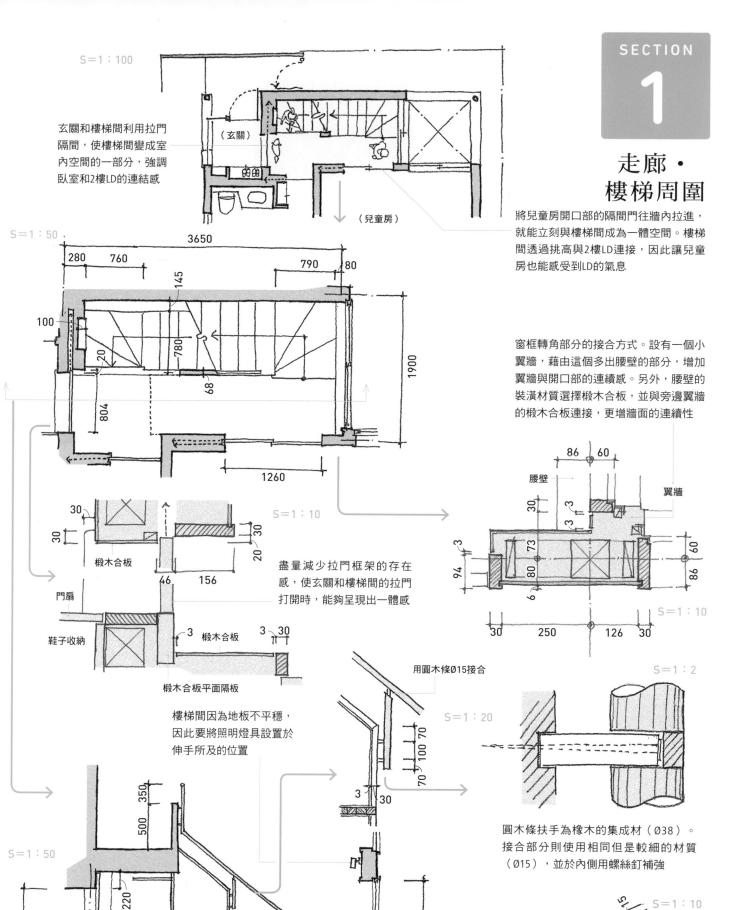

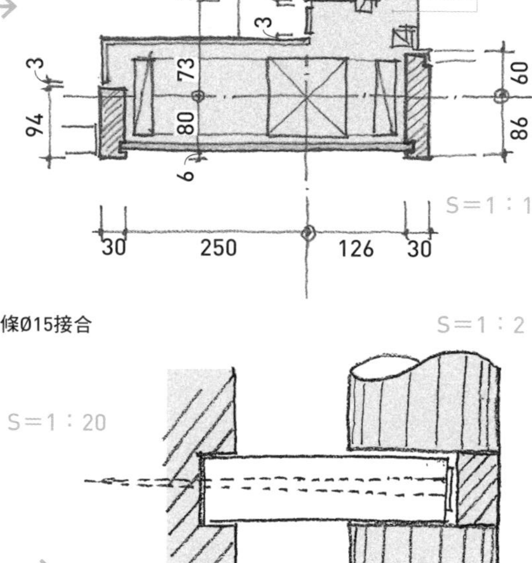
86
60
腰壁
翼牆
30
3
3
3
73
80
94
6
60
86
S＝1：10
30
250
126
30

S＝1：10

30
30
椴木合板
30
20
46
156
門扇
鞋子收納
3
椴木合板
3
30
椴木合板平面隔板

盡量減少拉門框架的存在感，使玄關和樓梯間的拉門打開時，能夠呈現出一體感

用圓木條Ø15接合

S＝1：20

70
100
70
3
30

S＝1：2

圓木條扶手為橡木的集成材（Ø38）。接合部分則使用相同但是較細的材質（Ø15），並於內側用螺絲釘補強

樓梯間因為地板不平穩，因此要將照明燈具設置於伸手所及的位置

S＝1：50

350
500
220
（玄關）
2000
280
790
790
80
1617
480
150
椴木合板t＝4

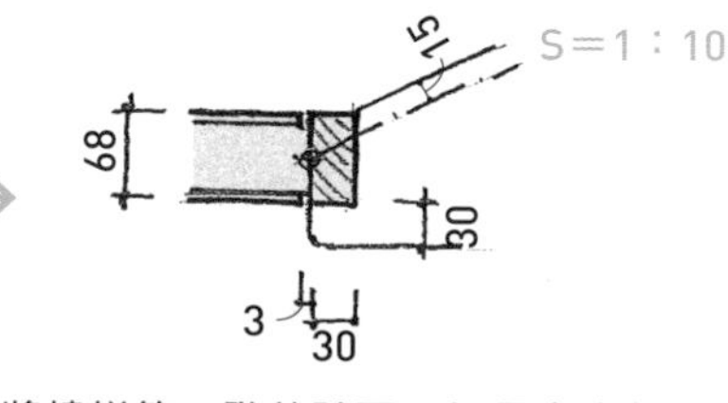
S＝1：10
15
68
30
3
30

將樓梯第一階的踏面，加長突出於走廊側，藉此強調第一階，在下樓的時候也有強調最後一階的作用

SECTION 2

地下室隔間門扇周圍

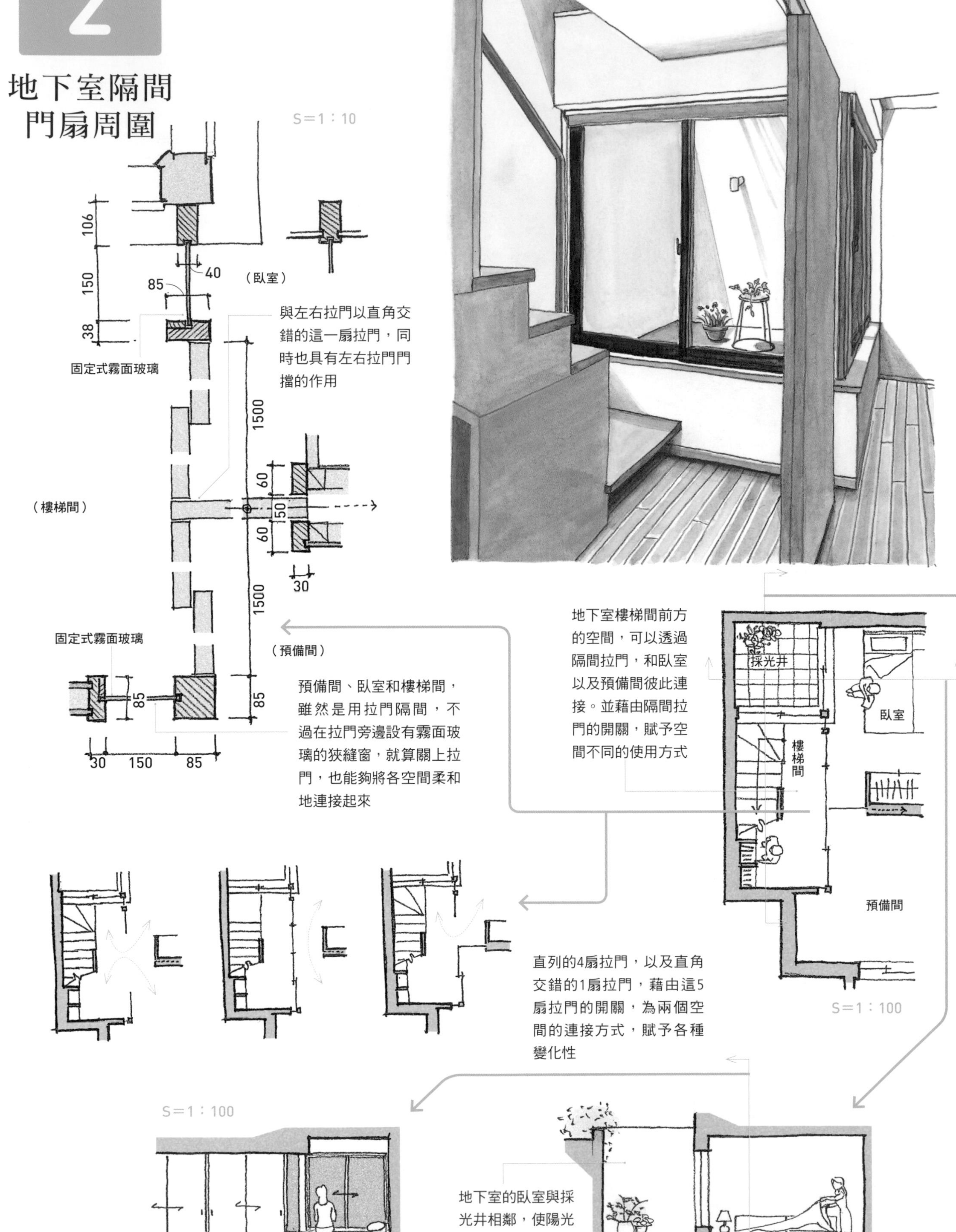
S=1：10
106
150
38
40
85
（臥室）
固定式霧面玻璃
與左右拉門以直角交錯的這一扇拉門，同時也具有左右拉門門擋的作用
1500
60
150
60
30
（樓梯間）
1500
固定式霧面玻璃
（預備間）
85
85
30
150
85
預備間、臥室和樓梯間，雖然是用拉門隔間，不過在拉門旁邊設有霧面玻璃的狹縫窗，就算關上拉門，也能夠將各空間柔和地連接起來
地下室樓梯間前方的空間，可以透過隔間拉門，和臥室以及預備間彼此連接。並藉由隔間拉門的開關，賦予空間不同的使用方式
採光井
臥室
樓梯間
預備間
直列的4扇拉門，以及直角交錯的1扇拉門，藉由這5扇拉門的開關，為兩個空間的連接方式，賦予各種變化性
S=1：100
S=1：100
地下室的臥室與採光井相鄰，使陽光能進入室內
S=1：100

SECTION 3

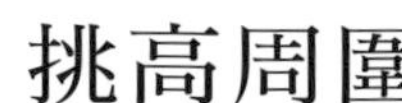

挑高周圍

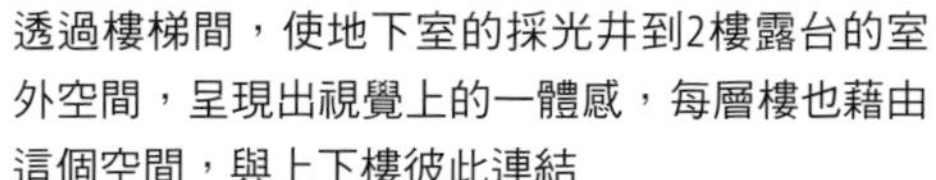

透過樓梯間，使地下室的採光井到2樓露台的室外空間，呈現出視覺上的一體感，每層樓也藉由這個空間，與上下樓彼此連結

S＝1：100

客廳
兒童房
椴木合板

S＝1：100

藉由樓梯間，將上下樓連接成一個大空間，使家人間的氣息能夠互相傳遞

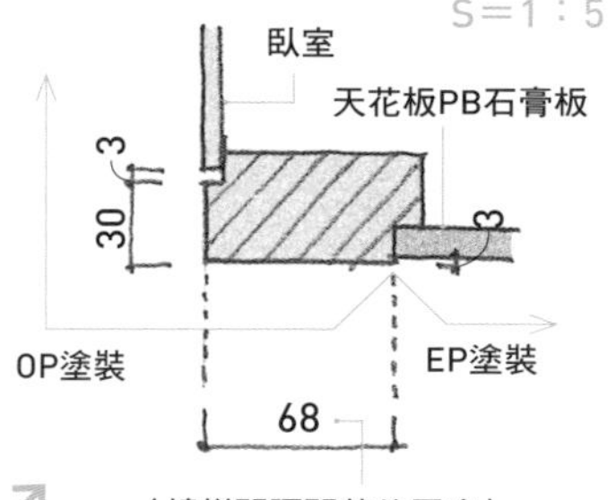

S＝1：5
臥室
天花板PB石膏板
3
30
3
OP塗裝
EP塗裝
68

（樓梯間隔間牆的厚度）

椴木合板牆壁和石膏板裝潢的天花板，以L型接合。將分隔收邊材設定成和樓梯間隔間牆相同的厚度，並藉此將塗裝不同的部分區隔開來

為了盡量使各空間能連接，因此盡可能減少樓梯與走廊的隔間牆面積

S＝1：30

100
30
30
3
240
40
3
30

地下室為鋼筋混凝土造，而地上樓層則是木造結構。將因為結構不同而產生的厚牆，充分利用成裝飾小物品的棚架

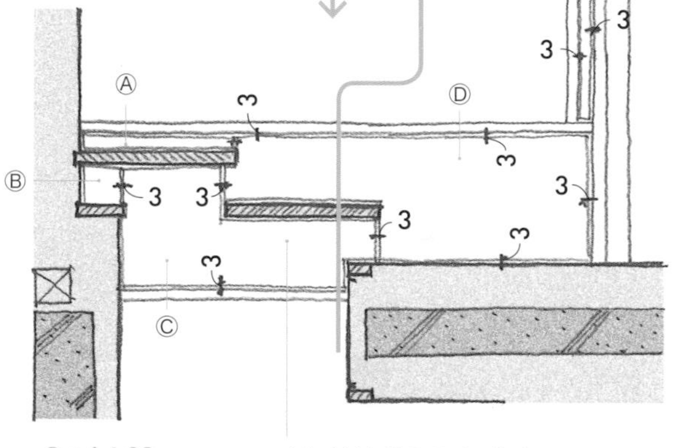

Ⓐ
Ⓑ
Ⓒ
Ⓓ
3

S＝1：30

地板前端的踢腳板會中斷，因此決定這片腰壁不裝設踢腳板。並決定在牆面張貼椴木合板，與地板拉出接縫當作區隔。由於樓梯踏板的阻礙，無法張貼一片完整的合板，所以將合板依照ⒶⒷⒸⒹ位置，分割成4片張貼

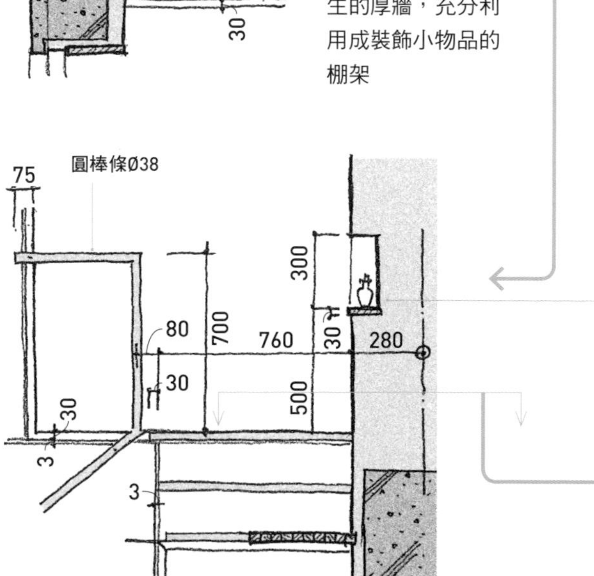

75
圓棒條Ø38
300
80
700
760
30
280
30
500
30
3
3

S＝1：30

由地下室往上走的時候，可以從正面欣賞的小壁龕。將壁龕的設置在，不論從1樓俯視或地下室仰望時，都不會產生違和感的高度上

地板收邊材
台階裝飾框
30

S＝1：30

在樓梯平台裝設台階的裝飾框，並且將裝飾框往前突出3cm，打造成樓梯突緣。裝設突緣可以讓樓梯更好行走

SECTION 4

2樓客廳周圍露台

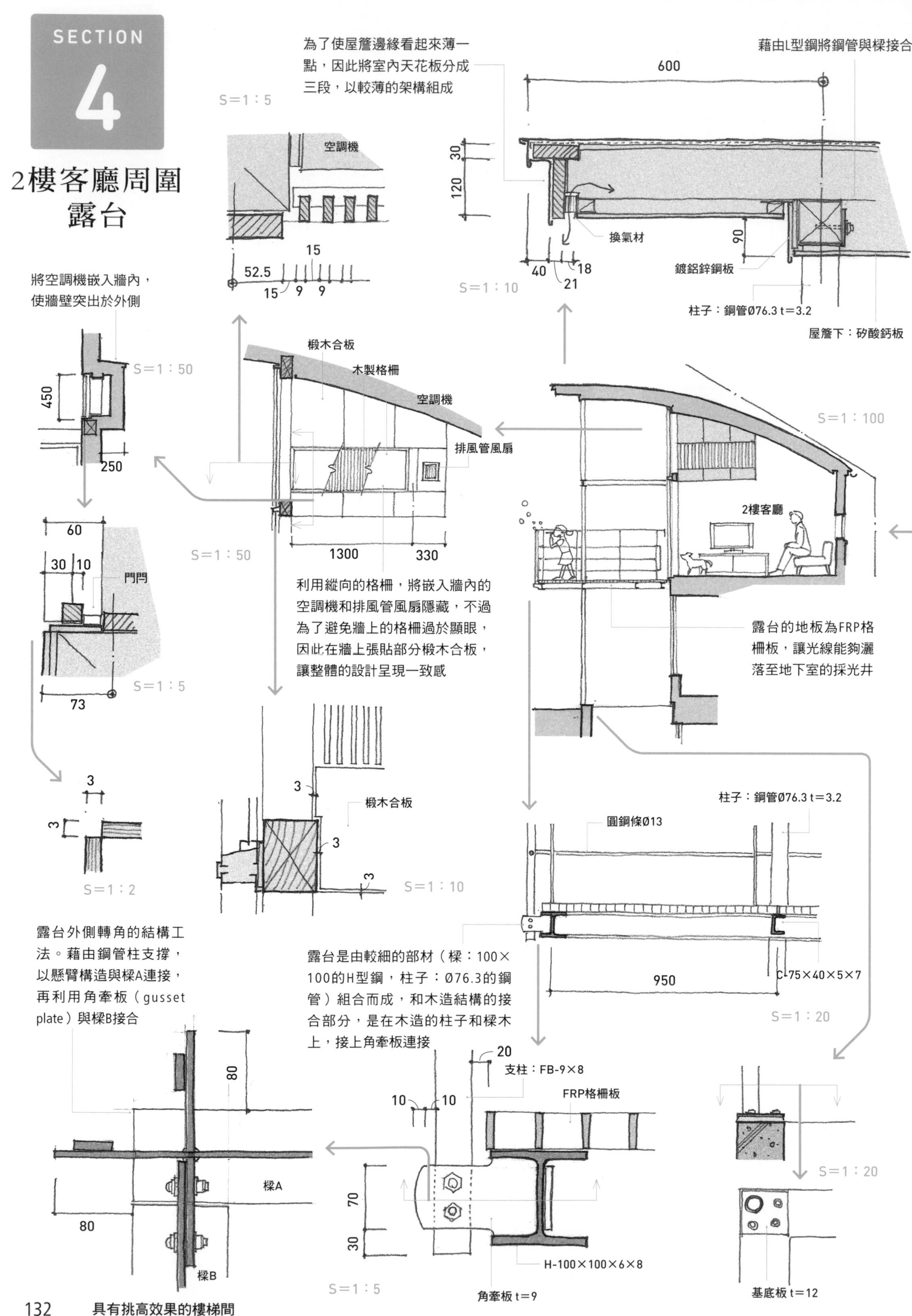

為了使屋簷邊緣看起來薄一點，因此將室內天花板分成三段，以較薄的架構組成
藉由L型鋼將鋼管與樑接合
600
30
120
換氣材
90
鍍鋁鋅鋼板
40
18
21
S＝1：10
柱子：鋼管Ø76.3 t＝3.2
屋簷下：矽酸鈣板
S＝1：5
空調機
15
52.5
15
9
9
將空調機嵌入牆內，使牆壁突出於外側
S＝1：50
450
250
椴木合板
木製格柵
空調機
排風管風扇
S＝1：100
2樓客廳
60
30
10
門閂
S＝1：5
73
S＝1：50
1300
330
利用縱向的格柵，將嵌入牆內的空調機和排風管風扇隱藏，不過為了避免牆上的格柵過於顯眼，因此在牆上張貼部分椴木合板，讓整體的設計呈現一致感
露台的地板為FRP格柵板，讓光線能夠灑落至地下室的採光井
3
3
S＝1：2
3
椴木合板
3
3
S＝1：10
柱子：鋼管Ø76.3 t＝3.2
圓鋼條Ø13
950
C-75×40×5×7
S＝1：20
露台外側轉角的結構工法。藉由鋼管柱支撐，以懸臂構造與樑A連接，再利用角牽板（gusset plate）與樑B接合
露台是由較細的部材（樑：100×100的H型鋼，柱子：Ø76.3的鋼管）組合而成，和木造結構的接合部分，是在木造的柱子和樑木上，接上角牽板連接
80
樑A
80
樑B
20
支柱：FB-9×8
10
10
FRP格柵板
70
30
H-100×100×6×8
角牽板 t＝9
S＝1：5
S＝1：20
基底板 t＝12

SECTION 4-2

扶手周圍

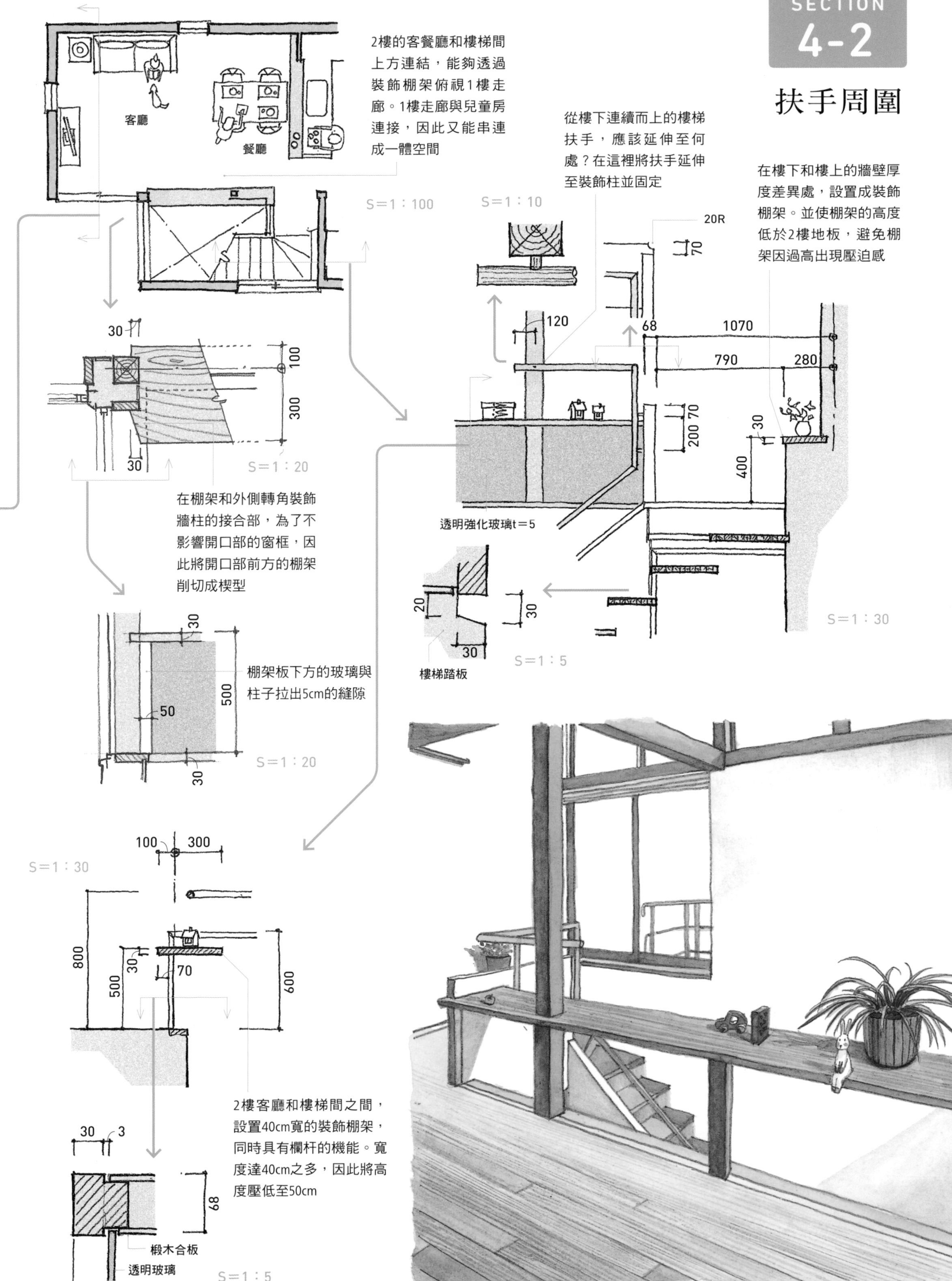
2樓的客餐廳和樓梯間上方連結，能夠透過裝飾棚架俯視1樓走廊。1樓走廊與兒童房連接，因此又能串連成一體空間
客廳
餐廳
S＝1：100
從樓下連續而上的樓梯扶手，應該延伸至何處？在這裡將扶手延伸至裝飾柱並固定
S＝1：10
在樓下和樓上的牆壁厚度差異處，設置成裝飾棚架。並使棚架的高度低於2樓地板，避免棚架因過高出現壓迫感
20R
70
120
68
1070
790
280
30
100
300
S＝1：20
在棚架和外側轉角裝飾牆柱的接合部，為了不影響開口部的窗框，因此將開口部前方的棚架削切成楔型
70
200
30
400
透明強化玻璃t＝5
20
30
30
S＝1：5
樓梯踏板
S＝1：30
30
500
50
30
棚架板下方的玻璃與柱子拉出5cm的縫隙
S＝1：20
100
300
S＝1：30
800
30
500
70
600
2樓客廳和樓梯間之間，設置40cm寬的裝飾棚架，同時具有欄杆的機能。寬度達40cm之多，因此將高度壓低至50cm
30
3
68
椴木合板
透明玻璃
S＝1：5

順暢便利的家事動線

廚房到衛浴空間，以及廚房到玄關之間的位置關係，是以家事動線為優先考量，而構成的住宅計畫。配置方式有很多種，在這棟住宅中，是將樓梯設置於中心，並且在周圍打造出家事動線。另外再將食品儲藏室，納入動線的一部分，打造出廚房與衛浴空間的捷徑。這個食品儲藏室，同時也是玄關到廚房的內側動線。走道型設計的食品儲藏室，充分利用兩側的牆面，因此擁有十分充足的收納空間。

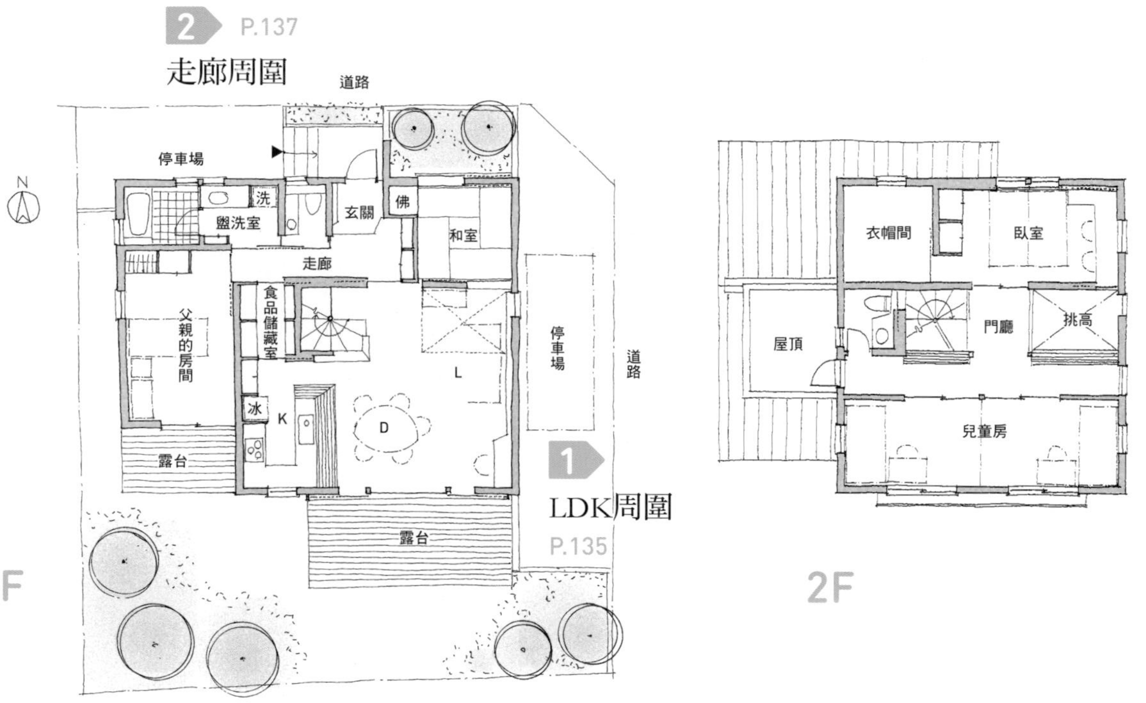

2 P.137
走廊周圍

道路
停車場
N
洗
盥洗室
玄關
佛
和室
走廊
食品儲藏室
父親的房間
停車場
道路
L
冰
K
D
露台
露台

1
LDK周圍
P.135

1F

衣帽間
臥室
屋頂
門廳
挑高
兒童房

2F

S＝1：200

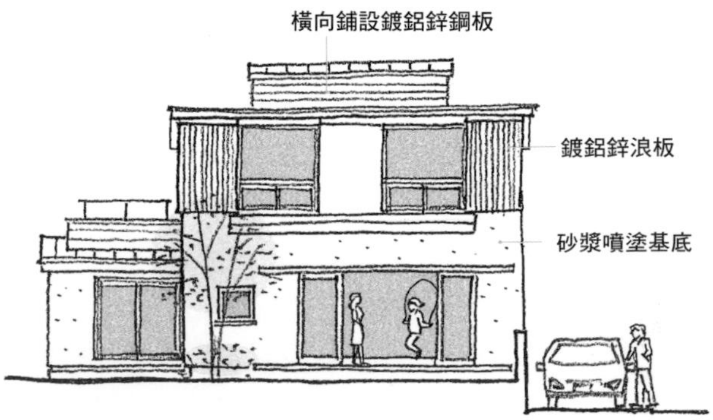

橫向鋪設鍍鋁鋅鋼板
鍍鋁鋅浪板
砂漿噴塗基底

S＝1：200

LDK周圍

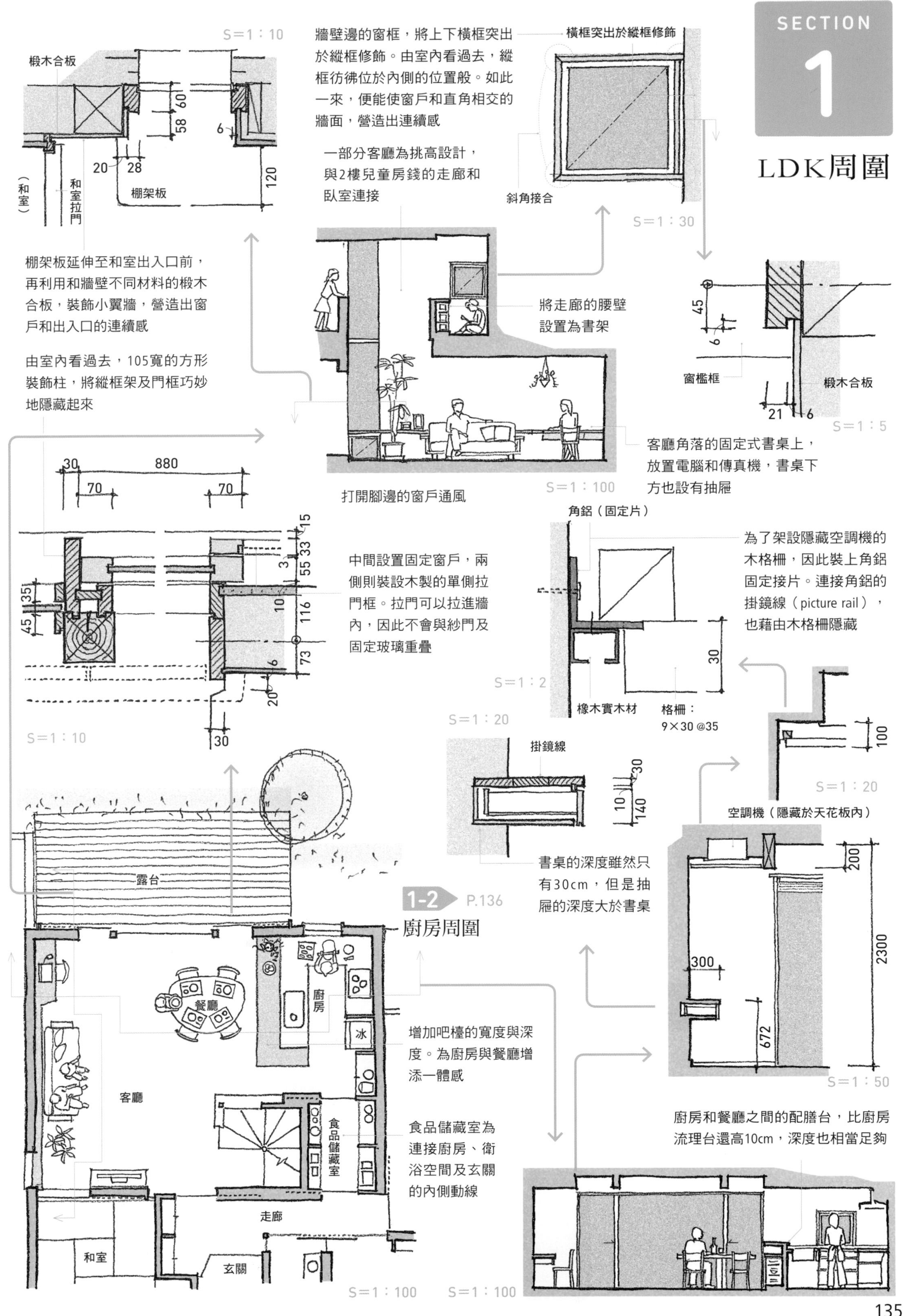
S=1：10
椴木合板
60
58
6
20
28
120
和室
和室拉門
棚架板
棚架板延伸至和室出入口前，再利用和牆壁不同材料的椴木合板，裝飾小翼牆，營造出窗戶和出入口的連續感
由室內看過去，105寬的方形裝飾柱，將縱框架及門框巧妙地隱藏起來
牆壁邊的窗框，將上下橫框突出於縱框修飾。由室內看過去，縱框彷彿位於內側的位置般。如此一來，便能使窗戶和直角相交的牆面，營造出連續感
橫框突出於縱框修飾
斜角接合
S=1：30
一部分客廳為挑高設計，與2樓兒童房錢的走廊和臥室連接
將走廊的腰壁設置為書架
客廳角落的固定式書桌上，放置電腦和傳真機，書桌下方也設有抽屜
打開腳邊的窗戶通風
S=1：100
45
6
窗檻框
椴木合板
21
6
S=1：5
30
880
70
70
15
33
55
3
35
10
116
45
73
6
20
30
S=1：10
中間設置固定窗戶，兩側則裝設木製的單側拉門框。拉門可以拉進牆內，因此不會與紗門及固定玻璃重疊
角鋁（固定片）
為了架設隱藏空調機的木格柵，因此裝上角鋁固定接片。連接角鋁的掛鏡線（picture rail），也藉由木格柵隱藏
30
S=1：2
橡木實木材
格柵：9×30 @35
S=1：20
掛鏡線
30
10
140
書桌的深度雖然只有30cm，但是抽屜的深度大於書桌
100
S=1：20
空調機（隱藏於天花板內）
200
2300
300
672
S=1：50
露台
1-2 P.136 廚房周圍
餐廳
廚房
冰
客廳
食品儲藏室
走廊
和室
玄關
增加吧檯的寬度與深度。為廚房與餐廳增添一體感
食品儲藏室為連接廚房、衛浴空間及玄關的內側動線
廚房和餐廳之間的配膳台，比廚房流理台還高10cm，深度也相當足夠
S=1：100
S=1：100

SECTION 1-2

廚房周圍

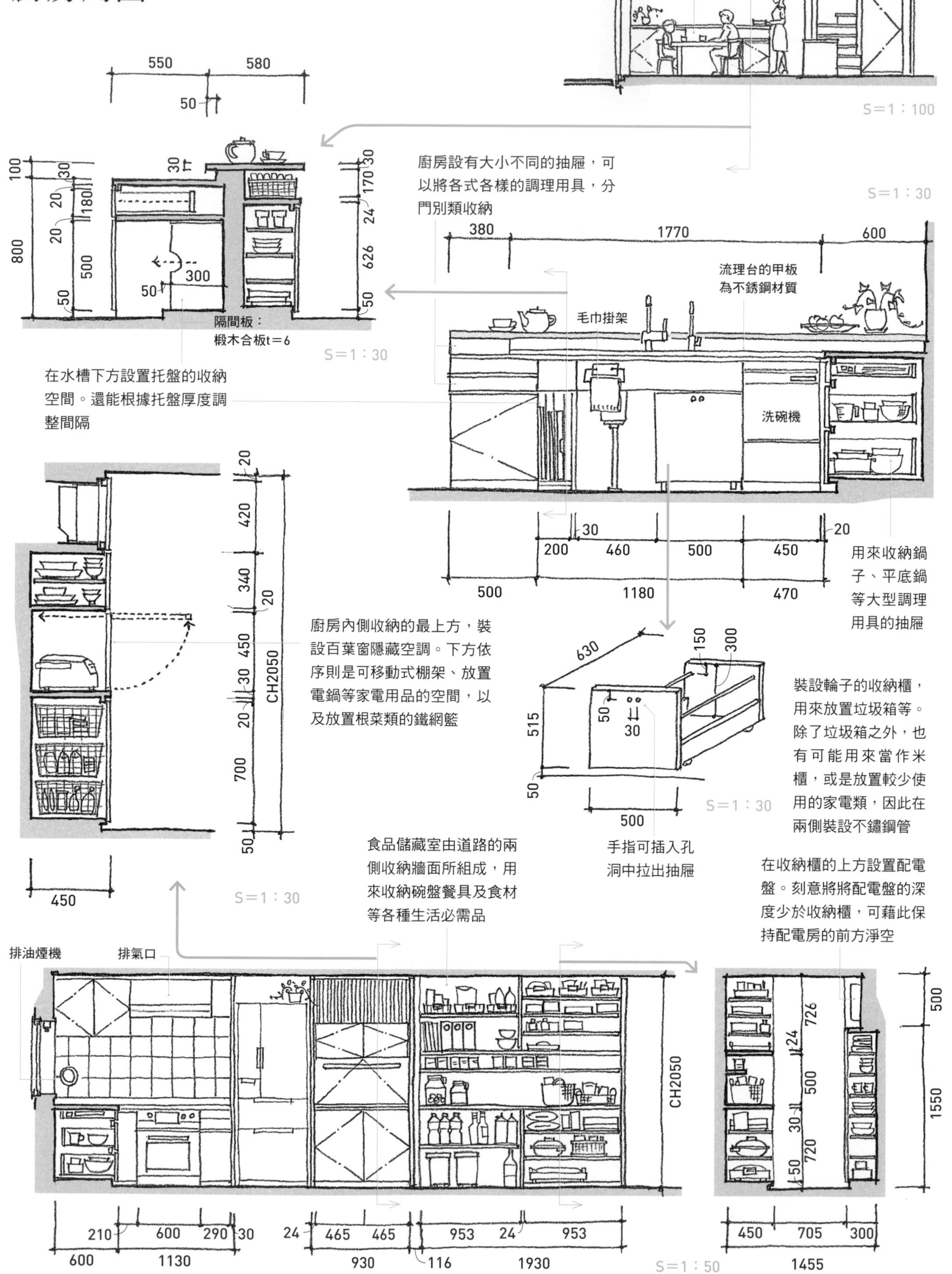

餐廳側除了收納櫃之外，還設有開放式的裝飾棚架，用來放置面紙等使用頻率較高的物品
S＝1：100
550
580
50
100
30
20
180
20
800
500
50
300
50
30
170
24
626
50
隔間板：
椴木合板t＝6
S＝1：30
在水槽下方設置托盤的收納空間。還能根據托盤厚度調整間隔
廚房設有大小不同的抽屜，可以將各式各樣的調理用具，分門別類收納
S＝1：30
380
1770
600
流理台的甲板
為不銹鋼材質
毛巾掛架
洗碗機
30
200
460
500
450
20
500
1180
470
用來收納鍋子、平底鍋等大型調理用具的抽屜
20
420
340
20
450
30
CH2050
20
700
50
450
S＝1：30
廚房內側收納的最上方，裝設百葉窗隱藏空調。下方依序則是可移動式棚架、放置電鍋等家電用品的空間，以及放置根菜類的鐵絲籃
630
150
300
515
50
30
50
500
S＝1：30
手指可插入孔洞中拉出抽屜
裝設輪子的收納櫃，用來放置垃圾箱等。除了垃圾箱之外，也有可能用來當作米櫃，或是放置較少使用的家電類，因此在兩側裝設不鏽鋼管
食品儲藏室由道路的兩側收納牆面所組成，用來收納碗盤餐具及食材等各種生活必需品
在收納櫃的上方設置配電盤。刻意將將配電盤的深度少於收納櫃，可藉此保持配電房的前方淨空
排油煙機
排氣口
CH2050
210
600
290
30
600
1130
24
465
465
930
953
24
953
116
1930
726
24
500
30
720
50
500
1550
450
705
300
1455
S＝1：50

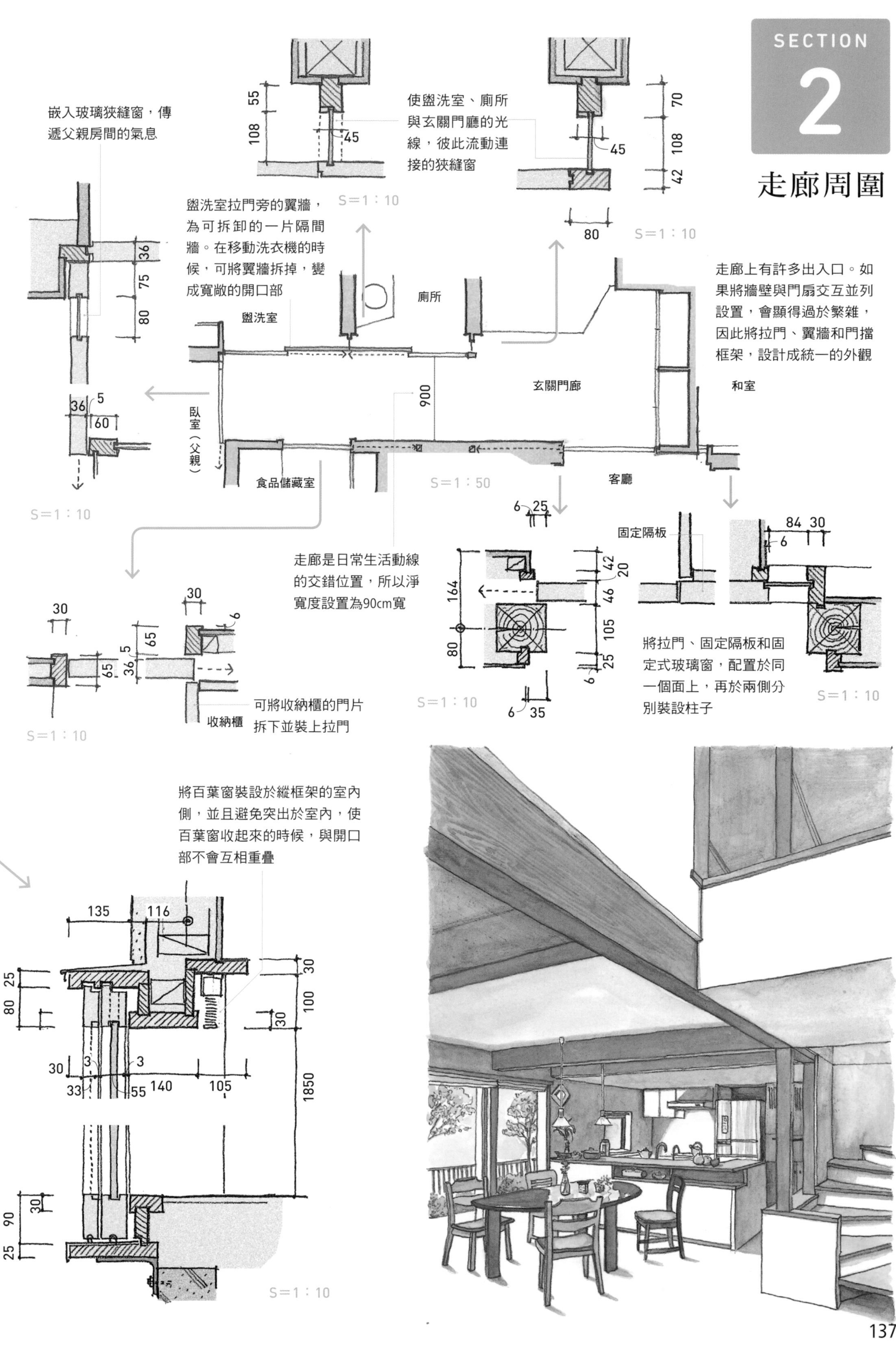
嵌入玻璃狹縫窗，傳遞父親房間的氣息
盥洗室拉門旁的翼牆，為可拆卸的一片隔間牆。在移動洗衣機的時候，可將翼牆拆掉，變成寬敞的開口部
使盥洗室、廁所與玄關門廳的光線，彼此流動連接的狹縫窗
走廊上有許多出入口。如果將牆壁與門扇交互並列設置，會顯得過於繁雜，因此將拉門、翼牆和門擋框架，設計成統一的外觀
盥洗室
廁所
玄關門廊
和室
臥室（父親）
食品儲藏室
客廳
S=1：10
S=1：50
走廊是日常生活動線的交錯位置，所以淨寬度設置為90cm寬
固定隔板
將拉門、固定隔板和固定式玻璃窗，配置於同一個面上，再於兩側分別裝設柱子
可將收納櫃的門片拆下並裝上拉門
收納櫃
將百葉窗裝設於縱框架的室內側，並且避免突出於室內，使百葉窗收起來的時候，與開口部不會互相重疊

CASE26 ／ 綾瀨的家

夫婦分房的住宅設計

「夫妻分房睡比較好」。有許多夫婦在孩子長大離家後，都會有這種想法。試著思考看看就能夠理解。夫婦也是需要私人空間的個體。對於室溫或亮度的感受不同，睡前的習慣也不一樣。如果是這樣的話，就可以將臥房分開，再打造出連接的通道即可。在走廊設置共同的出入口，並將臥室一分為二。為了能實現這個計畫，因此在拉門的設計上下了許多功夫。

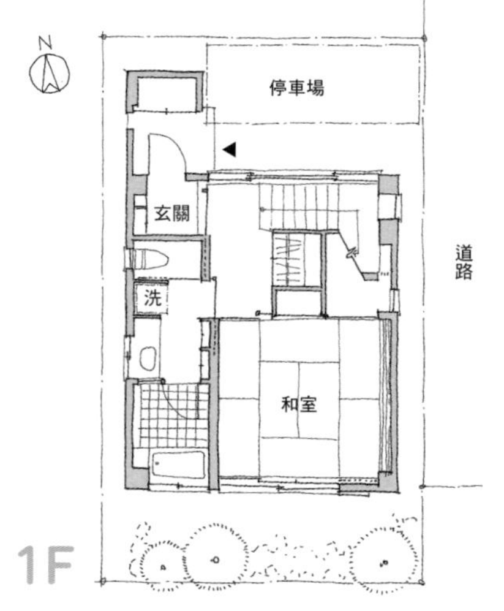

N
停車場
玄關
洗
和室
道路

1F

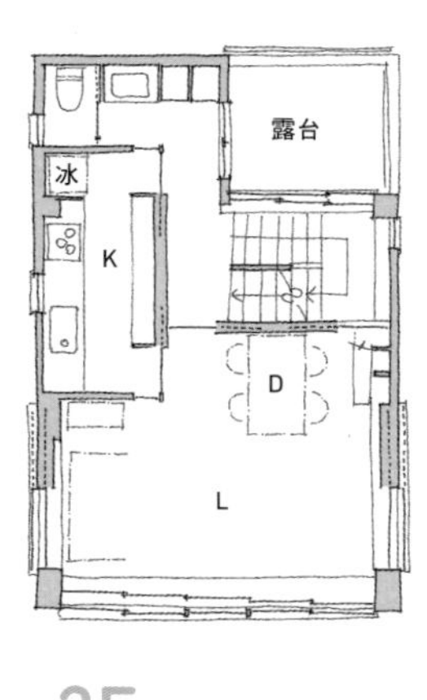

露台
冰
K
D
L

2F

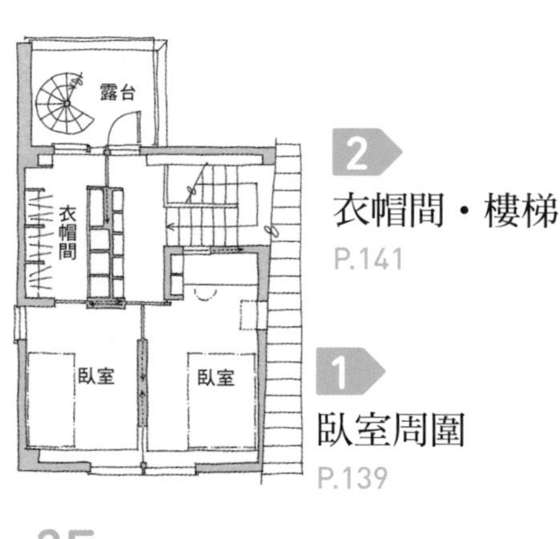

露台
衣帽間
臥室
臥室

3F

2 衣帽間・樓梯 P.141

1 臥室周圍 P.139

S＝1：200

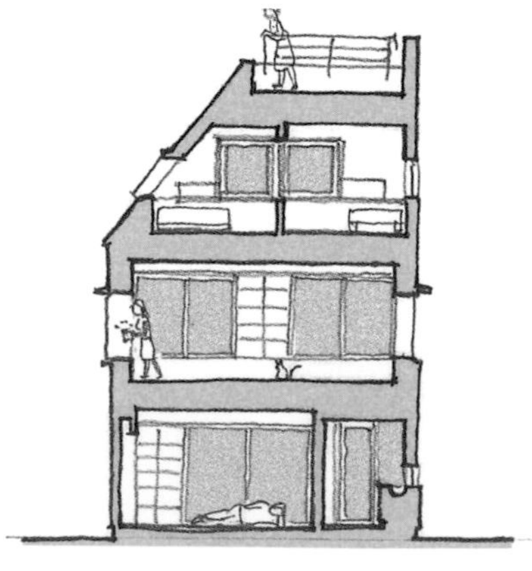

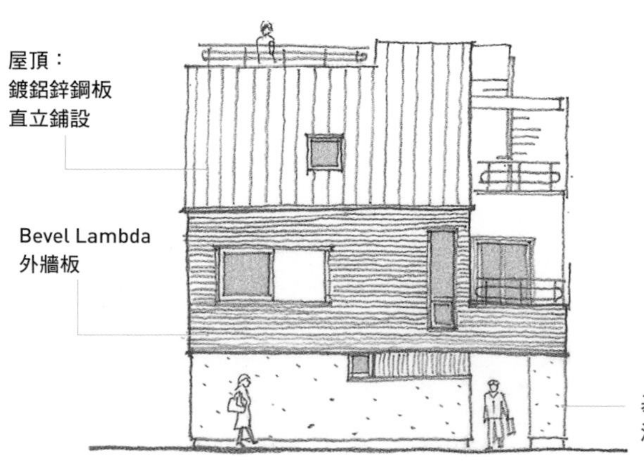

屋頂：
鍍鋁鋅鋼板
直立鋪設
Bevel Lambda
外牆板
基底砂漿
泥作粉刷

S＝1：200

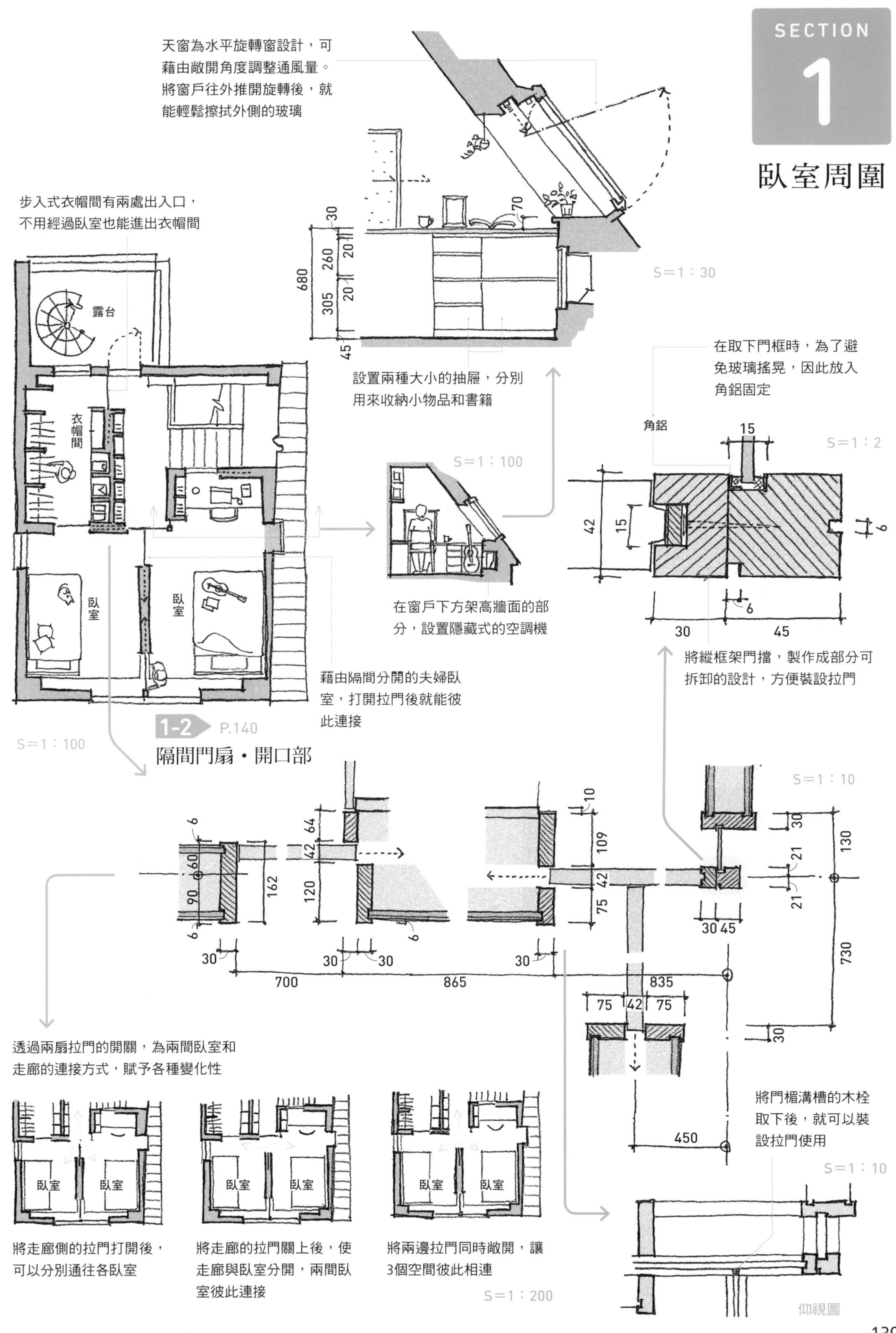
天窗為水平旋轉窗設計，可藉由敞開角度調整通風量。將窗戶往外推開旋轉後，就能輕鬆擦拭外側的玻璃
步入式衣帽間有兩處出入口，不用經過臥室也能進出衣帽間
露台
衣帽間
臥室
臥室
S＝1：100
設置兩種大小的抽屜，分別用來收納小物品和書籍
S＝1：30
S＝1：100
在窗戶下方架高牆面的部分，設置隱藏式的空調機
在取下門框時，為了避免玻璃搖晃，因此放入角鋁固定
角鋁
S＝1：2
將縱框架門擋，製作成部分可拆卸的設計，方便裝設拉門
藉由隔間分開的夫婦臥室，打開拉門後就能彼此連接
S＝1：10
透過兩扇拉門的開關，為兩間臥室和走廊的連接方式，賦予各種變化性
將門楣溝槽的木栓取下後，就可以裝設拉門使用
S＝1：10
仰視圖
臥室
臥室
將走廊側的拉門打開後，可以分別通往各臥室
將走廊的拉門關上後，使走廊與臥室分開，兩間臥室彼此連接
將兩邊拉門同時敞開，讓3個空間彼此相連
S＝1：200

1-2 P.140
隔間門扇・開口部

SECTION 1-2

隔間拉門・開口部

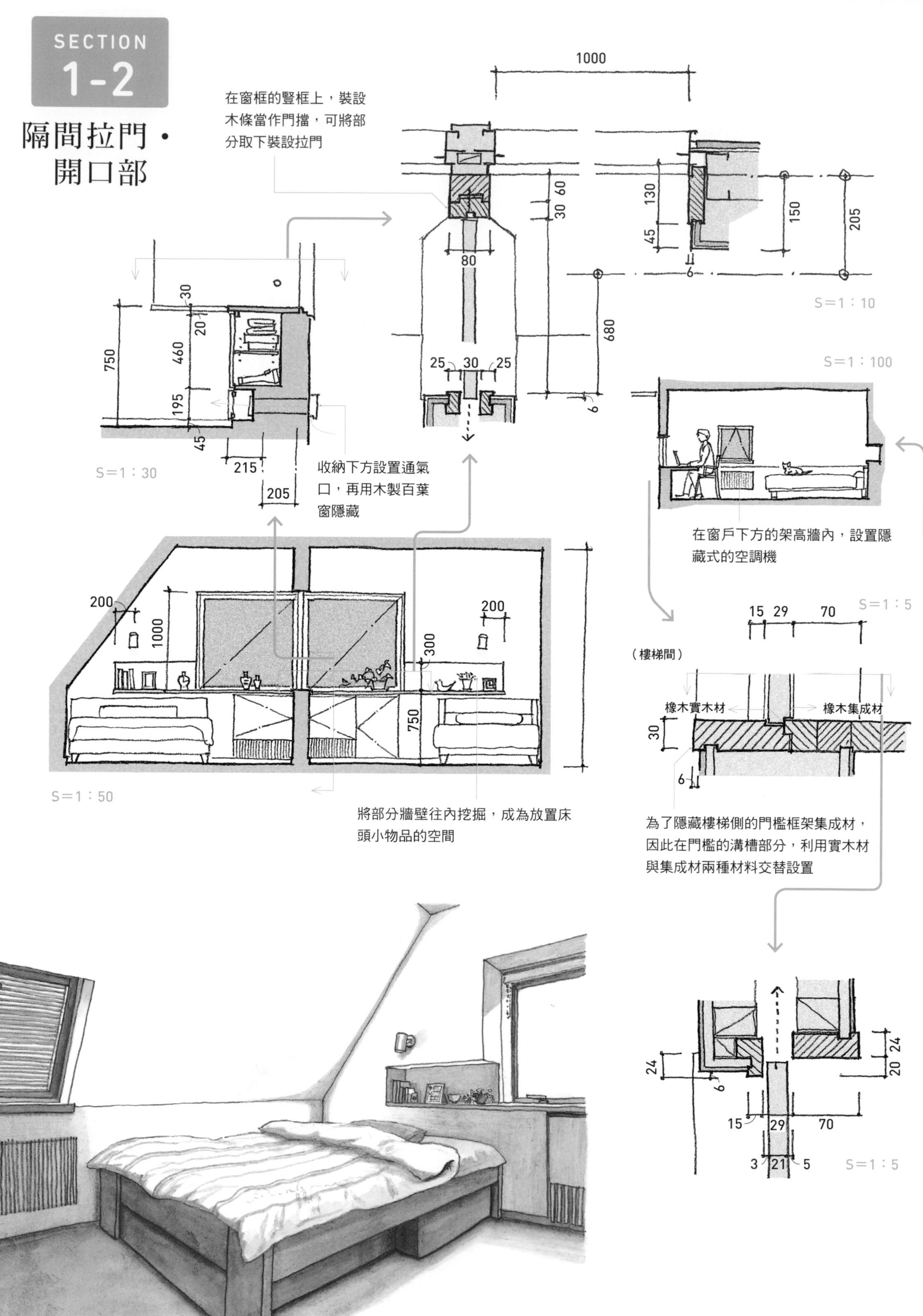

在窗框的豎框上，裝設木條當作門擋，可將部分取下裝設拉門
1000
30 60
130
45
150
205
80
6
S＝1：10
680
25 30 25
6
S＝1：100
30
20
750
460
195
45
215
205
S＝1：30
收納下方設置通氣口，再用木製百葉窗隱藏
在窗戶下方的架高牆內，設置隱藏式的空調機
200
1000
300
200
750
S＝1：50
將部分牆壁往內挖掘，成為放置床頭小物品的空間
15 29 70
S＝1：5
（樓梯間）
橡木實木材
橡木集成材
30
6
為了隱藏樓梯側的門檻框架集成材，因此在門檻的溝槽部分，利用實木材與集成材兩種材料交替設置
24
6
24
20
15
29
70
3
21
5
S＝1：5

衣帽間・樓梯

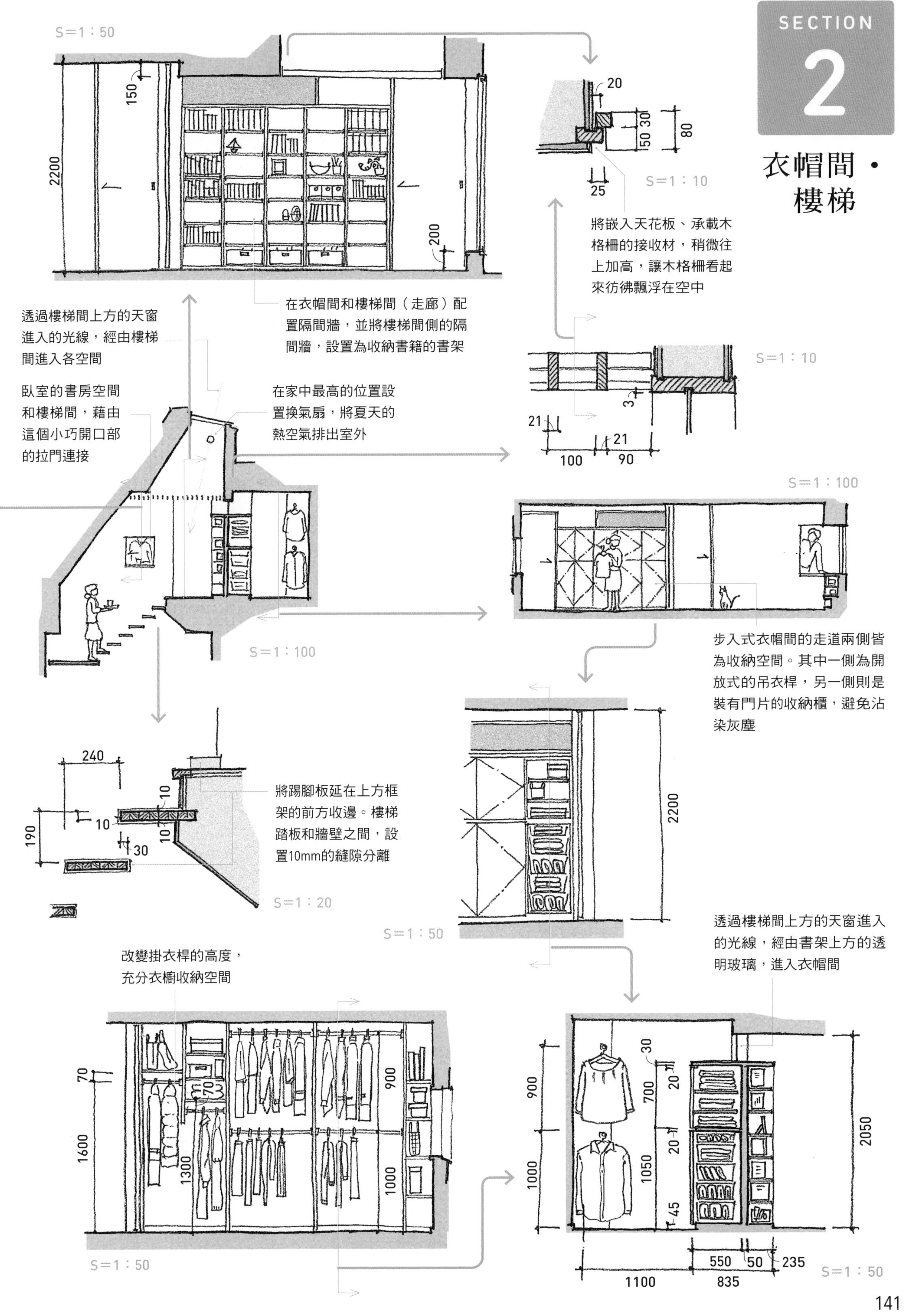
S=1：50
150
2200
200
20
30
50
80
25
S=1：10
將嵌入天花板、承載木格柵的接收材，稍微往上加高，讓木格柵看起來彷彿飄浮在空中
透過樓梯間上方的天窗進入的光線，經由樓梯間進入各空間
在衣帽間和樓梯間（走廊）配置隔間牆，並將樓梯間側的隔間牆，設置為收納書籍的書架
S=1：10
3
21
21
100
90
臥室的書房空間和樓梯間，藉由這個小巧開口部的拉門連接
在家中最高的位置設置換氣扇，將夏天的熱空氣排出室外
S=1：100
S=1：100
步入式衣帽間的走道兩側皆為收納空間。其中一側為開放式的吊衣桿，另一側則是裝有門片的收納櫃，避免沾染灰塵
240
10
10
10
190
30
將踢腳板延在上方框架的前方收邊。樓梯踏板和牆壁之間，設置10mm的縫隙分離
S=1：20
2200
S=1：50
透過樓梯間上方的天窗進入的光線，經由書架上方的透明玻璃，進入衣帽間
改變掛衣桿的高度，充分衣櫥收納空間
70
70
1600
1300
900
1000
S=1：50
30
900
700
20
20
1000
1050
45
2050
550
50
235
1100
835
S=1：50

CASE27 ／ 赤堤通的家

因為空間小巧 才更要注重關係性

如果基地面積較小，為了確保足夠的樓板面積，通常會將建築物往縱向延伸。雖然每層樓的地板面積會變小，不過反而能利用這點，打造出舒適的空間。在這棟四層樓的建築中，在3樓配置LDK，4樓配置小孩的空間，再於兩個樓層間，設置小巧的挑高（井洞），使住宅中的親子關係更加密切。雖然3樓的廚房旁邊僅配置一個茶室，不過坐在茶室的地板上，就能夠感受到被包覆的安心感，打造出舒適靜謐的空間。

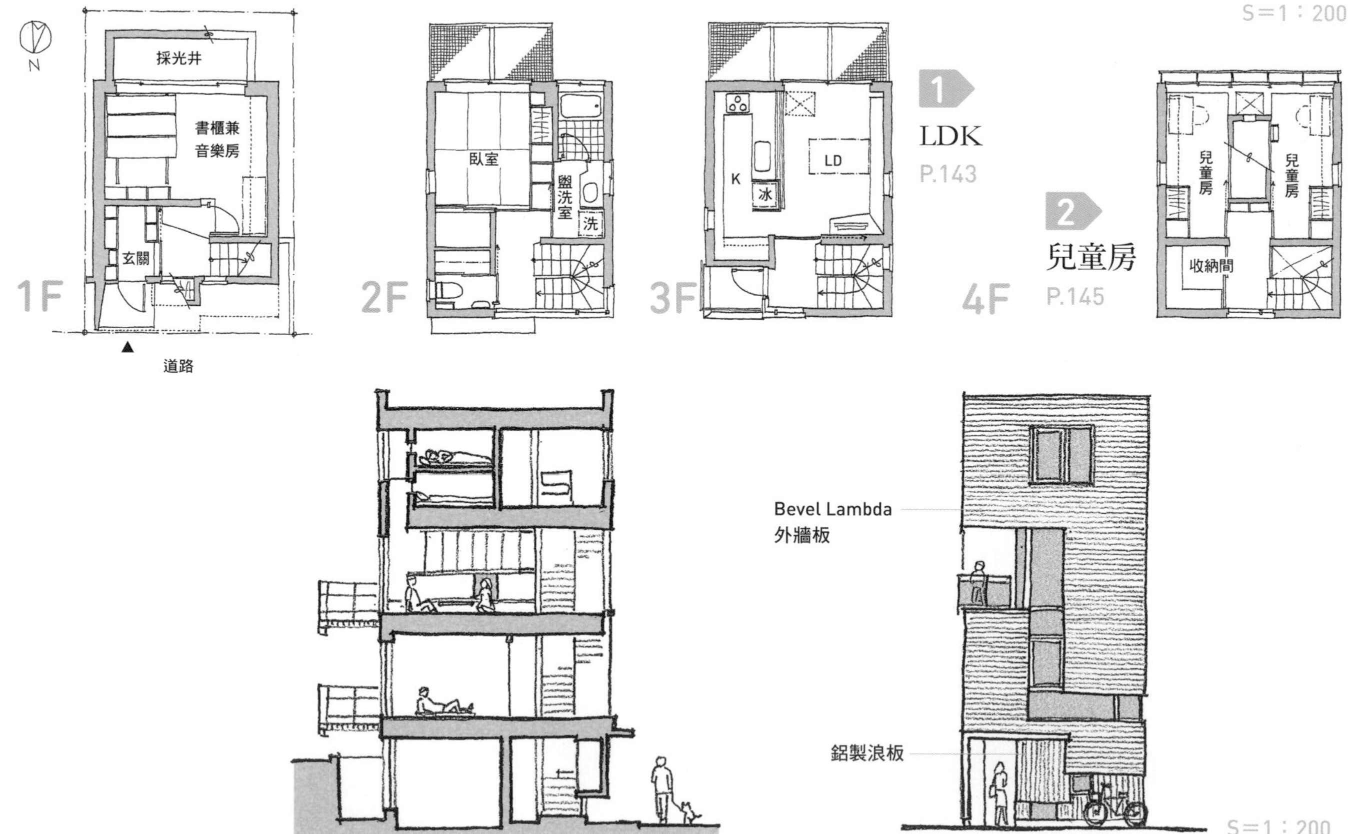
S＝1：200
N
採光井
書櫃兼
音樂房
玄關
1F
道路
臥室
盥洗室
洗
2F
K
冰
LD
3F
1
LDK
P.143
2
兒童房
P.145
兒童房
兒童房
收納間
4F
Bevel Lambda
外牆板
鋁製浪板
S＝1：200

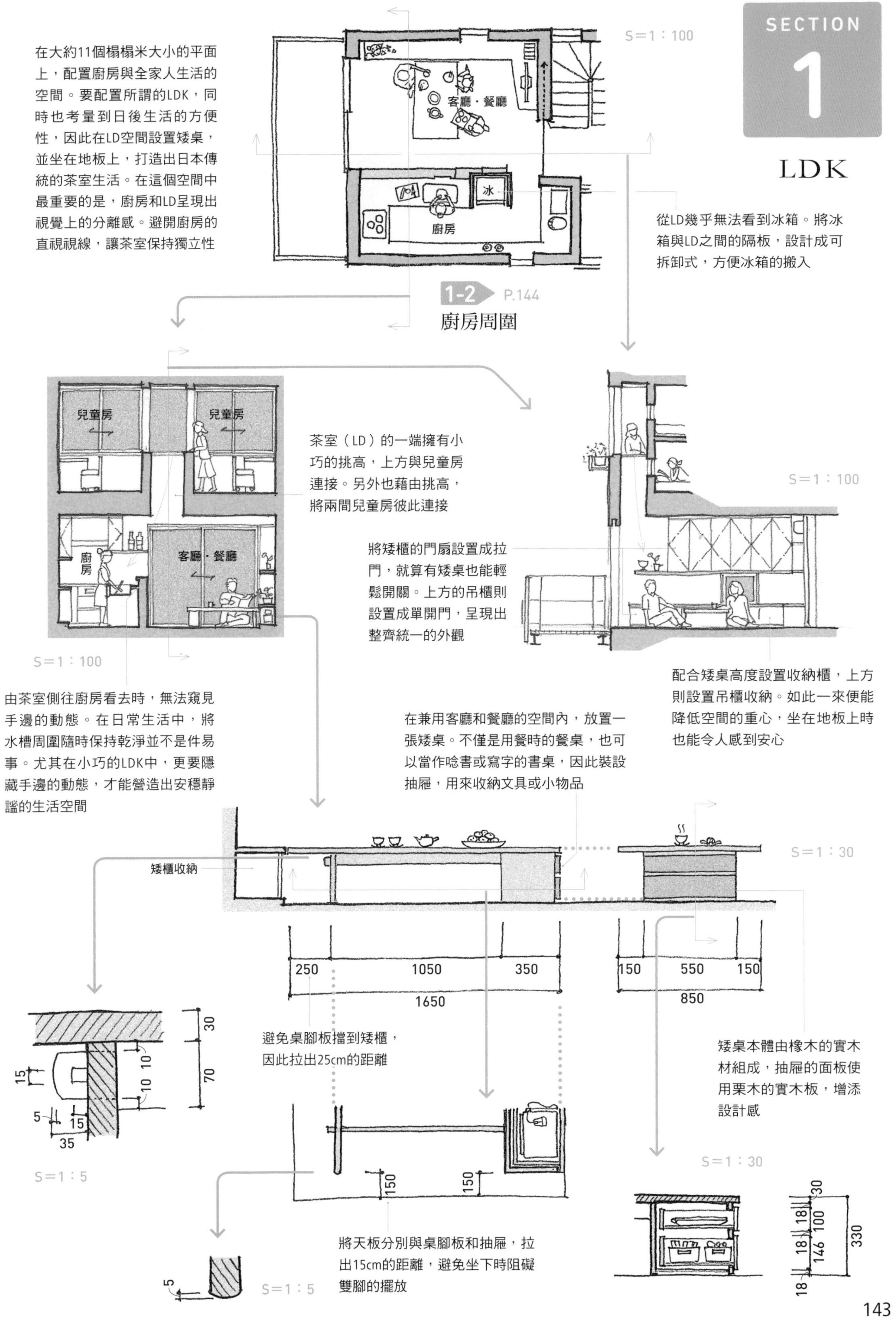
SECTION
1
LDK
S=1：100
在大約11個榻榻米大小的平面上，配置廚房與全家人生活的空間。要配置所謂的LDK，同時也考量到日後生活的方便性，因此在LD空間設置矮桌，並坐在地板上，打造出日本傳統的茶室生活。在這個空間中最重要的是，廚房和LD呈現出視覺上的分離感。避開廚房的直視視線，讓茶室保持獨立性
客廳・餐廳
冰
廚房
從LD幾乎無法看到冰箱。將冰箱與LD之間的隔板，設計成可拆卸式，方便冰箱的搬入
1-2 P.144
廚房周圍
兒童房
兒童房
廚房
客廳・餐廳
茶室（LD）的一端擁有小巧的挑高，上方與兒童房連接。另外也藉由挑高，將兩間兒童房彼此連接
S=1：100
將矮櫃的門扇設置成拉門，就算有矮桌也能輕鬆開關。上方的吊櫃則設置成單開門，呈現出整齊統一的外觀
S=1：100
由茶室側往廚房看去時，無法窺見手邊的動態。在日常生活中，將水槽周圍隨時保持乾淨並不是件易事。尤其在小巧的LDK中，更要隱藏手邊的動態，才能營造出安穩靜謐的生活空間
在兼用客廳和餐廳的空間內，放置一張矮桌。不僅是用餐時的餐桌，也可以當作唸書或寫字的書桌，因此裝設抽屜，用來收納文具或小物品
配合矮桌高度設置收納櫃，上方則設置吊櫃收納。如此一來便能降低空間的重心，坐在地板上時也能令人感到安心
矮櫃收納
S=1：30
250 1050 350
1650
150 550 150
850
避免桌腳板擋到矮櫃，因此拉出25cm的距離
矮桌本體由橡木的實木材組成，抽屜的面板使用栗木的實木板，增添設計感
30
70
10
10
15
5
15
35
S=1：5
150
150
S=1：30
將天板分別與桌腳板和抽屜，拉出15cm的距離，避免坐下時阻礙雙腳的擺放
5
S=1：5
30
18
18
100
18
146
330
18

SECTION 1-2

廚房周圍

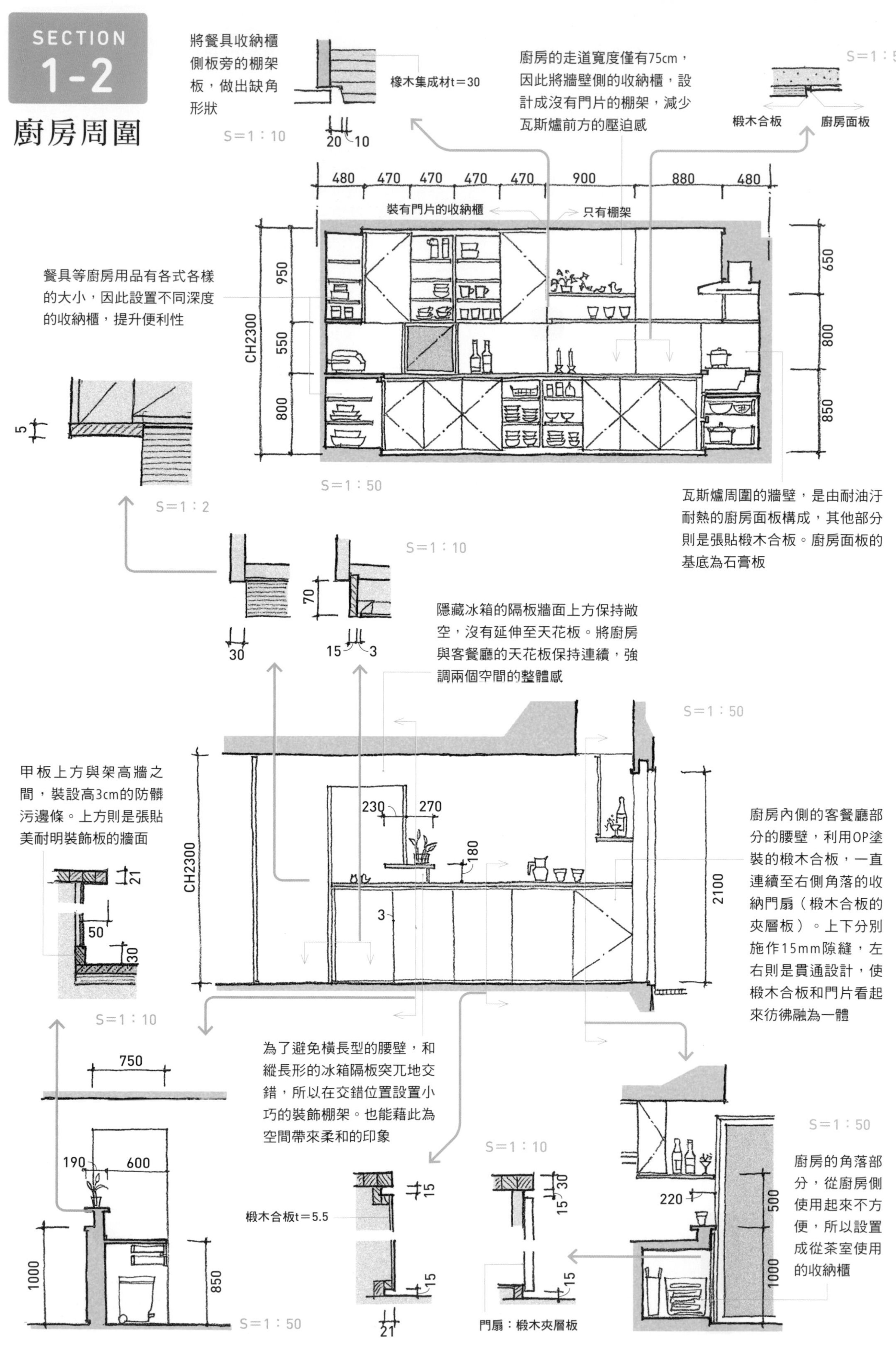

將餐具收納櫃側板旁的棚架板，做出缺角形狀
橡木集成材t=30
S=1：10
20 10
廚房的走道寬度僅有75cm，因此將牆壁側的收納櫃，設計成沒有門片的棚架，減少瓦斯爐前方的壓迫感
S=1：5
椴木合板
廚房面板
480 470 470 470 470 900 880 480
裝有門片的收納櫃
只有棚架
餐具等廚房用品有各式各樣的大小，因此設置不同深度的收納櫃，提升便利性
CH2300
950
550
800
650
800
850
5
S=1：50
S=1：2
瓦斯爐周圍的牆壁，是由耐油汙耐熱的廚房面板構成，其他部分則是張貼椴木合板。廚房面板的基底為石膏板
S=1：10
70
30
15 3
隱藏冰箱的隔板牆面上方保持敞空，沒有延伸至天花板。將廚房與客餐廳的天花板保持連續，強調兩個空間的整體感
S=1：50
甲板上方與架高牆之間，裝設高3cm的防髒污邊條。上方則是張貼美耐明裝飾板的牆面
21
50
30
230 270
180
CH2300
3
2100
廚房內側的客餐廳部分的腰壁，利用OP塗裝的椴木合板，一直連續至右側角落的收納門扇（椴木合板的夾層板）。上下分別施作15mm隙縫，左右則是貫通設計，使椴木合板和門片看起來彷彿融為一體
S=1：10
750
為了避免橫長型的腰壁，和縱長形的冰箱隔板突兀地交錯，所以在交錯位置設置小巧的裝飾棚架。也能藉此為空間帶來柔和的印象
S=1：50
190 600
1000
850
S=1：50
S=1：10
15
椴木合板t=5.5
15
21
30
15
15
門扇：椴木夾層板
220
500
1000
廚房的角落部分，從廚房側使用起來不方便，所以設置成從茶室使用的收納櫃

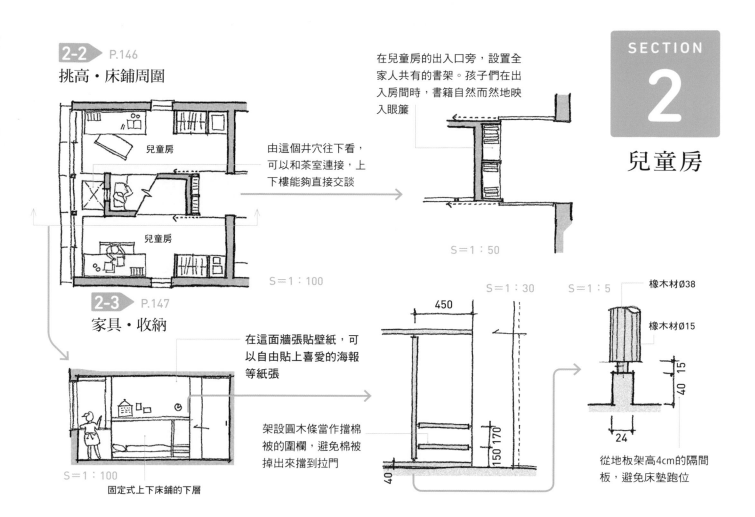

SECTION
2
兒童房

2-2 P.146
挑高・床鋪周圍

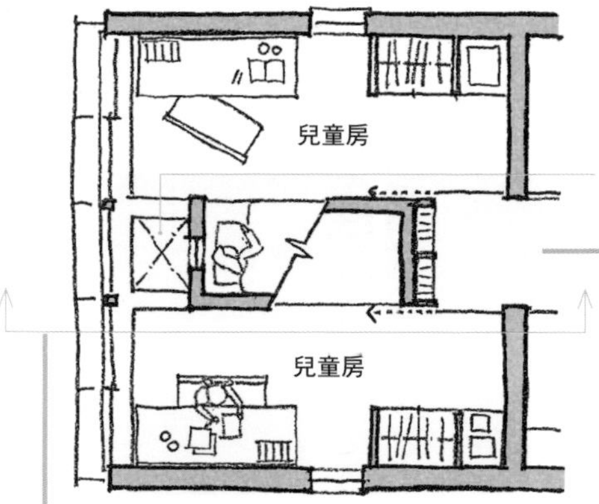

兒童房

兒童房

由這個井穴往下看，可以和茶室連接，上下樓能夠直接交談

在兒童房的出入口旁，設置全家人共有的書架。孩子們在出入房間時，書籍自然而然地映入眼簾

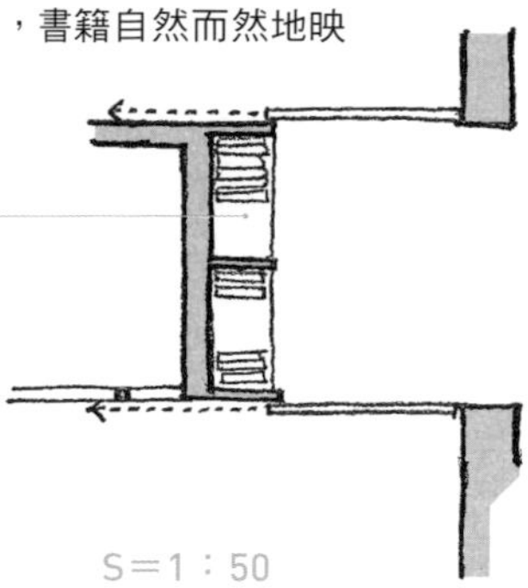

S＝1：50

S＝1：100

2-3 P.147
家具・收納

在這面牆張貼壁紙，可以自由貼上喜愛的海報等紙張

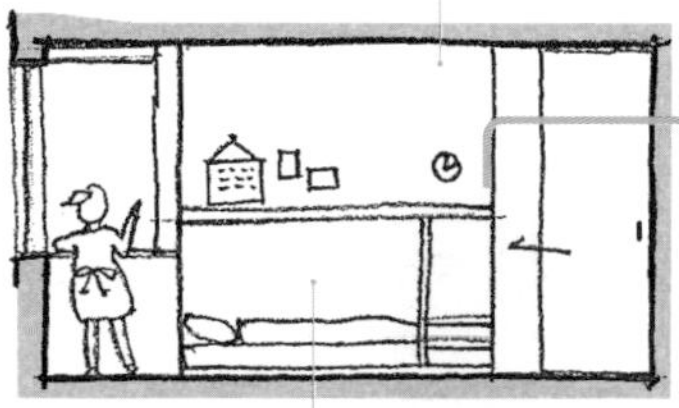

S＝1：100

固定式上下床鋪的下層

S＝1：30

450

架設圓木條當作擋棉被的圍欄，避免棉被掉出來擋到拉門

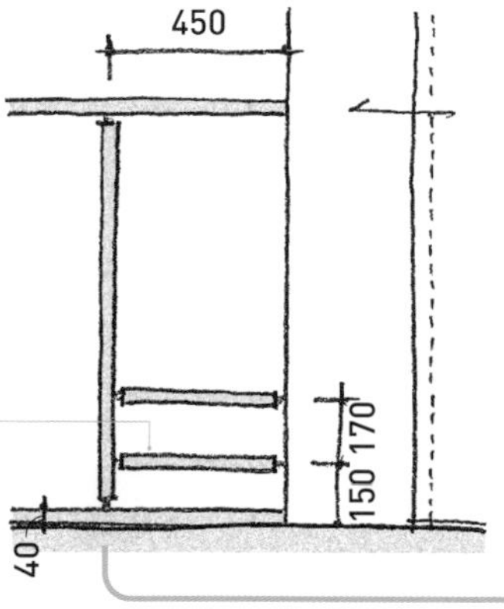

150 170

40

S＝1：5

橡木材Ø38

橡木材Ø15

15

40

24

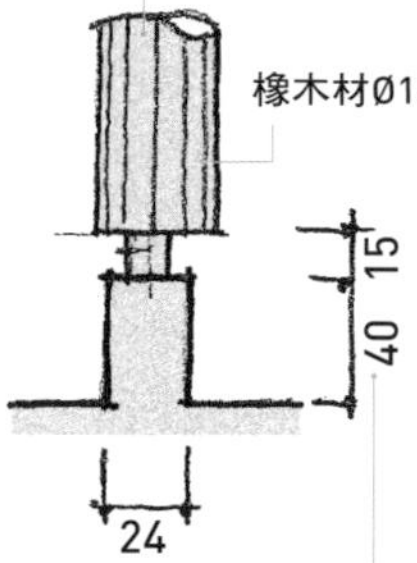

從地板架高4cm的隔間板，避免床墊跑位

SECTION 2-2

挑高・床鋪周圍

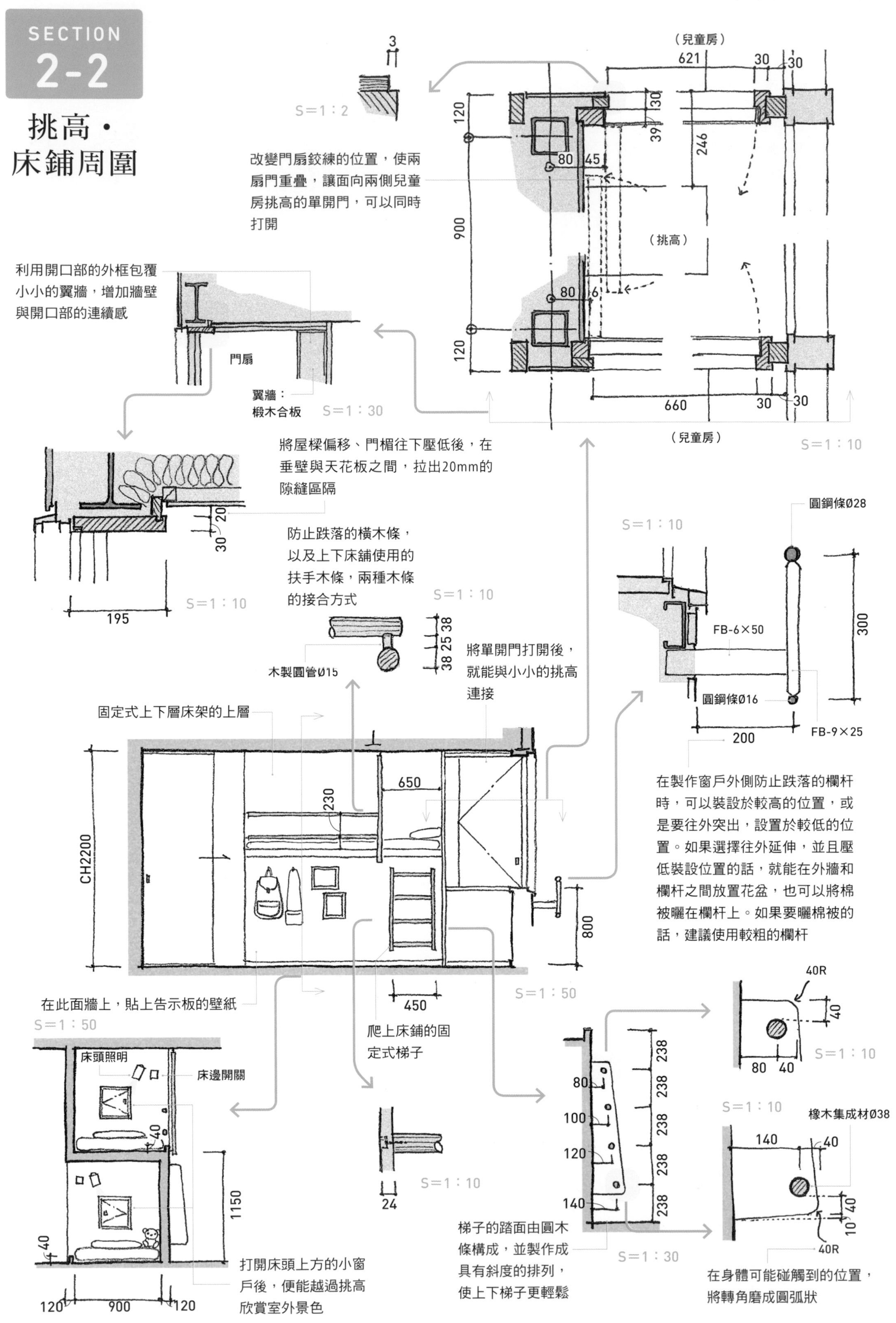

改變門扇鉸鍊的位置，使兩扇門重疊，讓面向兩側兒童房挑高的單開門，可以同時打開
（兒童房）
（挑高）
（兒童房）
S＝1：2
S＝1：10
利用開口部的外框包覆小小的翼牆，增加牆壁與開口部的連續感
門扇
翼牆：椴木合板
S＝1：30
將屋樑偏移、門楣往下壓低後，在垂壁與天花板之間，拉出20mm的隙縫區隔
S＝1：10
防止跌落的橫木條，以及上下床鋪使用的扶手木條，兩種木條的接合方式
S＝1：10
木製圓管Ø15
將單開門打開後，就能與小小的挑高連接
圓鋼條Ø28
FB-6×50
圓鋼條Ø16
FB-9×25
S＝1：10
在製作窗戶外側防止跌落的欄杆時，可以裝設於較高的位置，或是要往外突出，設置於較低的位置。如果選擇往外延伸，並且壓低裝設位置的話，就能在外牆和欄杆之間放置花盆，也可以將棉被曬在欄杆上。如果要曬棉被的話，建議使用較粗的欄杆
固定式上下層床架的上層
CH2200
S＝1：50
在此面牆上，貼上告示板的壁紙
S＝1：50
床頭照明
床邊開關
打開床頭上方的小窗戶後，便能越過挑高欣賞室外景色
爬上床鋪的固定式梯子
S＝1：10
梯子的踏面由圓木條構成，並製作成具有斜度的排列，使上下梯子更輕鬆
S＝1：30
S＝1：10
S＝1：10
橡木集成材Ø38
在身體可能碰觸到的位置，將轉角磨成圓弧狀

SECTION
2-3
家具・收納

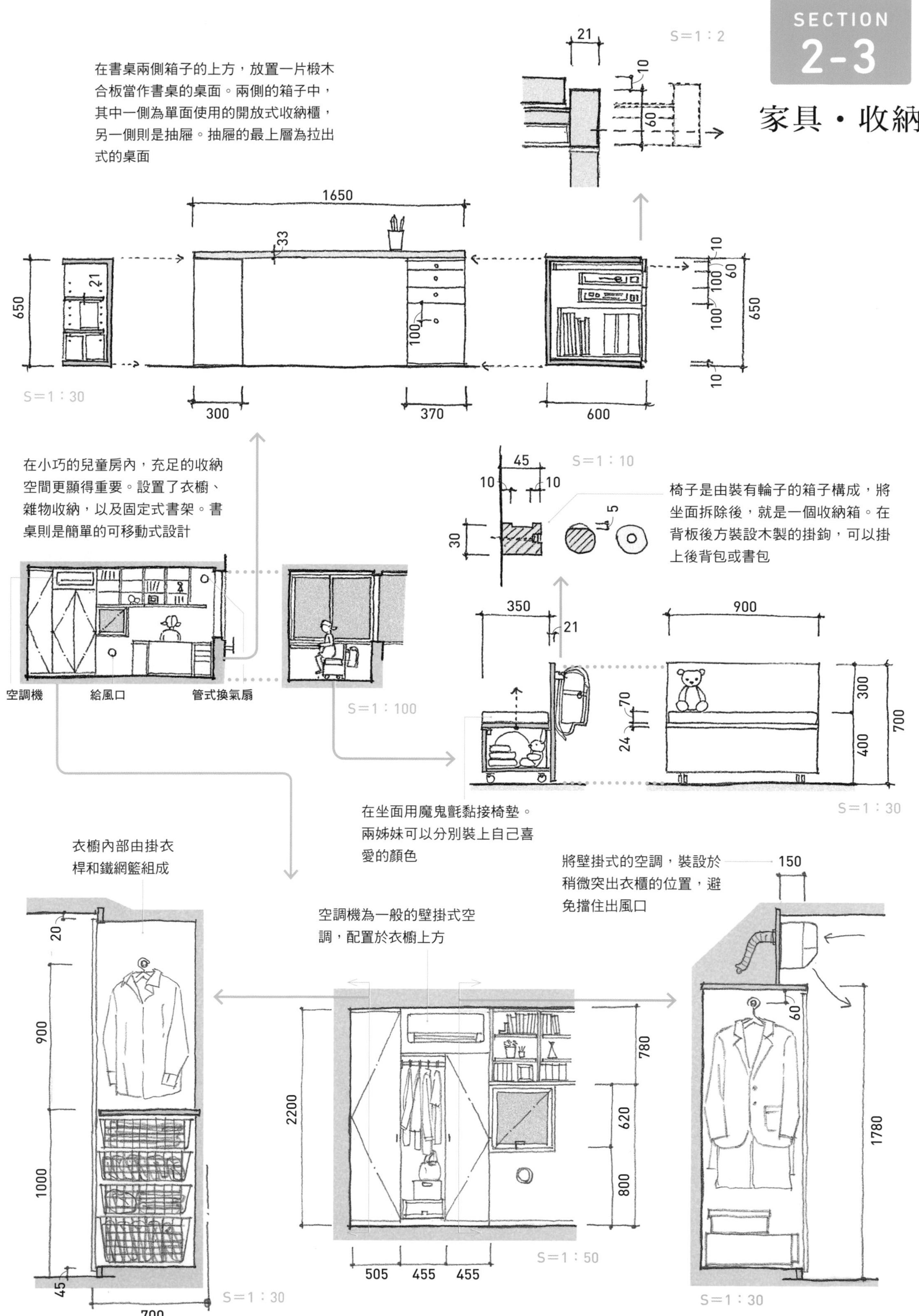

在書桌兩側箱子的上方，放置一片椴木合板當作書桌的桌面。兩側的箱子中，其中一側為單面使用的開放式收納櫃，另一側則是抽屜。抽屜的最上層為拉出式的桌面
S=1：2
21
10
60
1650
33
650
21
100
10
100
60
100
650
10
S=1：30
300
370
600
在小巧的兒童房內，充足的收納空間更顯得重要。設置了衣櫥、雜物收納，以及固定式書架。書桌則是簡單的可移動式設計
S=1：10
45
10
10
5
30
椅子是由裝有輪子的箱子構成，將坐面拆除後，就是一個收納箱。在背板後方裝設木製的掛鉤，可以掛上後背包或書包
空調機
給風口
管式換氣扇
S=1：100
350
21
900
70
24
300
400
700
在坐面用魔鬼氈黏接椅墊。兩姊妹可以分別裝上自己喜愛的顏色
S=1：30
衣櫥內部由掛衣桿和鐵網籃組成
將壁掛式的空調，裝設於稍微突出衣櫃的位置，避免擋住出風口
150
空調機為一般的壁掛式空調，配置於衣櫥上方
20
900
1000
45
700
S=1：30
2200
780
620
800
505
455
455
S=1：50
60
1780
S=1：30

CASE28 ／ 成城（M・T）的家

令人想往內一探究竟的格局設計

在同一個基地內，為姊妹兩個家族，建造三代同堂的兩棟建築，並使用共同的入口通道與停車場。由於基地面積寬廣，能夠容納兩間寬敞的住宅，如果將大門設置於道路前方，就會產生大門聳立的距離感。因此將共用的大門，設置於停車場的內側，營造出敞開於街道的氣氛。打開大門進入宅院後，也將各玄關配置於隱蔽的位置上，打造出引人入勝的深奧感。

A棟 S＝1：300

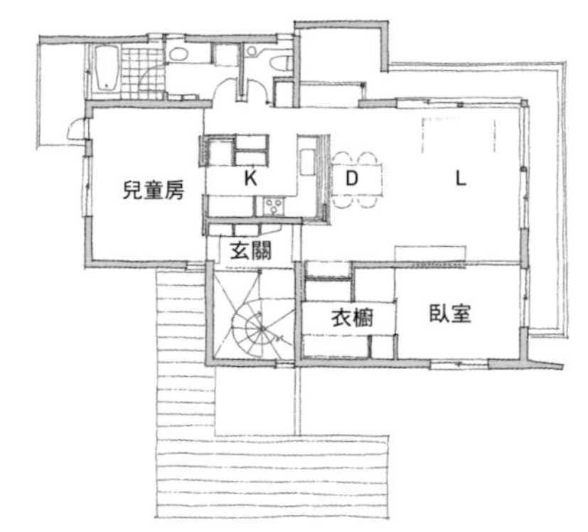

兒童房
K
D
L
玄關
衣櫥
臥室

2F

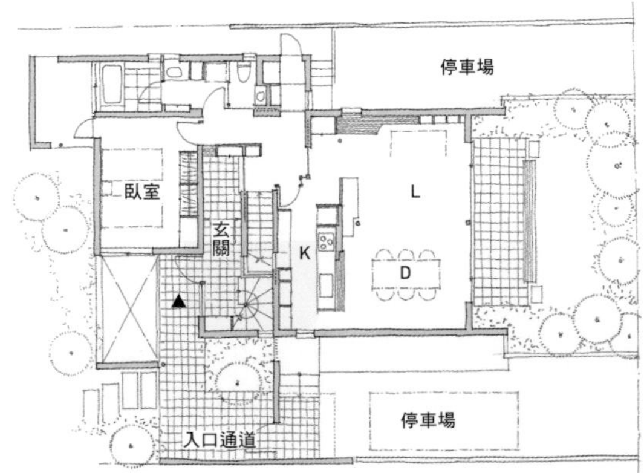

停車場
臥室
玄關
K
L
D
入口通道
停車場

1F

兒童房
採光井

BF

B棟 S＝1：300

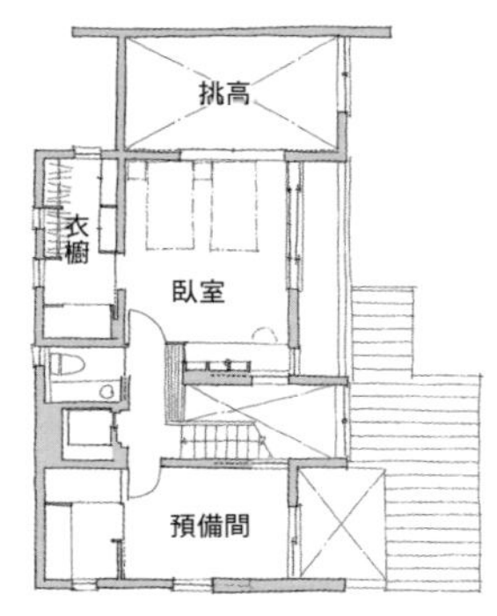

挑高
衣櫥
臥室
預備間

2F

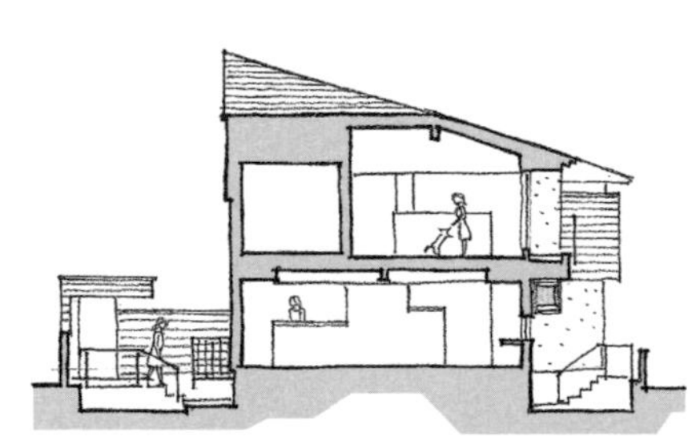

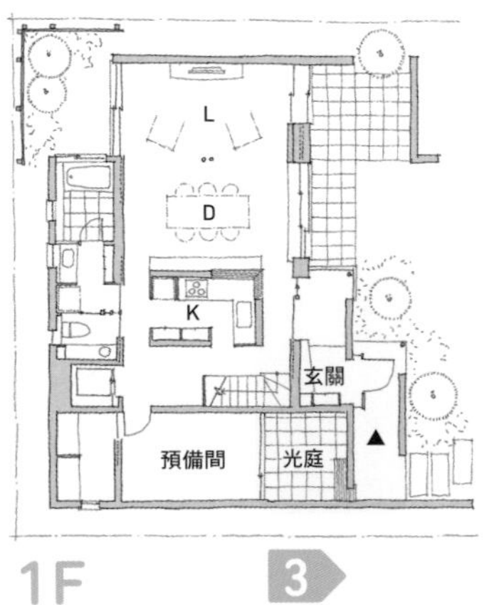

L
D
K
玄關
預備間
光庭

1F

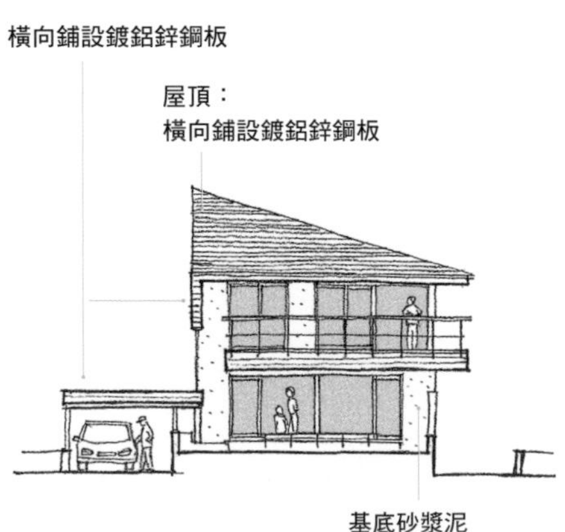

橫向鋪設鍍鋁鋅鋼板
屋頂：
橫向鋪設鍍鋁鋅鋼板
基底砂漿泥
作粉刷

S＝1：300

1 入口通道 P.149

2 A棟：玄關・地下室・樓梯 P.154

3 B棟：玄關・入口通道 P.156

SECTION 1

入口通道

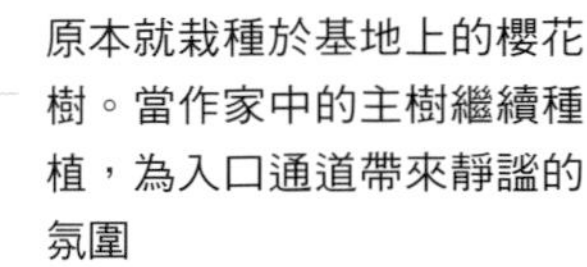

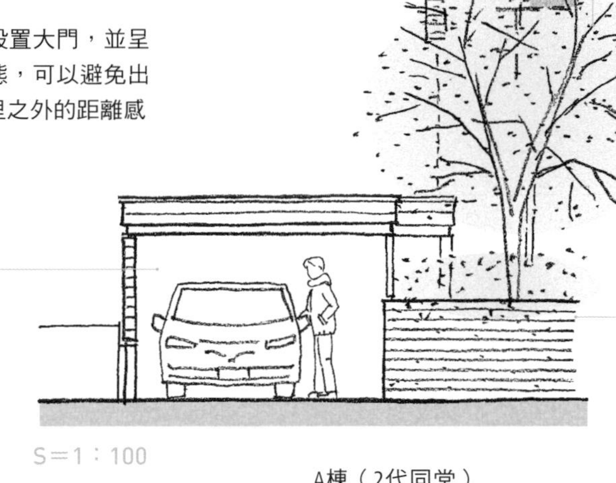

原本就栽種於基地上的櫻花樹。當作家中的主樹繼續種植，為入口通道帶來靜謐的氛圍

由於基地高於道路，因此需要設置擋土牆。擋土牆的圍牆高度，是以植栽剛好能伸展於道路旁的高度決定

在道路旁不設置大門，並呈現出開放狀態，可以避免出現拒人於千里之外的距離感

S＝1：100

兩代家庭共有的入口門廳。1樓的父母家庭，和2樓小孩家庭於此位置連接

A棟（2代同堂）的入口門廊

由露台側使用的長椅

從道路通往至此，需要4m的步行距離。可以藉由這種距離，營造出深奧的寬敞感受

為了避免露台與入口通道彼此干涉，因此將建築物的外牆延伸成翼牆

A棟的入口門廊和B棟的庭院相鄰，藉由採光井保持距離感

父母家庭玄關

A棟

B棟

玄關

光庭

1-2 P.150 屋頂・扶手

鋪設加拿大杉板

S＝1：150

1-4 P.152 扶手（採光井）

1-3 大門・入口 P.151

1-5 信箱 P.153

在此面牆壁上，裝設三個家庭的門牌、門鈴和投信口，打開左邊的大門後即可進入

在停車場旁邊的入口通道上，鋪設一層石塊，使入口通道高於停車場。除了產生方向性之外，還營造出空間的層次感

在A棟與B棟之間，用混凝土刷毛處理，製作整面的石板步道，當作2棟之間的區隔領域

在入口通道的屋頂設置天窗，減少行走時的閉塞感

從大門到入口門廊上方，都設有屋頂遮擋

將陽光與微風帶入地下室的採光井

橫向鋪設鍍鋁鋅鋼板

清水混凝土（杉板裝飾框）

S＝1：150

由外側走入大門後，院子內的綠意植栽，透過鐵製格網映入眼簾

屋頂和圍牆之間露出的綠意，剛好位於視線範圍上

SECTION 1-2

屋頂・扶手

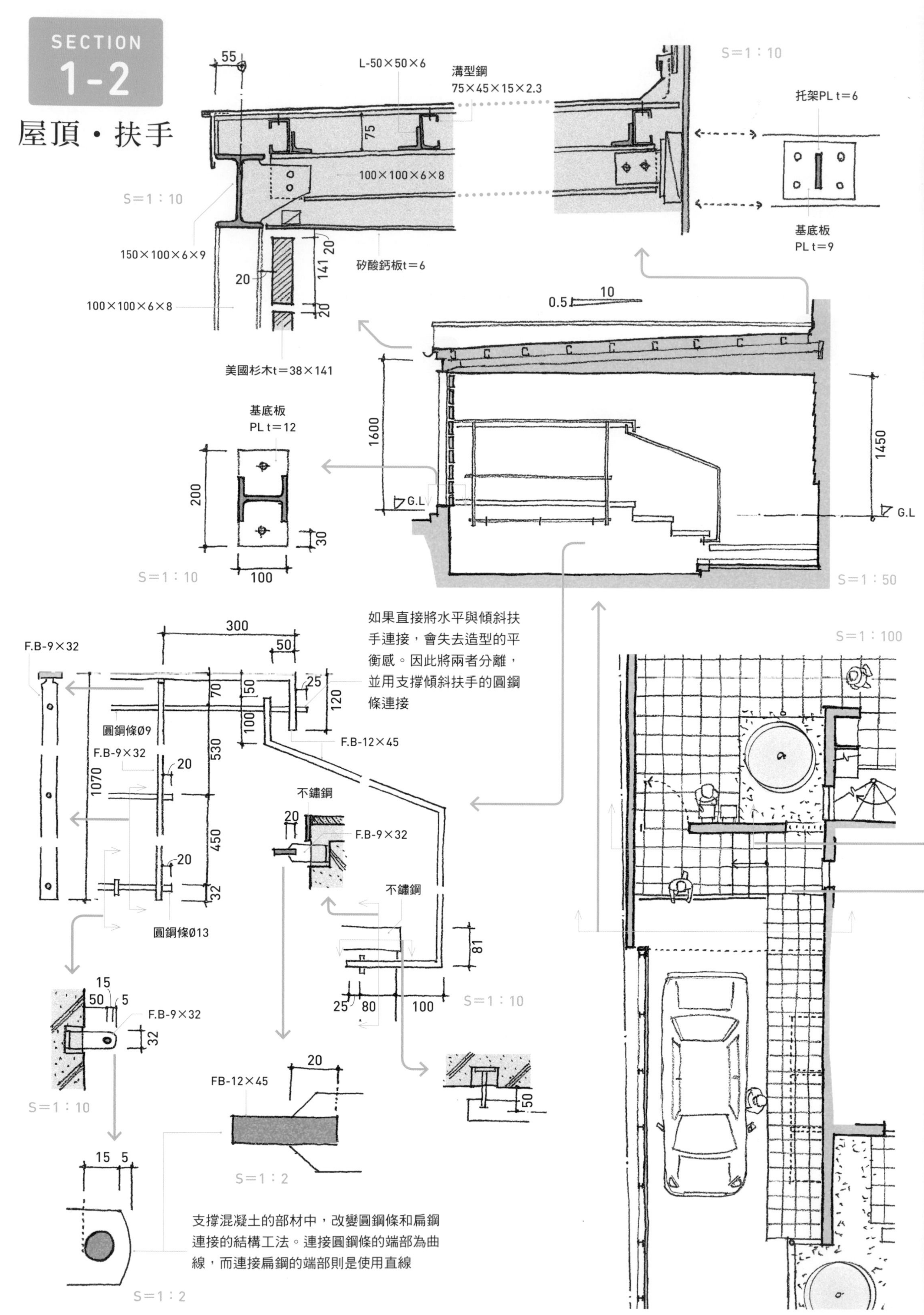

55
L-50×50×6
溝型鋼
75×45×15×2.3
75
100×100×6×8
S=1：10
150×100×6×9
20
141
20
矽酸鈣板t=6
100×100×6×8
20
美國杉木t=38×141
S=1：10
托架PL t=6
基底板
PL t=9
0.5
10
1600
1450
G.L
G.L
S=1：50
基底板
PL t=12
200
30
100
S=1：10
如果直接將水平與傾斜扶手連接，會失去造型的平衡感。因此將兩者分離，並用支撐傾斜扶手的圓鋼條連接
S=1：100
300
50
F.B-9×32
25
70
50
120
100
圓鋼條Ø9
F.B-12×45
F.B-9×32
20
530
1070
不鏽鋼
20
F.B-9×32
450
20
32
圓鋼條Ø13
不鏽鋼
81
25
80
100
S=1：10
15
50
5
F.B-9×32
32
S=1：10
20
FB-12×45
50
S=1：2
15
5
支撐混凝土的部材中，改變圓鋼條和扁鋼連接的結構工法。連接圓鋼條的端部為曲線，而連接扁鋼的端部則是使用直線
S=1：2

大門・入口通道

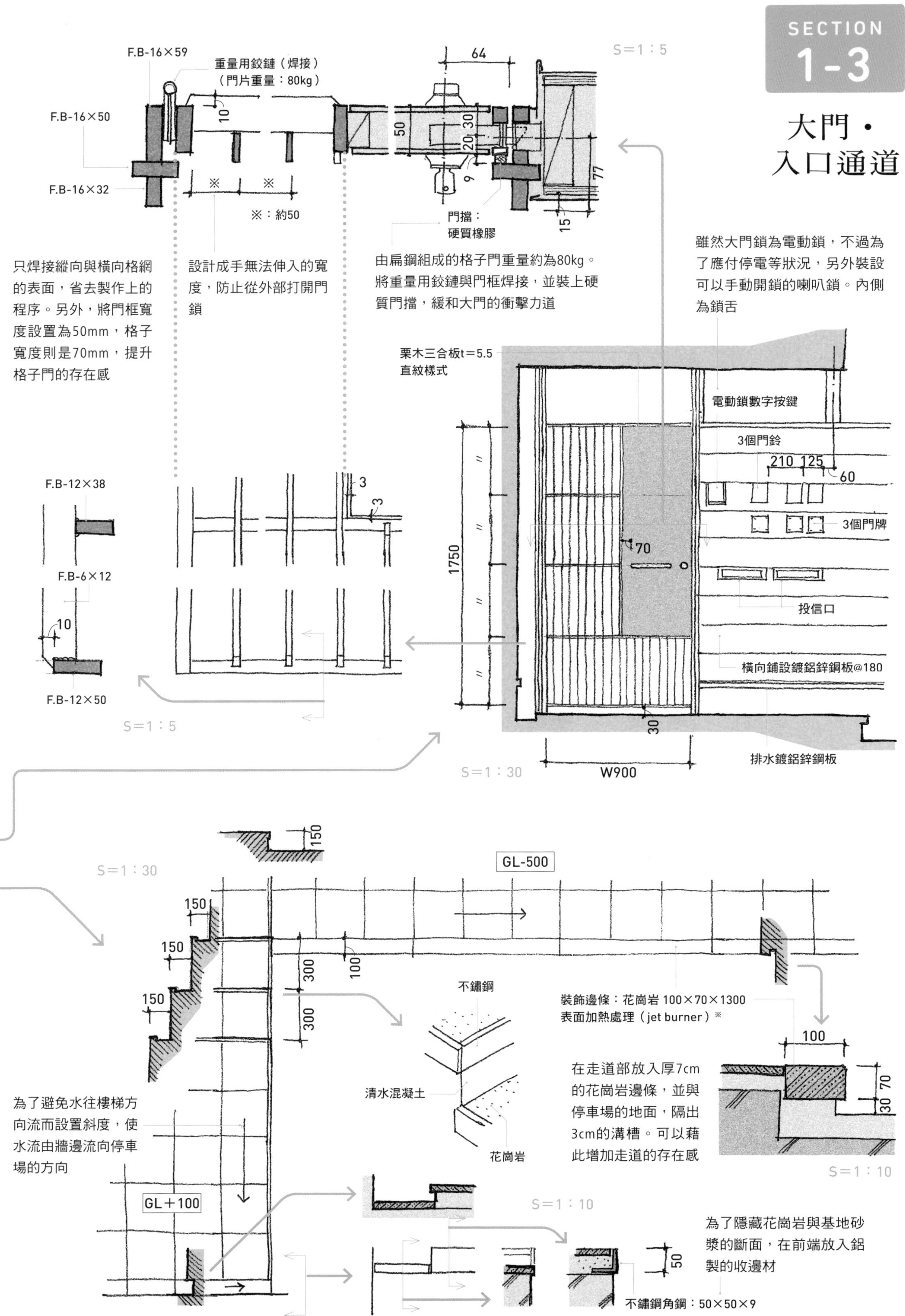

F.B-16×59
重量用鉸鏈（焊接）
（門片重量：80kg）
S=1：5
64
F.B-16×50
10
50
30
20
9
77
F.B-16×32
※
※
※：約50
門擋：
硬質橡膠
15
只焊接縱向與橫向格網的表面，省去製作上的程序。另外，將門框寬度設置為50mm，格子寬度則是70mm，提升格子門的存在感
設計成手無法伸入的寬度，防止從外部打開門鎖
由扁鋼組成的格子門重量約為80kg。將重量用鉸鏈與門框焊接，並裝上硬質門擋，緩和大門的衝擊力道
雖然大門鎖為電動鎖，不過為了應付停電等狀況，另外裝設可以手動開鎖的喇叭鎖。內側為鎖舌
栗木三合板t=5.5
直紋樣式
電動鎖數字按鍵
3個門鈴
210
125
60
3個門牌
F.B-12×38
3
3
1750
70
F.B-6×12
10
投信口
橫向鋪設鍍鋁鋅鋼板@180
F.B-12×50
30
S=1：5
排水鍍鋁鋅鋼板
S=1：30
W900
150
GL-500
S=1：30
150
150
100
300
150
300
不鏽鋼
裝飾邊條：花崗岩 100×70×1300
表面加熱處理（jet burner）※
100
在走道部放入厚7cm的花崗岩邊條，並與停車場的地面，隔出3cm的溝槽。可以藉此增加走道的存在感
70
30
清水混凝土
為了避免水往樓梯方向流而設置斜度，使水流由牆邊流向停車場的方向
花崗岩
S=1：10
GL+100
S=1：10
為了隱藏花崗岩與基地砂漿的斷面，在前端放入鋁製的收邊材
50
不鏽鋼角鋼：50×50×9

※Jet burner表面處理：石材表面處理的方法之一。將表面加熱後，再利用水急速冷卻，呈現出均勻的剝離效果。

SECTION 1-4

扶手（採光井）

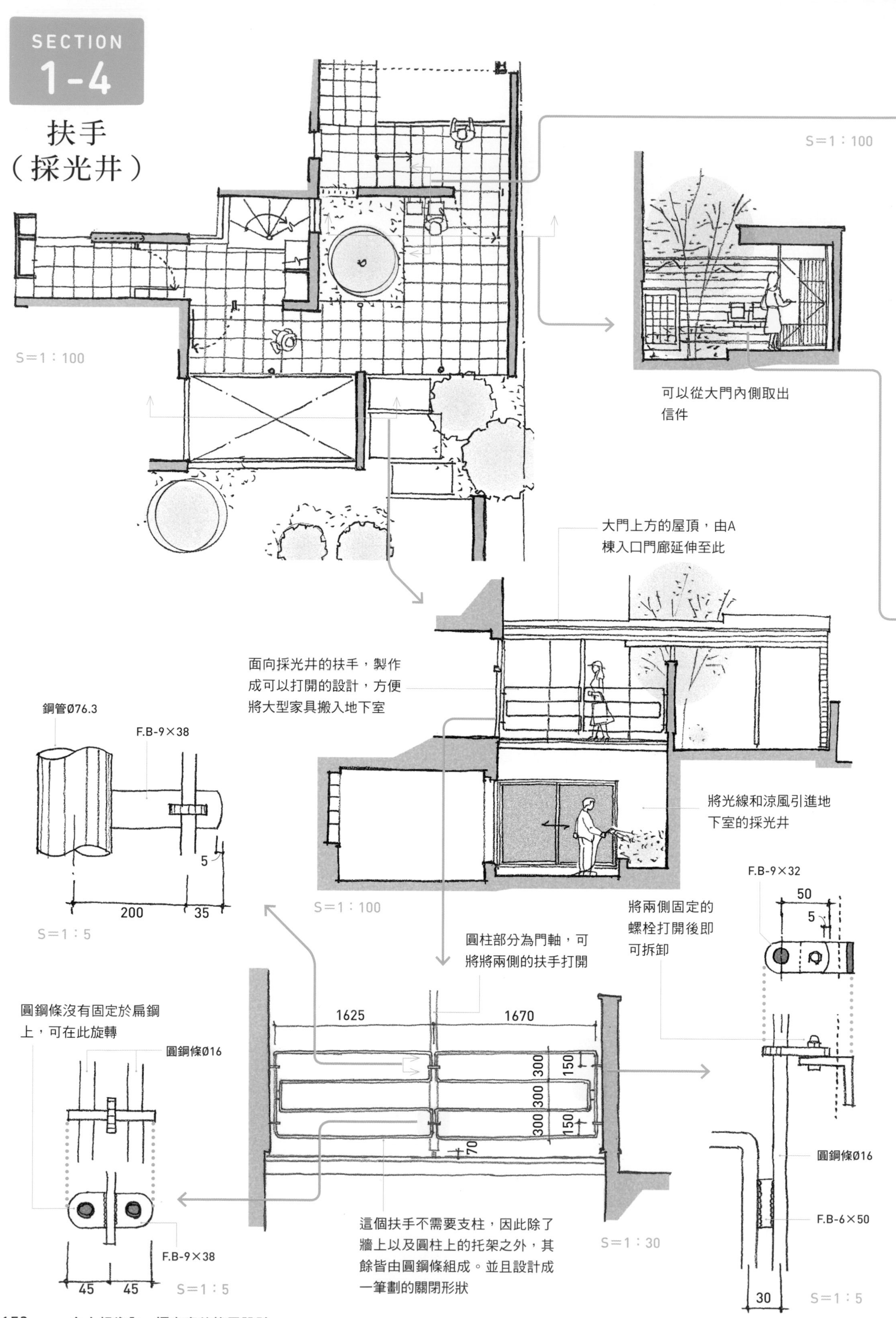

S=1：100
S=1：100
可以從大門內側取出信件
大門上方的屋頂，由A棟入口門廊延伸至此
面向採光井的扶手，製作成可以打開的設計，方便將大型家具搬入地下室
將光線和涼風引進地下室的採光井
S=1：100
鋼管Ø76.3
F.B-9×38
5
200
35
S=1：5
圓柱部分為門軸，可將將兩側的扶手打開
將兩側固定的螺栓打開後即可拆卸
F.B-9×32
50
5
圓鋼條沒有固定於扁鋼上，可在此旋轉
圓鋼條Ø16
F.B-9×38
45
45
S=1：5
1625
1670
300
300
300
150
150
70
這個扶手不需要支柱，因此除了牆上以及圓柱上的托架之外，其餘皆由圓鋼條組成。並且設計成一筆劃的關閉形狀
S=1：30
圓鋼條Ø16
F.B-6×50
30
S=1：5

信箱

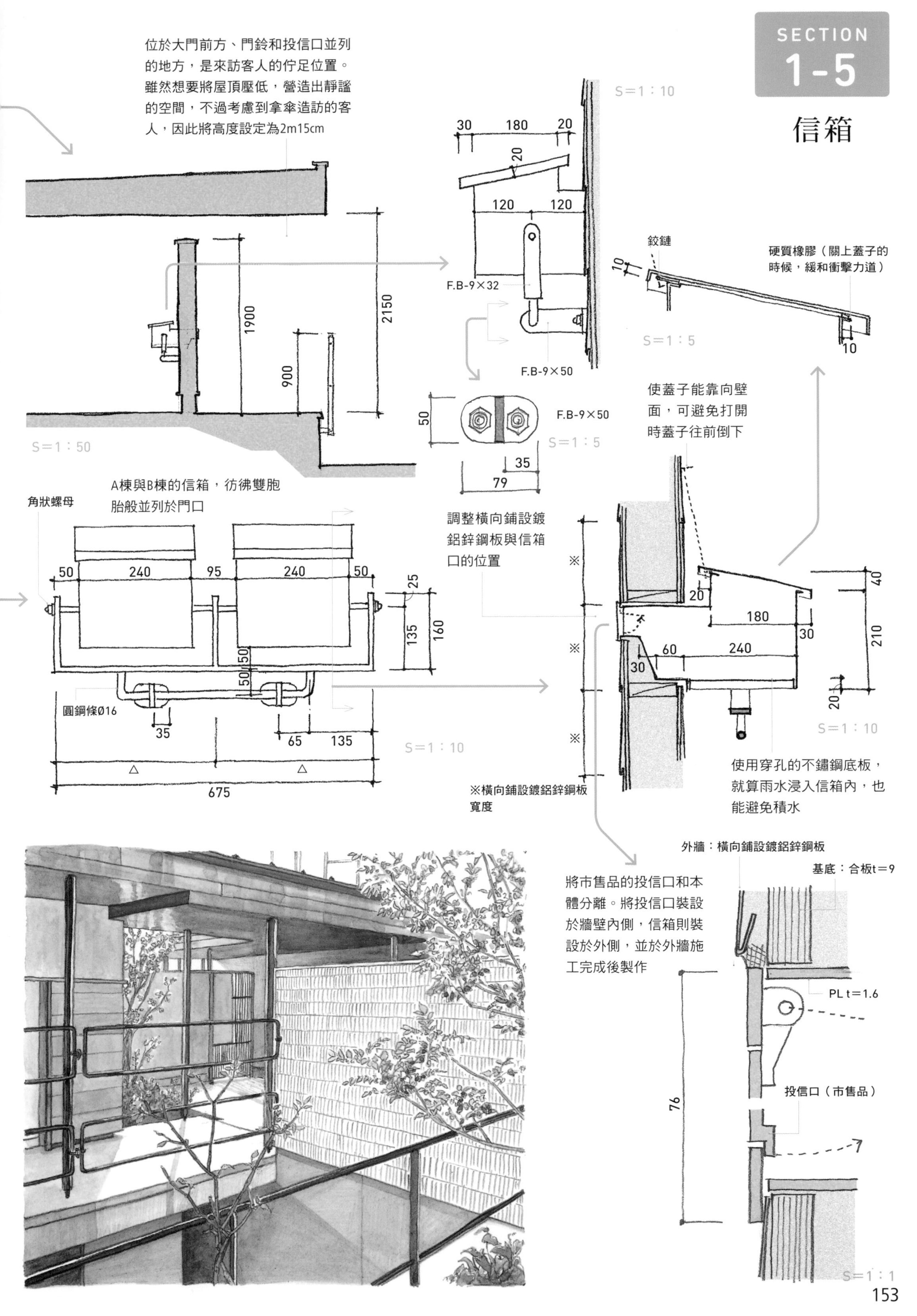

位於大門前方、門鈴和投信口並列的地方，是來訪客人的佇足位置。雖然想要將屋頂壓低，營造出靜謐的空間，不過考慮到拿傘造訪的客人，因此將高度設定為2m15cm
1900
2150
900
S=1：50
S=1：10
30
180
20
120
120
F.B-9×32
F.B-9×50
50
F.B-9×50
S=1：5
35
79
鉸鏈
硬質橡膠（關上蓋子的時候，緩和衝擊力道）
10
S=1：5
使蓋子能靠向壁面，可避免打開時蓋子往前倒下
A棟與B棟的信箱，彷彿雙胞胎般並列於門口
角狀螺母
50
240
95
240
50
25
135
160
圓鋼條Ø16
35
65
135
675
S=1：10
調整橫向鋪設鍍鋁鋅鋼板與信箱口的位置
※
※
※
40
180
30
60
240
210
20
S=1：10
※橫向鋪設鍍鋁鋅鋼板寬度
使用穿孔的不鏽鋼底板，就算雨水浸入信箱內，也能避免積水
外牆：橫向鋪設鍍鋁鋅鋼板
基底：合板t=9
將市售品的投信口和本體分離。將投信口裝設於牆壁內側，信箱則裝設於外側，並於外牆施工完成後製作
PL t=1.6
投信口（市售品）
76
S=1：1

SECTION 2

A棟：玄關・地下室・樓梯

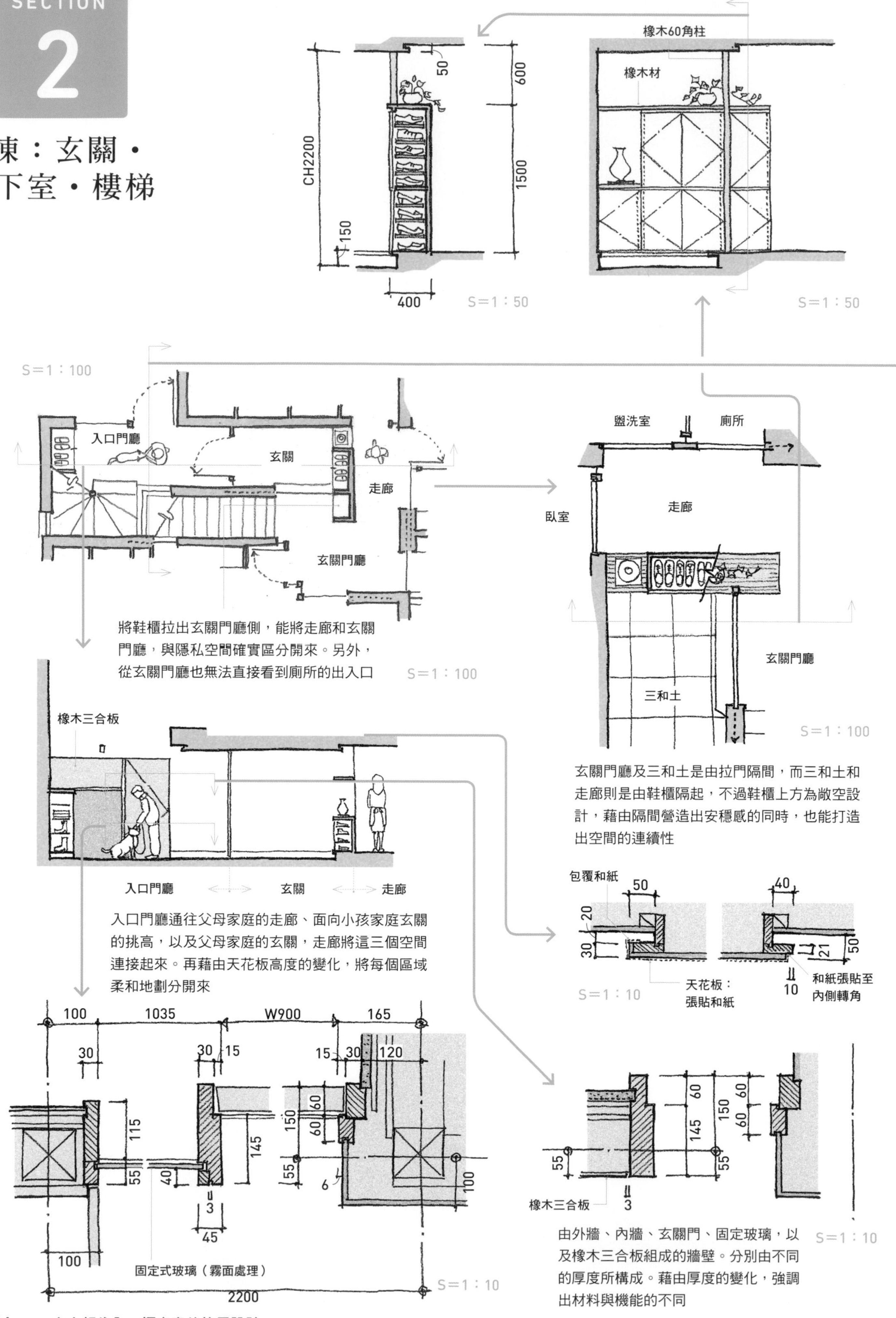

橡木60角柱
橡木材
CH2200
50
600
1500
150
400
S＝1：50
S＝1：50
S＝1：100
入口門廳
玄關
走廊
玄關門廳
盥洗室
廁所
臥室
三和土
S＝1：100
S＝1：100
橡木三合板
入口門廳
玄關
走廊
包覆和紙
50
40
20
30
21
50
10
天花板：
張貼和紙
和紙張貼至
內側轉角
S＝1：10
100
1035
W900
165
30
30
15
15
30
120
115
55
40
145
150
60
60
55
6
100
3
45
100
固定式玻璃（霧面處理）
2200
S＝1：10
60
150
60
145
60
55
55
橡木三合板
3
S＝1：10

將鞋櫃拉出玄關門廳側，能將走廊和玄關門廳，與隱私空間確實區分開來。另外，從玄關門廳也無法直接看到廁所的出入口

玄關門廳及三和土是由拉門隔間，而三和土和走廊則是由鞋櫃隔起，不過鞋櫃上方為敞空設計，藉由隔間營造出安穩感的同時，也能打造出空間的連續性

入口門廳通往父母家庭的走廊、面向小孩家庭玄關的挑高，以及父母家庭的玄關，走廊將這三個空間連接起來。再藉由天花板高度的變化，將每個區域柔和地劃分開來

由外牆、內牆、玄關門、固定玻璃，以及橡木三合板組成的牆壁。分別由不同的厚度所構成。藉由厚度的變化，強調出材料與機能的不同

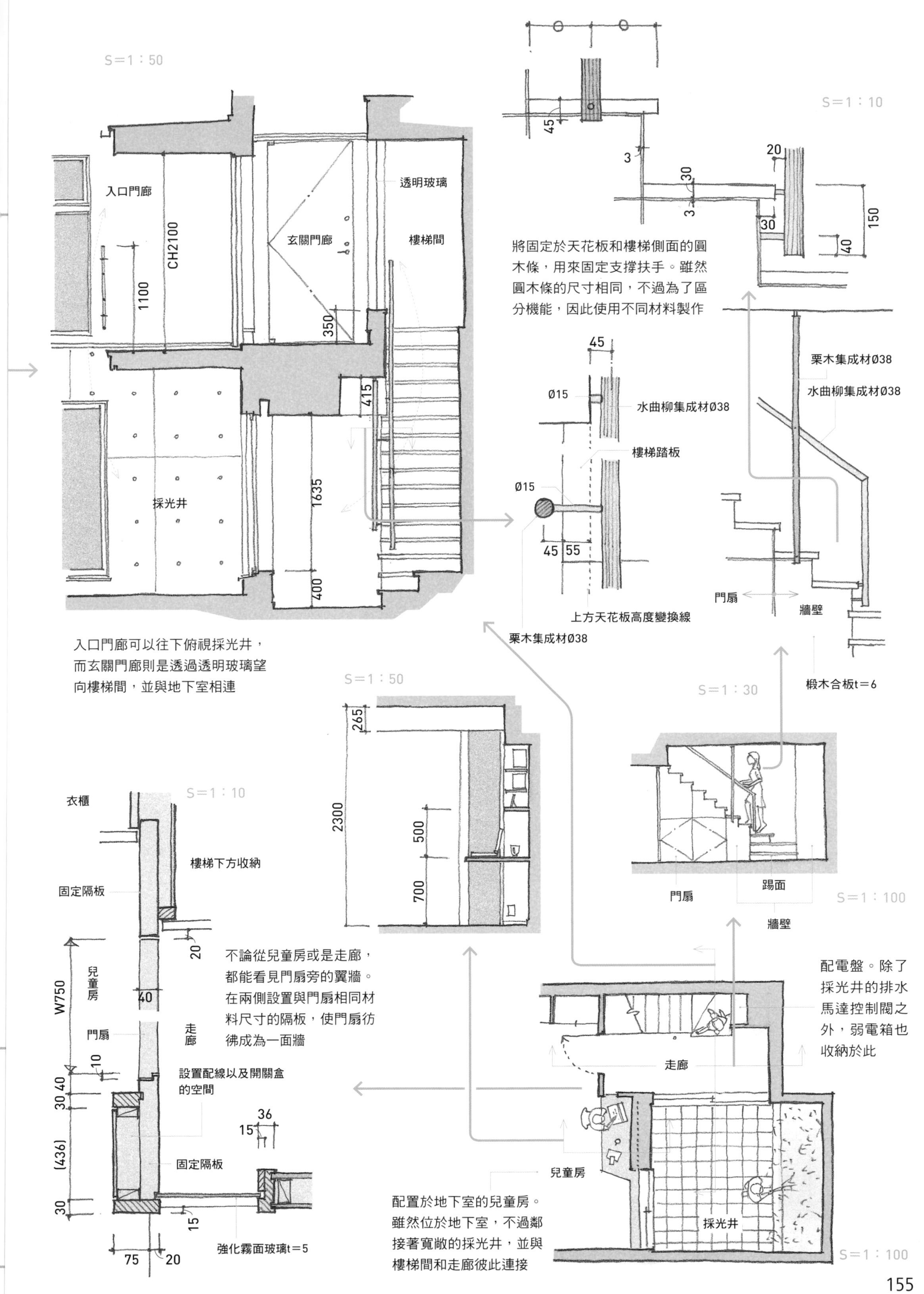
S＝1：50
入口門廊
CH2100
1100
玄關門廊
透明玻璃
樓梯間
350
415
1635
400
採光井
S＝1：10
45
3
30
3
20
30
150
40
將固定於天花板和樓梯側面的圓木條，用來固定支撐扶手。雖然圓木條的尺寸相同，不過為了區分機能，因此使用不同材料製作
45
Ø15
水曲柳集成材Ø38
樓梯踏板
Ø15
45
55
上方天花板高度變換線
栗木集成材Ø38
栗木集成材Ø38
水曲柳集成材Ø38
門扇
牆壁
椴木合板t＝6
入口門廊可以往下俯視採光井，而玄關門廊則是透過透明玻璃望向樓梯間，並與地下室相連
S＝1：50
265
2300
500
700
S＝1：30
門扇
踢面
牆壁
S＝1：100
衣櫃
S＝1：10
樓梯下方收納
固定隔板
20
W750
兒童房
40
門扇
走廊
10
30
40
30
(436)
30
設置配線以及開關盒的空間
固定隔板
36
15
15
強化霧面玻璃t＝5
75
20
不論從兒童房或是走廊，都能看見門扇旁的翼牆。在兩側設置與門扇相同材料尺寸的隔板，使門扇彷彿成為一面牆
配電盤。除了採光井的排水馬達控制閥之外，弱電箱也收納於此
走廊
兒童房
採光井
配置於地下室的兒童房。雖然位於地下室，不過鄰接著寬敞的採光井，並與樓梯間和走廊彼此連接
S＝1：100

CASE29 ／ 田園調布的家

將空間緊密地連結

位於客廳（L）的固定式、向下挖掘的地板座矮圓桌，是全家人享用晚餐的場所。另外在廚房的寬敞吧檯周圍，放置全家5人份的高腳椅，讓家人在此分別享用早餐或中餐。家中設有兩座樓梯，不論哪座樓梯，都能通往面向客廳挑高的兒童房，使1樓客廳和2樓兒童房，保持著緊密的距離感。

1 P.159
LDK

2 P.162
衛浴空間・浴室

3 P.164
兒童房

4 P.166
樓梯周圍

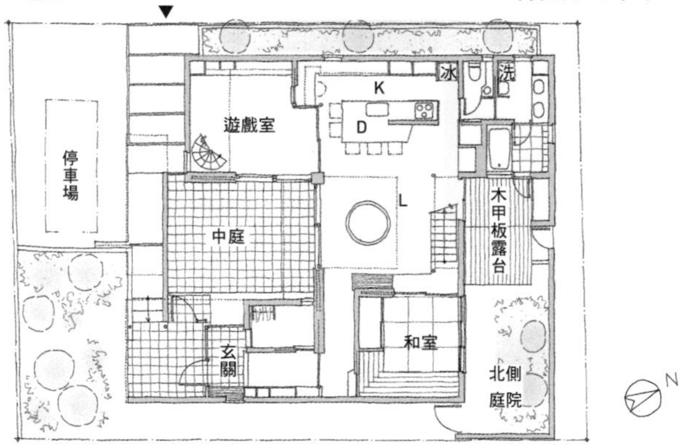

道路
停車場
遊戲室
K
D
L
冰
洗
中庭
木甲板露台
和室
玄關
北側庭院
N

1F

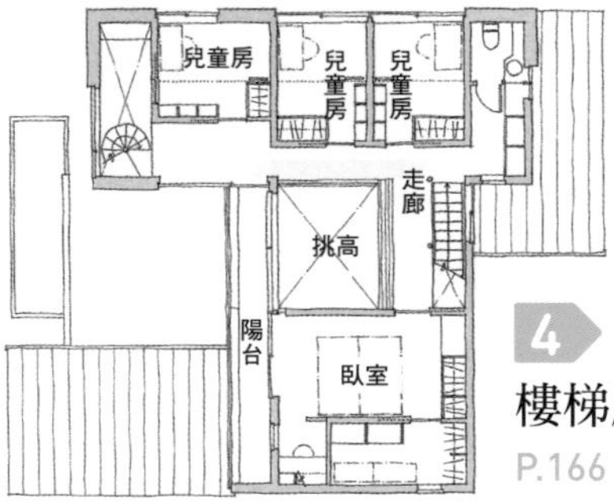

兒童房
兒童房
兒童房
走廊
挑高
陽台
臥室

2F

S＝1：300

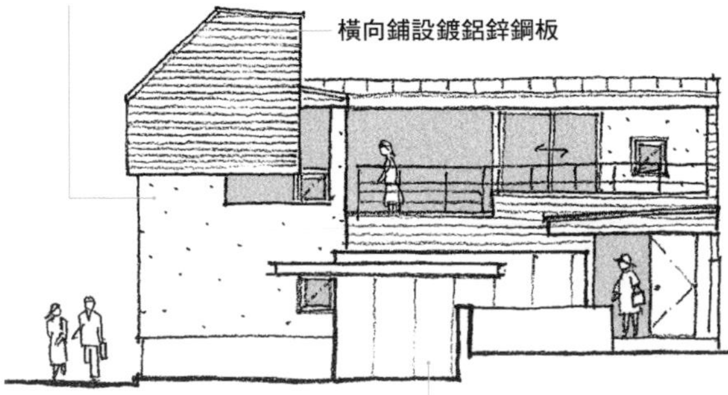

基底砂漿泥作粉刷
橫向鋪設鍍鋁鋅鋼板
清水混凝土

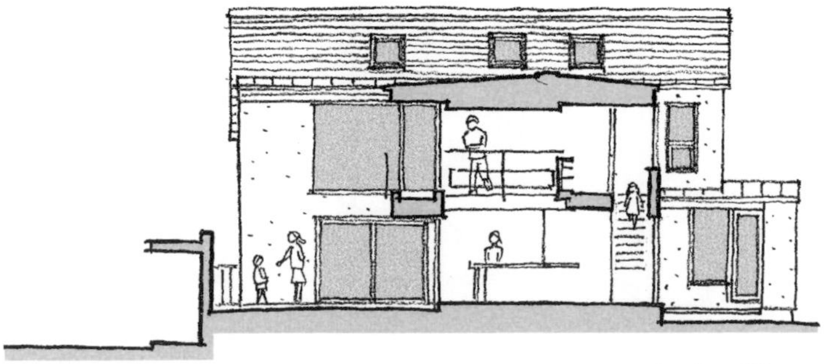

S＝1：200

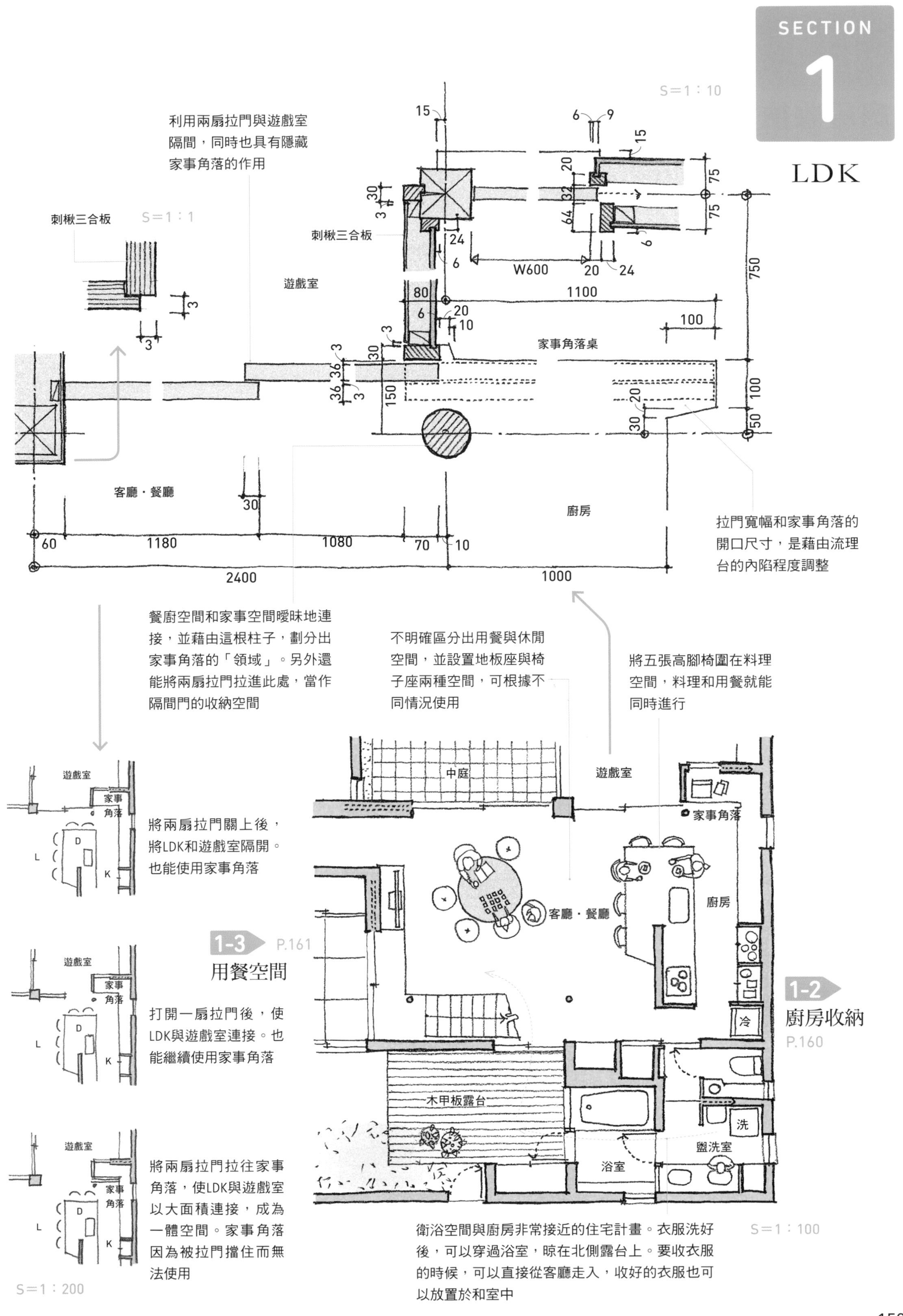
SECTION
1
LDK
S＝1：10
利用兩扇拉門與遊戲室隔間，同時也具有隱藏家事角落的作用
刺楸三合板
S＝1：1
刺楸三合板
遊戲室
家事角落桌
客廳・餐廳
廚房
W600
1100
750
2400
1000
60
1180
1080
70
10
拉門寬幅和家事角落的開口尺寸，是藉由流理台的內陷程度調整
餐廚空間和家事空間曖昧地連接，並藉由這根柱子，劃分出家事角落的「領域」。另外還能將兩扇拉門拉進此處，當作隔間門的收納空間
不明確區分出用餐與休閒空間，並設置地板座與椅子座兩種空間，可根據不同情況使用
將五張高腳椅圍在料理空間，料理和用餐就能同時進行
遊戲室
家事角落
將兩扇拉門關上後，將LDK和遊戲室隔開。也能使用家事角落
1-3 P.161
用餐空間
打開一扇拉門後，使LDK與遊戲室連接。也能繼續使用家事角落
將兩扇拉門拉往家事角落，使LDK與遊戲室以大面積連接，成為一體空間。家事角落因為被拉門擋住而無法使用
S＝1：200
中庭
遊戲室
家事角落
客廳・餐廳
廚房
冷
洗
木甲板露台
浴室
盥洗室
1-2
廚房收納
P.160
衛浴空間與廚房非常接近的住宅計畫。衣服洗好後，可以穿過浴室，晾在北側露台上。要收衣服的時候，可以直接從客廳走入，收好的衣服也可以放置於和室中
S＝1：100

SECTION 2

衛浴空間·浴室

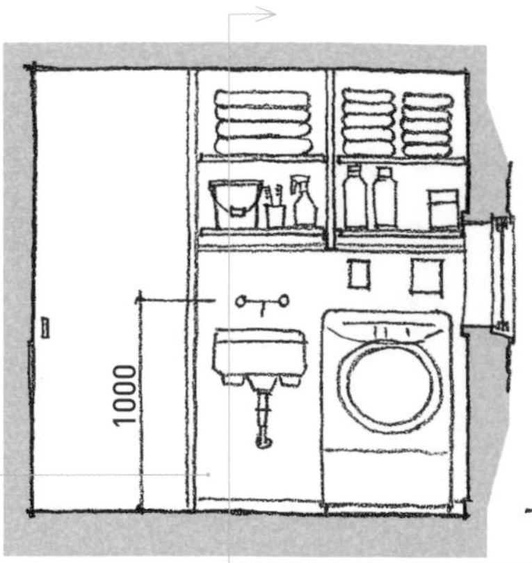

S=1：50

1000
500
900

此處為容易弄濕的位置，所以在牆壁貼上美耐明裝飾板

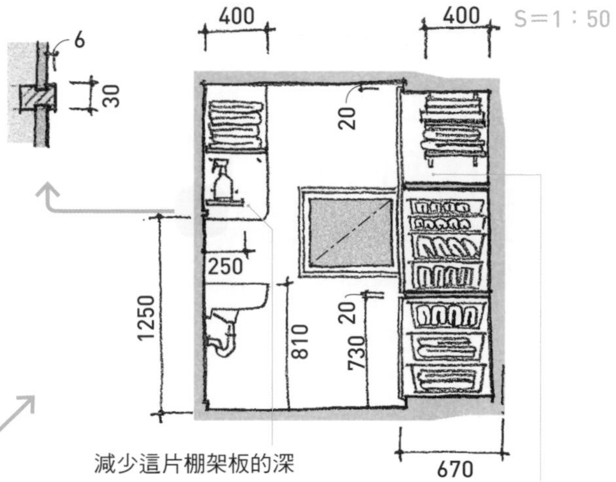

6
30
400
400
S=1：50
20
1250
250
810
20
730
670

減少這片棚架板的深度，避免阻礙視線

收納櫃的深度較深，因此將可移動式棚架，設置於伸手可及的高度範圍內

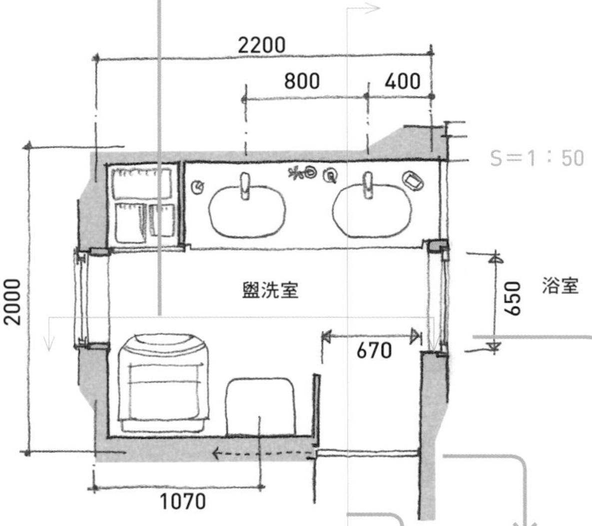

2200
800
400
S=1：50
2000
盥洗室
650
浴室
670
1070

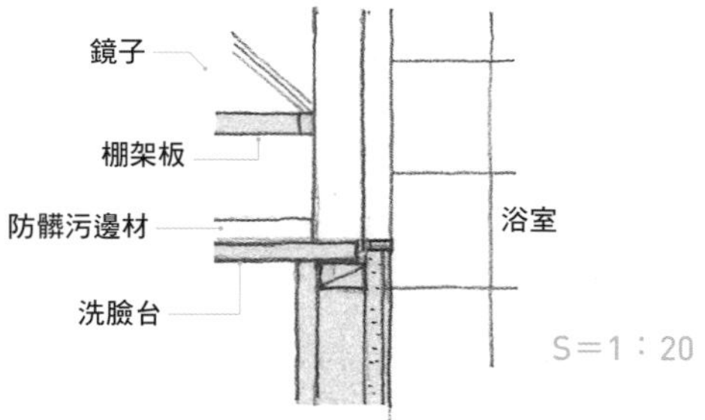

鏡子
棚架板
防髒污邊材
洗臉台
浴室
S=1：20

S=1：10
壓邊條
45
5
100
100
70
洗臉台
棚架板
固定式玻璃
550
20
12
30
30
30
12
30
42
120

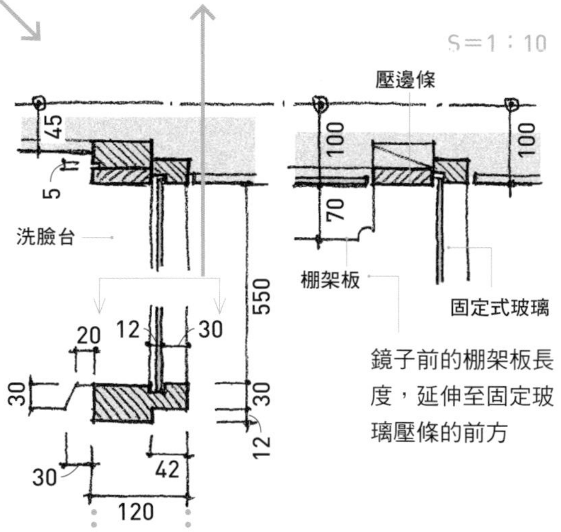

鏡子前的棚架板長度，延伸至固定玻璃壓條的前方

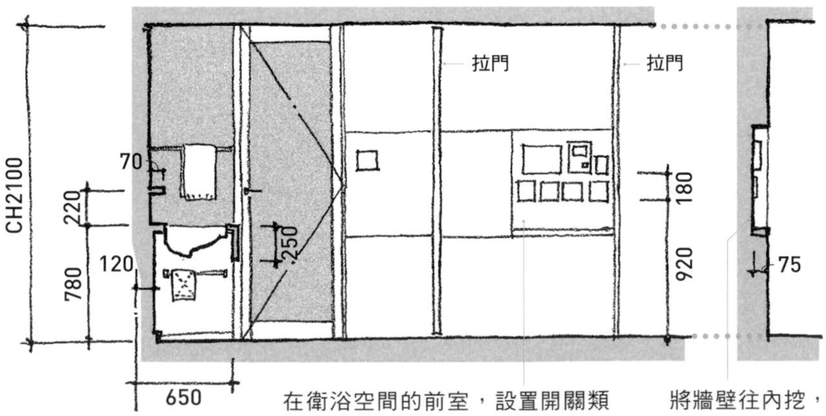

此扇門的內側為室外收納

露台設有部分屋頂，天氣差的時候可以在這裡曬衣服

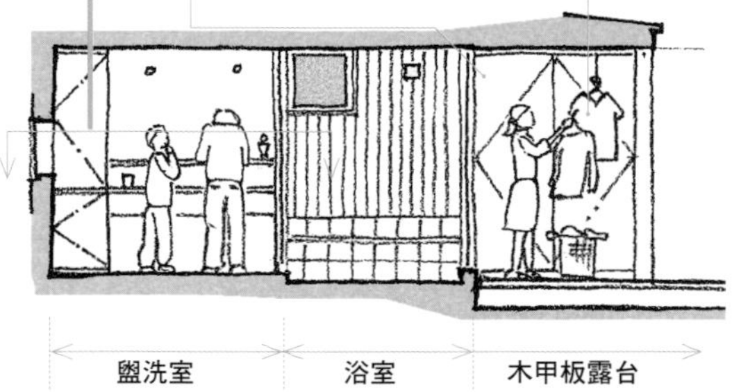

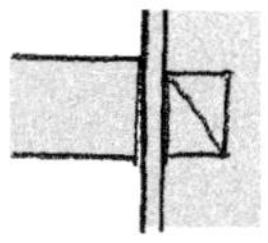

拉門沒有製作縱框架，而是直接與椴木合板的牆壁連接。將拉門打開後，前室與盥洗室立刻成為連續的空間

盥洗室　浴室　木甲板露台
S=1：100

洗臉台前方的幕板延伸至此

側板
縱框架
幕板
10
（平面）

洗臉台、浴室出入口的縱框架、固定式玻璃窗、棚架板，以及鏡子等，由各種不同的部位和材料構成

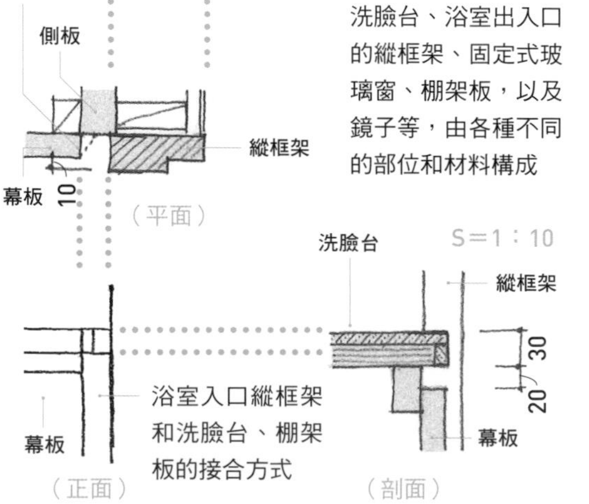

CH2100
70
220
780
120
250
650
拉門
拉門
180
920
75
S=1：50

洗臉台
S=1：10
縱框架
30
20
幕板
幕板

在衛浴空間的前室，設置開關類等電源閥箱。雖然設置在廚房及LD旁，不過位置並不明顯

將牆壁往內挖，避免阻礙走道

浴室入口縱框架和洗臉台、棚架板的接合方式

（正面）　（剖面）

配合上方洗臉台的內陷處而形成隙縫

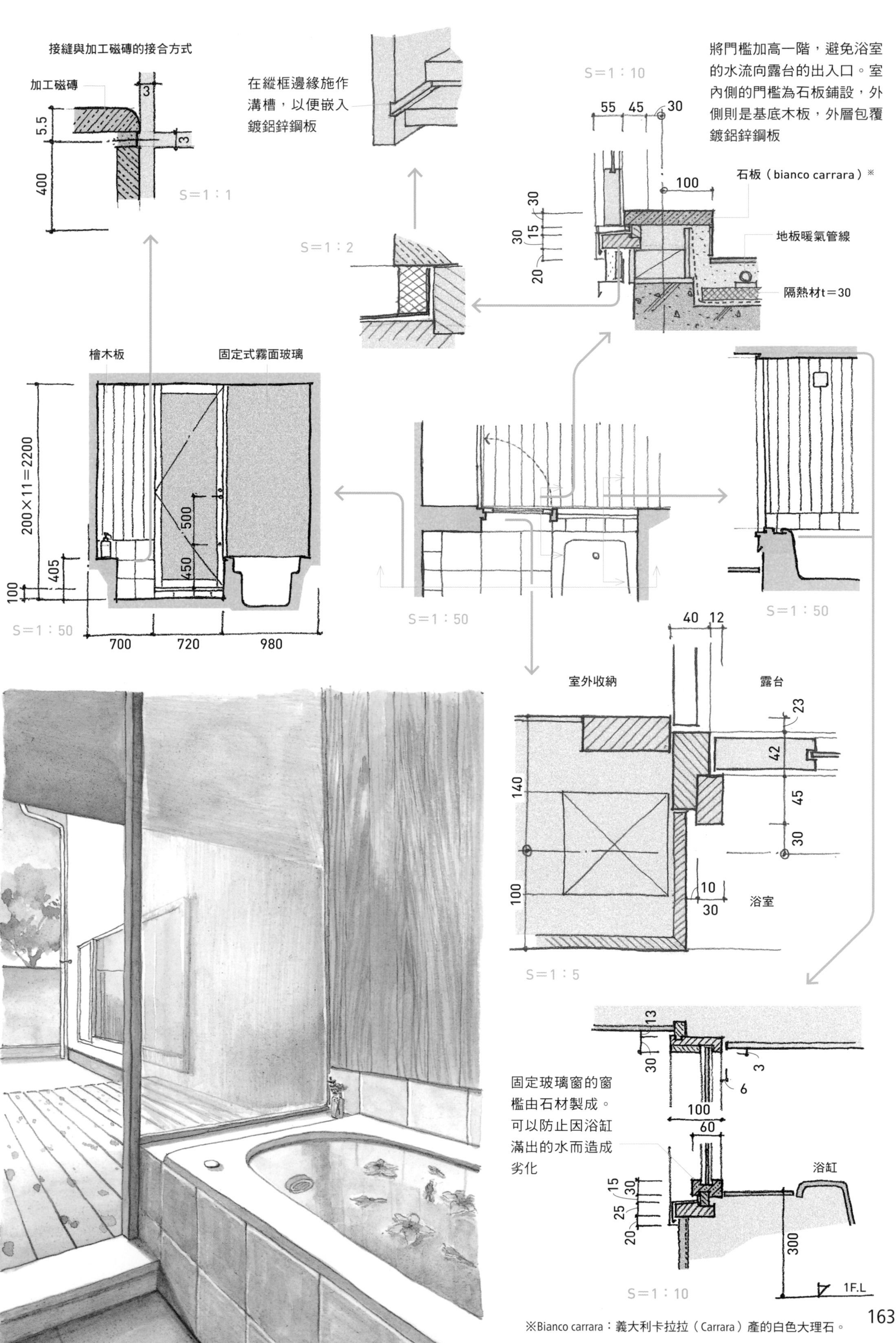
接縫與加工磁磚的接合方式
加工磁磚
S=1：1
在縱框邊緣施作溝槽，以便嵌入鍍鋁鋅鋼板
S=1：2
S=1：10
將門檻加高一階，避免浴室的水流向露台的出入口。室內側的門檻為石板鋪設，外側則是基底木板，外層包覆鍍鋁鋅鋼板
石板（bianco carrara）※
地板暖氣管線
隔熱材t=30
檜木板
固定式霧面玻璃
200×11=2200
S=1：50
700
720
980
S=1：50
S=1：50
室外收納
露台
浴室
S=1：5
固定玻璃窗的窗檻由石材製成。可以防止因浴缸滿出的水而造成劣化
浴缸
S=1：10
1F.L

※Bianco carrara：義大利卡拉拉（Carrara）產的白色大理石。

SECTION 3

兒童房

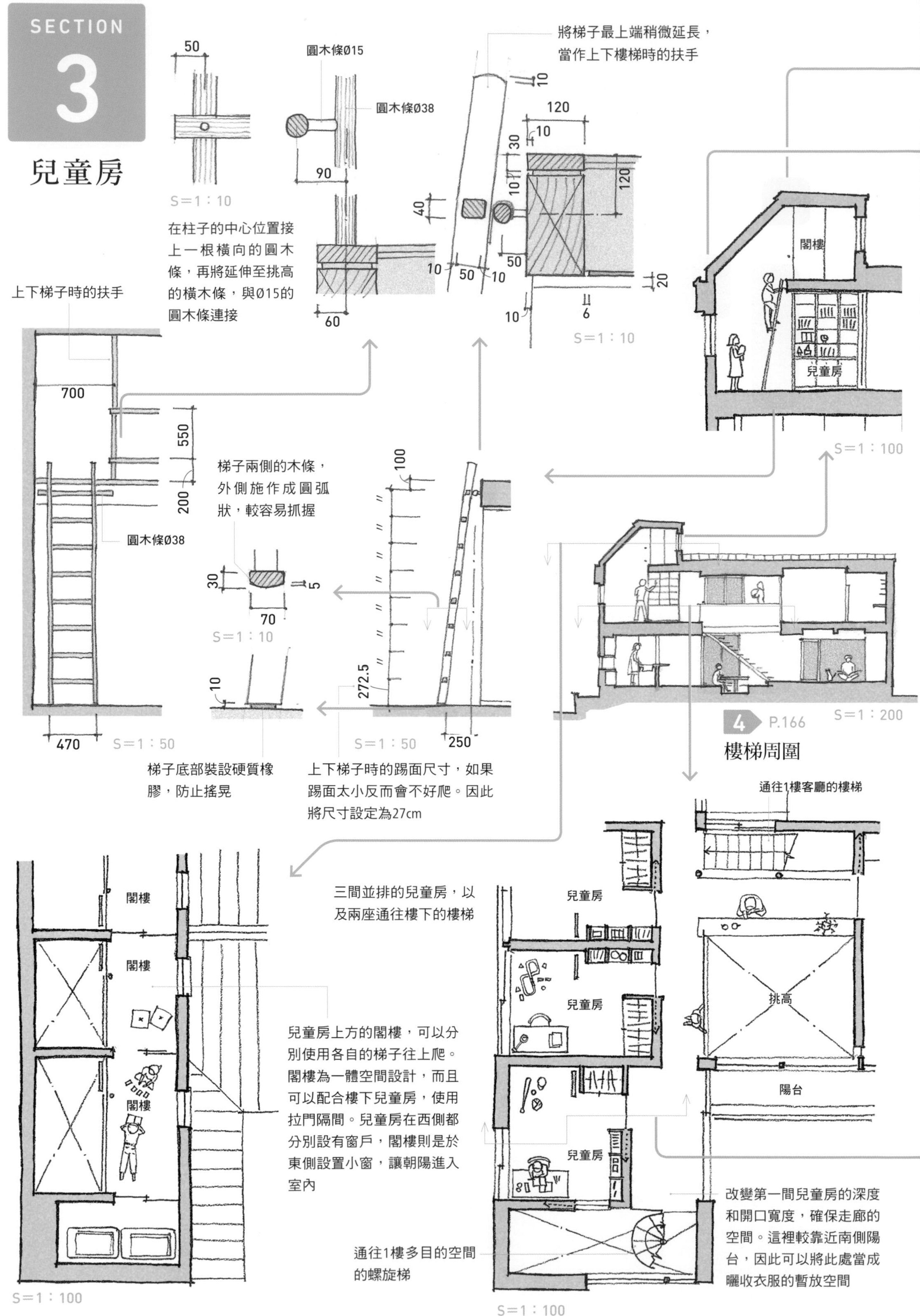

50
圓木條Ø15
圓木條Ø38
90
60
S=1：10
在柱子的中心位置接上一根橫向的圓木條，再將延伸至挑高的橫木條，與Ø15的圓木條連接
將梯子最上端稍微延長，當作上下樓梯時的扶手
120
10
30
10
120
40
50
10
50
10
20
6
10
S=1：10
閣樓
兒童房
S=1：100
上下梯子時的扶手
700
550
200
圓木條Ø38
470
S=1：50
梯子兩側的木條，外側施作成圓弧狀，較容易抓握
30
5
70
S=1：10
10
100
272.5
250
S=1：50
S=1：200
梯子底部裝設硬質橡膠，防止搖晃
上下梯子時的踢面尺寸，如果踢面太小反而會不好爬。因此將尺寸設定為27cm
4 P.166
樓梯周圍
通往1樓客廳的樓梯
閣樓
閣樓
閣樓
三間並排的兒童房，以及兩座通往樓下的樓梯
兒童房
兒童房
挑高
兒童房上方的閣樓，可以分別使用各自的梯子往上爬。閣樓為一體空間設計，而且可以配合樓下兒童房，使用拉門隔間。兒童房在西側都分別設有窗戶，閣樓則是於東側設置小窗，讓朝陽進入室內
陽台
兒童房
改變第一間兒童房的深度和開口寬度，確保走廊的空間。這裡較靠近南側陽台，因此可以將此處當成曬收衣服的暫放空間
通往1樓多目的空間的螺旋梯
S=1：100
S=1：100

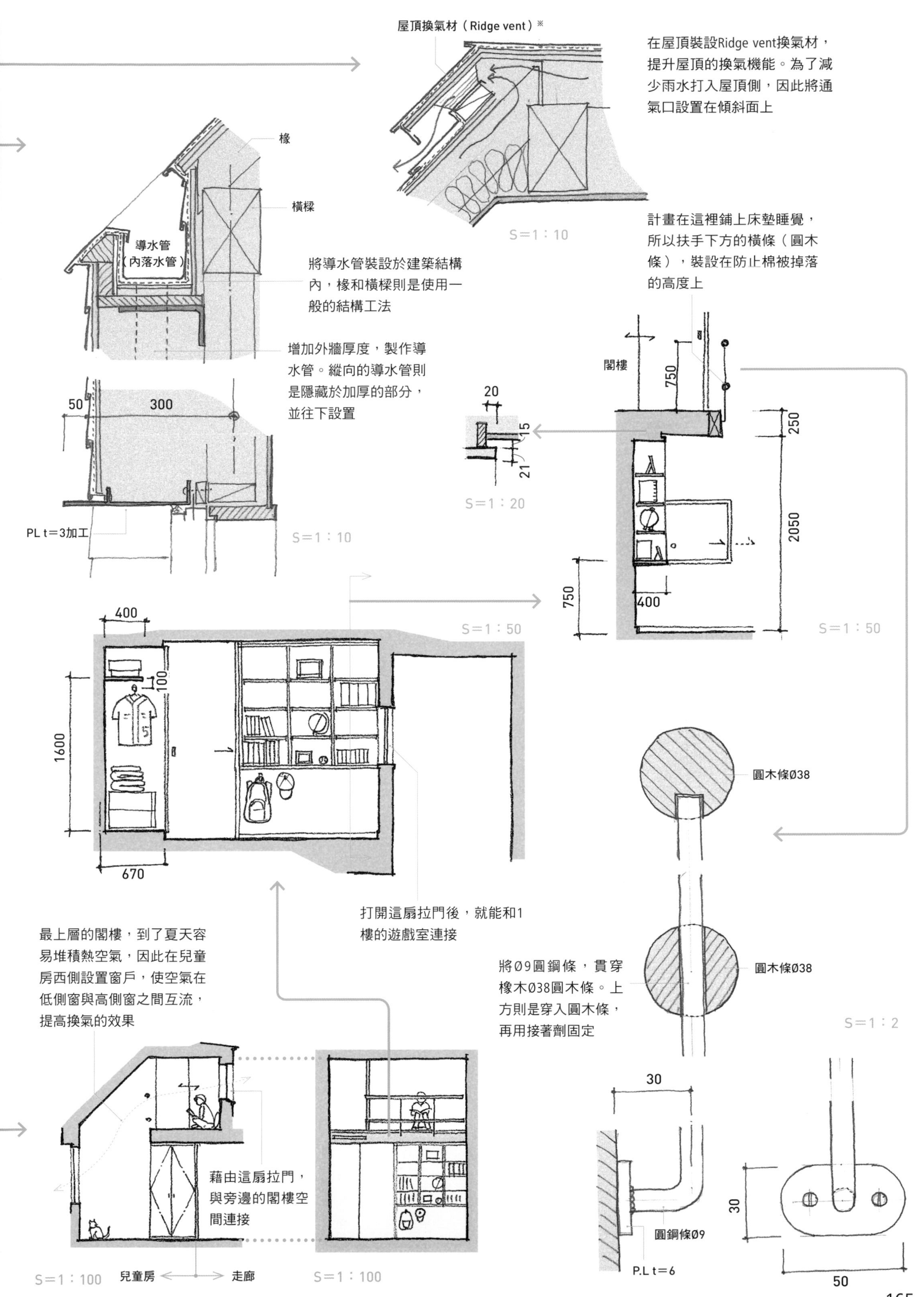
屋頂換氣材（Ridge vent）※
在屋頂裝設Ridge vent換氣材，提升屋頂的換氣機能。為了減少雨水打入屋頂側，因此將通氣口設置在傾斜面上
S＝1：10
椽
橫樑
導水管（內落水管）
將導水管裝設於建築結構內，椽和橫樑則是使用一般的結構工法
增加外牆厚度，製作導水管。縱向的導水管則是隱藏於加厚的部分，並往下設置
50
300
PL t＝3加工
S＝1：10
計畫在這裡鋪上床墊睡覺，所以扶手下方的橫條（圓木條），裝設在防止棉被掉落的高度上
閣樓
750
20
15
21
S＝1：20
250
2050
750
400
S＝1：50
400
100
1600
670
S＝1：50
圓木條Ø38
打開這扇拉門後，就能和1樓的遊戲室連接
最上層的閣樓，到了夏天容易堆積熱空氣，因此在兒童房西側設置窗戶，使空氣在低側窗與高側窗之間互流，提高換氣的效果
將Ø9圓鋼條，貫穿椽木Ø38圓木條。上方則是穿入圓木條，再用接著劑固定
圓木條Ø38
S＝1：2
藉由這扇拉門，與旁邊的閣樓空間連接
30
30
圓鋼條Ø9
P.L t＝6
50
S＝1：100
兒童房
走廊
S＝1：100

※Ridge vent：商品名，原文為「リッヂベンツ」，一種屋頂用的換氣材料。

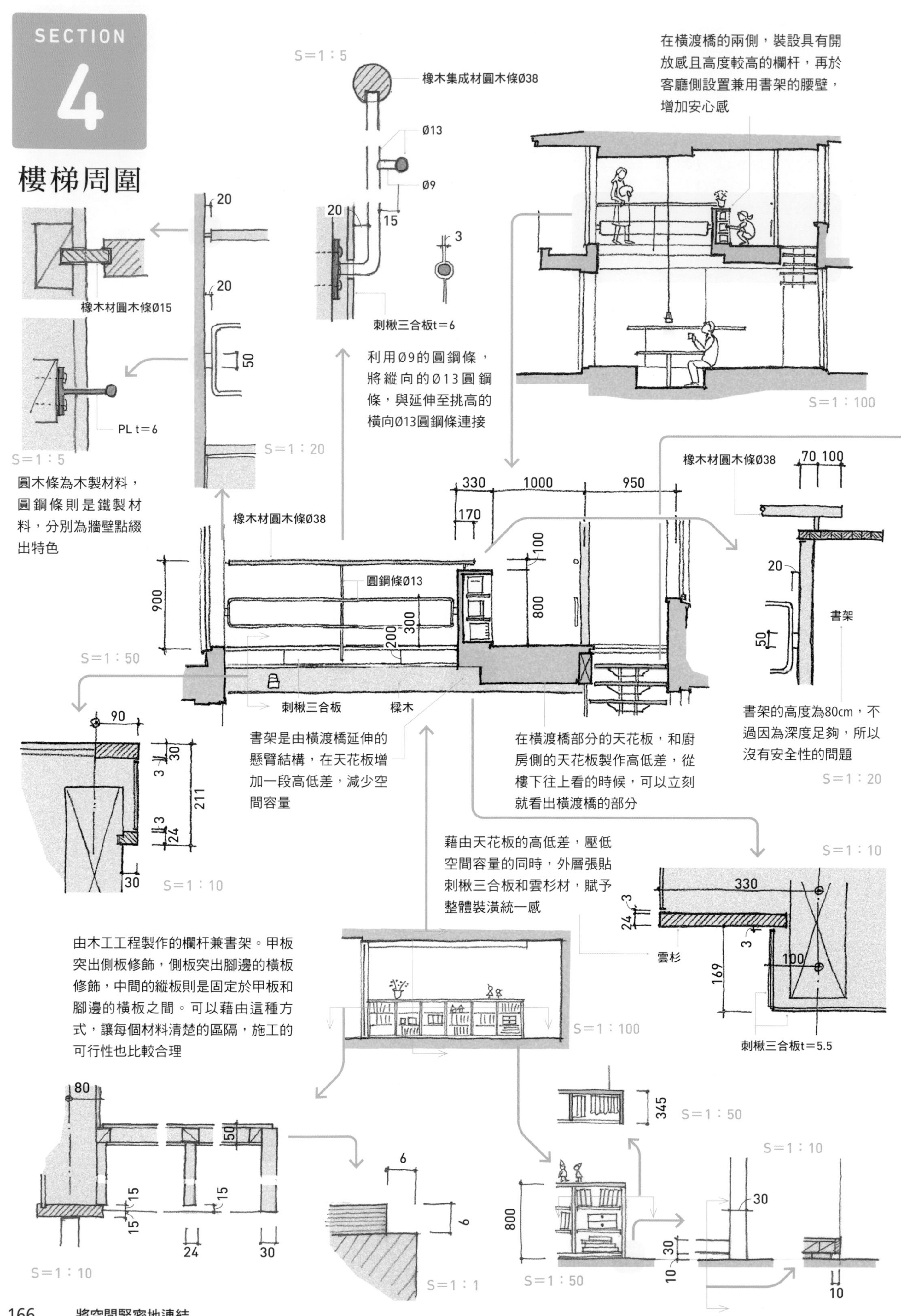
SECTION 4
樓梯周圍
S=1：5
橡木集成材圓木條Ø38
Ø13
Ø9
20
15
3
刺楸三合板t=6
利用Ø9的圓鋼條，將縱向的Ø13圓鋼條，與延伸至挑高的橫向Ø13圓鋼條連接
在橫渡橋的兩側，裝設具有開放感且高度較高的欄杆，再於客廳側設置兼用書架的腰壁，增加安心感
S=1：100
橡木材圓木條Ø15
PL t=6
S=1：5
圓木條為木製材料，圓鋼條則是鐵製材料，分別為牆壁點綴出特色
S=1：20
50
橡木材圓木條Ø38
圓鋼條Ø13
900
300
200
S=1：50
刺楸三合板
樑木
330
1000
950
170
100
800
橡木材圓木條Ø38
70
書架
書架的高度為80cm，不過因為深度足夠，所以沒有安全性的問題
S=1：20
90
30
211
24
S=1：10
書架是由橫渡橋延伸的懸臂結構，在天花板增加一段高低差，減少空間容量
在橫渡橋部分的天花板，和廚房側的天花板製作高低差，從樓下往上看的時候，可以立刻就看出橫渡橋的部分
藉由天花板的高低差，壓低空間容量的同時，外層張貼刺楸三合板和雲杉材，賦予整體裝潢統一感
S=1：10
雲杉
169
刺楸三合板t=5.5
由木工工程製作的欄杆兼書架。甲板突出側板修飾，側板突出腳邊的橫板修飾，中間的縱板則是固定於甲板和腳邊的橫板之間。可以藉由這種方式，讓每個材料清楚的區隔，施工的可行性也比較合理
S=1：100
80
S=1：10
6
S=1：1
345
S=1：50
S=1：10
S=1：50
10

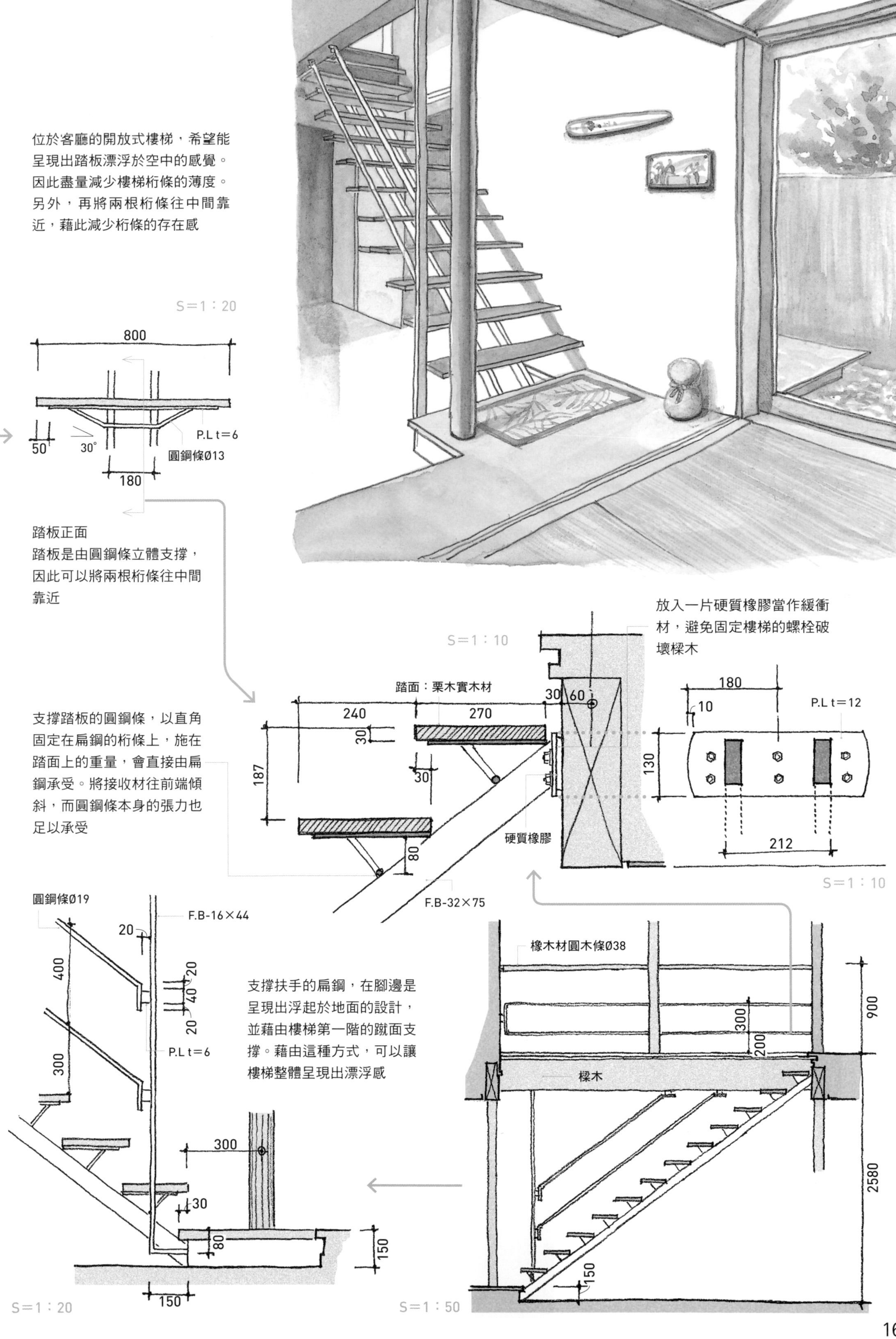
位於客廳的開放式樓梯，希望能呈現出踏板漂浮於空中的感覺。因此盡量減少樓梯桁條的薄度。另外，再將兩根桁條往中間靠近，藉此減少桁條的存在感
S＝1：20
800
P.L t＝6
50
30°
圓鋼條Ø13
180
踏板正面
踏板是由圓鋼條立體支撐，因此可以將兩根桁條往中間靠近
放入一片硬質橡膠當作緩衝材，避免固定樓梯的螺栓破壞樑木
S＝1：10
踏面：栗木實木材
240
270
30
60
30
30
187
80
硬質橡膠
F.B-32×75
180
10
P.L t＝12
130
212
S＝1：10
支撐踏板的圓鋼條，以直角固定在扁鋼的桁條上，施在踏面上的重量，會直接由扁鋼承受。將接收材往前端傾斜，而圓鋼條本身的張力也足以承受
圓鋼條Ø19
F.B-16×44
20
400
20
40
20
300
P.L t＝6
支撐扶手的扁鋼，在腳邊是呈現出浮起於地面的設計，並藉由樓梯第一階的踢面支撐。藉由這種方式，可以讓樓梯整體呈現出漂浮感
300
30
80
150
150
S＝1：20
橡木材圓木條Ø38
300
200
900
樑木
2580
150
S＝1：50

CASE30 ／ 府中的家

縮短平房的生活動線

在平房建築中，很容易出現過於冗長的生活動線。像是要將衛浴空間配置於臥室附近，或是配置於LDK附近，都會直接影響日常生活方式。在這棟住宅中，不論是從客廳、廚房或是臥室，都離廁所和浴室非常近，還將盥洗室打造成一條內部生活動線。另外，屋主夫婦的臥室雖然由書架隔開，但是若將書桌前方的拉門打開後，就能互相看見枕邊的另一半。

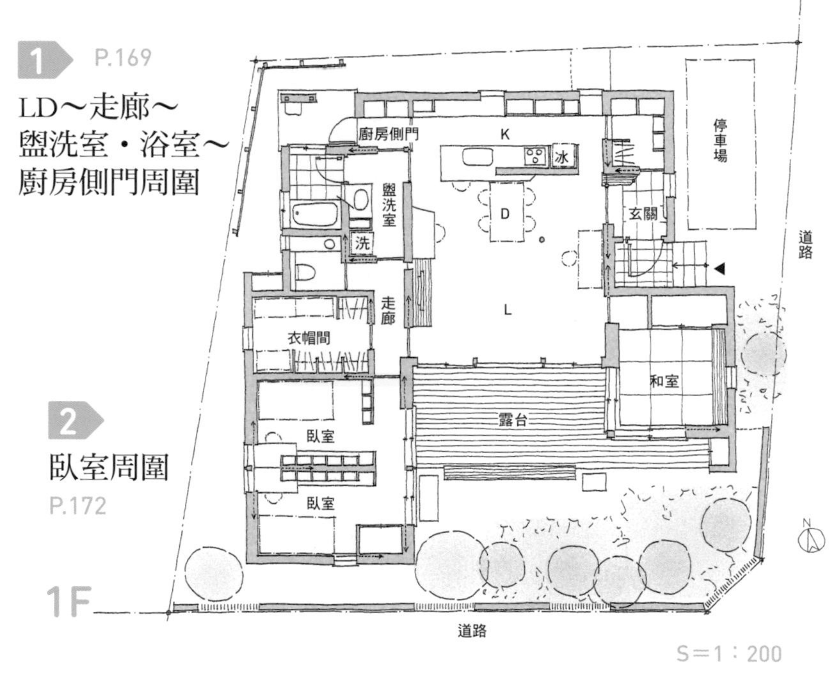

1 P.169
LD～走廊～盥洗室・浴室～廚房側門周圍
廚房側門
K
冰
盥洗室
D
玄關
停車場
道路
洗
走廊
L
衣帽間
和室
露台
2
臥室周圍
P.172
臥室
臥室
1F
道路
S＝1：200

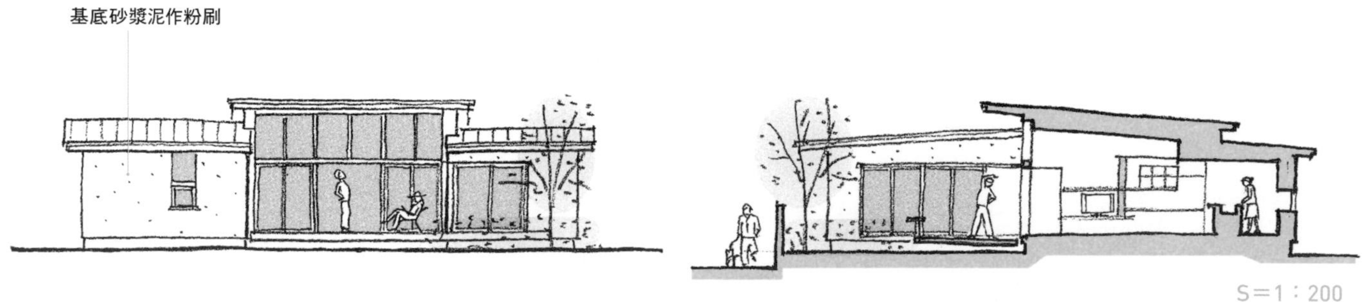

基底砂漿泥作粉刷
S＝1：200

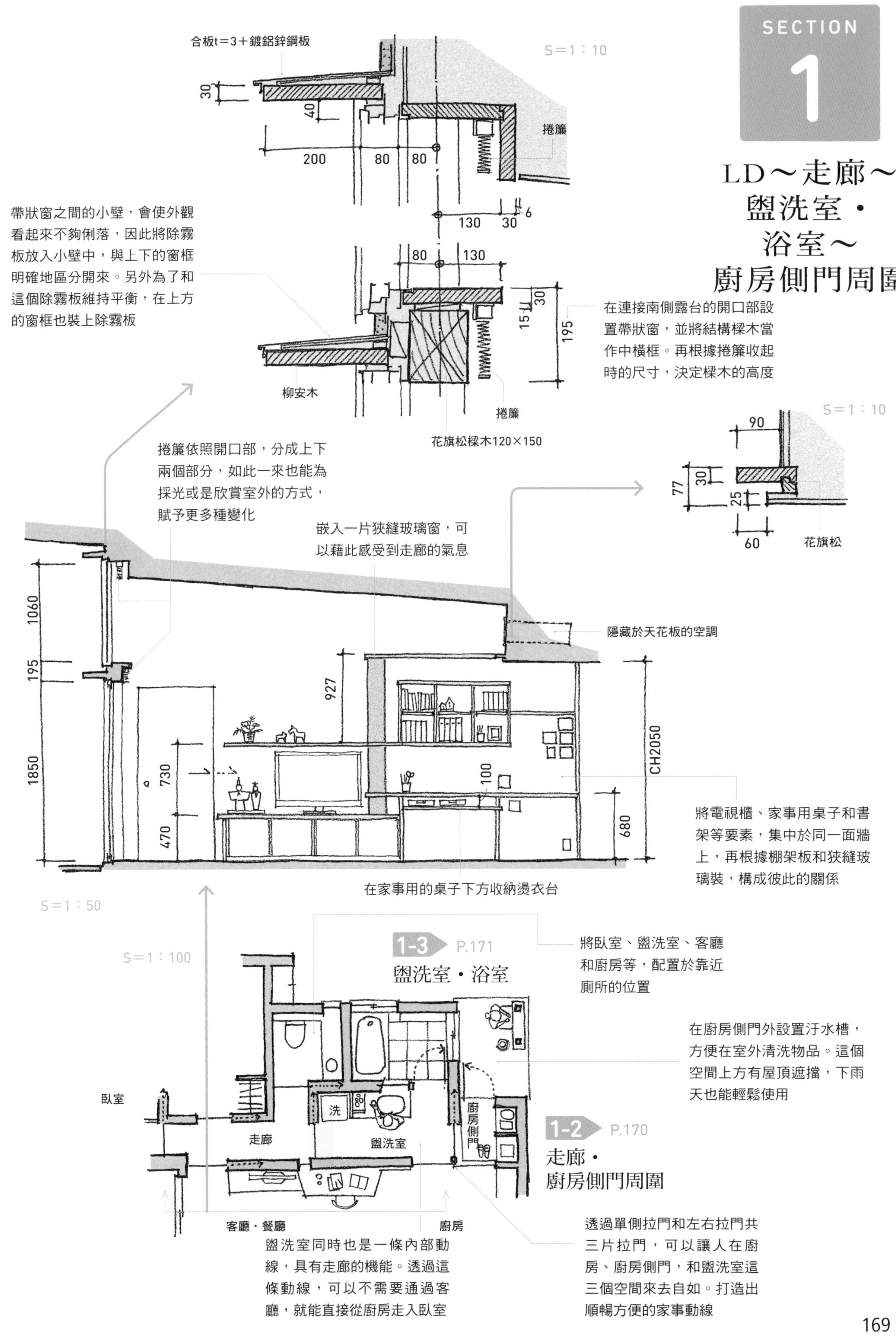
SECTION
1
LD～走廊～盥洗室・浴室～廚房側門周圍
合板t=3＋鍍鋁鋅鋼板
S=1：10
30
40
捲簾
200
80
80
130
30
6
帶狀窗之間的小壁，會使外觀看起來不夠俐落，因此將除霧板放入小壁中，與上下的窗框明確地區分開來。另外為了和這個除霧板維持平衡，在上方的窗框也裝上除霧板
80
130
30
15
195
在連接南側露台的開口部設置帶狀窗，並將結構樑木當作中橫框。再根據捲簾收起時的尺寸，決定樑木的高度
柳安木
捲簾
花旗松樑木120×150
S=1：10
90
30
77
25
60
花旗松
捲簾依照開口部，分成上下兩個部分，如此一來也能為採光或是欣賞室外的方式，賦予更多種變化
嵌入一片狹縫玻璃窗，可以藉此感受到走廊的氣息
隱藏於天花板的空調
1060
195
1850
927
730
470
100
CH2050
680
將電視櫃、家事用桌子和書架等要素，集中於同一面牆上，再根據棚架板和狹縫玻璃裝，構成彼此的關係
在家事用的桌子下方收納燙衣台
S=1：50
S=1：100
1-3 P.171
盥洗室・浴室
將臥室、盥洗室、客廳和廚房等，配置於靠近廁所的位置
在廚房側門外設置汙水槽，方便在室外清洗物品。這個空間上方有屋頂遮擋，下雨天也能輕鬆使用
臥室
洗
廚房側門
1-2 P.170
走廊・廚房側門周圍
走廊
盥洗室
客廳・餐廳
廚房
盥洗室同時也是一條內部動線，具有走廊的機能。透過這條動線，可以不需要通過客廳，就能直接從廚房走入臥室
透過單側拉門和左右拉門共三片拉門，可以讓人在廚房、廚房側門，和盥洗室這三個空間來去自如。打造出順暢方便的家事動線

SECTION 1-2

走廊・廚房側門周圍

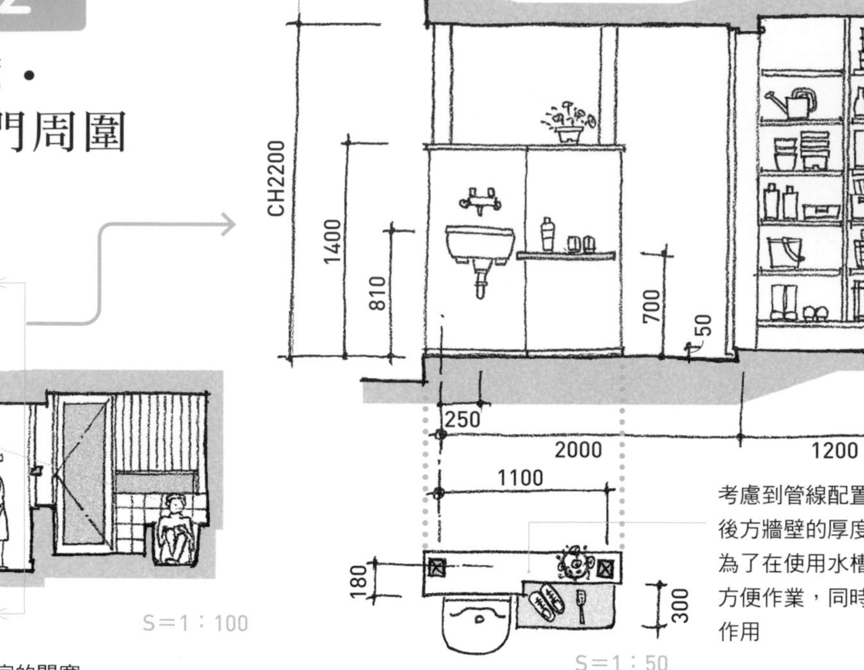

CH2200
1400
810
700
50
150
CH2050
250
2000
1200
S=1：50
S=1：100

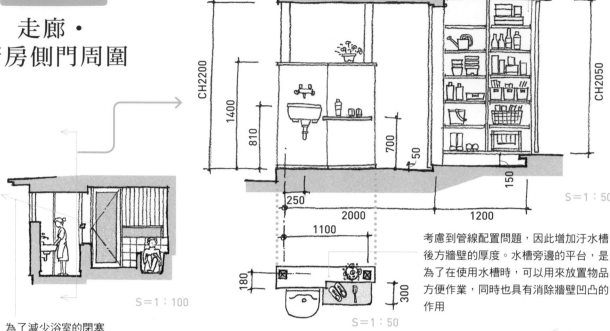

在日常生活中，經常會經由廚房側門出入。開放式收納櫃則是越多越方便

為了減少浴室的閉塞感，因此將汙水槽上方的牆壁，製作成開放狀態

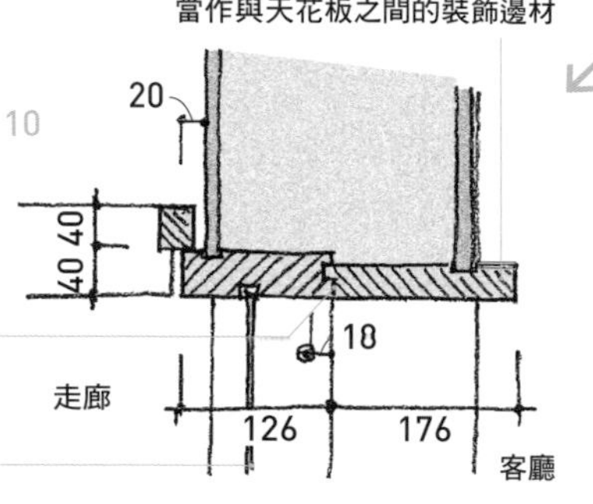

1100
180
300
S=1：50

考慮到管線配置問題，因此增加汙水槽後方牆壁的厚度。水槽旁邊的平台，是為了在使用水槽時，可以用來放置物品方便作業，同時也具有消除牆壁凹凸的作用

當作與天花板之間的裝飾邊材

S=1：10

20
40
40
18
126
176
走廊
客廳
霧面玻璃

狹縫窗的窗楣，與餐廳上方的天花板裝飾邊條連接，因此是由兩種材料組成

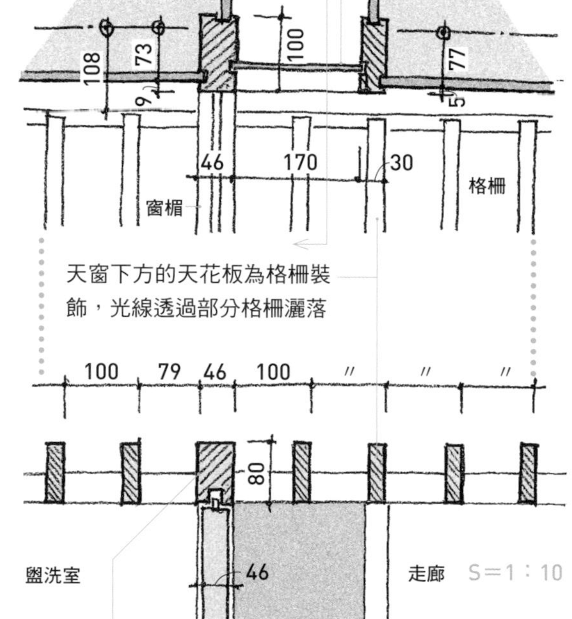

霧面玻璃
（仰視圖）
S=1：10
5
5
108
73
100
77
9
5
46
170
30
窗楣
格柵
100
79
46
100
80
46
盥洗室
走廊
S=1：10

天窗下方的天花板為格柵裝飾，光線透過部分格柵灑落

窗楣位於連續格柵之間，不過藉由調整窗楣的尺寸和間隔，可以呈現出整齊一致的外觀

透過嵌入玻璃的狹縫窗，傳達走廊與客廳彼此間的氣息。雖然走廊沒有窗戶，不過光線透過天窗灑落，也能將動態傳遞至客廳

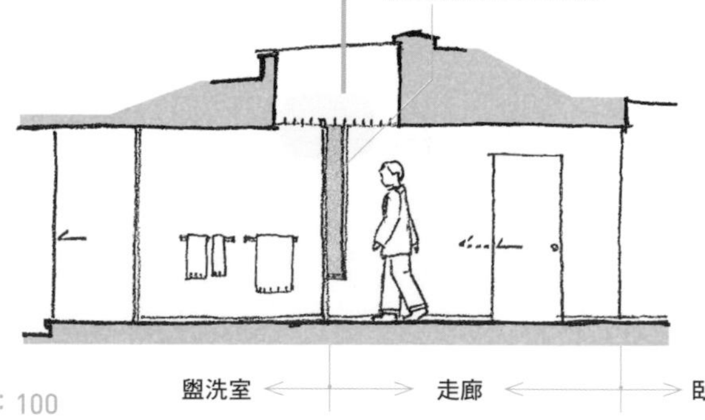

S=1：100
盥洗室
走廊
臥室

盥洗室・浴室

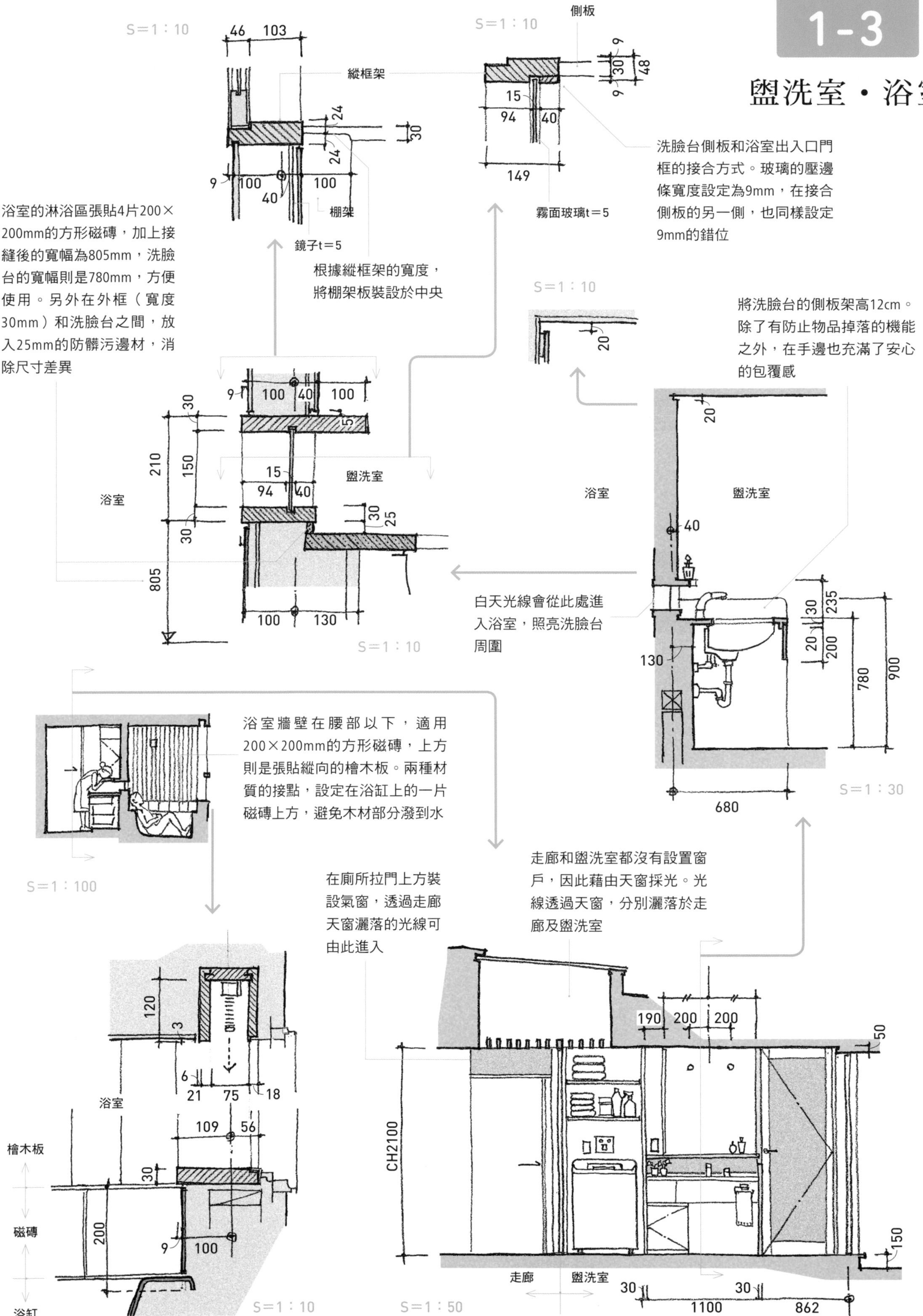

S=1：10
46 103
縱框架
24
30
24
9 100 100
40
棚架
鏡子t=5
S=1：10
側板
9
30
48
9
15
94 40
149
霧面玻璃t＝5
洗臉台側板和浴室出入口門框的接合方式。玻璃的壓邊條寬度設定為9mm，在接合側板的另一側，也同樣設定9mm的錯位
浴室的淋浴區張貼4片200×200mm的方形磁磚，加上接縫後的寬幅為805mm，洗臉台的寬幅則是780mm，方便使用。另外在外框（寬度30mm）和洗臉台之間，放入25mm的防髒污邊材，消除尺寸差異
根據縱框架的寬度，將棚架板裝設於中央
S=1：10
20
將洗臉台的側板架高12cm。除了有防止物品掉落的機能之外，在手邊也充滿了安心的包覆感
9 100 40 100
30
5
210
150
15
94 40
盥洗室
浴室
30
25
30
805
100 130
S=1：10
浴室
盥洗室
20
40
白天光線會從此處進入浴室，照亮洗臉台周圍
235
30
20
200
130
780
900
680
S=1：30
浴室牆壁在腰部以下，適用200×200mm的方形磁磚，上方則是張貼縱向的檜木板。兩種材質的接點，設定在浴缸上的一片磁磚上方，避免木材部分潑到水
S=1：100
在廁所拉門上方裝設氣窗，透過走廊天窗灑落的光線可由此進入
走廊和盥洗室都沒有設置窗戶，因此藉由天窗採光。光線透過天窗，分別灑落於走廊及盥洗室
120
3
6
21 75 18
浴室
109 56
檜木板
30
磁磚
200
9 100
浴缸
S=1：10
190 200 200
50
CH2100
150
走廊 盥洗室
30 30
1100 862
S=1：50

SECTION 2

臥室周圍

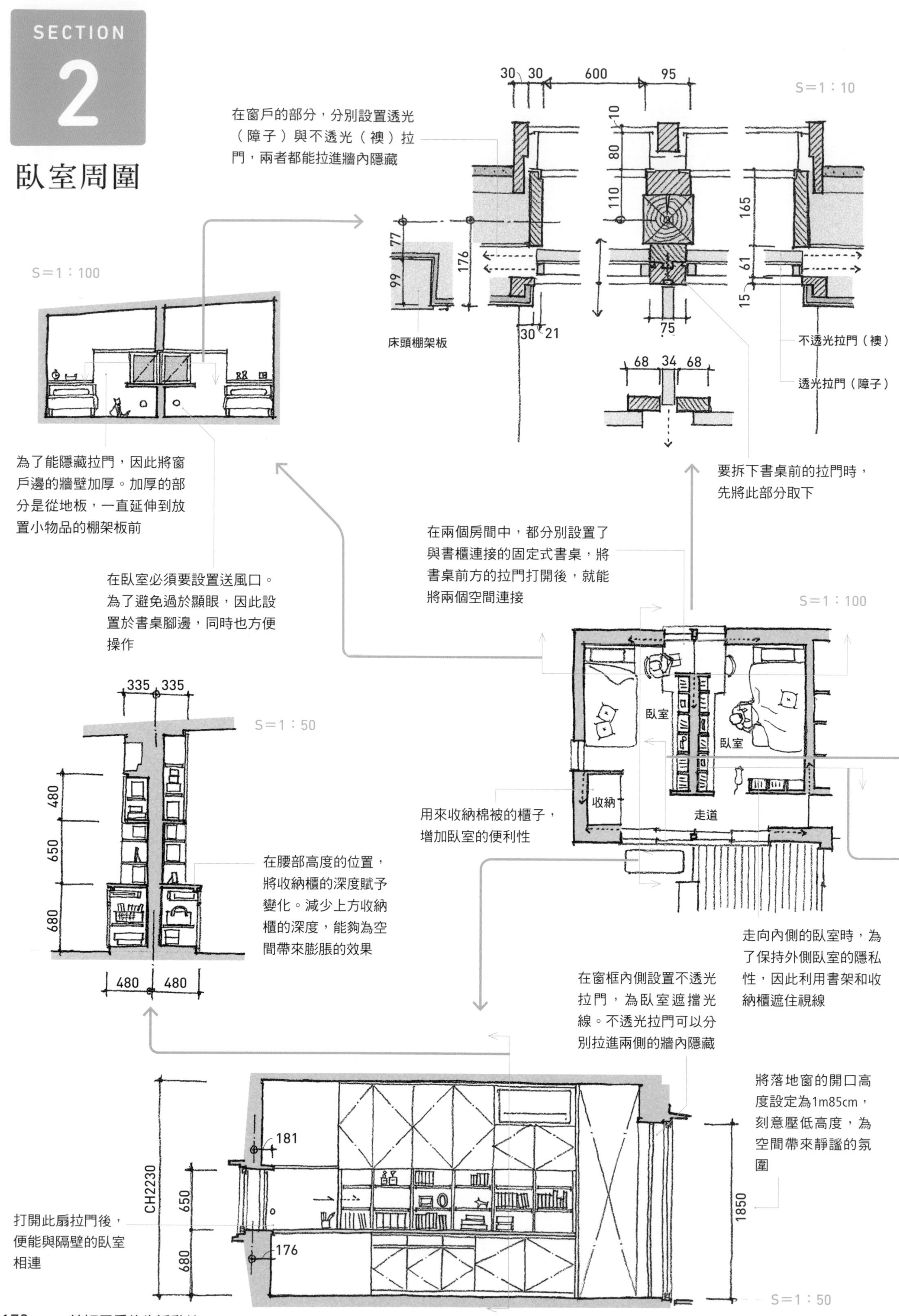

S=1：10
30 30 600 95
10 80 110 165 77 176 99 61 15
30 21 75
68 34 68
床頭棚架板
不透光拉門（襖）
透光拉門（障子）
在窗戶的部分，分別設置透光（障子）與不透光（襖）拉門，兩者都能拉進牆內隱藏
S=1：100
為了能隱藏拉門，因此將窗戶邊的牆壁加厚。加厚的部分是從地板，一直延伸到放置小物品的棚架板前
要拆下書桌前的拉門時，先將此部分取下
在兩個房間中，都分別設置了與書櫃連接的固定式書桌，將書桌前方的拉門打開後，就能將兩個空間連接
在臥室必須要設置送風口。為了避免過於顯眼，因此設置於書桌腳邊，同時也方便操作
S=1：100
臥室
臥室
收納
走道
用來收納棉被的櫃子，增加臥室的便利性
335 335
S=1：50
480 650 680
480 480
在腰部高度的位置，將收納櫃的深度賦予變化。減少上方收納櫃的深度，能夠為空間帶來膨脹的效果
走向內側的臥室時，為了保持外側臥室的隱私性，因此利用書架和收納櫃遮住視線
在窗框內側設置不透光拉門，為臥室遮擋光線。不透光拉門可以分別拉進兩側的牆內隱藏
將落地窗的開口高度設定為1m85cm，刻意壓低高度，為空間帶來靜謐的氛圍
181
CH2230
650
680
176
1850
打開此扇拉門後，便能與隔壁的臥室相連
S=1：50

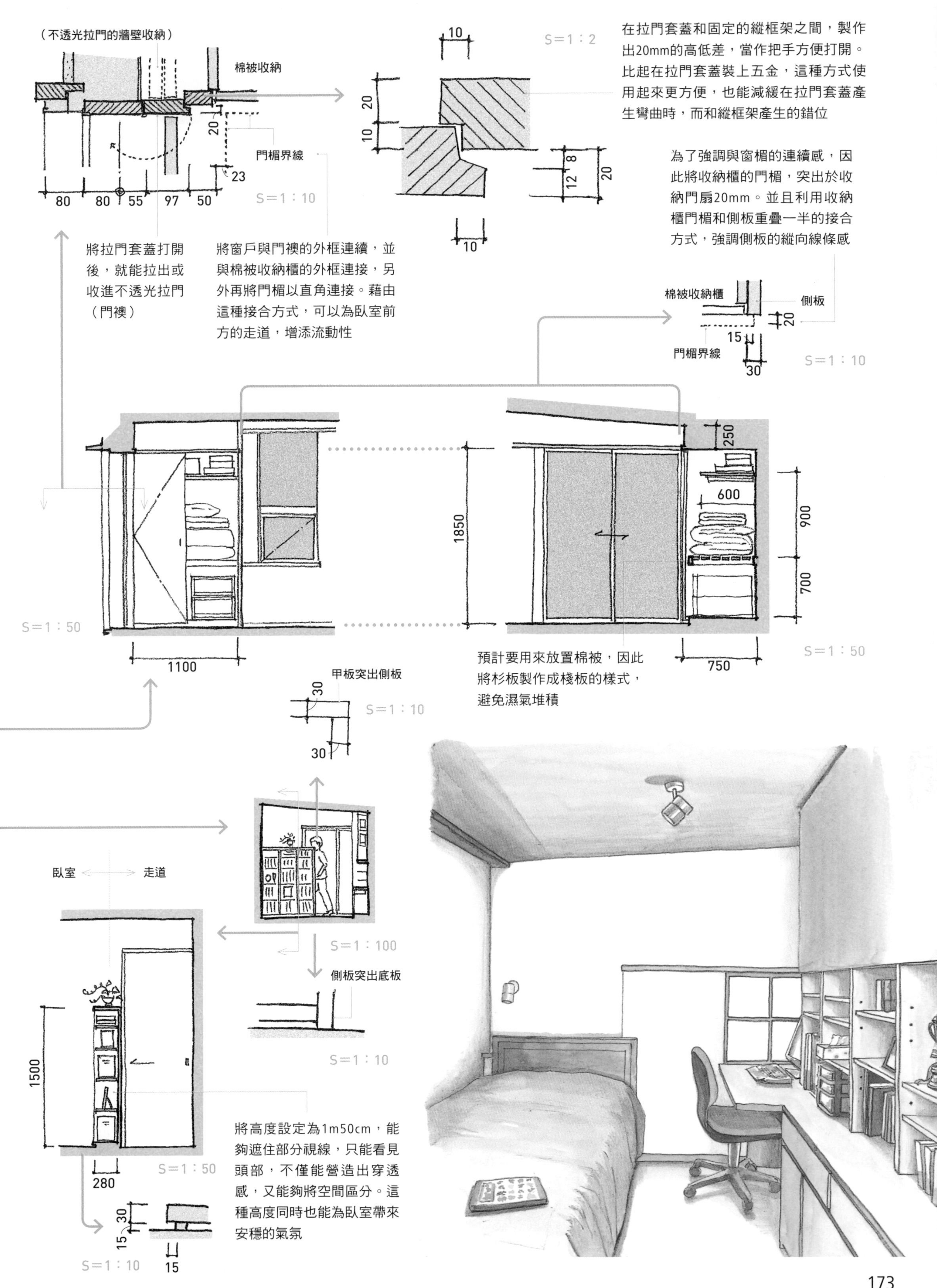
（不透光拉門的牆壁收納）
棉被收納
20
23
門楣界線
80
80
55
97
50
S＝1：10
將拉門套蓋打開後，就能拉出或收進不透光拉門（門襖）
將窗戶與門襖的外框連續，並與棉被收納櫃的外框連接，另外再將門楣以直角連接。藉由這種接合方式，可以為臥室前方的走道，增添流動性
10
S＝1：2
20
10
8
12
20
10
在拉門套蓋和固定的縱框架之間，製作出20mm的高低差，當作把手方便打開。比起在拉門套蓋裝上五金，這種方式使用起來更方便，也能減緩在拉門套蓋產生彎曲時，而和縱框架產生的錯位
為了強調與窗楣的連續感，因此將收納櫃的門楣，突出於收納門扇20mm。並且利用收納櫃門楣和側板重疊一半的接合方式，強調側板的縱向線條感
棉被收納櫃
側板
20
15
門楣界線
30
S＝1：10
1850
250
600
900
700
S＝1：50
1100
750
S＝1：50
預計要用來放置棉被，因此將杉板製作成棧板的樣式，避免濕氣堆積
甲板突出側板
30
30
S＝1：10
臥室
走道
S＝1：100
側板突出底板
S＝1：10
1500
280
S＝1：50
將高度設定為1m50cm，能夠遮住部分視線，只能看見頭部，不僅能營造出穿透感，又能夠將空間區分。這種高度同時也能為臥室帶來安穩的氣氛
30
15
15
S＝1：10

以生活方式為區分原則將空間悄然連結

將客廳、旁邊的家庭空間兼餐廳，以及廚房，配置在另一個用來招待客人的餐廳旁邊，再讓這些空間圍繞著設有水盤的小庭院。以廚房、走廊、客廳和家庭空間為生活中心，並且在其中配置家事角落，擔任家中司令塔般的角色。將日常生活動線交錯的同時，又將各空間自然而然地連接在一起。

1

DK・家事空間・小庭院

P.175

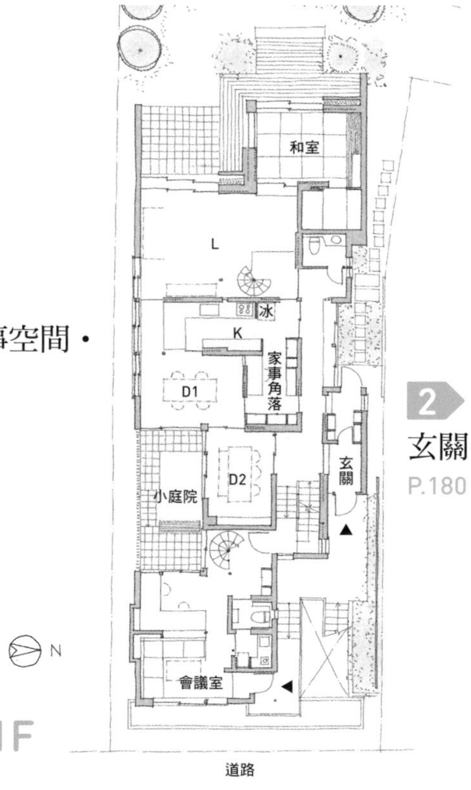

和室
L
冰
K
家事角落
D1
D2
玄關
小庭院
會議室
N
道路

1F

2

玄關～圖書室

P.180

兒童房
兒童房
衣帽間
洗
臥室
圖書室
露台
工作間

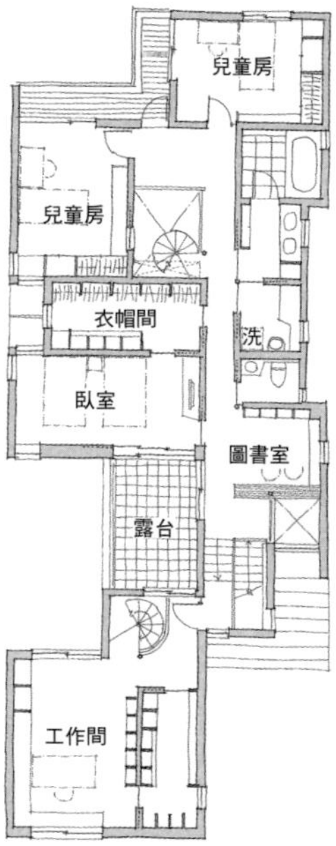

2F

2

玄關～圖書室

P.180

S＝1：300

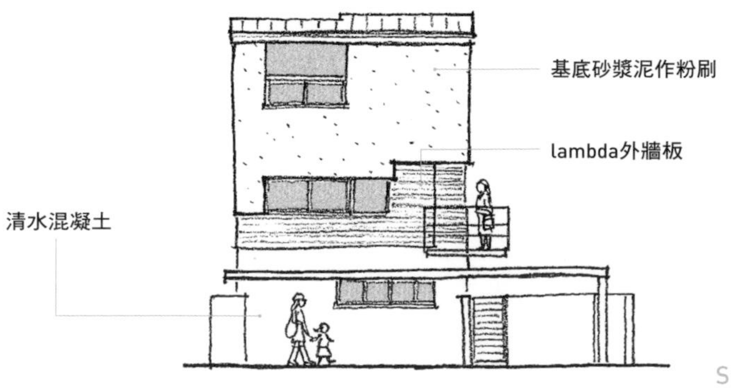

基底砂漿泥作粉刷
lambda外牆板
清水混凝土

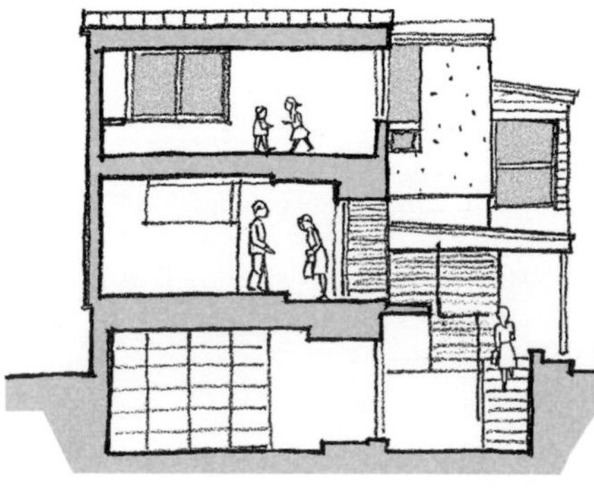

S＝1：200

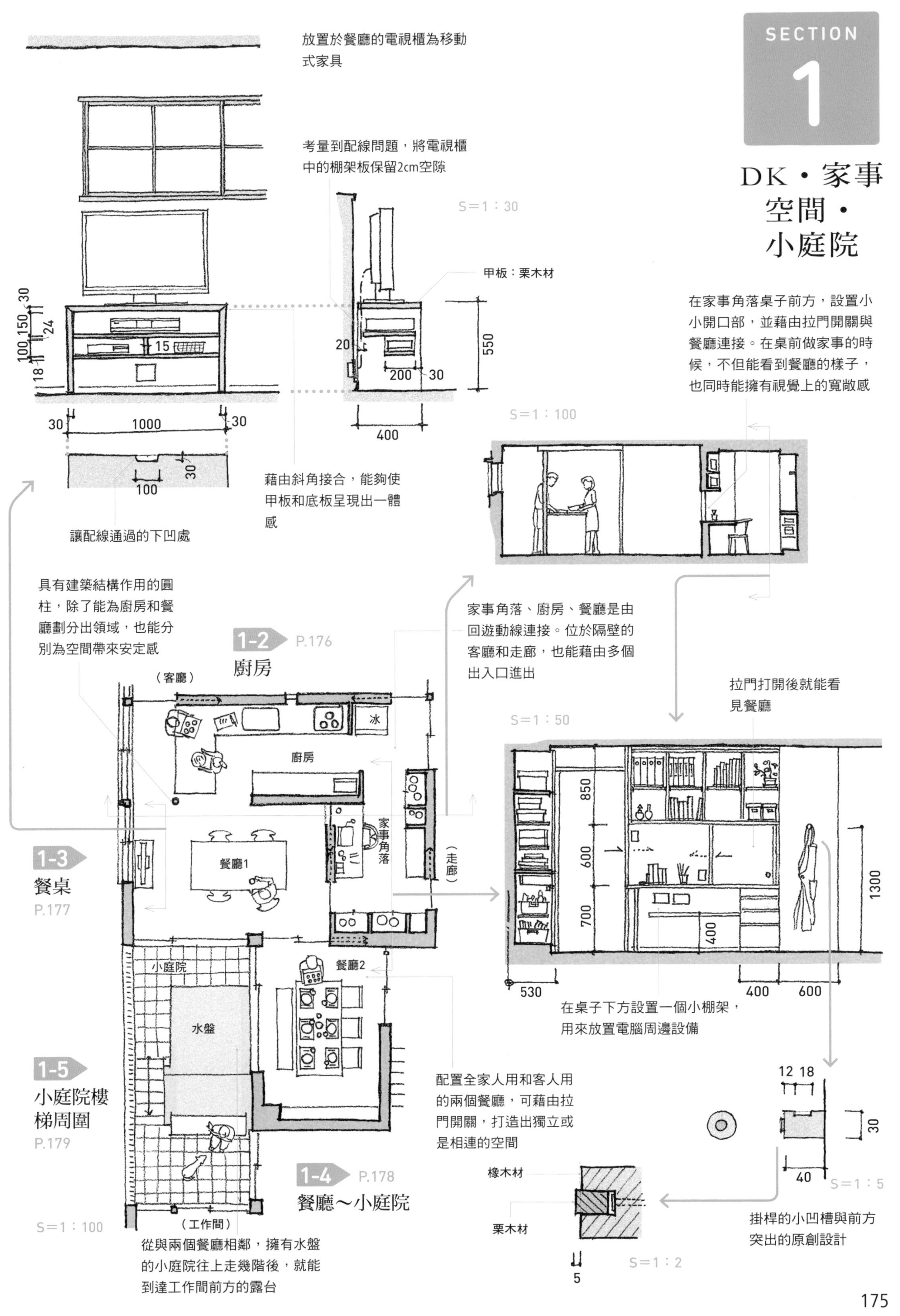
SECTION
1
DK・家事空間・小庭院
放置於餐廳的電視櫃為移動式家具
考量到配線問題，將電視櫃中的棚架板保留2cm空隙
S＝1：30
甲板：栗木材
30
150
24
100
15
18
20
550
200
30
30
1000
30
400
30
100
藉由斜角接合，能夠使甲板和底板呈現出一體感
讓配線通過的下凹處
在家事角落桌子前方，設置小小開口部，並藉由拉門開關與餐廳連接。在桌前做家事的時候，不但能看到餐廳的樣子，也同時能擁有視覺上的寬敞感
S＝1：100
具有建築結構作用的圓柱，除了能為廚房和餐廳劃分出領域，也能分別為空間帶來安定感
1-2 P.176
廚房
家事角落、廚房、餐廳是由回遊動線連接。位於隔壁的客廳和走廊，也能藉由多個出入口進出
拉門打開後就能看見餐廳
S＝1：50
（客廳）
冰
廚房
家事角落
（走廊）
1-3
餐桌
P.177
餐廳1
850
600
700
400
1300
530
400
600
在桌子下方設置一個小棚架，用來放置電腦周邊設備
小庭院
餐廳2
水盤
1-5
小庭院樓梯周圍
P.179
配置全家人用和客人用的兩個餐廳，可藉由拉門開關，打造出獨立或是相連的空間
12 18
30
40
S＝1：5
橡木材
栗木材
5
S＝1：2
1-4 P.178
餐廳～小庭院
S＝1：100
（工作間）
從與兩個餐廳相鄰，擁有水盤的小庭院往上走幾階後，就能到達工作間前方的露台
掛桿的小凹槽與前方突出的原創設計

SECTION 1-2

廚房

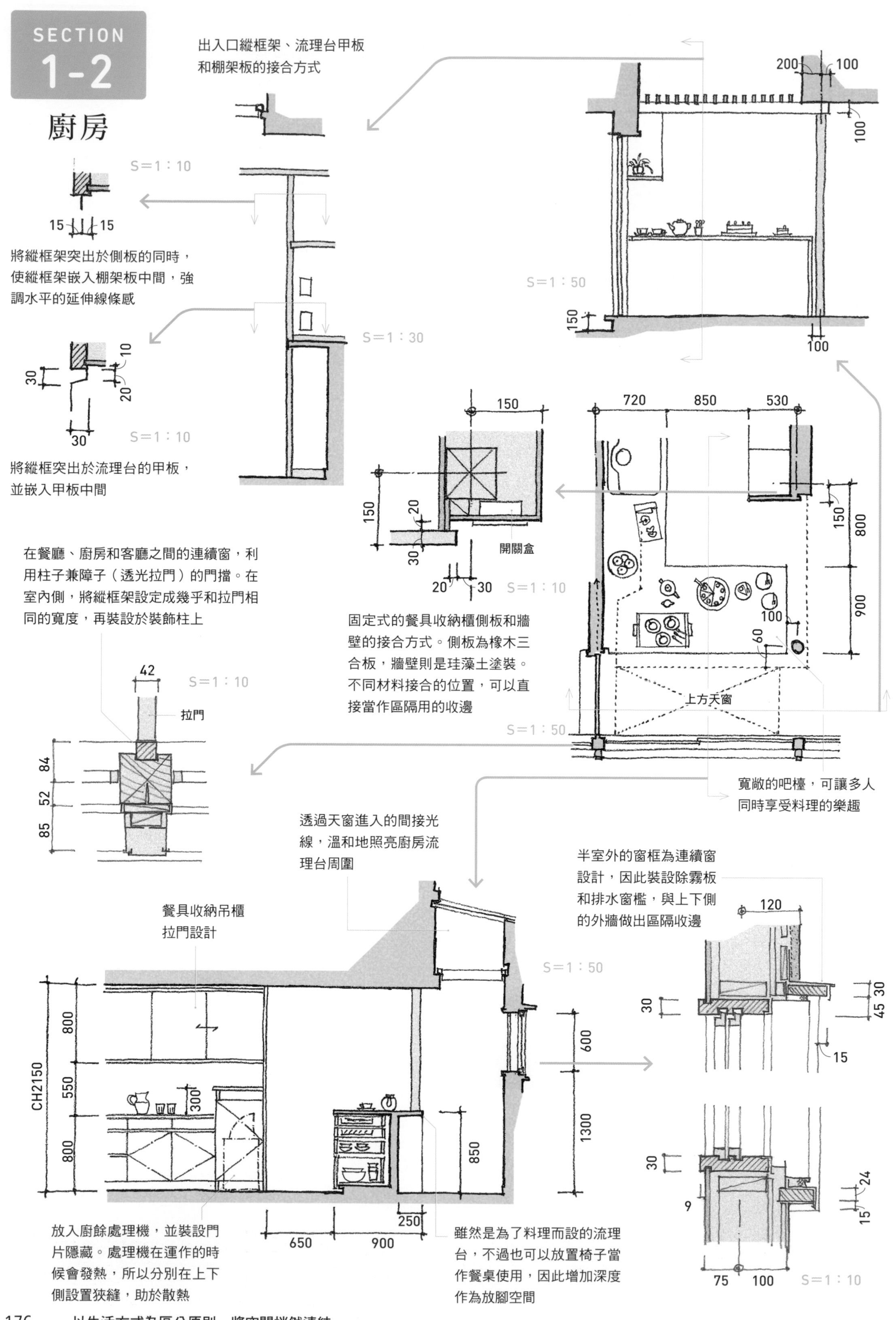

出入口縱框架、流理台甲板和棚架板的接合方式
S=1：10
S=1：30
S=1：50
將縱框架突出於側板的同時，使縱框架嵌入棚架板中間，強調水平的延伸線條感
將縱框突出於流理台的甲板，並嵌入甲板中間
在餐廳、廚房和客廳之間的連續窗，利用柱子兼障子（透光拉門）的門擋。在室內側，將縱框架設定成幾乎和拉門相同的寬度，再裝設於裝飾柱上
拉門
開關盒
固定式的餐具收納櫃側板和牆壁的接合方式。側板為椽木三合板，牆壁則是珪藻土塗裝。不同材料接合的位置，可以直接當作區隔用的收邊
上方天窗
寬敞的吧檯，可讓多人同時享受料理的樂趣
透過天窗進入的間接光線，溫和地照亮廚房流理台周圍
半室外的窗框為連續窗設計，因此裝設除霧板和排水窗檻，與上下側的外牆做出區隔收邊
餐具收納吊櫃拉門設計
CH2150
放入廚餘處理機，並裝設門片隱藏。處理機在運作的時候會發熱，所以分別在上下側設置狹縫，助於散熱
雖然是為了料理而設的流理台，不過也可以放置椅子當作餐桌使用，因此增加深度作為放腳空間

SECTION 1-3

餐桌

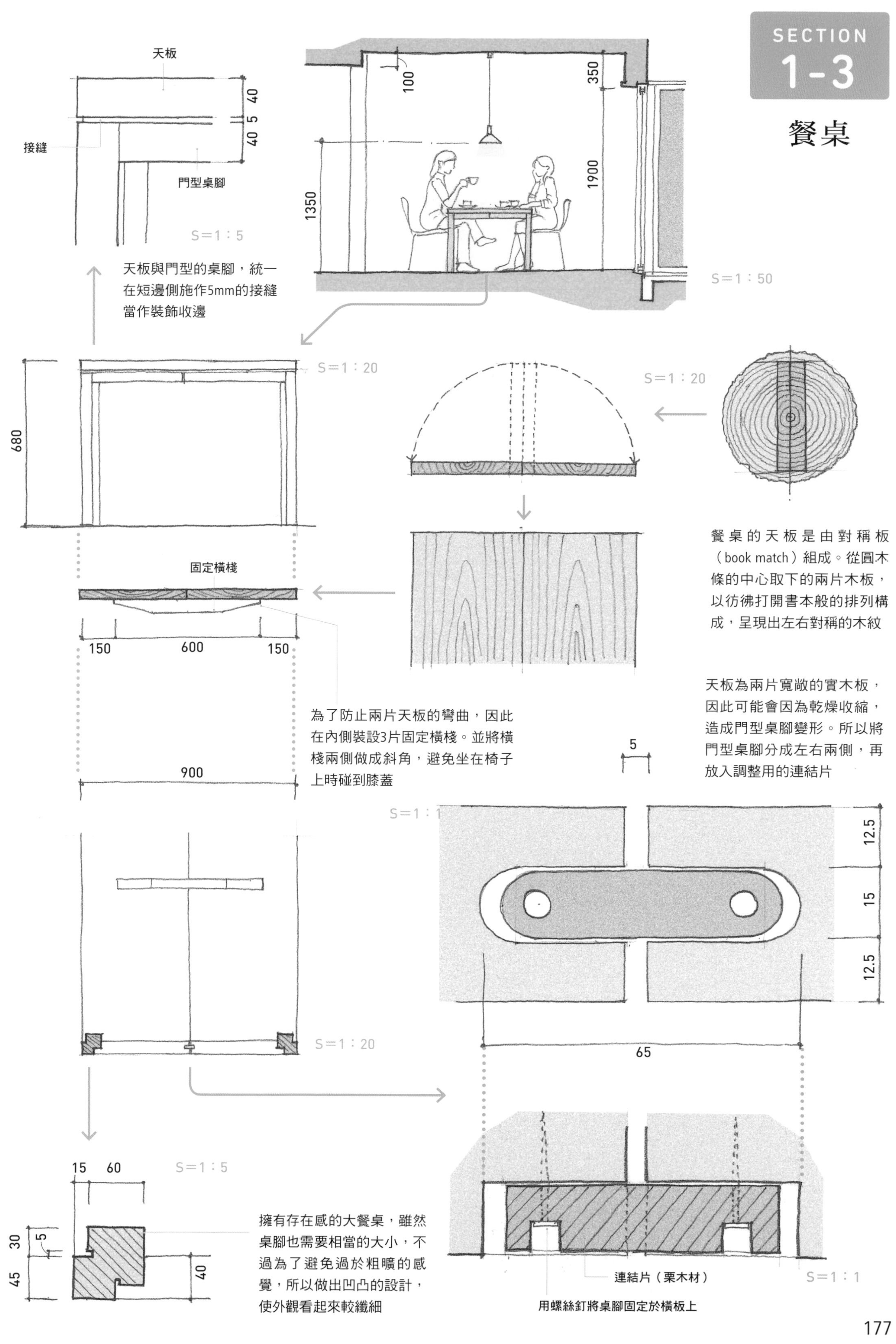

天板
接縫
門型桌腳
40
5
40
S=1：5
100
350
1900
1350
S=1：50
天板與門型的桌腳，統一在短邊側施作5mm的接縫當作裝飾收邊
680
S=1：20
S=1：20
固定橫棧
150
600
150
900
為了防止兩片天板的彎曲，因此在內側裝設3片固定橫棧。並將橫棧兩側做成斜角，避免坐在椅子上時碰到膝蓋
餐桌的天板是由對稱板（book match）組成。從圓木條的中心取下的兩片木板，以彷彿打開書本般的排列構成，呈現出左右對稱的木紋
天板為兩片寬敞的實木板，因此可能會因為乾燥收縮，造成門型桌腳變形。所以將門型桌腳分成左右兩側，再放入調整用的連結片
5
12.5
15
12.5
65
S=1：20
15
60
S=1：5
30
5
45
40
擁有存在感的大餐桌，雖然桌腳也需要相當的大小，不過為了避免過於粗曠的感覺，所以做出凹凸的設計，使外觀看起來較纖細
連結片（栗木材）
S=1：1
用螺絲釘將桌腳固定於橫板上

SECTION 1-4

餐廳～小庭院

將餐廳前方小庭院的高度，低於工作間前方露台半層樓，打造出一個周圍被包覆的空間。小庭院上方設有和2樓圖書室連接的屋頂露台，這三個地板高度相異的空間，透過室外空間彼此連接，使小庭院成為生活空間交錯的場所

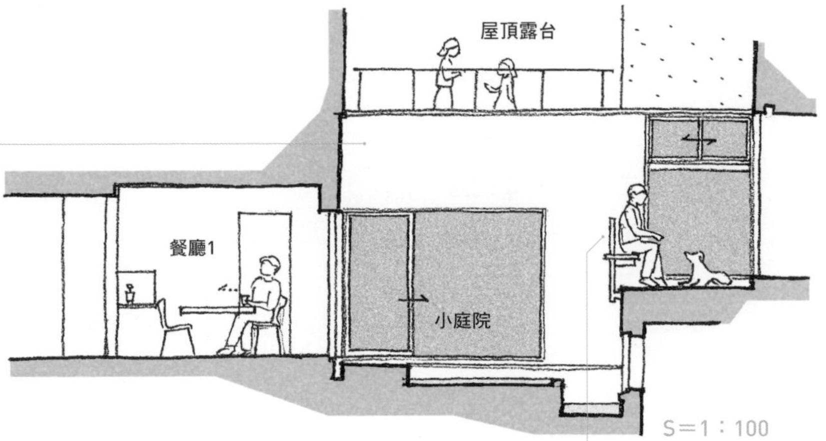

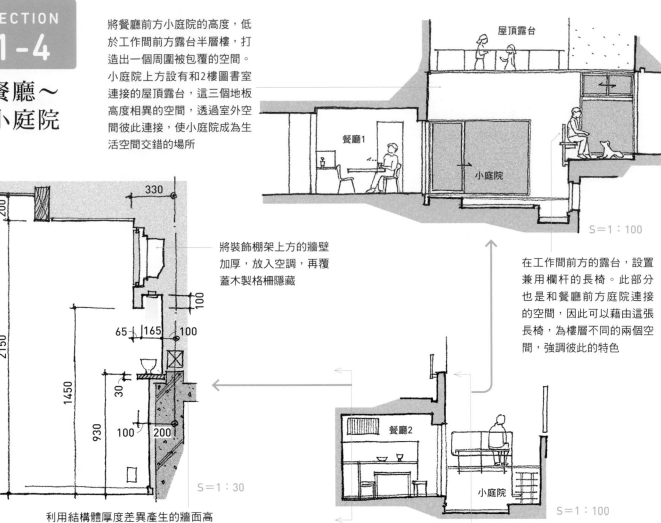

屋頂露台

餐廳1

小庭院

S＝1：100

330

200

2150

1450

930

100

65

165

100

30

100

200

S＝1：30

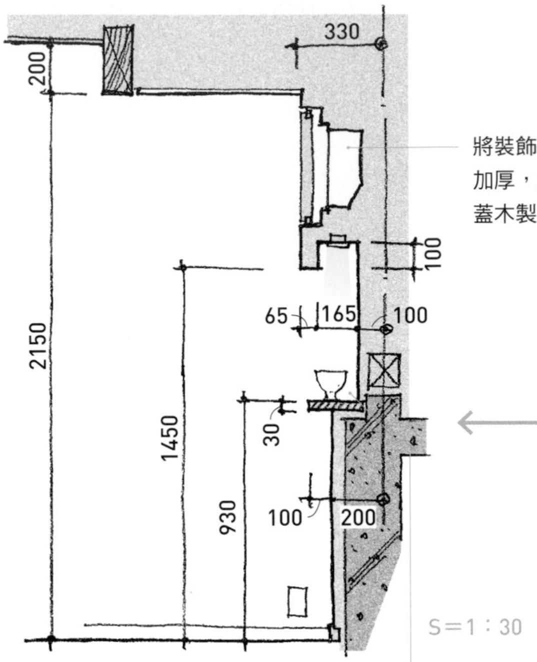

將裝飾棚架上方的牆壁加厚，放入空調，再覆蓋木製格柵隱藏

在工作間前方的露台，設置兼用欄杆的長椅。此部分也是和餐廳前方庭院連接的空間，因此可以藉由這張長椅，為樓層不同的兩個空間，強調彼此的特色

餐廳2

小庭院

S＝1：100

利用結構體厚度差異產生的牆面高度差，製作成裝飾棚架

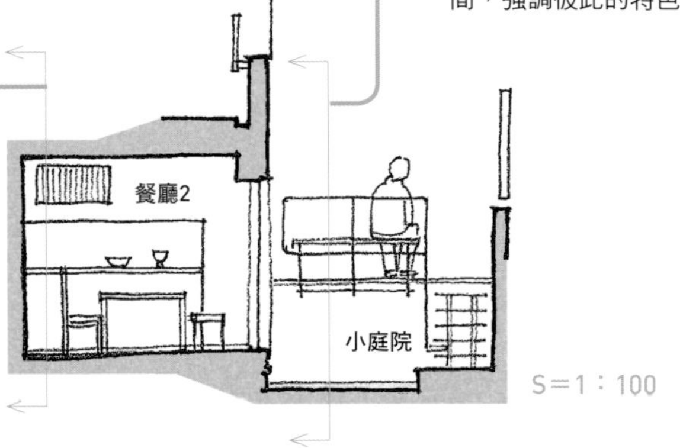

SECTION 1-5

小庭院樓梯周圍

將兩個空間連接的樓梯，是由鋼鐵製作而成，藉此強調區分空間的作用。如果使用和周圍相同的混凝土製作，會使空間的連接印象過於強烈，反而失去空間各自的特色

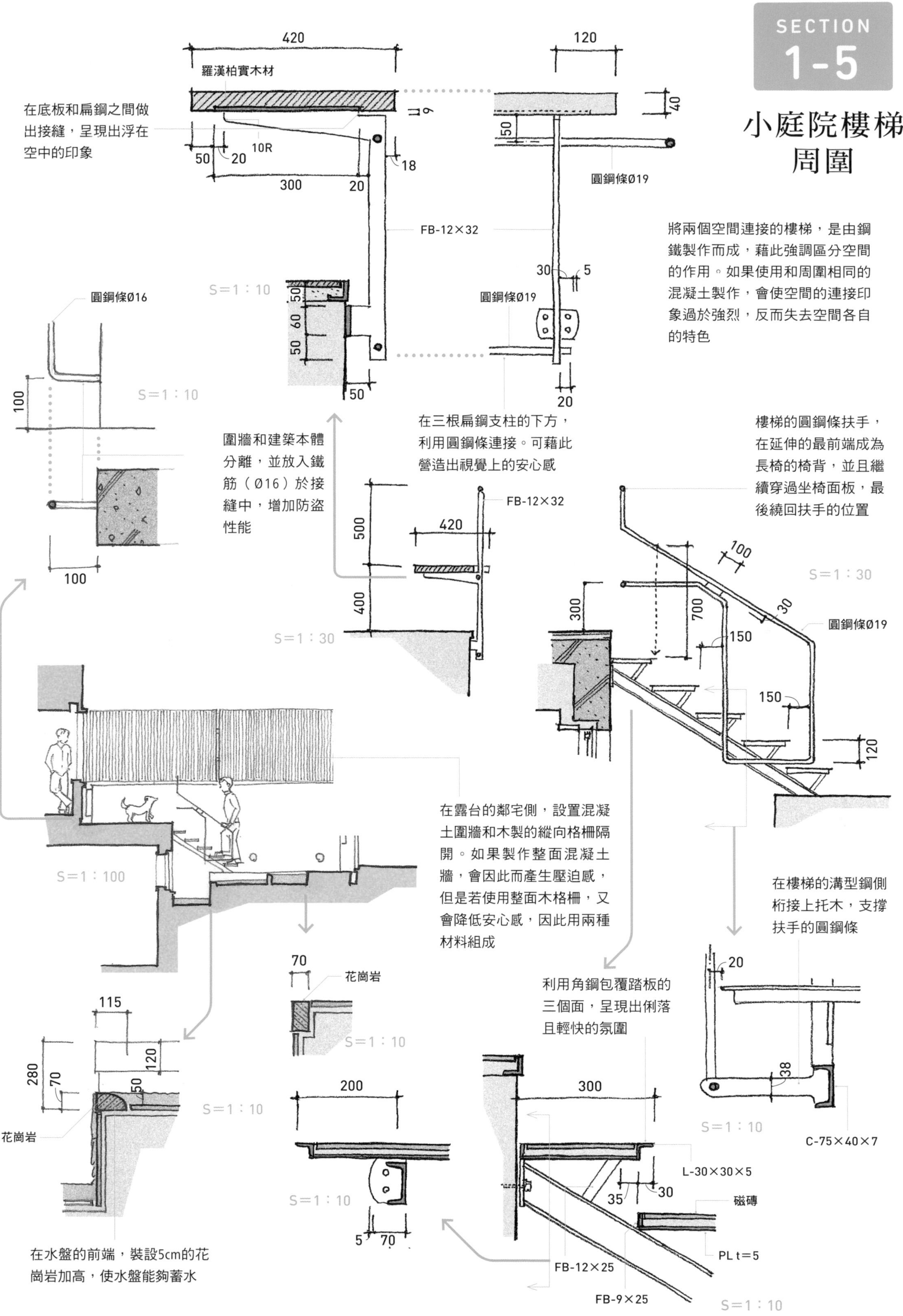

420
羅漢柏實木材
在底板和扁鋼之間做出接縫，呈現出浮在空中的印象
10R
50
20
300
20
18
FB-12×32
120
40
50
圓鋼條Ø19
30
5
圓鋼條Ø19
20
S=1：10
50
60
50
50
在三根扁鋼支柱的下方，利用圓鋼條連接。可藉此營造出視覺上的安心感
圓鋼條Ø16
100
S=1：10
100
圍牆和建築本體分離，並放入鐵筋（Ø16）於接縫中，增加防盜性能
FB-12×32
420
500
400
S=1：30
樓梯的圓鋼條扶手，在延伸的最前端成為長椅的椅背，並且繼續穿過坐椅面板，最後繞回扶手的位置
100
S=1：30
30
圓鋼條Ø19
300
700
150
150
120
S=1：100
在露台的鄰宅側，設置混凝土圍牆和木製的縱向格柵隔開。如果製作整面混凝土牆，會因此而產生壓迫感，但是若使用整面木格柵，又會降低安心感，因此用兩種材料組成
在樓梯的溝型鋼側桁接上托木，支撐扶手的圓鋼條
20
38
S=1：10
C-75×40×7
70
花崗岩
S=1：10
115
280
70
120
50
S=1：10
花崗岩
在水盤的前端，裝設5cm的花崗岩加高，使水盤能夠蓄水
200
S=1：10
5
70
利用角鋼包覆踏板的三個面，呈現出俐落且輕快的氛圍
300
L-30×30×5
35
30
磁磚
PL t=5
FB-12×25
FB-9×25
S=1：10

SECTION

2

玄關～圖書室

將門廊的天花板壓低，走入玄關後，便能感受到挑高的開放感

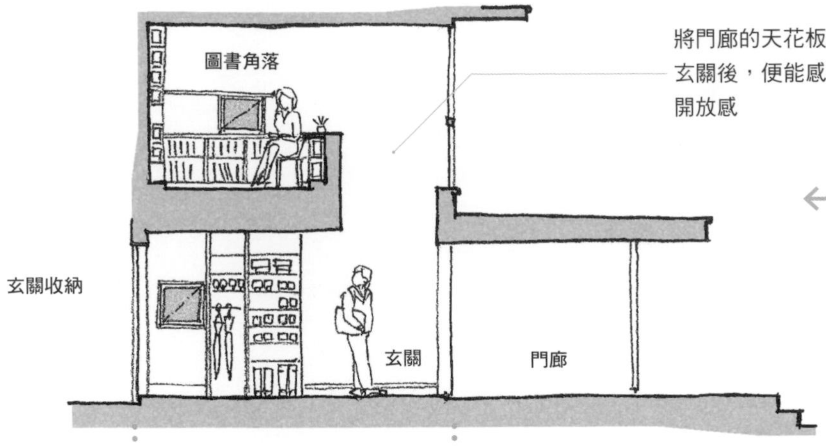

圖書角落

玄關收納

玄關

門廊

S＝1：100

在玄關旁邊配置玄關收納，打造成一條連接內外門的走道。可以從玄關收納通過走廊進入家事空間，進而走入廚房或餐廳

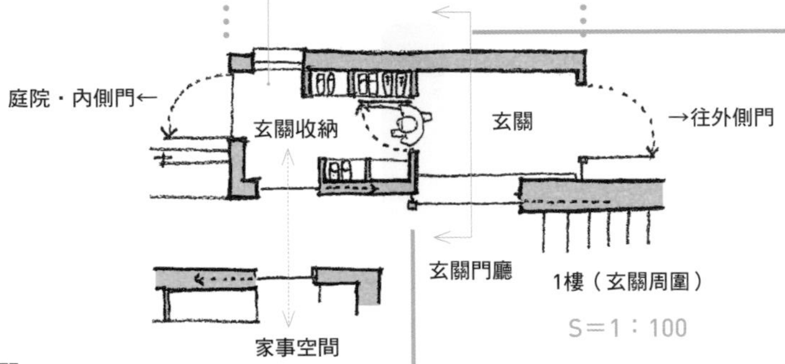

庭院・內側門←

玄關收納

玄關

→往外側門

玄關門廳

1樓（玄關周圍）

S＝1：100

家事空間

在此住宅中配置了工作空間，因此設置圖書角落，將居住區域和工作區域連結

2樓（圖書角落）

S＝1：100

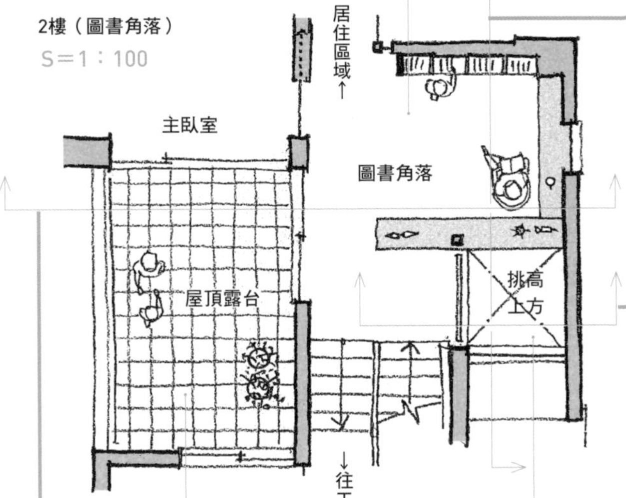

居住區域↑

主臥室

圖書角落

屋頂露台

挑高上方

↓往工作區域

在2樓露台上，分別設置出入口連接圖書角落和主臥室，並且與1樓餐廳前的小庭院，產生視覺上的連結感

圖書角落和1樓的玄關挑高連接，同時也與屋頂露台連結，在這個擁有各種空間的家中，扮演著重要的角色

走入玄關後，進入玄關收納的門扇隨即迎面而來，不過為了盡量減少門扇的存在感，因此設計成彷彿是整面隔板的外觀

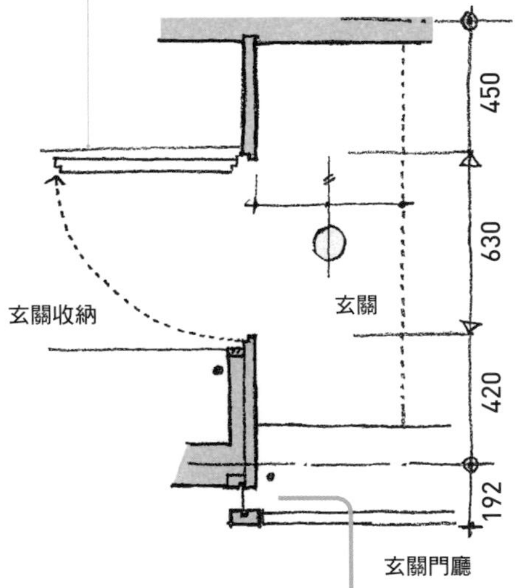

450

630

420

192

玄關收納

玄關

玄關門廳

S＝1：30

60 40

10 10 30

為了裝設照明的開關，因此將隔板往內側增厚

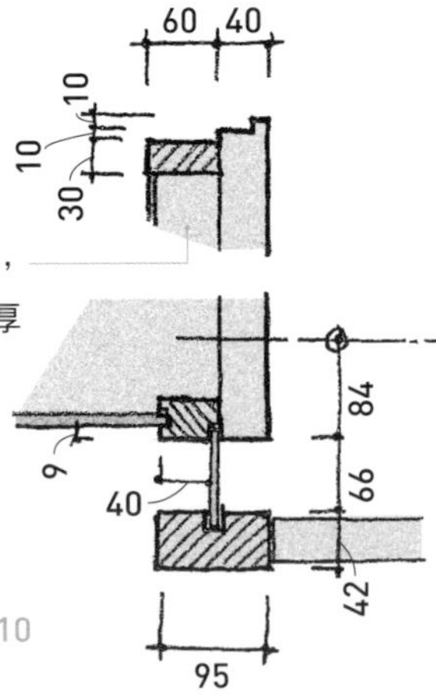

84

66

42

9

40

95

S＝1：10

將圖書角落的部分天花板挑高，成為生活動線中的「銜接領域」

屋頂露台

圖書角落

S＝1：100

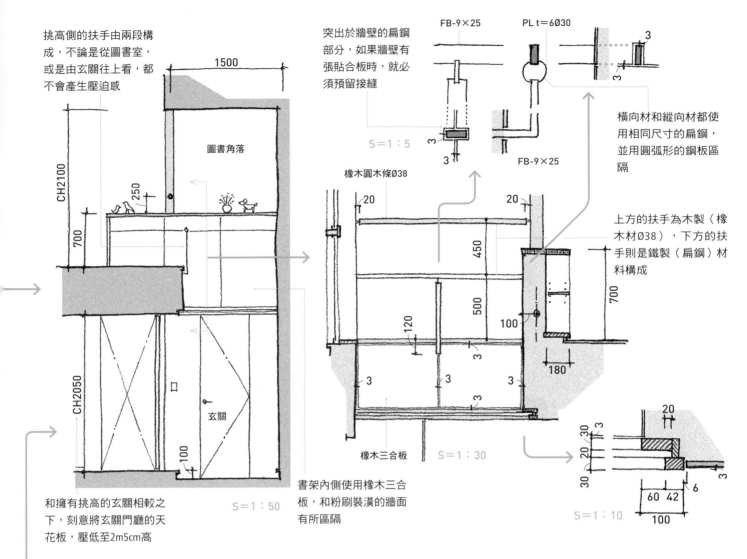

挑高側的扶手由兩段構成，不論是從圖書室，或是由玄關往上看，都不會產生壓迫感

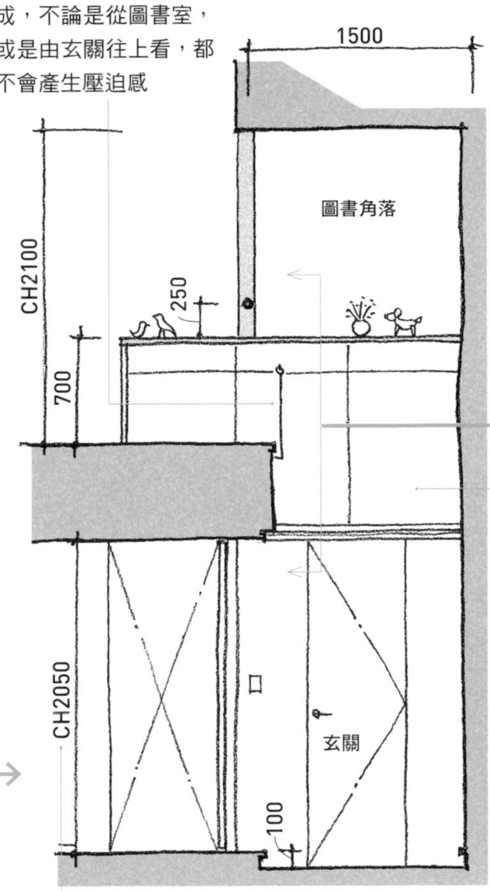

圖書角落

玄關

S＝1：50

和擁有挑高的玄關相較之下，刻意將玄關門廳的天花板，壓低至2m5cm高

突出於牆壁的扁鋼部分，如果牆壁有張貼合板時，就必須預留接縫

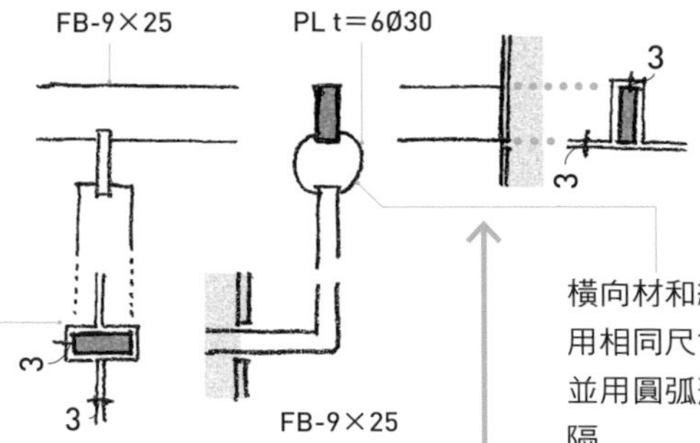

FB-9×25

PL t＝6Ø30

S＝1：5

橫向材和縱向材都使用相同尺寸的扁鋼，並用圓弧形的鋼板區隔

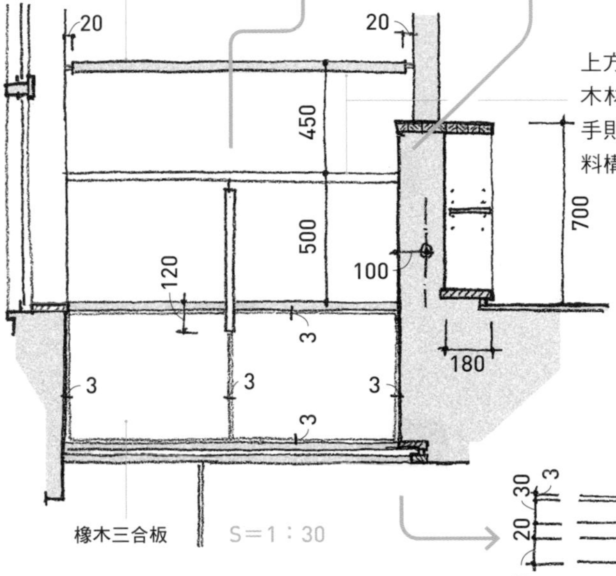

橡木圓木條Ø38

上方的扶手為木製（橡木材Ø38），下方的扶手則是鐵製（扁鋼）材料構成

橡木三合板

S＝1：30

S＝1：10

書架內側使用橡木三合板，和粉刷裝潢的牆面有所區隔

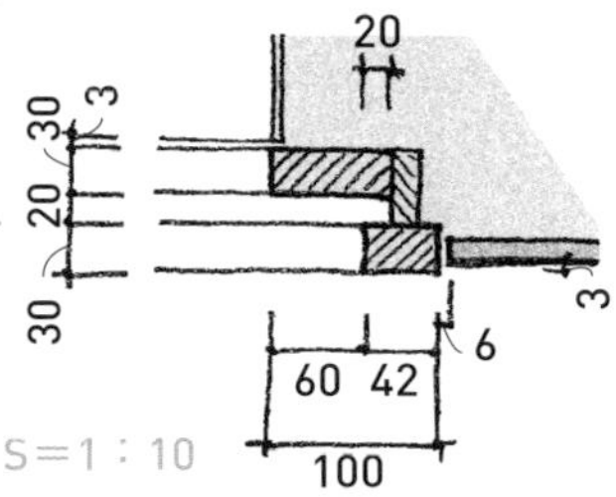

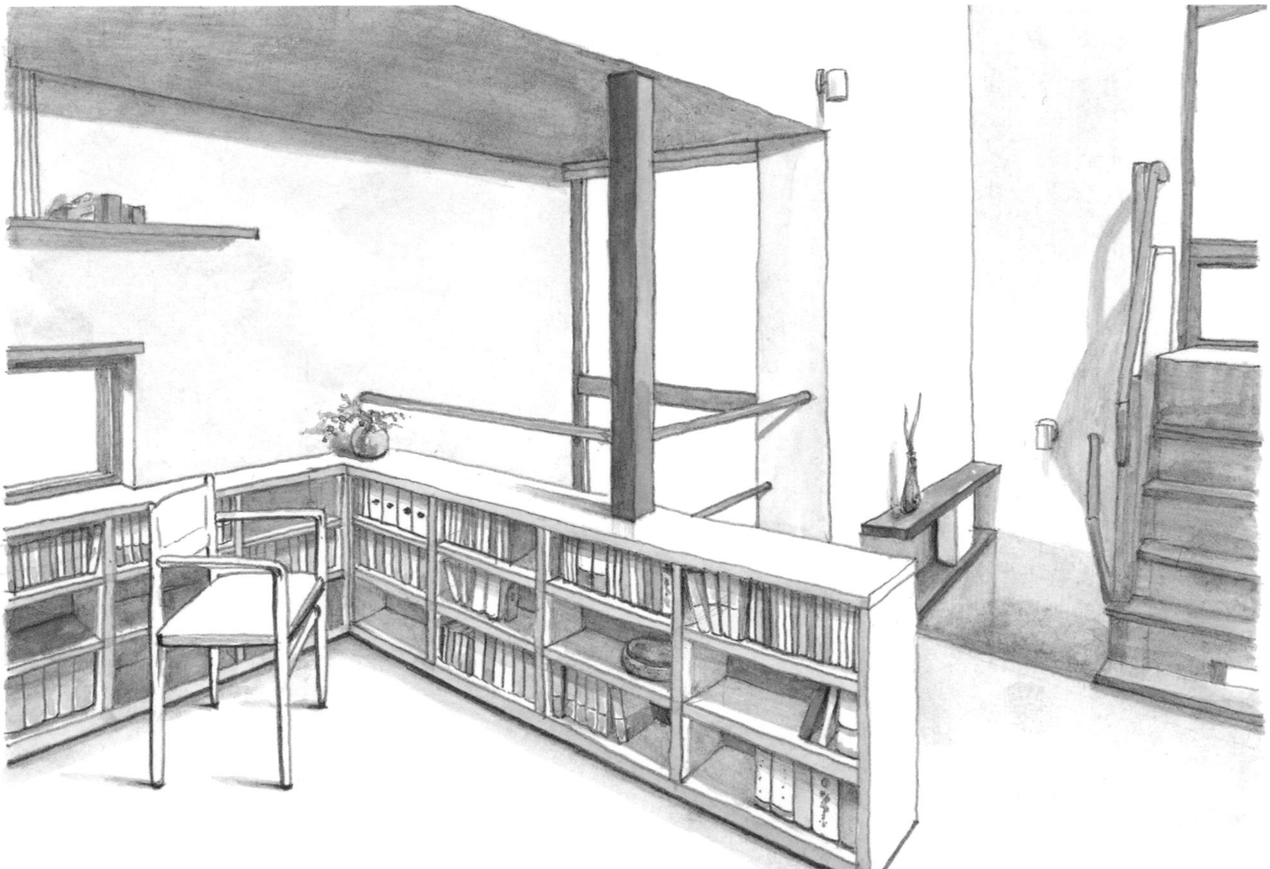

CASE32 ／ 信濃町的家

透過玄關周圍轉換氣氛

旗桿型基地通常要經過細長的道路，因此在玄關門廊周圍，配置歇息空間，當作轉換氣氛的場所。由玄關三和土踏上門廳，打開具有風除機能的拉門後，才算是正式的進入室內。在拉門前方，庭院的綠意透過走廊躍入眼簾，除了光線明亮之外，也讓視野更加遼闊，使這抹綠意點綴入口通道。在玄關旁邊配置了玄關收納，用來收藏喜愛的腳踏車，並且在玄關周圍打造出一條回遊動線。

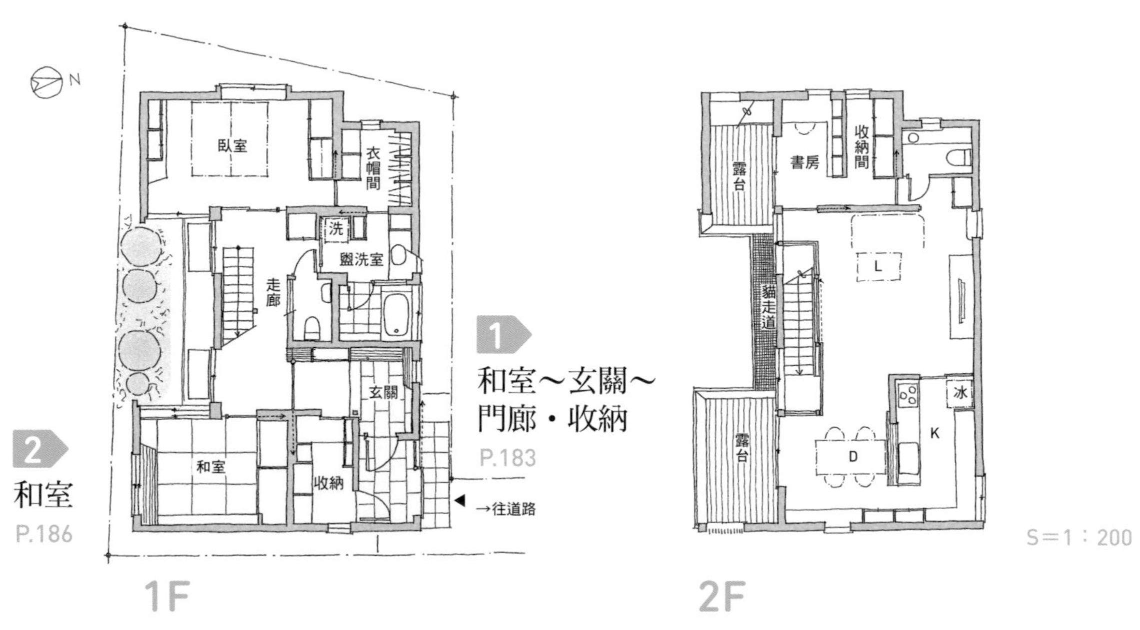
N
臥室
衣帽間
洗
盥洗室
走廊
玄關
和室
收納
→往道路
2 和室 P.186
1 和室～玄關～門廊・收納 P.183
露台
書房
收納間
L
貓走道
冰
K
D
S=1：200
1F
2F

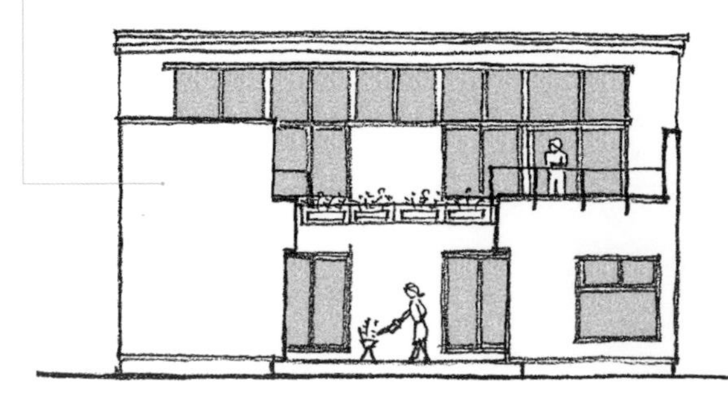
基底砂漿泥作粉刷
S=1：200

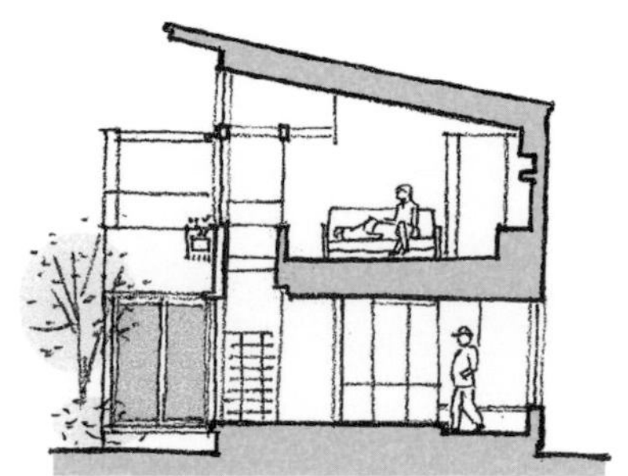

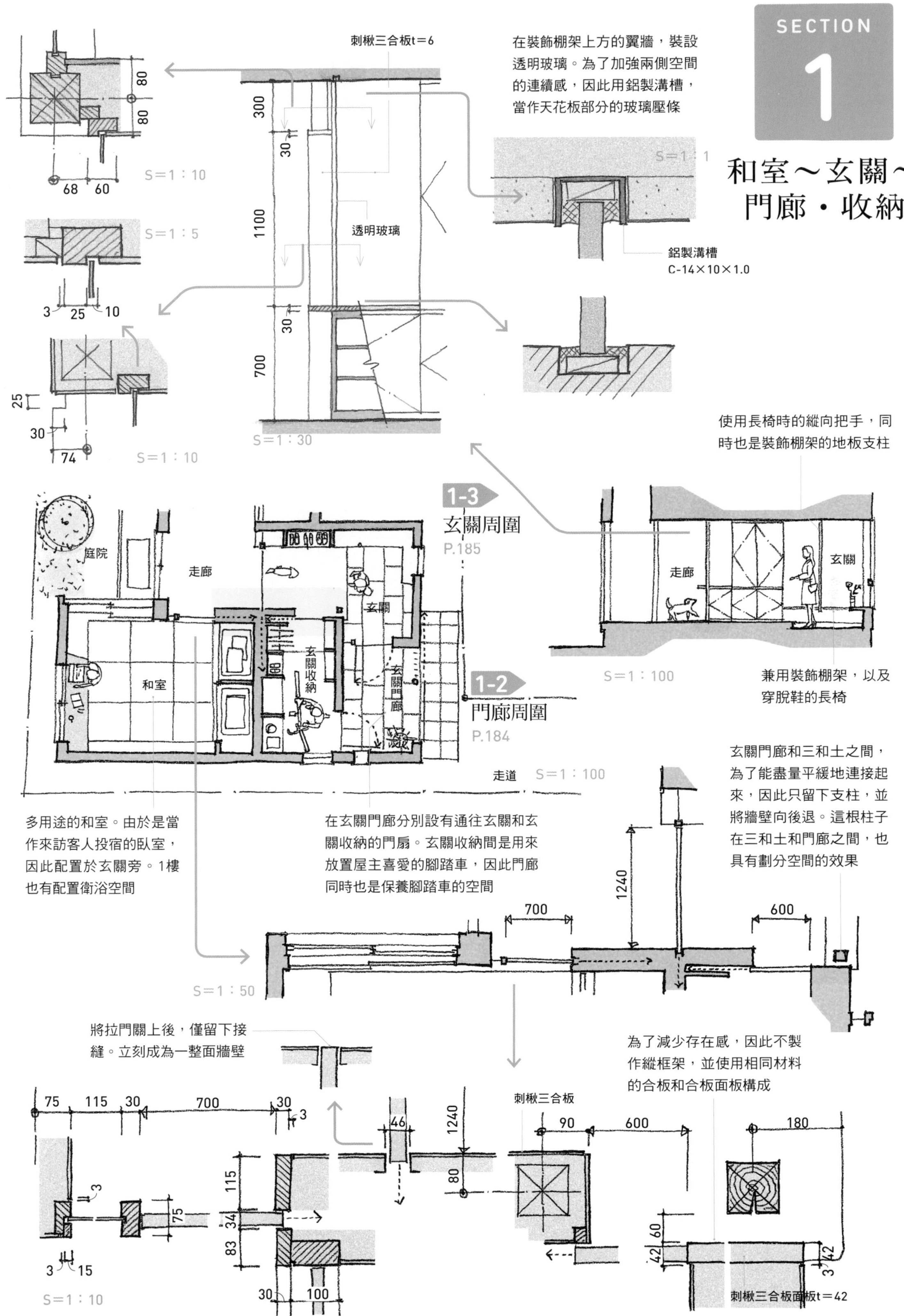
SECTION
1
和室～玄關～門廊・收納
刺楸三合板t＝6
在裝飾棚架上方的翼牆，裝設透明玻璃。為了加強兩側空間的連續感，因此用鋁製溝槽，當作天花板部分的玻璃壓條
S＝1：10
S＝1：5
S＝1：10
S＝1：30
S＝1：1
透明玻璃
鋁製溝槽
C-14×10×1.0
使用長椅時的縱向把手，同時也是裝飾棚架的地板支柱
1-3
玄關周圍
P.185
1-2
門廊周圍
P.184
庭院
走廊
玄關
和室
玄關收納
玄關門廊
走道
S＝1：100
走廊
玄關
S＝1：100
兼用裝飾棚架，以及穿脫鞋的長椅
玄關門廊和三和土之間，為了能盡量平緩地連接起來，因此只留下支柱，並將牆壁向後退。這根柱子在三和土和門廊之間，也具有劃分空間的效果
多用途的和室。由於是當作來訪客人投宿的臥室，因此配置於玄關旁。1樓也有配置衛浴空間
在玄關門廊分別設有通往玄關和玄關收納的門扇。玄關收納間是用來放置屋主喜愛的腳踏車，因此門廊同時也是保養腳踏車的空間
S＝1：50
將拉門關上後，僅留下接縫。立刻成為一整面牆壁
為了減少存在感，因此不製作縱框架，並使用相同材料的合板和合板面板構成
刺楸三合板
刺楸三合板面板t＝42
S＝1：10

SECTION 1-2

門廊周圍

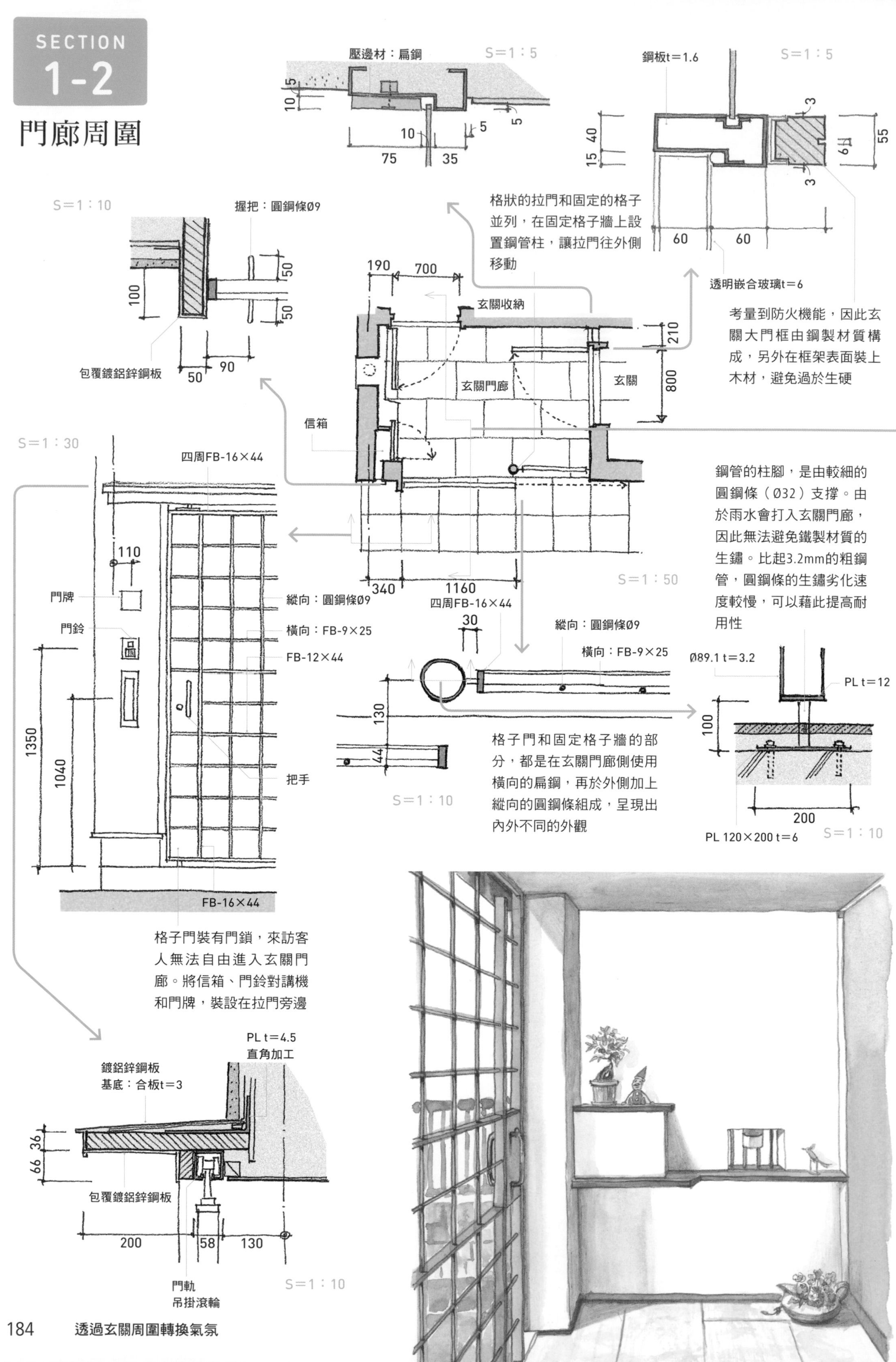

壓邊材：扁鋼
S=1：5
5
10
10
5
5
75
35
鋼板t=1.6
S=1：5
3
40
15
6
55
3
60
60
透明嵌合玻璃t=6
格狀的拉門和固定的格子並列，在固定格子牆上設置鋼管柱，讓拉門往外側移動
考量到防火機能，因此玄關大門框由鋼製材質構成，另外在框架表面裝上木材，避免過於生硬
S=1：10
握把：圓鋼條Ø9
50
50
100
90
50
包覆鍍鋁鋅鋼板
190
700
玄關收納
210
800
玄關門廊
玄關
信箱
340
1160
S=1：50
S=1：30
四周FB-16×44
110
門牌
門鈴
縱向：圓鋼條Ø9
橫向：FB-9×25
FB-12×44
1350
1040
把手
FB-16×44
格子門裝有門鎖，來訪客人無法自由進入玄關門廊。將信箱、門鈴對講機和門牌，裝設在拉門旁邊
四周FB-16×44
30
縱向：圓鋼條Ø9
橫向：FB-9×25
130
44
S=1：10
格子門和固定格子牆的部分，都是在玄關門廊側使用橫向的扁鋼，再於外側加上縱向的圓鋼條組成，呈現出內外不同的外觀
鋼管的柱腳，是由較細的圓鋼條（Ø32）支撐。由於雨水會打入玄關門廊，因此無法避免鐵製材質的生鏽。比起3.2mm的粗鋼管，圓鋼條的生鏽劣化速度較慢，可以藉此提高耐用性
Ø89.1 t=3.2
PL t=12
100
200
PL 120×200 t=6
S=1：10
PL t=4.5
直角加工
鍍鋁鋅鋼板
基底：合板t=3
36
66
包覆鍍鋁鋅鋼板
200
58
130
門軌
吊掛滾輪
S=1：10

玄關周圍

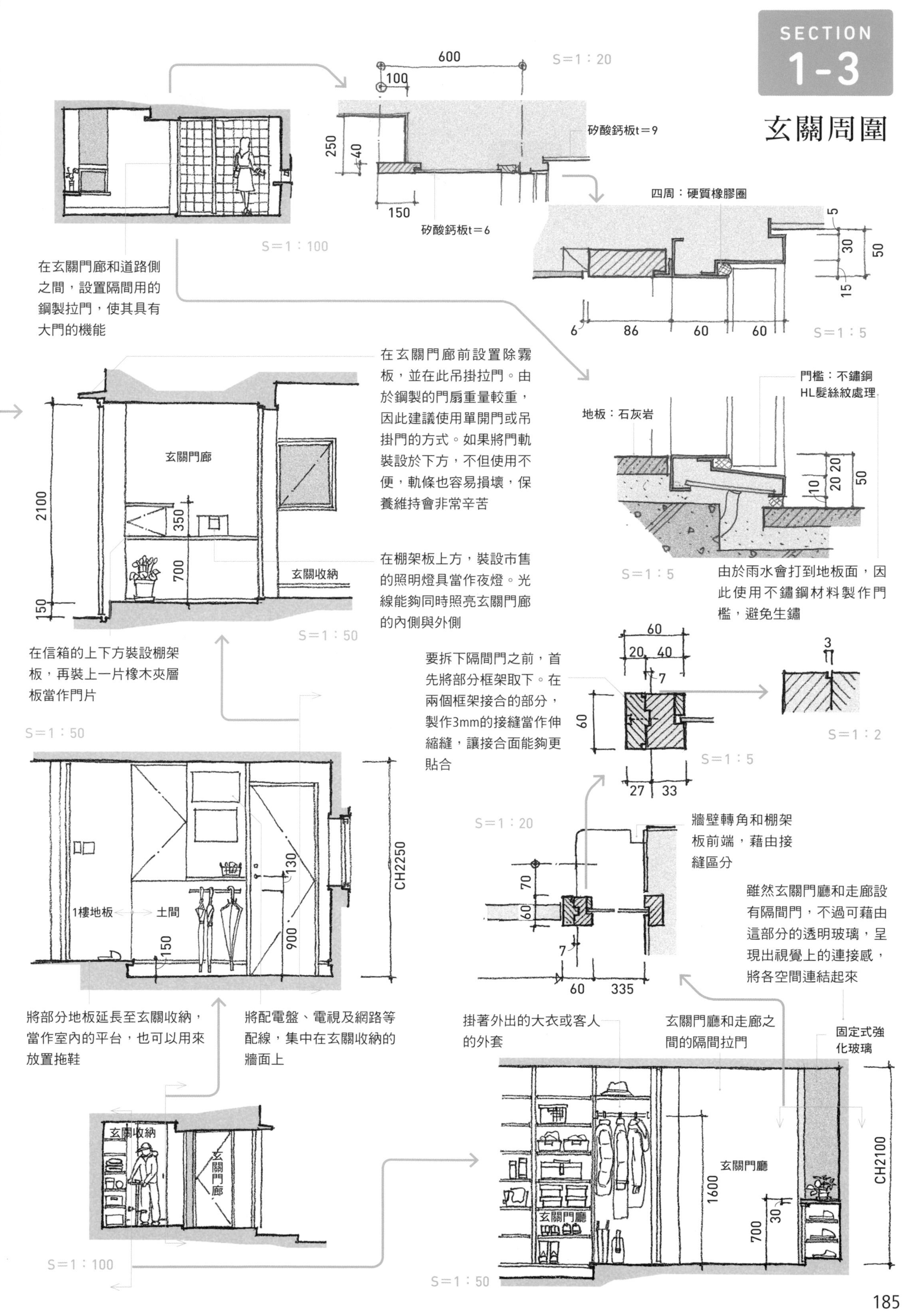

600
100
S=1：20
矽酸鈣板t=9
250
40
150
矽酸鈣板t=6
四周：硬質橡膠圈
5
30
50
15
6
86
60
60
S=1：5
S=1：100
在玄關門廊和道路側之間，設置隔間用的鋼製拉門，使其具有大門的機能
在玄關門廊前設置除霧板，並在此吊掛拉門。由於鋼製的門扇重量較重，因此建議使用單開門或吊掛門的方式。如果將門軌裝設於下方，不但使用不便，軌條也容易損壞，保養維持會非常辛苦
門檻：不鏽鋼
HL髮絲紋處理
地板：石灰岩
玄關門廊
2100
350
700
150
玄關收納
10
20
20
50
在棚架板上方，裝設市售的照明燈具當作夜燈。光線能夠同時照亮玄關門廊的內側與外側
S=1：5
由於雨水會打到地板面，因此使用不鏽鋼材料製作門檻，避免生鏽
S=1：50
在信箱的上下方裝設棚架板，再裝上一片橡木夾層板當作門片
要拆下隔間門之前，首先將部分框架取下。在兩個框架接合的部分，製作3mm的接縫當作伸縮縫，讓接合面能夠更貼合
60
20
40
7
3
60
S=1：5
S=1：2
27
33
S=1：50
1樓地板
土間
130
CH2250
150
900
S=1：20
牆壁轉角和棚架板前端，藉由接縫區分
70
60
7
60
335
雖然玄關門廳和走廊設有隔間門，不過可藉由這部分的透明玻璃，呈現出視覺上的連接感，將各空間連結起來
將部分地板延長至玄關收納，當作室內的平台，也可以用來放置拖鞋
將配電盤、電視及網路等配線，集中在玄關收納的牆面上
掛著外出的大衣或客人的外套
玄關門廳和走廊之間的隔間拉門
固定式強化玻璃
玄關收納
玄關門廊
玄關門廳
1600
700
30
CH2100
玄關門廳
S=1：100
S=1：50

SECTION 2

和室

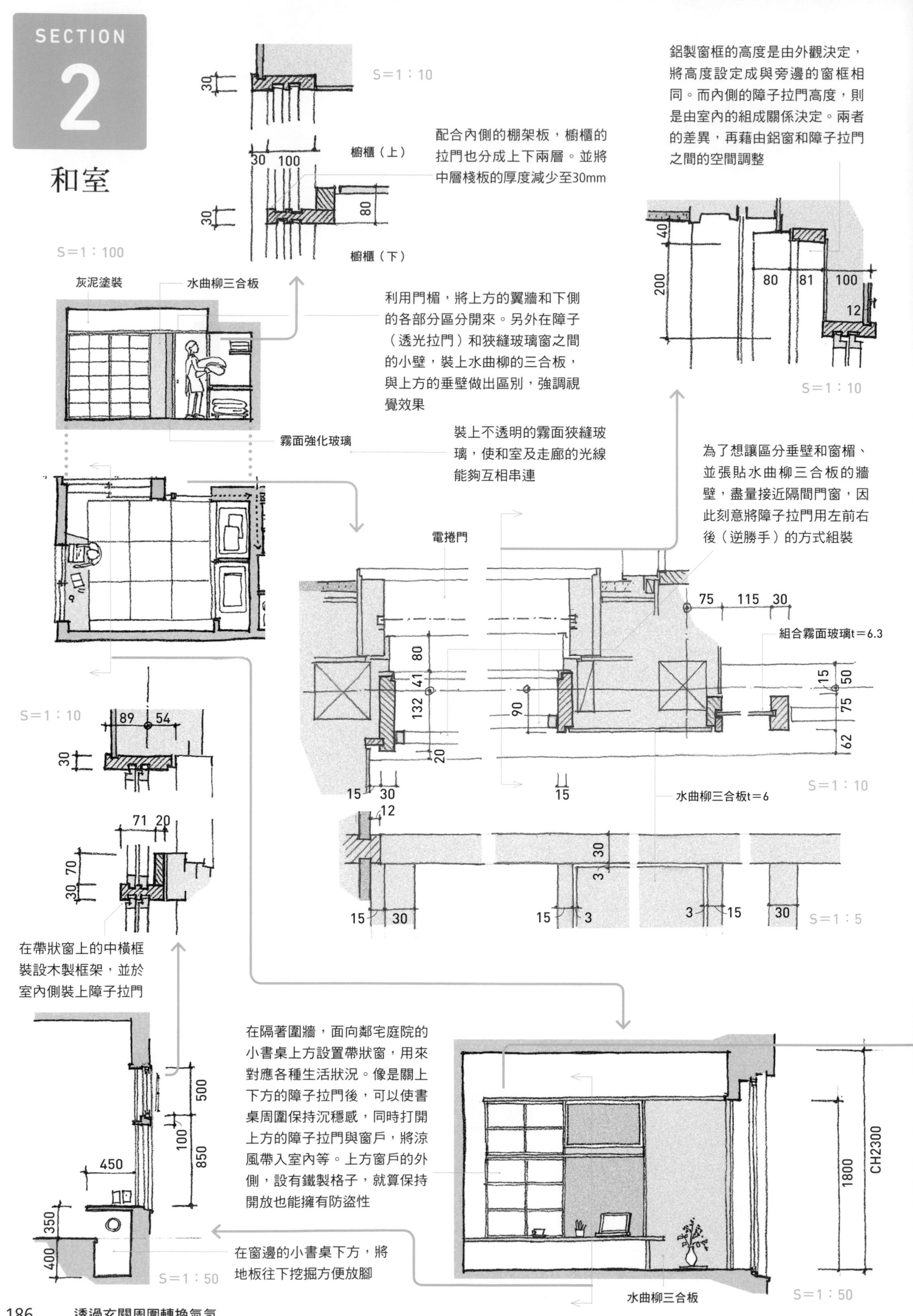

S＝1：10
30
30 100
櫥櫃（上）
30
80
櫥櫃（下）
配合內側的棚架板，櫥櫃的拉門也分成上下兩層。並將中層棧板的厚度減少至30mm
鋁製窗框的高度是由外觀決定，將高度設定成與旁邊的窗框相同。而內側的障子拉門高度，則是由室內的組成關係決定。兩者的差異，再藉由鋁窗和障子拉門之間的空間調整
40
200
80
81
100
12
S＝1：10
S＝1：100
灰泥塗裝
水曲柳三合板
利用門楣，將上方的翼牆和下側的各部分區分開來。另外在障子（透光拉門）和狹縫玻璃窗之間的小壁，裝上水曲柳的三合板，與上方的垂壁做出區別，強調視覺效果
霧面強化玻璃
裝上不透明的霧面狹縫玻璃，使和室及走廊的光線能夠互相串連
為了想讓區分垂壁和窗楣、並張貼水曲柳三合板的牆壁，盡量接近隔間門窗，因此刻意將障子拉門用左前右後（逆勝手）的方式組裝
電捲門
75 115 30
組合霧面玻璃t＝6.3
80
41
132
20
90
15
50
75
62
15 30
15
S＝1：10
水曲柳三合板t＝6
12
30
3
15 30
15 3
3 15
30
S＝1：5
S＝1：10
89 54
30
71 20
70
30
在帶狀窗上的中橫框裝設木製框架，並於室內側裝上障子拉門
在隔著圍牆，面向鄰宅庭院的小書桌上方設置帶狀窗，用來對應各種生活狀況。像是關上下方的障子拉門後，可以使書桌周圍保持沉穩感，同時打開上方的障子拉門與窗戶，將涼風帶入室內等。上方窗戶的外側，設有鐵製格子，就算保持開放也能擁有防盜性
500
100
850
450
350
400
S＝1：50
在窗邊的小書桌下方，將地板往下挖掘方便放腳
1800
CH2300
水曲柳三合板
S＝1：50

增加障子拉門的窗格面積。為了增加強度，因此將骨架的深度，設定成和外框架相同，也稍微增加了寬度。這種方式能讓四周的框架變的較小，並且可呈現出同樣的平面

為了區隔外框架和障子拉門框架，在障子拉門內側的上側框施作缺角，並留下4～5mm的縫隙

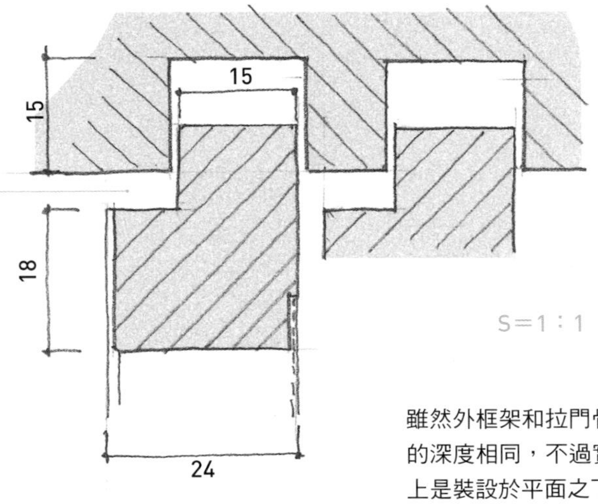

15
15
18
24
S＝1：1

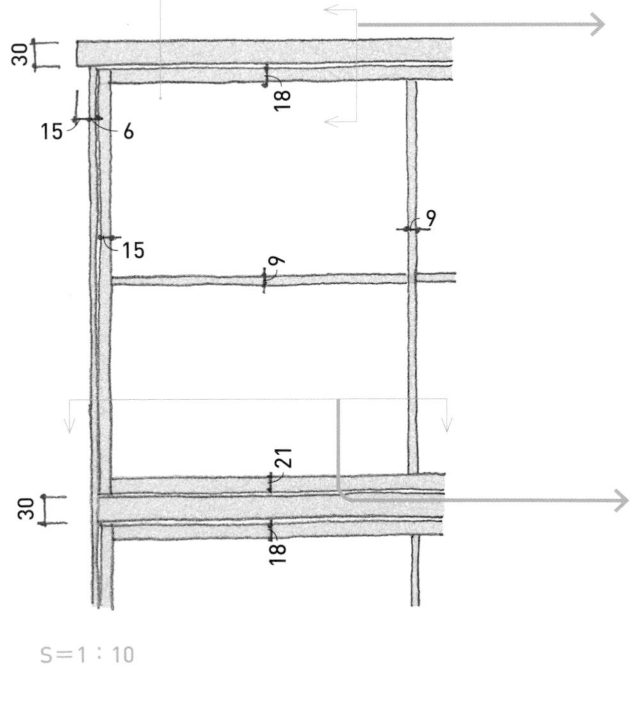

30
18
15
6
9
15
9
21
30
18
S＝1：10

雖然外框架和拉門骨架的深度相同，不過實際上是裝設於平面之下

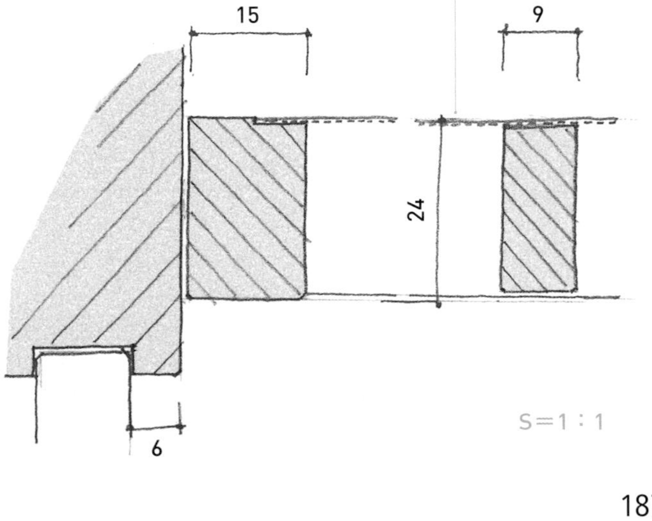

15
9
24
6
S＝1：1

CASE33 ／ 井之頭的家

利用樓梯間及拉門連接成豐富的住宅空間

將樓梯間配置於南側，並將地下室到2樓這三層樓的空間串聯，臥室或LDK則是配置於臥室。將光線和涼風帶入起居室的同時，樓梯間同時也成為走道和起居間的緩衝地帶。雖然起居間的空間不大，不過透過挑高的樓梯間連接，在這裡能夠感受到比實際還寬敞的空間。各空間都設置了拉門，注重隱私的時候，或是想擁有靜謐時光，都可以藉由拉門開關來隔間。

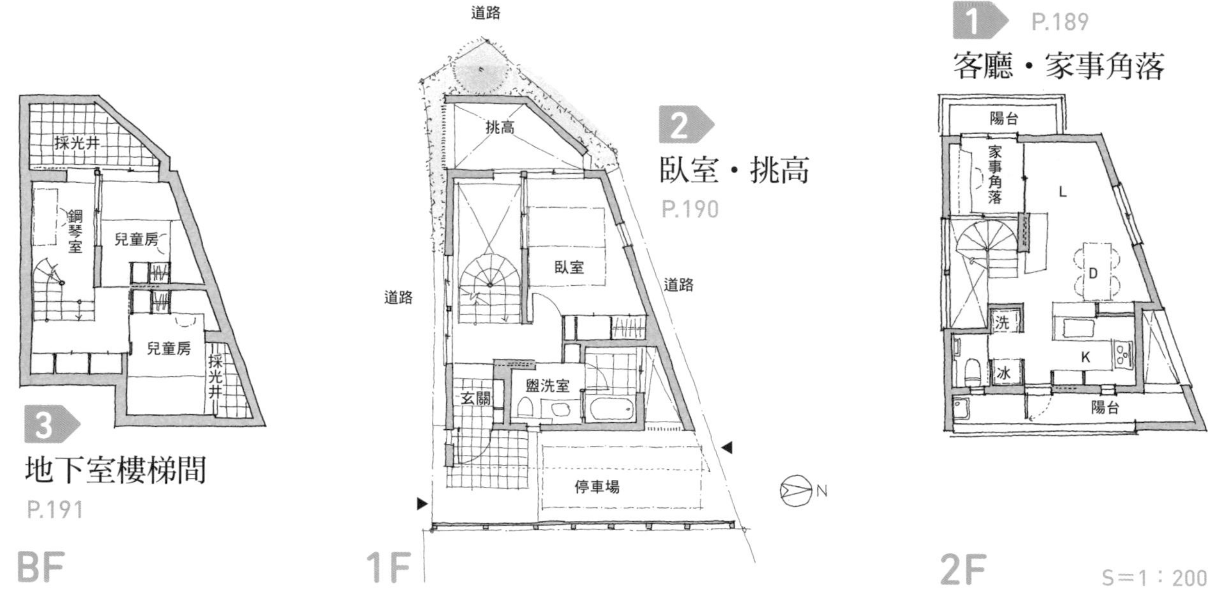

採光井
鋼琴室
兒童房
兒童房
採光井
3
地下室樓梯間
P.191
BF
道路
挑高
2
臥室・挑高
P.190
道路
臥室
道路
玄關
盥洗室
停車場
N
1F
1
P.189
客廳・家事角落
陽台
家事角落
L
D
洗
K
冰
陽台
2F
S＝1：200

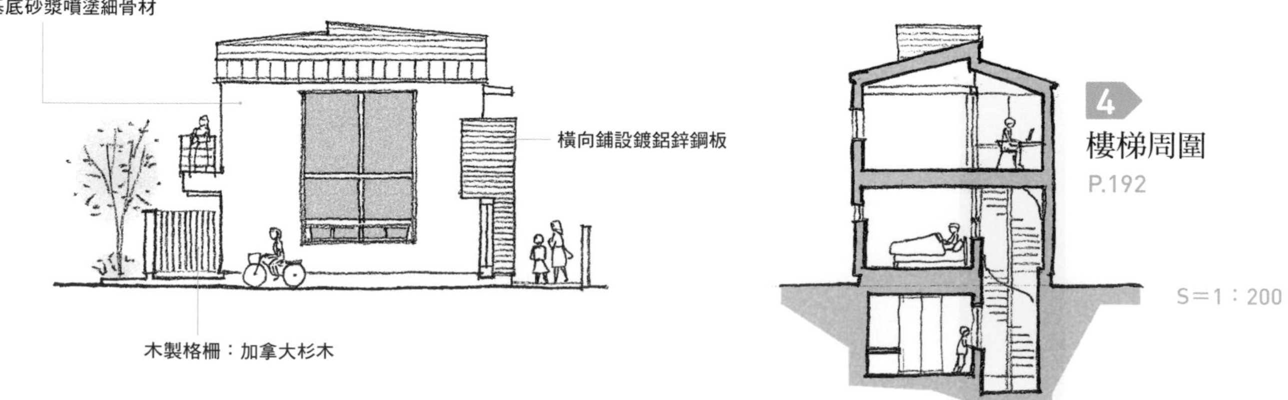

基底砂漿噴塗細骨材
橫向鋪設鍍鋁鋅鋼板
木製格柵：加拿大杉木
4
樓梯周圍
P.192
S＝1：200

SECTION 1

客廳・家事角落

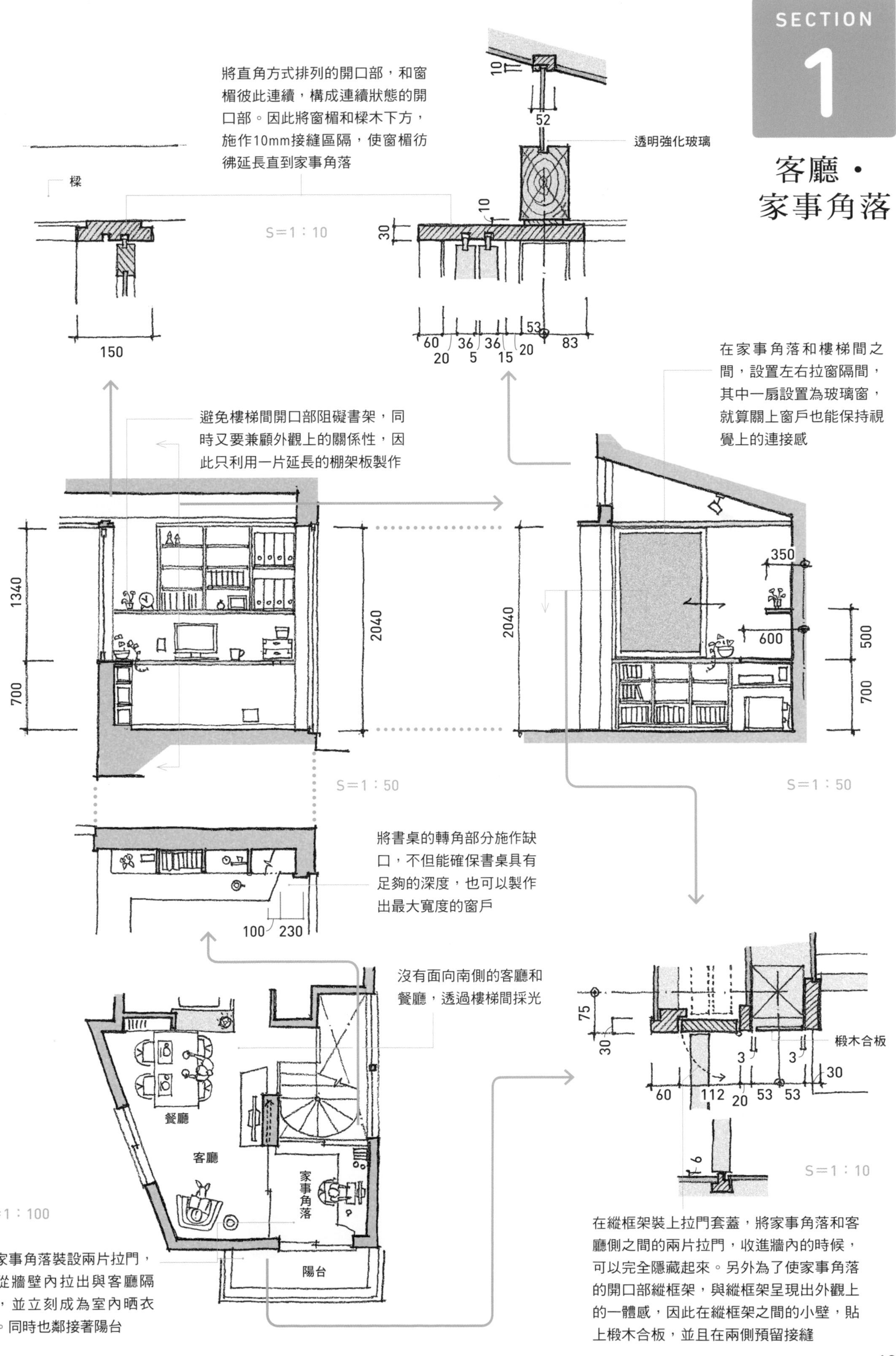

將直角方式排列的開口部，和窗楣彼此連續，構成連續狀態的開口部。因此將窗楣和樑木下方，施作10mm接縫區隔，使窗楣彷彿延長直到家事角落
樑
150
S=1：10
透明強化玻璃
52
10
30
60
20
36
5
36
15
20
53
83
避免樓梯間開口部阻礙書架，同時又要兼顧外觀上的關係性，因此只利用一片延長的棚架板製作
在家事角落和樓梯間之間，設置左右拉窗隔間，其中一扇設置為玻璃窗，就算關上窗戶也能保持視覺上的連接感
1340
700
2040
2040
350
600
500
700
S=1：50
S=1：50
將書桌的轉角部分施作缺口，不但能確保書桌具有足夠的深度，也可以製作出最大寬度的窗戶
100
230
沒有面向南側的客廳和餐廳，透過樓梯間採光
餐廳
客廳
家事角落
陽台
S=1：100
75
30
椴木合板
3
3
30
60
112
20
53
53
6
S=1：10
在家事角落裝設兩片拉門，可從牆壁內拉出與客廳隔間，並立刻成為室內晒衣場。同時也鄰接著陽台
在縱框架裝上拉門套蓋，將家事角落和客廳側之間的兩片拉門，收進牆內的時候，可以完全隱藏起來。另外為了使家事角落的開口部縱框架，與縱框架呈現出外觀上的一體感，因此在縱框架之間的小壁，貼上椴木合板，並且在兩側預留接縫

SECTION 2

臥室・挑高

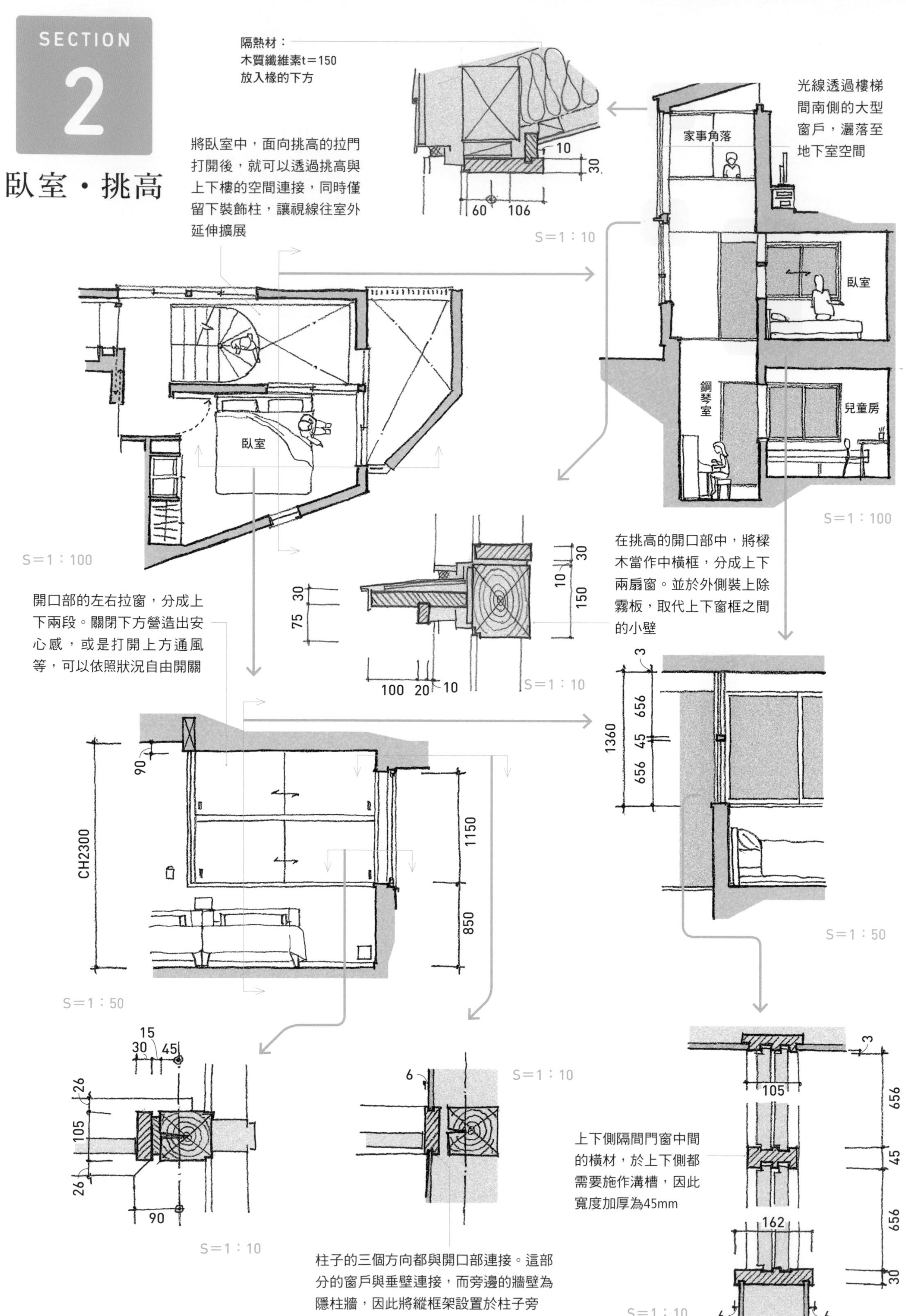

隔熱材：
木質纖維素t=150
放入椽的下方
將臥室中，面向挑高的拉門打開後，就可以透過挑高與上下樓的空間連接，同時僅留下裝飾柱，讓視線往室外延伸擴展
光線透過樓梯間南側的大型窗戶，灑落至地下室空間
家事角落
臥室
鋼琴室
兒童房
10
30
60
106
S=1：10
S=1：100
臥室
S=1：100
開口部的左右拉窗，分成上下兩段。關閉下方營造出安心感，或是打開上方通風等，可以依照狀況自由開闔
在挑高的開口部中，將樑木當作中橫框，分成上下兩扇窗。並於外側裝上除霧板，取代上下窗框之間的小壁
30
75
10
150
100
20
S=1：10
3
656
45
1360
CH2300
90
1150
850
S=1：50
S=1：50
15
30
45
26
105
26
90
S=1：10
6
S=1：10
柱子的三個方向都與開口部連接。這部分的窗戶與垂壁連接，而旁邊的牆壁為隱柱牆，因此將縱框架設置於柱子旁
上下側隔間門窗中間的橫材，於上下側都需要施作溝槽，因此寬度加厚為45mm
105
162
656
45
656
30
S=1：10

SECTION 3

地下室樓梯間

將垂壁和天花板之間作出變化，由垂直面漸漸轉換成水平，因此在下樓梯的時候，讓視線能夠更加流暢

55
55
30
25
30
25
120
120
S＝1：10
電視與網路盒
配電盤
1400
700
700
1050
150
150
150
620
620
420
杉木格柵板
S＝1：50

在地下室樓梯間中，設有一面收納牆，在這面牆中分別依照類別，為內部賦予各種變化。將配電盤、電視或網路盒集中於右側，深度也比較淺。在中間部分的中層，則是設置格柵樣式的杉木棚架板，可用來放置棉被等物品

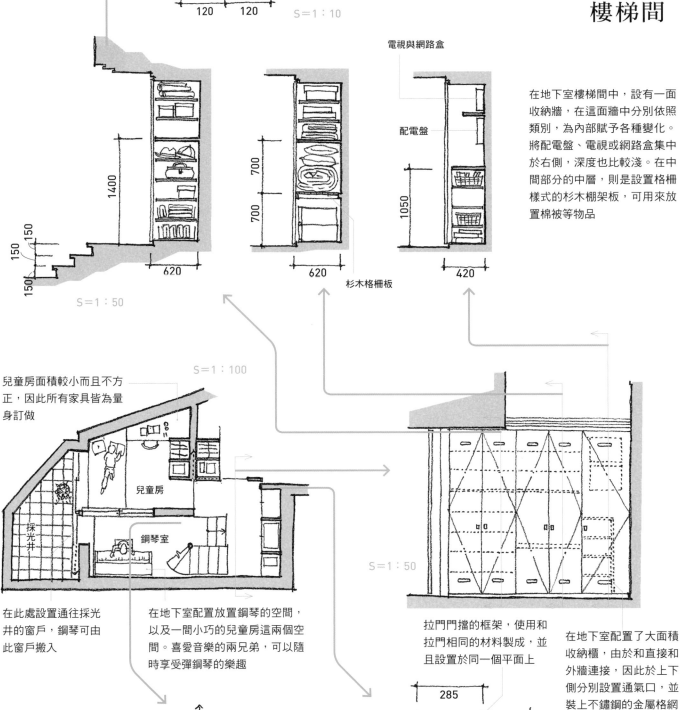

S＝1：100
兒童房
鋼琴室
採光井
S＝1：50

兒童房面積較小而且不方正，因此所有家具皆為量身訂做

在此處設置通往採光井的窗戶，鋼琴可由此窗戶搬入

在地下室配置放置鋼琴的空間，以及一間小巧的兒童房這兩個空間。喜愛音樂的兩兄弟，可以隨時享受彈鋼琴的樂趣

拉門門擋的框架，使用和拉門相同的材料製成，並且設置於同一個平面上

在地下室配置了大面積收納櫃，由於和直接和外牆連接，因此於上下側分別設置通氣口，並裝上不鏽鋼的金屬格網

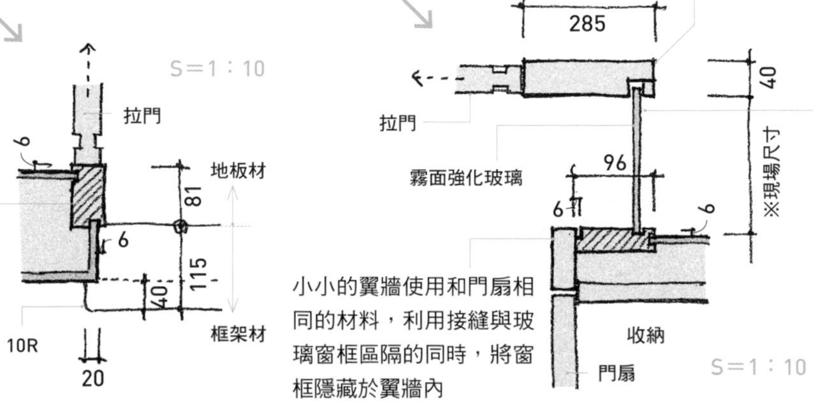

S＝1：10
拉門
地板材
6
81
6
115
40
10R
20
框架材
285
40
拉門
霧面強化玻璃
96
6
6
※現場尺寸
收納
門扇
S＝1：10

突出型牆壁和拉門框架的接合方式。將框架的寬度加大（81mm），並將框架和牆壁的區隔線，與地板和框架的區隔線對齊

小小的翼牆使用和門扇相同的材料，利用接縫與玻璃窗框區隔的同時，將窗框隱藏於翼牆內

利用隔間牆的錯位，設置狹縫並嵌入不透明玻璃，雖然設有隔間卻能感受彼此的動態

SECTION 4

樓梯周圍

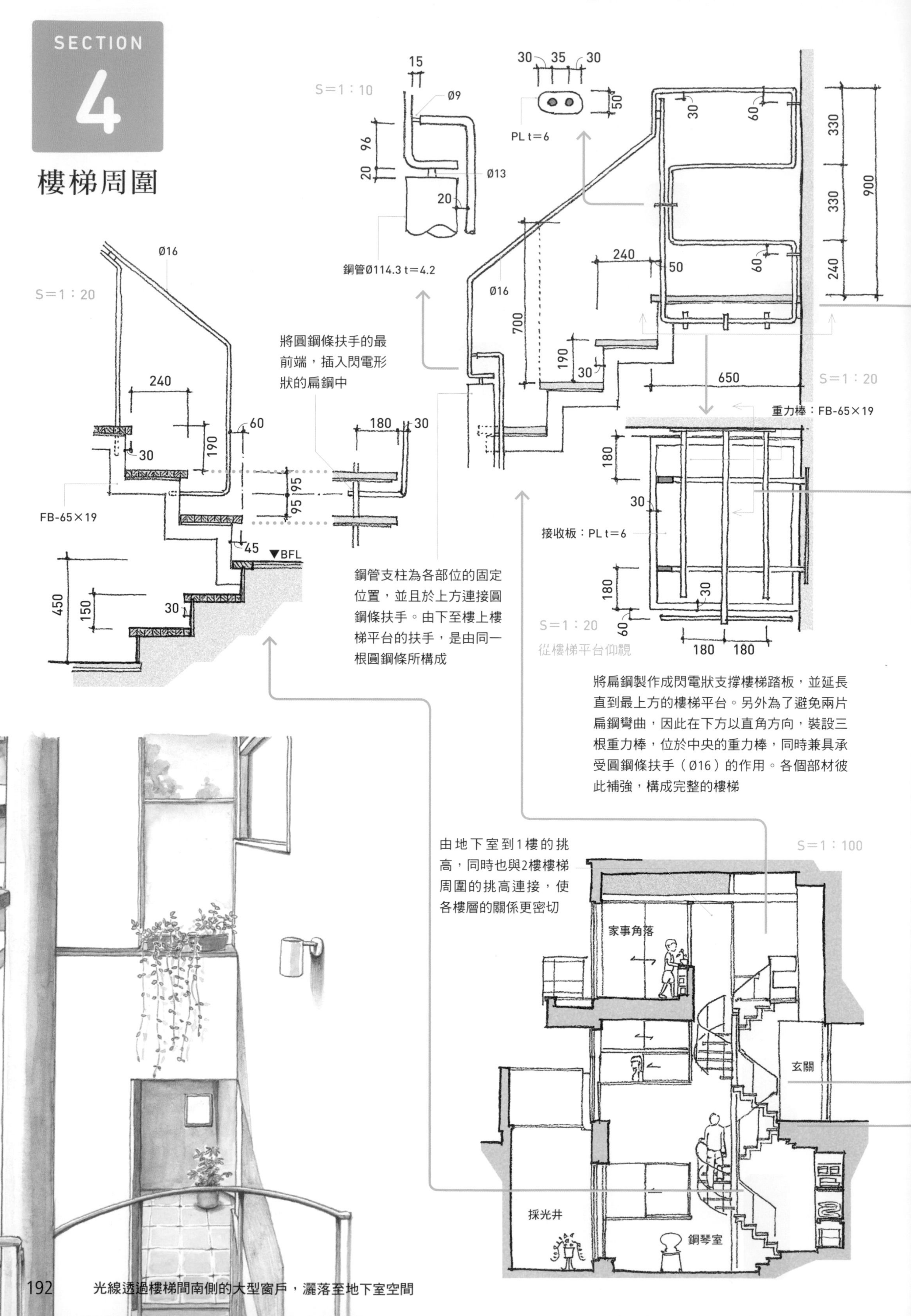
S=1：10
15
Ø9
96
20
Ø13
20
鋼管Ø114.3 t=4.2
30 35 30
50
PL t=6
30
60
330
330
900
240
60
240
50
Ø16
700
190
30
650
S=1：20
重力棒：FB-65×19
180
30
接收板：PL t=6
180
30
60
S=1：20
從樓梯平台仰視
180 180
S=1：20
Ø16
240
60
190
30
FB-65×19
180 30
95 195
95
45
▼BFL
450
150
30
將圓鋼條扶手的最前端，插入閃電形狀的扁鋼中
鋼管支柱為各部位的固定位置，並且於上方連接圓鋼條扶手。由下至樓上樓梯平台的扶手，是由同一根圓鋼條所構成
將扁鋼製作成閃電狀支撐樓梯踏板，並延長直到最上方的樓梯平台。另外為了避免兩片扁鋼彎曲，因此在下方以直角方向，裝設三根重力棒，位於中央的重力棒，同時兼具承受圓鋼條扶手（Ø16）的作用。各個部材彼此補強，構成完整的樓梯
由地下室到1樓的挑高，同時也與2樓樓梯周圍的挑高連接，使各樓層的關係更密切
S=1：100
家事角落
玄關
採光井
鋼琴室

光線透過樓梯間南側的大型窗戶，灑落至地下室空間

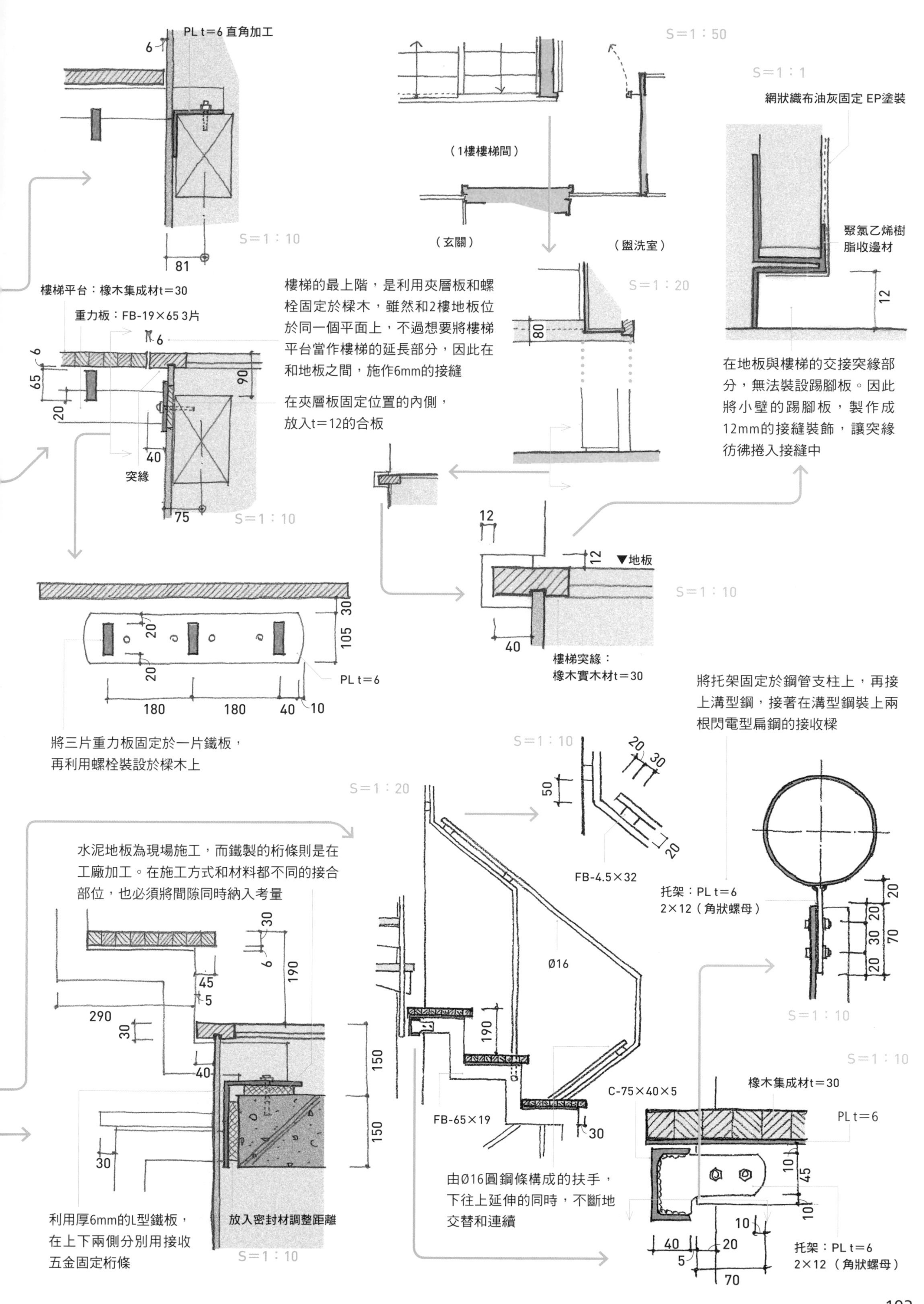
PL t=6 直角加工
6
S=1：10
81
S=1：50
（1樓樓梯間）
（玄關）
（盥洗室）
S=1：1
網狀織布油灰固定 EP塗裝
聚氯乙烯樹脂收邊材
12
樓梯平台：橡木集成材t=30
重力板：FB-19×65 3片
6
6
65
20
90
40
突緣
75
S=1：10
樓梯的最上階，是利用夾層板和螺栓固定於樑木，雖然和2樓地板位於同一個平面上，不過想要將樓梯平台當作樓梯的延長部分，因此在和地板之間，施作6mm的接縫
在夾層板固定位置的內側，放入t=12的合板
S=1：20
80
在地板與樓梯的交接突緣部分，無法裝設踢腳板。因此將小壁的踢腳板，製作成12mm的接縫裝飾，讓突緣彷彿捲入接縫中
12
12
▼地板
S=1：10
40
樓梯突緣：橡木實木材t=30
30
20
105
20
PL t=6
180
180
40
10
將三片重力板固定於一片鐵板，再利用螺栓裝設於樑木上
將托架固定於鋼管支柱上，再接上溝型鋼，接著在溝型鋼裝上兩根閃電型扁鋼的接收樑
S=1：10
20
30
50
20
FB-4.5×32
S=1：20
水泥地板為現場施工，而鐵製的桁條則是在工廠加工。在施工方式和材料都不同的接合部位，也必須將間隙同時納入考量
30
6
190
45
5
290
30
40
150
150
30
Ø16
190
FB-65×19
30
C-75×40×5
托架：PL t=6
2×12（角狀螺母）
20
20
30
70
20
S=1：10
S=1：10
橡木集成材t=30
PL t=6
10
45
10
10
40
5
20
70
托架：PL t=6
2×12（角狀螺母）
由Ø16圓鋼條構成的扶手，下往上延伸的同時，不斷地交替和連續
利用厚6mm的L型鐵板，在上下兩側分別用接收五金固定桁條
放入密封材調整距離
S=1：10

CASE34 ／ 經堂的家

用一層樓解決所有的生活需求

希望除了睡覺之外的活動，都能在2樓進行。依照屋主的期望，打造了這樣的住宅計畫。在LDK空間中，配置了小小的食品儲藏室和家事角落，並且隔著樓梯間，配置盥洗室等衛浴空間。另外還在浴室旁，配置了室外的浴室造景區，以及家事角落旁的小巧露台。雖然面積不大，不過卻打造出一條連接廚房、食品儲藏室，以及衛浴空間的內部動線，使住宅生活更加輕鬆便利。

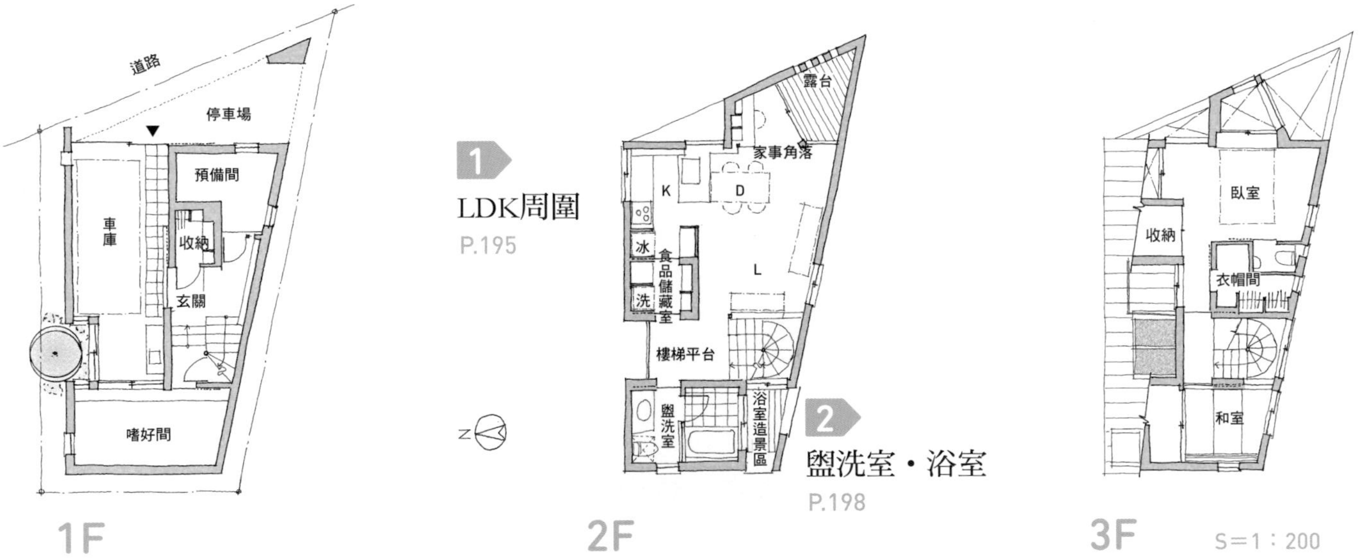

道路
停車場
預備間
車庫
收納
玄關
嗜好間

1F

露台
家事角落
K
D
冰
食品儲藏室
洗
L
樓梯平台
盥洗室
浴室造景區

1 LDK周圍
P.195

2 盥洗室・浴室
P.198

2F

臥室
收納
衣帽間
和室

3F

S=1：200

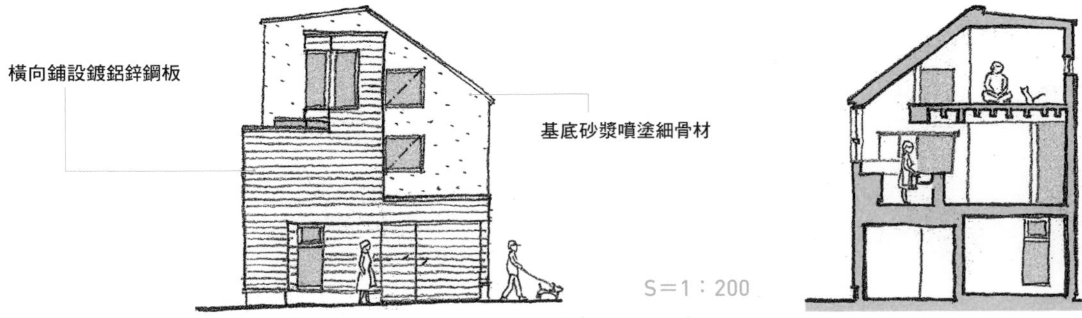

橫向鋪設鍍鋁鋅鋼板

基底砂漿噴塗細骨材

S=1：200

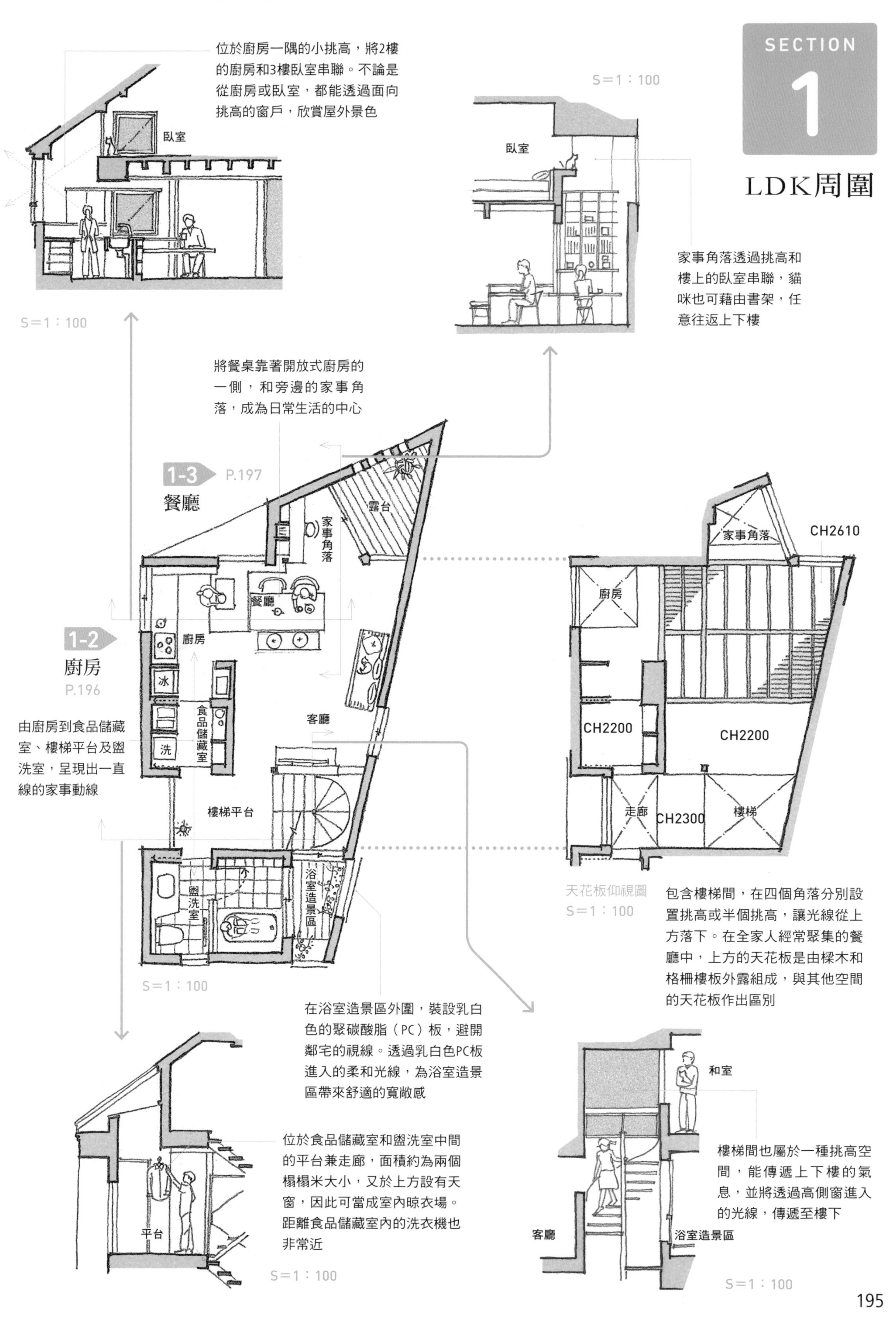
SECTION
1
LDK周圍
位於廚房一隅的小挑高，將2樓的廚房和3樓臥室串聯。不論是從廚房或臥室，都能透過面向挑高的窗戶，欣賞屋外景色
臥室
S=1：100
S=1：100
臥室
家事角落透過挑高和樓上的臥室串聯，貓咪也可藉由書架，任意往返上下樓
將餐桌靠著開放式廚房的一側，和旁邊的家事角落，成為日常生活的中心
1-3 P.197
餐廳
露台
家事角落
餐廳
1-2
廚房
P.196
廚房
冰
食品儲藏室
洗
由廚房到食品儲藏室、樓梯平台及盥洗室，呈現出一直線的家事動線
客廳
樓梯平台
盥洗室
浴室造景區
S=1：100
家事角落
CH2610
廚房
CH2200
CH2200
走廊
CH2300
樓梯
天花板仰視圖
S=1：100
包含樓梯間，在四個角落分別設置挑高或半個挑高，讓光線從上方落下。在全家人經常聚集的餐廳中，上方的天花板是由樑木和格柵樓板外露組成，與其他空間的天花板作出區別
在浴室造景區外圍，裝設乳白色的聚碳酸脂（PC）板，避開鄰宅的視線。透過乳白色PC板進入的柔和光線，為浴室造景區帶來舒適的寬敞感
平台
位於食品儲藏室和盥洗室中間的平台兼走廊，面積約為兩個榻榻米大小，又於上方設有天窗，因此可當成室內晾衣場。距離食品儲藏室內的洗衣機也非常近
S=1：100
和室
樓梯間也屬於一種挑高空間，能傳遞上下樓的氣息，並將透過高側窗進入的光線，傳遞至樓下
客廳
浴室造景區
S=1：100

SECTION 1-2

廚房

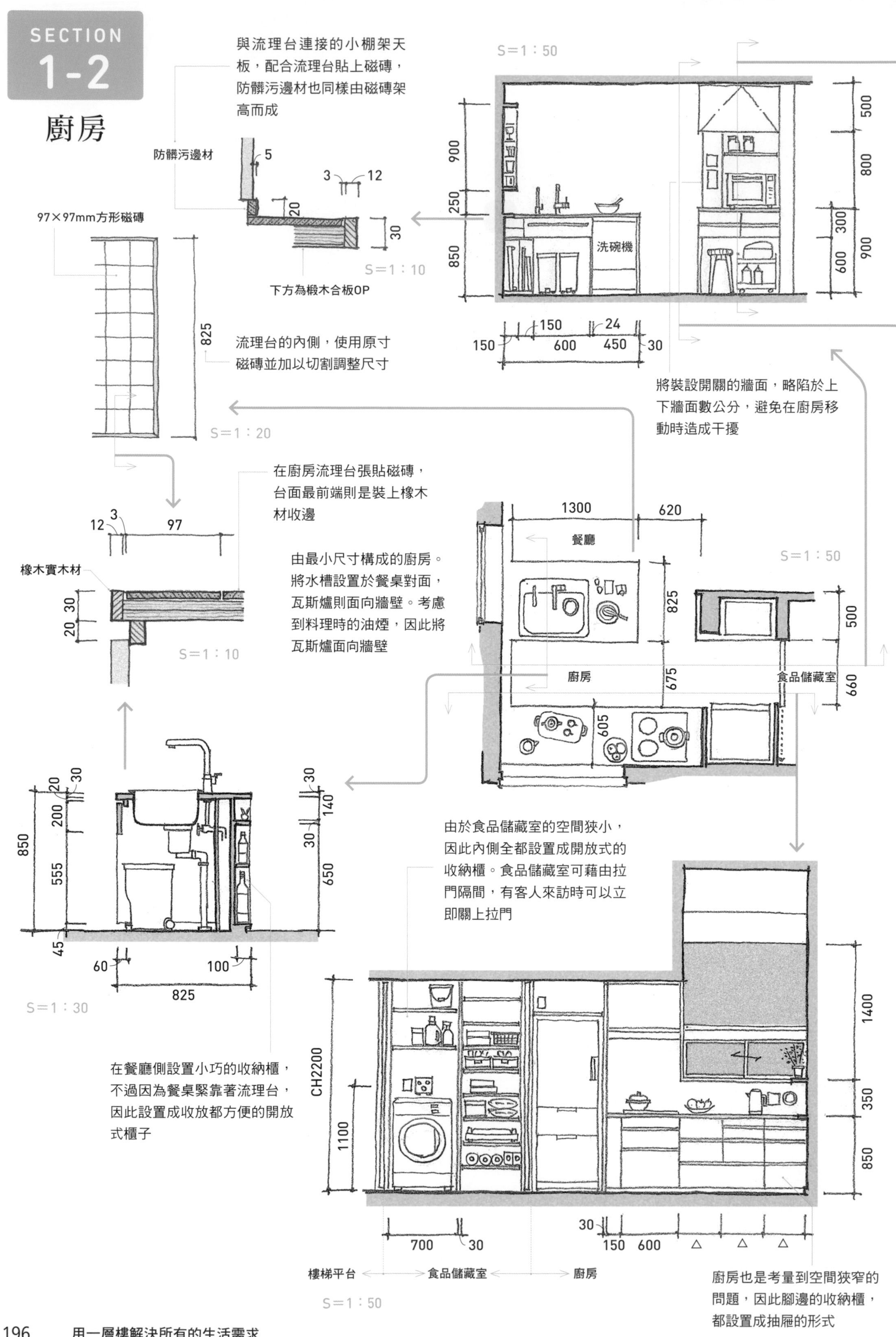

與流理台連接的小棚架天板，配合流理台貼上磁磚，防髒污邊材也同樣由磁磚架高而成
防髒污邊材
5
3
12
20
30
S=1：10
下方為椴木合板OP
97×97mm方形磁磚
825
流理台的內側，使用原寸磁磚並加以切割調整尺寸
S=1：20
S=1：50
900
250
850
洗碗機
500
800
300
900
600
150
150
600
24
450
30
將裝設開關的牆面，略陷於上下牆面數公分，避免在廚房移動時造成干擾
在廚房流理台張貼磁磚，台面最前端則是裝上橡木材收邊
12
3
97
橡木實木材
30
20
S=1：10
由最小尺寸構成的廚房。將水槽設置於餐桌對面，瓦斯爐則面向牆壁。考慮到料理時的油煙，因此將瓦斯爐面向牆壁
1300
620
餐廳
825
500
廚房
675
食品儲藏室
660
605
S=1：50
20
30
200
850
555
45
60
100
825
30
140
30
650
S=1：30
在餐廳側設置小巧的收納櫃，不過因為餐桌緊靠著流理台，因此設置成收放都方便的開放式櫃子
由於食品儲藏室的空間狹小，因此內側全都設置成開放式的收納櫃。食品儲藏室可藉由拉門隔間，有客人來訪時可以立即關上拉門
CH2200
1100
1400
350
850
700
30
30
150
600
樓梯平台
食品儲藏室
廚房
S=1：50
廚房也是考量到空間狹窄的問題，因此腳邊的收納櫃，都設置成抽屜的形式

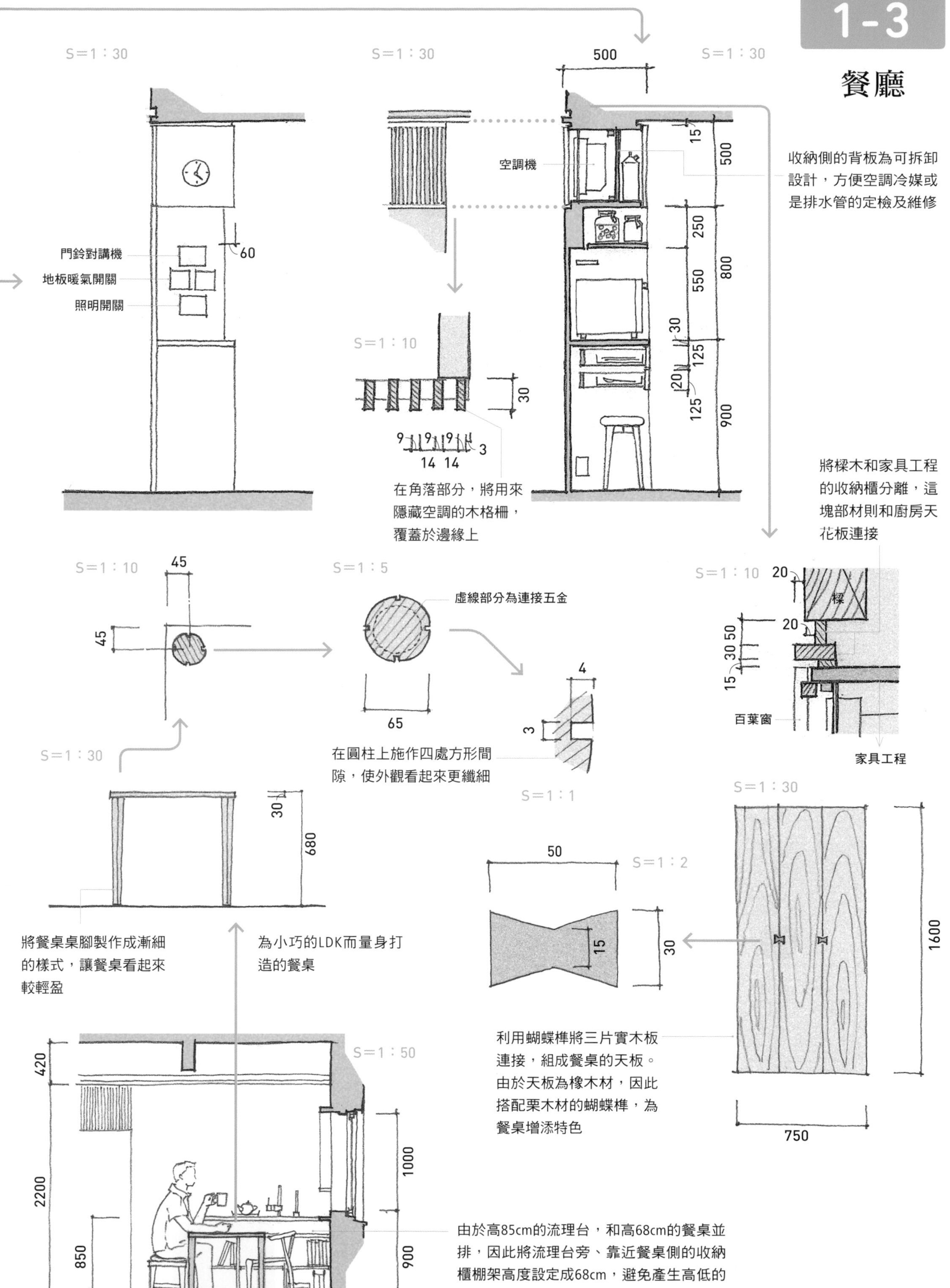
S=1：30
門鈴對講機
地板暖氣開關
照明開關
60
S=1：30
空調機
500
S=1：30
15
500
250
800
550
30
125
20
125
900
收納側的背板為可拆卸設計，方便空調冷媒或是排水管的定檢及維修
S=1：10
30
9 9 9 3
14 14
在角落部分，將用來隱藏空調的木格柵，覆蓋於邊緣上
將樑木和家具工程的收納櫃分離，這塊部材則和廚房天花板連接
S=1：10
45
45
S=1：5
虛線部分為連接五金
65
4
3
在圓柱上施作四處方形間隙，使外觀看起來更纖細
S=1：1
S=1：10
20
樑
20
50
30
15
百葉窗
家具工程
S=1：30
30
680
將餐桌桌腳製作成漸細的樣式，讓餐桌看起來較輕盈
為小巧的LDK而量身打造的餐桌
50
S=1：2
15
30
S=1：30
1600
750
利用蝴蝶榫將三片實木板連接，組成餐桌的天板。由於天板為橡木材，因此搭配栗木材的蝴蝶榫，為餐桌增添特色
S=1：50
420
2200
850
1000
900
由於高85cm的流理台，和高68cm的餐桌並排，因此將流理台旁、靠近餐桌側的收納櫃棚架高度設定成68cm，避免產生高低的差異，使收納櫃和餐桌能夠呈現出整體感

SECTION 2

盥洗室・浴室

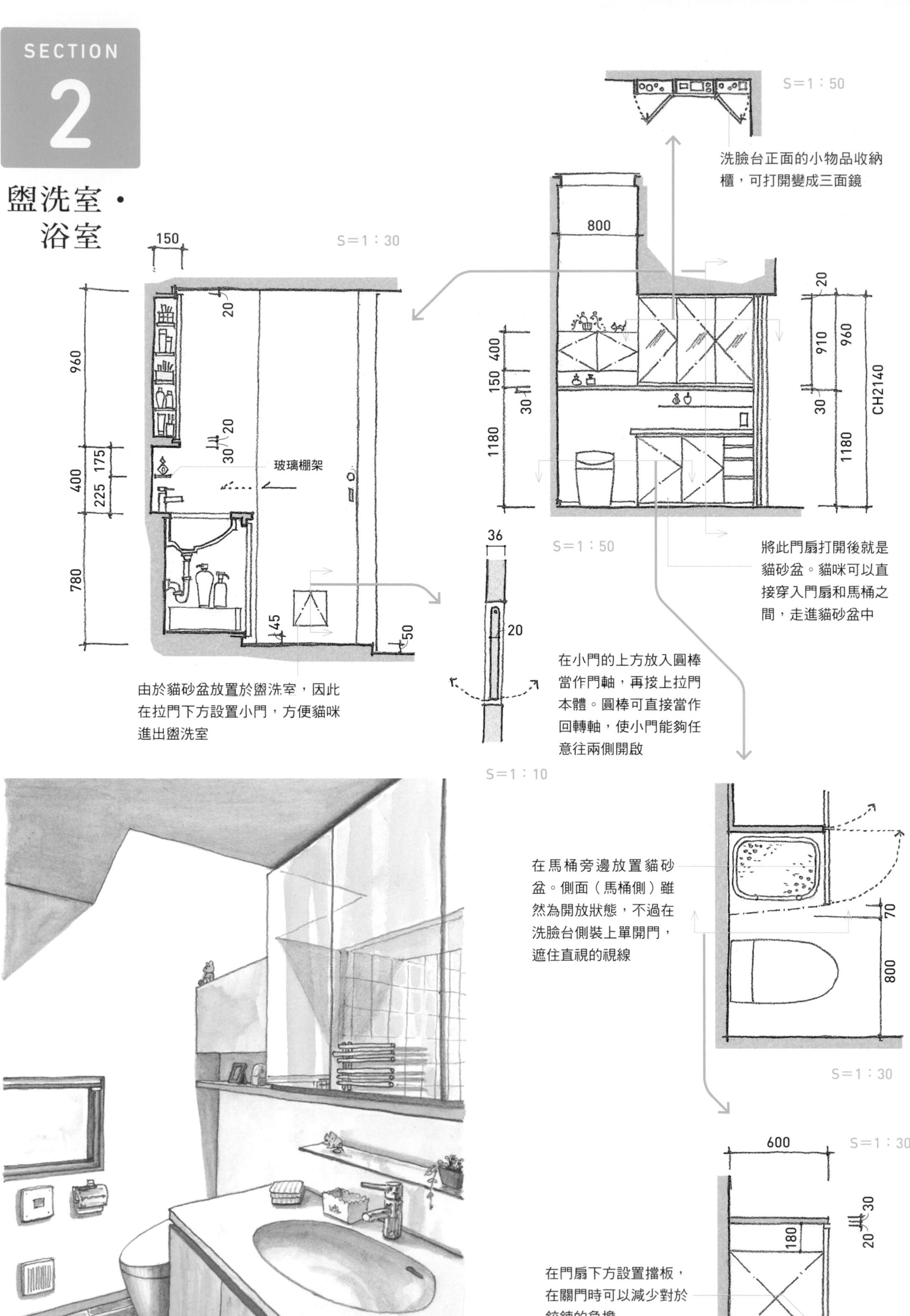

S＝1：50
洗臉台正面的小物品收納櫃，可打開變成三面鏡
800
20
910
960
CH2140
400
150
30
1180
30
1180
S＝1：50
將此門扇打開後就是貓砂盆。貓咪可以直接穿入門扇和馬桶之間，走進貓砂盆中
150
S＝1：30
960
20
20
30
400
175
225
玻璃棚架
780
45
50
由於貓砂盆放置於盥洗室，因此在拉門下方設置小門，方便貓咪進出盥洗室
36
20
在小門的上方放入圓棒當作門軸，再接上拉門本體。圓棒可直接當作回轉軸，使小門能夠任意往兩側開啟
S＝1：10
在馬桶旁邊放置貓砂盆。側面（馬桶側）雖然為開放狀態，不過在洗臉台側裝上單開門，遮住直視的視線
70
800
S＝1：30
600
S＝1：30
30
20
180
在門扇下方設置擋板，在關門時可以減少對於鉸鍊的負擔
45

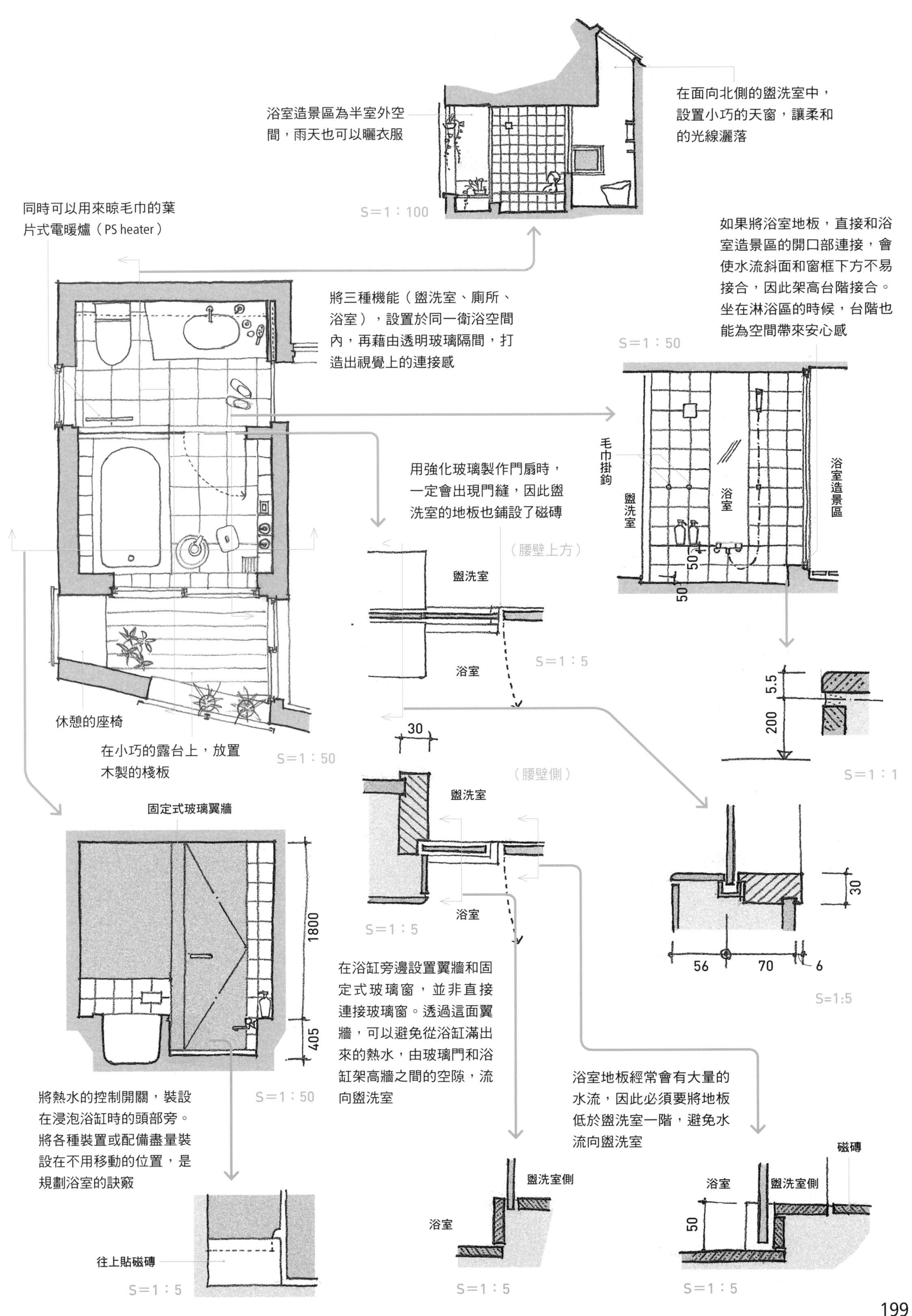
浴室造景區為半室外空
間，雨天也可以曬衣服
在面向北側的盥洗室中，
設置小巧的天窗，讓柔和
的光線灑落
S=1：100
同時可以用來晾毛巾的葉
片式電暖爐（PS heater）
如果將浴室地板，直接和浴
室造景區的開口部連接，會
使水流斜面和窗框下方不易
接合，因此架高台階接合。
坐在淋浴區的時候，台階也
能為空間帶來安心感
將三種機能（盥洗室、廁所、
浴室），設置於同一衛浴空間
內，再藉由透明玻璃隔間，打
造出視覺上的連接感
S=1：50
毛巾掛鉤
盥洗室
浴室
浴室造景區
50
50
用強化玻璃製作門扇時，
一定會出現門縫，因此盥
洗室的地板也鋪設了磁磚
（腰壁上方）
盥洗室
浴室
S=1：5
5.5
200
S=1：1
休憩的座椅
在小巧的露台上，放置
木製的棧板
S=1：50
30
（腰壁側）
盥洗室
浴室
S=1：5
固定式玻璃翼牆
1800
405
30
56
70
6
S=1:5
在浴缸旁邊設置翼牆和固
定式玻璃窗，並非直接
連接玻璃窗。透過這面翼
牆，可以避免從浴缸滿出
來的熱水，由玻璃門和浴
缸架高牆之間的空隙，流
向盥洗室
將熱水的控制開關，裝設
在浸泡浴缸時的頭部旁。
將各種裝置或配備盡量裝
設在不用移動的位置，是
規劃浴室的訣竅
S=1：50
浴室地板經常會有大量的
水流，因此必須要將地板
低於盥洗室一階，避免水
流向盥洗室
磁磚
盥洗室側
浴室
浴室
盥洗室側
50
往上貼磁磚
S=1：5
S=1：5
S=1：5

CASE35 ／ 大倉山的家

以生活中的平衡感為優先考量

居住的舒適度並不是只由建築面積大小決定。在住宅空間中，可以是由小巧簡約的配置構成方便的空間，在家事動線優先的位置上，則要考慮作業的機動性。反之，想要打造出悠閒的空間時，就不需要著重於空間中的行為，而必須著眼於其中的豐富性。將住宅中的機能性、空間性和功能等，以輕重緩急區分位置，並保持平衡性，才能夠打造出舒適方便的住宅。

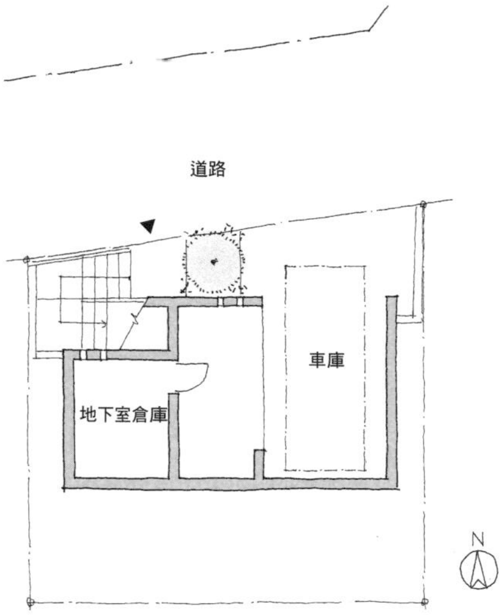

道路

車庫

地下室倉庫

N

1F

2 P.202

樓梯間周圍

1 P.201

客廳周圍

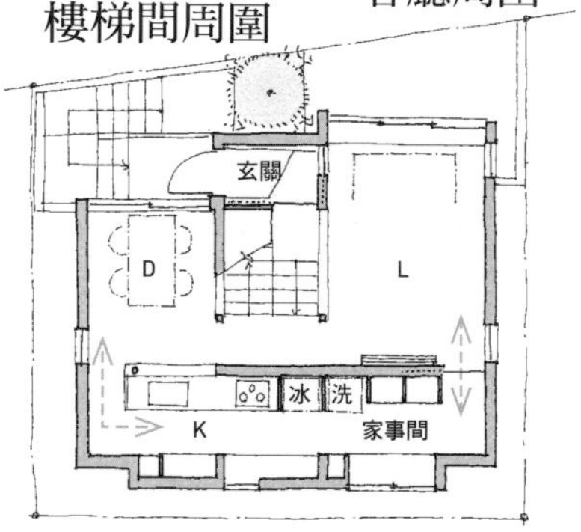

玄關

D

L

冰 洗

K

家事間

2F

3 P.204

廚房・
家事間

2 P.202

樓梯間周圍

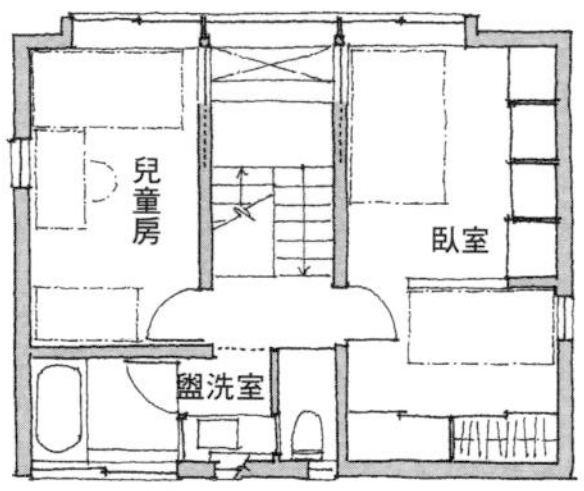

兒童房

臥室

盥洗室

3F

S＝1：200

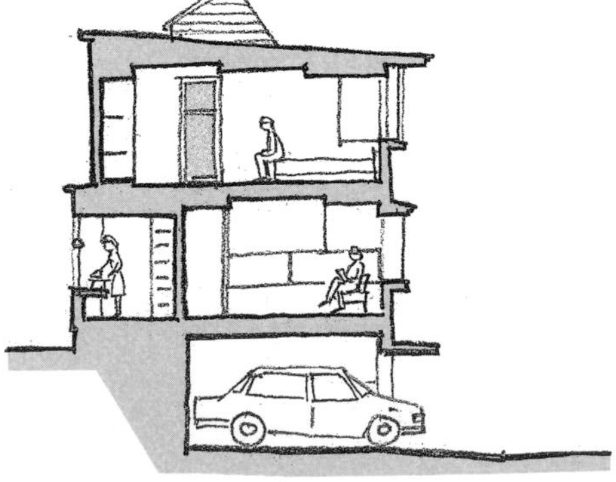

縱向鋪設鍍鋁鋅鋼板

基底砂漿噴塗細骨材

S＝1：200

清水混凝土

SECTION 1

客廳周圍

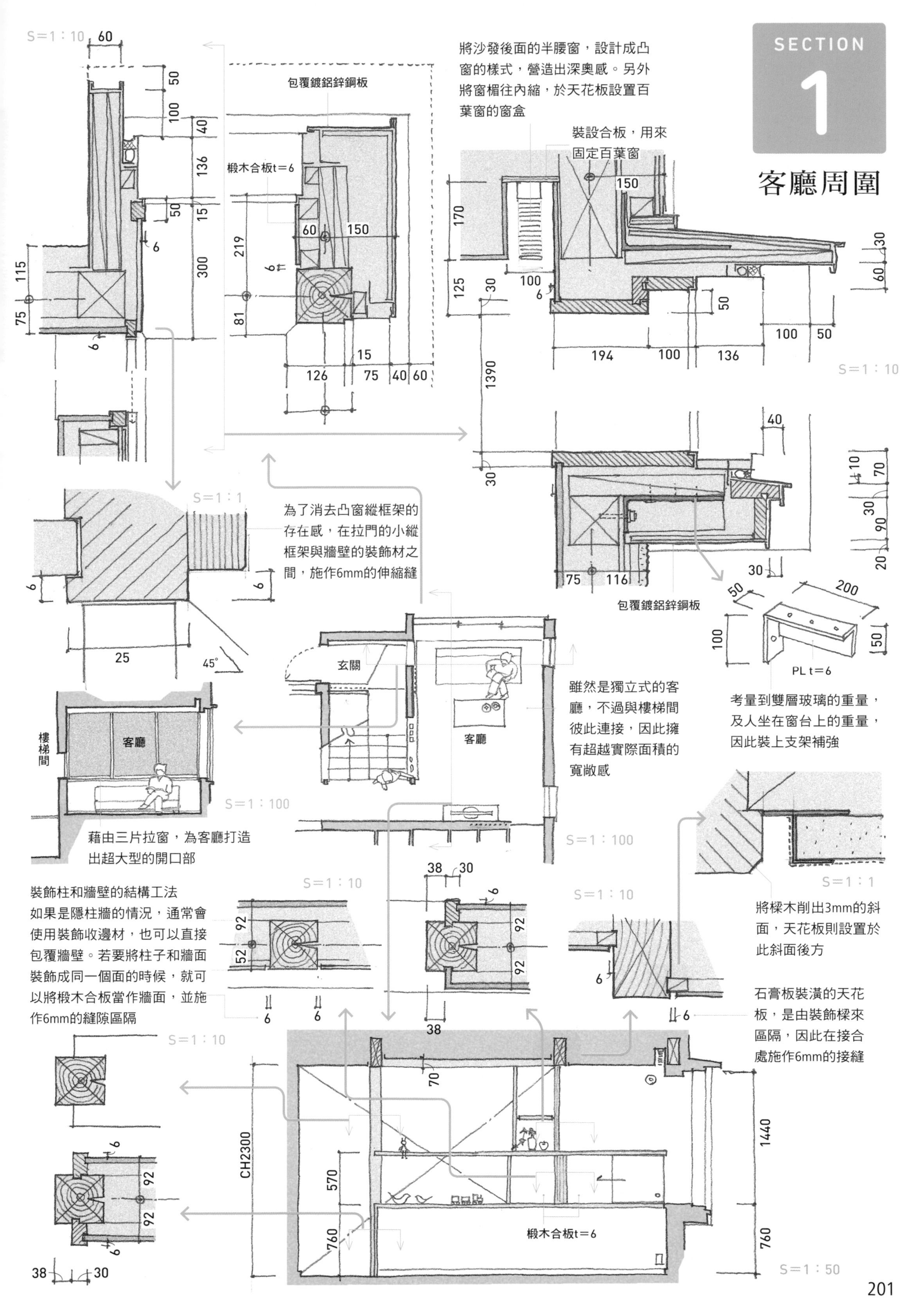

S=1：10
包覆鍍鋁鋅鋼板
椴木合板t=6
將沙發後面的半腰窗，設計成凸窗的樣式，營造出深奧感。另外將窗楣往內縮，於天花板設置百葉窗的窗盒
裝設合板，用來固定百葉窗
S=1：1
為了消去凸窗縱框架的存在感，在拉門的小縱框架與牆壁的裝飾材之間，施作6mm的伸縮縫
包覆鍍鋁鋅鋼板
PL t=6
考量到雙層玻璃的重量，及人坐在窗台上的重量，因此裝上支架補強
玄關
客廳
雖然是獨立式的客廳，不過與樓梯間彼此連接，因此擁有超越實際面積的寬敞感
樓梯間
客廳
S=1：100
藉由三片拉窗，為客廳打造出超大型的開口部
裝飾柱和牆壁的結構工法
如果是隱柱牆的情況，通常會使用裝飾收邊材，也可以直接包覆牆壁。若要將柱子和牆面裝飾成同一個面的時候，就可以將椴木合板當作牆面，並施作6mm的縫隙區隔
將樑木削出3mm的斜面，天花板則設置於此斜面後方
石膏板裝潢的天花板，是由裝飾樑來區隔，因此在接合處施作6mm的接縫
CH2300
椴木合板t=6
S=1：50

SECTION 2

樓梯間周圍

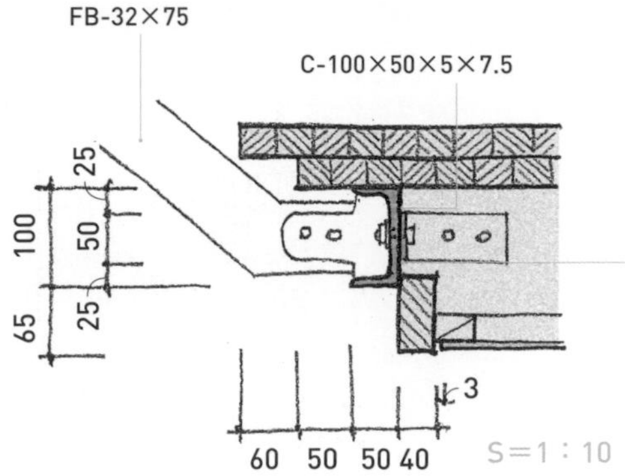

FB-32×75

C-100×50×5×7.5

將接收鋼製樓梯樑的溝型鋼，直接當作樓梯平台的支撐樑

S=1：10

雖然在面積狹小的玄關內，同時設置了三和土和門廳，不過可藉斜向的架高台階，打造出方向的流動性

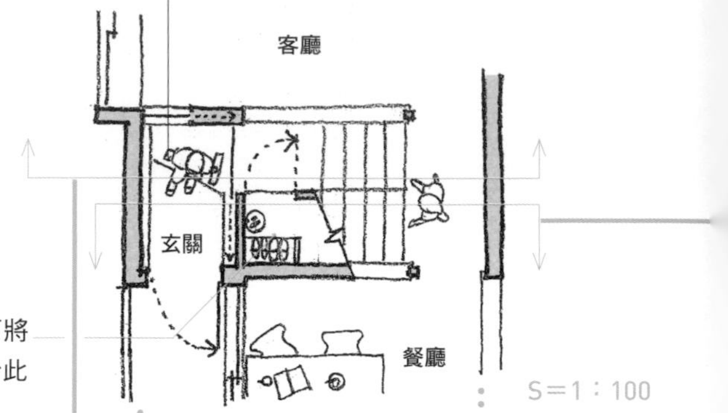

客廳

玄關

餐廳

樓梯下方收納。可將大衣或鞋子收納於此

S=1：100

將下方延伸而來的扶手，在垂直的部分連接。將Ø19的圓鋼條扶手，用兩根較細的Ø13圓鋼條連接

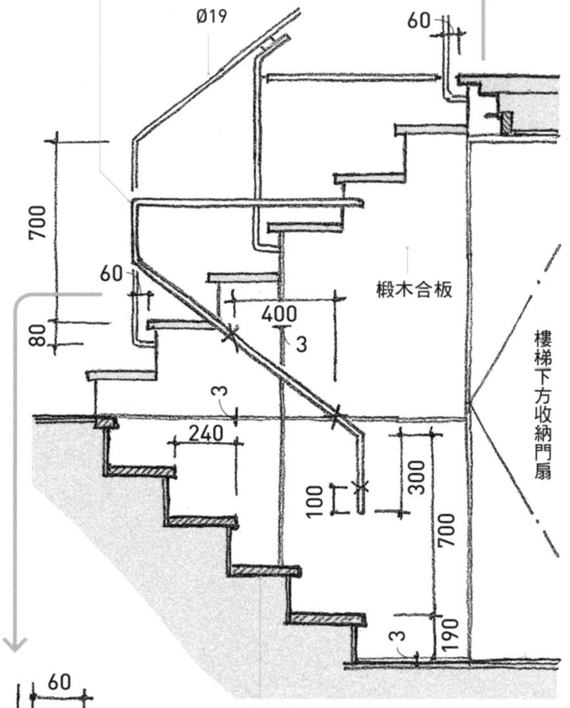

椴木合板

樓梯下方收納門扇

踏板：橡木集成材t=30

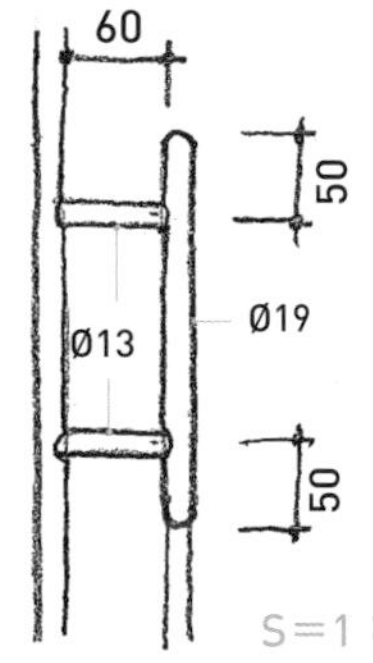

S=1：30

S=1：10

唯一由南側採光的天窗。光線由此穿透樓梯間，進入各個空間

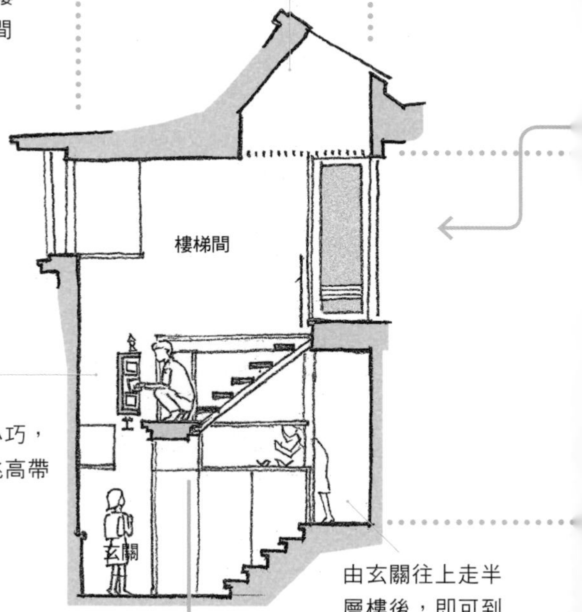

樓梯間

玄關雖然小巧，不過藉由挑高帶來開放感

玄關

由玄關往上走半層樓後，即可到達1樓樓層

S=1：100

於樓梯平台使用的小書架。書架後方為玄關的挑高空間，同時也具有欄杆的作用

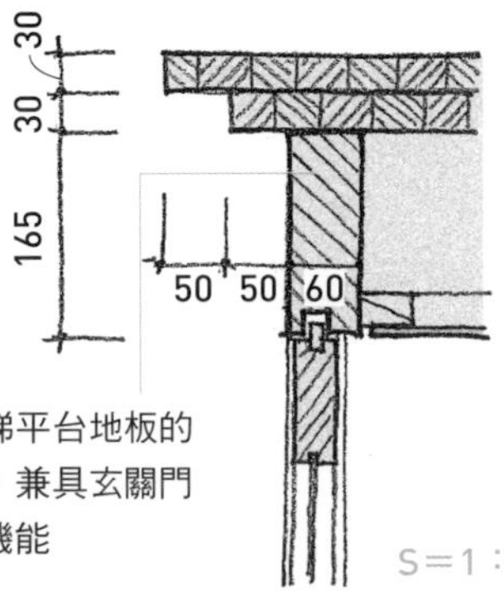

支撐樓梯平台地板的橫架材，兼具玄關門的門楣機能

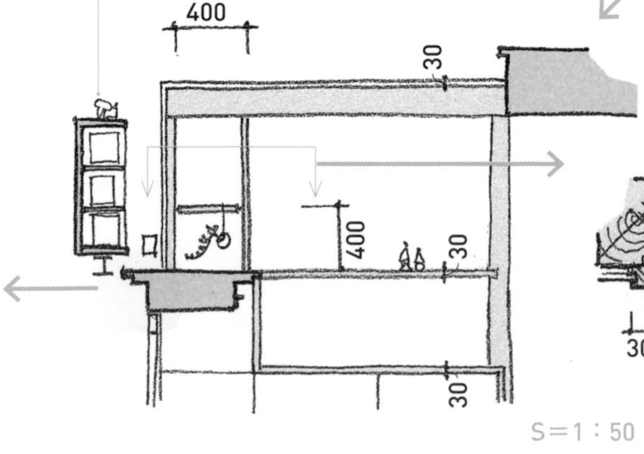

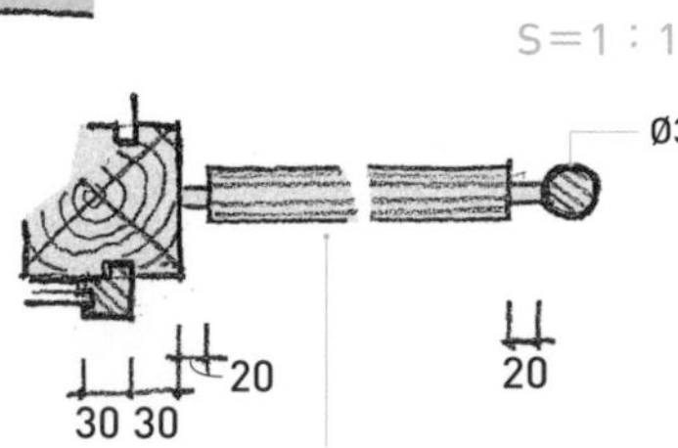

S=1：10

S=1：50

S=1：10

在樓梯平台用圓木條（Ø38）裝設欄杆，可避免跌落

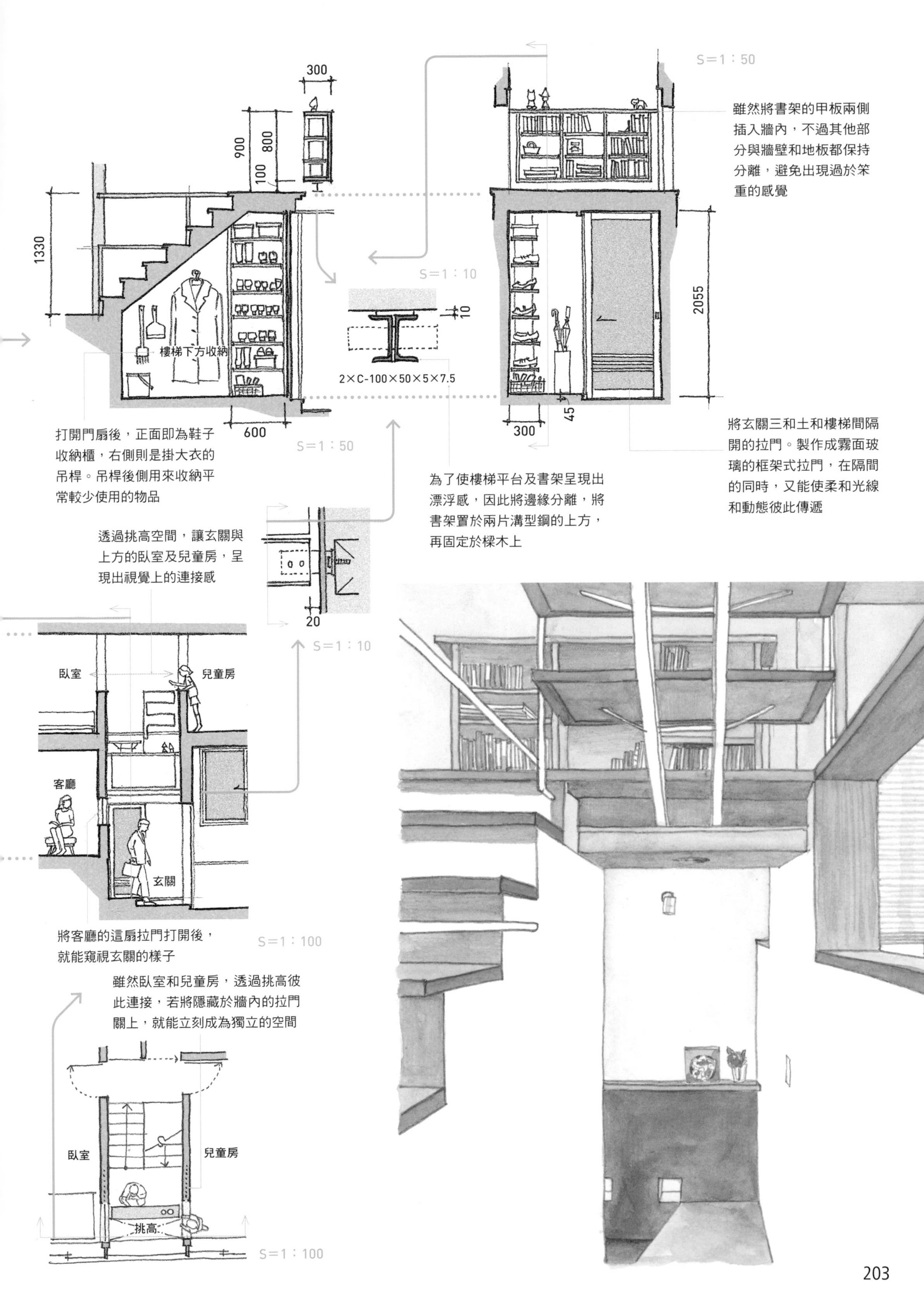
300
900
800
100
1330
樓梯下方收納
600
S=1：50
打開門扇後，正面即為鞋子收納櫃，右側則是掛大衣的吊桿。吊桿後側用來收納平常較少使用的物品
S=1：10
10
2×C-100×50×5×7.5
S=1：50
雖然將書架的甲板兩側插入牆內，不過其他部分與牆壁和地板都保持分離，避免出現過於笨重的感覺
2055
45
300
將玄關三和土和樓梯間隔開的拉門。製作成霧面玻璃的框架式拉門，在隔間的同時，又能使柔和光線和動態彼此傳遞
為了使樓梯平台及書架呈現出漂浮感，因此將邊緣分離，將書架置於兩片溝型鋼的上方，再固定於樑木上
透過挑高空間，讓玄關與上方的臥室及兒童房，呈現出視覺上的連接感
20
S=1：10
臥室
兒童房
客廳
玄關
將客廳的這扇拉門打開後，就能窺視玄關的樣子
S=1：100
雖然臥室和兒童房，透過挑高彼此連接，若將隱藏於牆內的拉門關上，就能立刻成為獨立的空間
臥室
兒童房
挑高
S=1：100

廚房・家事間

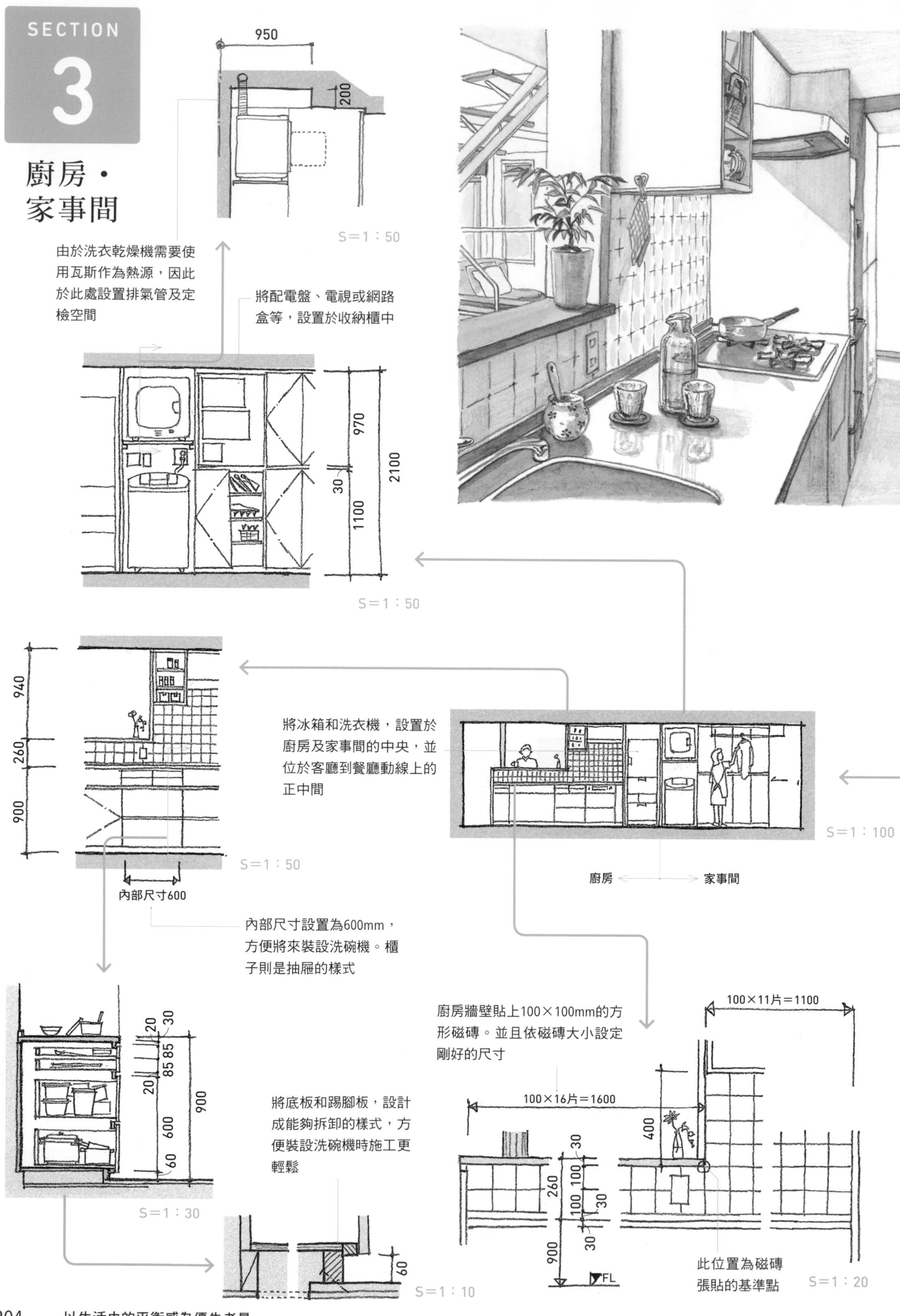
950
200
S＝1：50
由於洗衣乾燥機需要使用瓦斯作為熱源，因此於此處設置排氣管及定檢空間
將配電盤、電視或網路盒等，設置於收納櫃中
970
30
1100
2100
S＝1：50
940
260
900
S＝1：50
內部尺寸600
將冰箱和洗衣機，設置於廚房及家事間的中央，並位於客廳到餐廳動線上的正中間
S＝1：100
廚房
家事間
內部尺寸設置為600mm，方便將來裝設洗碗機。櫃子則是抽屜的樣式
20
30
85
85
20
600
60
900
S＝1：30
將底板和踢腳板，設計成能夠拆卸的樣式，方便裝設洗碗機時施工更輕鬆
60
S＝1：10
廚房牆壁貼上100×100mm的方形磁磚。並且依磁磚大小設定剛好的尺寸
100×11片＝1100
100×16片＝1600
400
30
100
260
100
30
30
900
FL
此位置為磁磚張貼的基準點
S＝1：20

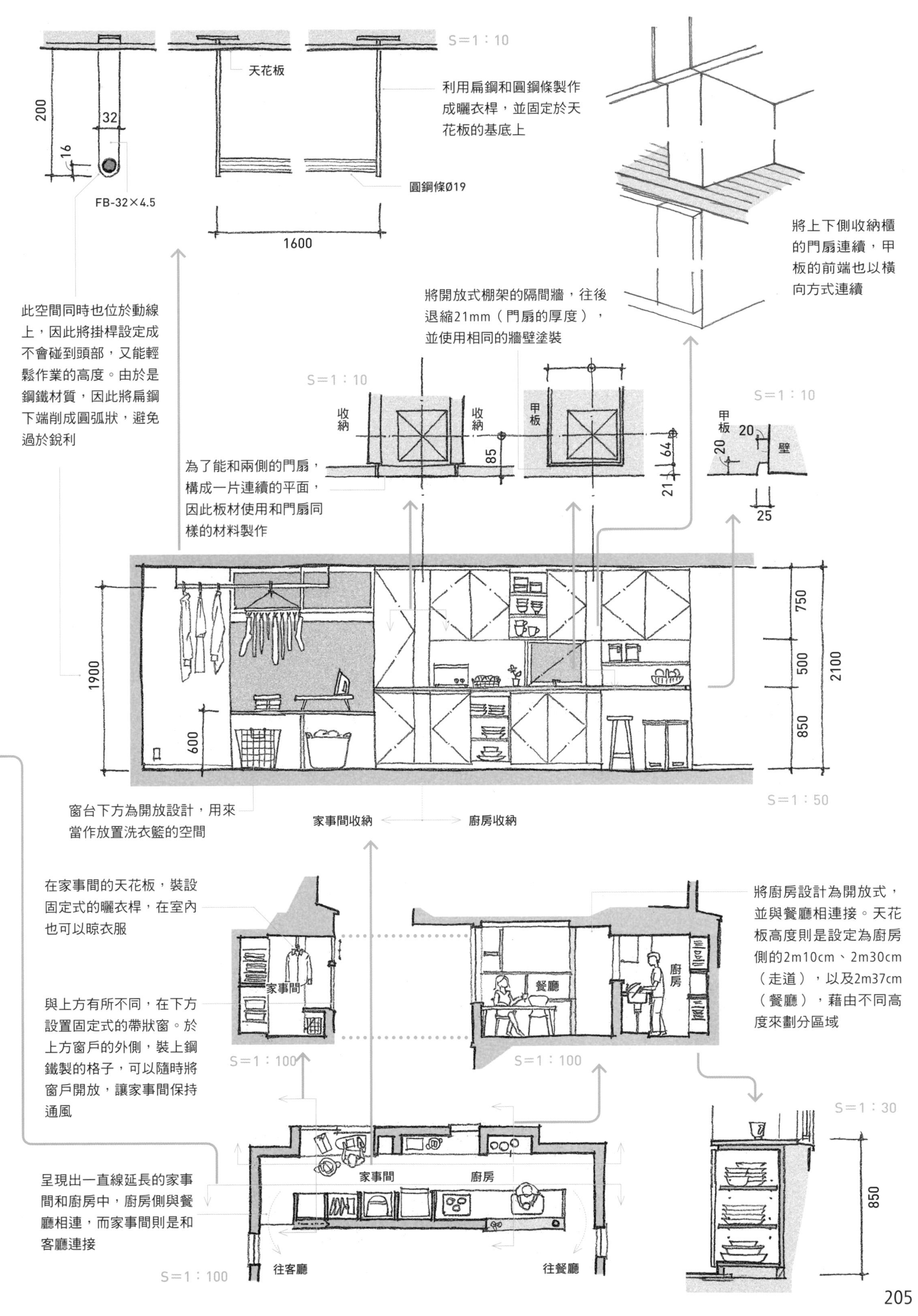
S=1：10
天花板
利用扁鋼和圓鋼條製作成曬衣桿，並固定於天花板的基底上
200
32
16
FB-32×4.5
圓鋼條Ø19
1600
將上下側收納櫃的門扇連續，甲板的前端也以橫向方式連續
此空間同時也位於動線上，因此將掛桿設定成不會碰到頭部，又能輕鬆作業的高度。由於是鋼鐵材質，因此將扁鋼下端削成圓弧狀，避免過於銳利
將開放式棚架的隔間牆，往後退縮21mm（門扇的厚度），並使用相同的牆壁塗裝
S=1：10
收納
收納
85
甲板
64
21
S=1：10
甲板
20
20
壁
25
為了能和兩側的門扇，構成一片連續的平面，因此板材使用和門扇同樣的材料製作
1900
600
750
500
850
2100
S=1：50
窗台下方為開放設計，用來當作放置洗衣籃的空間
家事間收納
廚房收納
在家事間的天花板，裝設固定式的曬衣桿，在室內也可以晾衣服
與上方有所不同，在下方設置固定式的帶狀窗。於上方窗戶的外側，裝上鋼鐵製的格子，可以隨時將窗戶開放，讓家事間保持通風
家事間
餐廳
廚房
S=1：100
S=1：100
將廚房設計為開放式，並與餐廳相連接。天花板高度則是設定為廚房側的2m10cm、2m30cm（走道），以及2m37cm（餐廳），藉由不同高度來劃分區域
S=1：30
850
呈現出一直線延長的家事間和廚房中，廚房側與餐廳相連，而家事間則是和客廳連接
家事間
廚房
往客廳
往餐廳
S=1：100

以生活方式為原則將空間任意關閉或連接

如果將玄關當作室內外的中間領域，那麼在玄關三和土或是玄關門廳的位置，就會想設置一扇隔間。如此一來，除了在冬天能將室外冷氣，阻擋於玄關門廊外，也能同時具有靜謐、安心等心理層面的效果。另外，在住宅生活中，如果不希望空間過於獨立時，也能隨時打開拉門，與走廊或前室連接，不僅實際面積變的更寬敞，也能營造出舒適的開放感。

臥室
衣帽間
盥洗室
玄關
車庫
道路
1F

2 P.208
玄關～走廊～樓梯

洗
冰
K
多用途空間
D
L
陽台
2F

屋頂
前室
兒童房
陽台
3F

1 P.207
兒童房・圖書室

S＝1：200

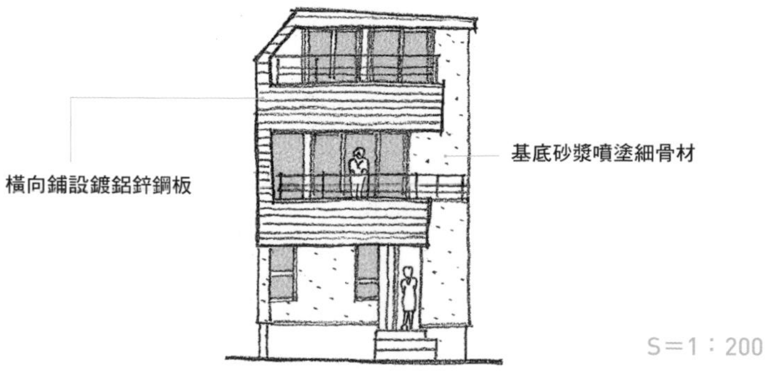

橫向鋪設鍍鋁鋅鋼板

基底砂漿噴塗細骨材

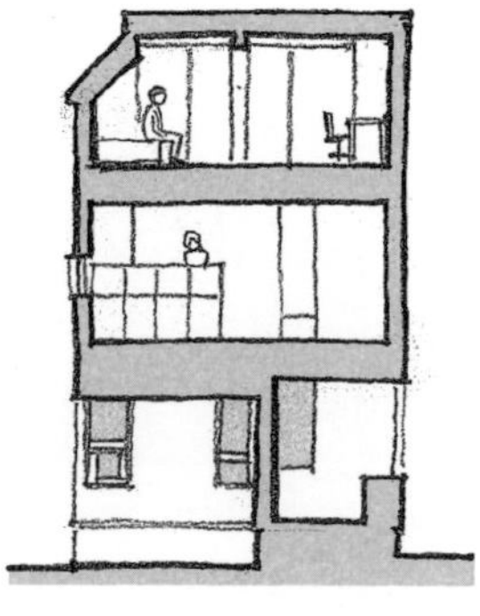

S＝1：200

SECTION 1

兒童房・圖書室

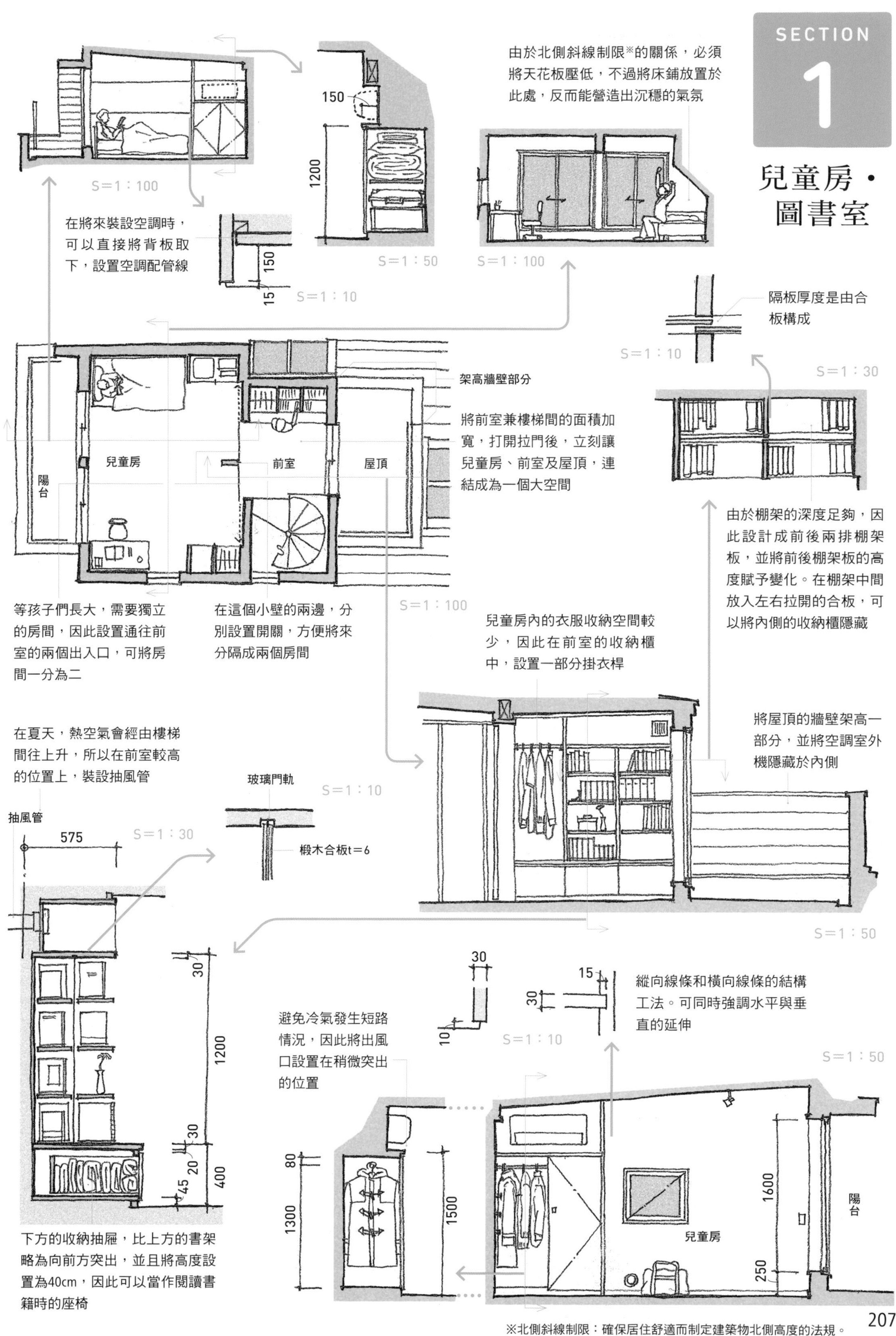

S＝1：100
在將來裝設空調時，
可以直接將背板取
下，設置空調配管線
150
1200
S＝1：50
150
15
S＝1：10
由於北側斜線制限※的關係，必須
將天花板壓低，不過將床鋪放置於
此處，反而能營造出沉穩的氣氛
S＝1：100
隔板厚度是由合
板構成
S＝1：10
S＝1：30
架高牆壁部分
將前室兼樓梯間的面積加
寬，打開拉門後，立刻讓
兒童房、前室及屋頂，連
結成為一個大空間
陽台
兒童房
前室
屋頂
由於棚架的深度足夠，因
此設計成前後兩排棚架
板，並將前後棚架板的高
度賦予變化。在棚架中間
放入左右拉開的合板，可
以將內側的收納櫃隱藏
等孩子們長大，需要獨立
的房間，因此設置通往前
室的兩個出入口，可將房
間一分為二
在這個小壁的兩邊，分
別設置開關，方便將來
分隔成兩個房間
S＝1：100
兒童房內的衣服收納空間較
少，因此在前室的收納櫃
中，設置一部分掛衣桿
將屋頂的牆壁架高一
部分，並將空調室外
機隱藏於內側
在夏天，熱空氣會經由樓梯
間往上升，所以在前室較高
的位置上，裝設抽風管
玻璃門軌
S＝1：10
抽風管
575
S＝1：30
椴木合板t＝6
S＝1：50
30
1200
30
20
45
400
30
15
30
10
S＝1：10
縱向線條和橫向線條的結構
工法。可同時強調水平與垂
直的延伸
避免冷氣發生短路
情況，因此將出風
口設置在稍微突出
的位置
S＝1：50
80
1300
1500
1600
250
兒童房
陽台
下方的收納抽屜，比上方的書架
略為向前方突出，並且將高度設
置為40cm，因此可以當作閱讀書
籍時的座椅

※北側斜線制限：確保居住舒適而制定建築物北側高度的法規。

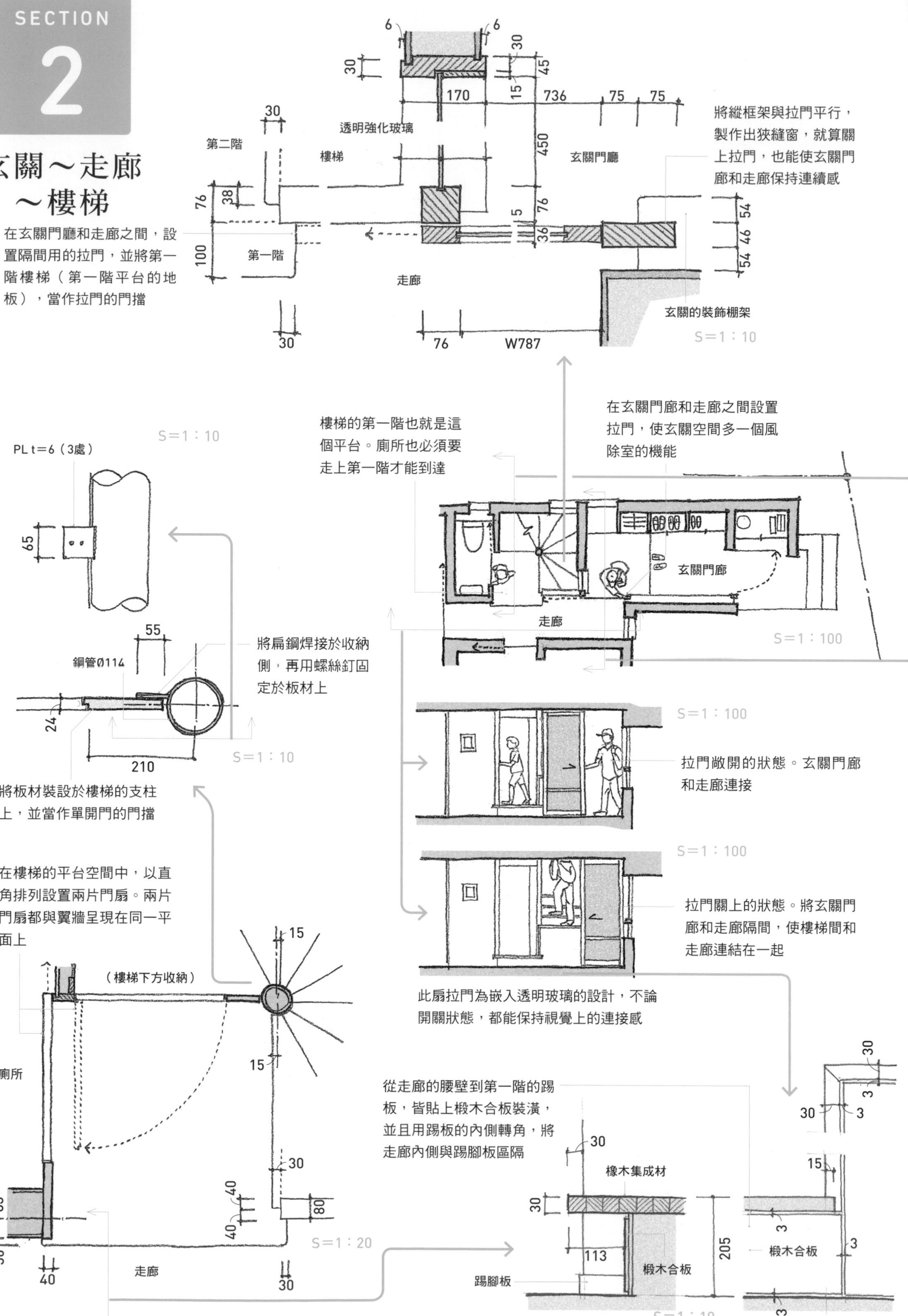
SECTION
2
玄關～走廊
～樓梯
在玄關門廳和走廊之間，設置隔間用的拉門，並將第一階樓梯（第一階平台的地板），當作拉門的門擋
透明強化玻璃
第二階
樓梯
玄關門廳
第一階
走廊
將縱框架與拉門平行，製作出狹縫窗，就算關上拉門，也能使玄關門廊和走廊保持連續感
玄關的裝飾棚架
S＝1：10
W787
樓梯的第一階也就是這個平台。廁所也必須要走上第一階才能到達
在玄關門廊和走廊之間設置拉門，使玄關空間多一個風除室的機能
玄關門廊
走廊
S＝1：100
S＝1：10
PL t＝6（3處）
鋼管Ø114
將扁鋼焊接於收納側，再用螺絲釘固定於板材上
S＝1：10
將板材裝設於樓梯的支柱上，並當作單開門的門擋
S＝1：100
拉門敞開的狀態。玄關門廊和走廊連接
S＝1：100
拉門關上的狀態。將玄關門廊和走廊隔間，使樓梯間和走廊連結在一起
此扇拉門為嵌入透明玻璃的設計，不論開關狀態，都能保持視覺上的連接感
在樓梯的平台空間中，以直角排列設置兩片門扇。兩片門扇都與翼牆呈現在同一平面上
（樓梯下方收納）
廁所
走廊
S＝1：20
從走廊的腰壁到第一階的踢板，皆貼上椴木合板裝潢，並且用踢板的內側轉角，將走廊內側與踢腳板區隔
橡木集成材
椴木合板
踢腳板
椴木合板
S＝1：10

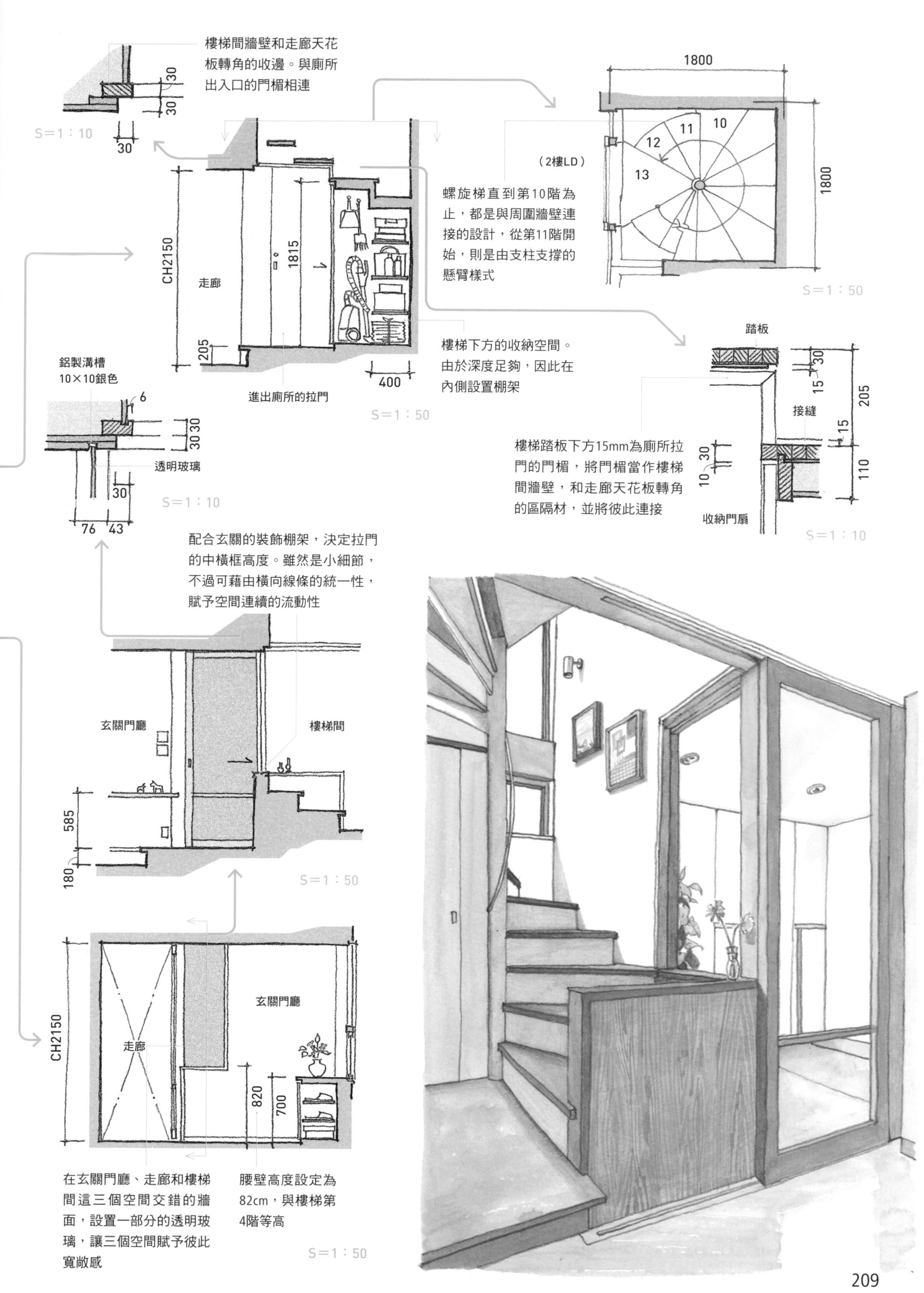
樓梯間牆壁和走廊天花板轉角的收邊。與廁所出入口的門楣相連
30
30
S=1：10
30
1800
11
10
12
13
（2樓LD）
1800
螺旋梯直到第10階為止，都是與周圍牆壁連接的設計，從第11階開始，則是由支柱支撐的懸臂樣式
S=1：50
CH2150
走廊
1815
205
400
進出廁所的拉門
S=1：50
樓梯下方的收納空間。由於深度足夠，因此在內側設置棚架
踏板
30
15
205
接縫
15
110
樓梯踏板下方15mm為廁所拉門的門楣，將門楣當作樓梯間牆壁，和走廊天花板轉角的區隔材，並將彼此連接
10 30
收納門扇
S=1：10
鋁製溝槽
10×10銀色
6
30 30
透明玻璃
30
S=1：10
76 43
配合玄關的裝飾棚架，決定拉門的中橫框高度。雖然是小細節，不過可藉由橫向線條的統一性，賦予空間連續的流動性
玄關門廳
樓梯間
585
180
S=1：50
CH2150
玄關門廳
走廊
820
700
在玄關門廳、走廊和樓梯間這三個空間交錯的牆面，設置一部分的透明玻璃，讓三個空間賦予彼此寬敞感
腰壁高度設定為82cm，與樓梯第4階等高
S=1：50

將生活空間曖昧地彼此連結

將各個空間若有似無地彼此連接。這種連續感，正是為住宅帶來豐富生活的關鍵。玄關門廳和客廳連接的同時，共享室外的小庭院，兒童房成為圖書角落的一隅空間，2樓和室透過小小的挑高，望向1樓客廳等。只要藉由拉門的開關，就能將空間彼此串聯。想要擁有個人空間時，又可以關上拉門打造獨立空間。正因為住宅是全家人共享的地方，才更需要將空間緩緩地彼此連結。

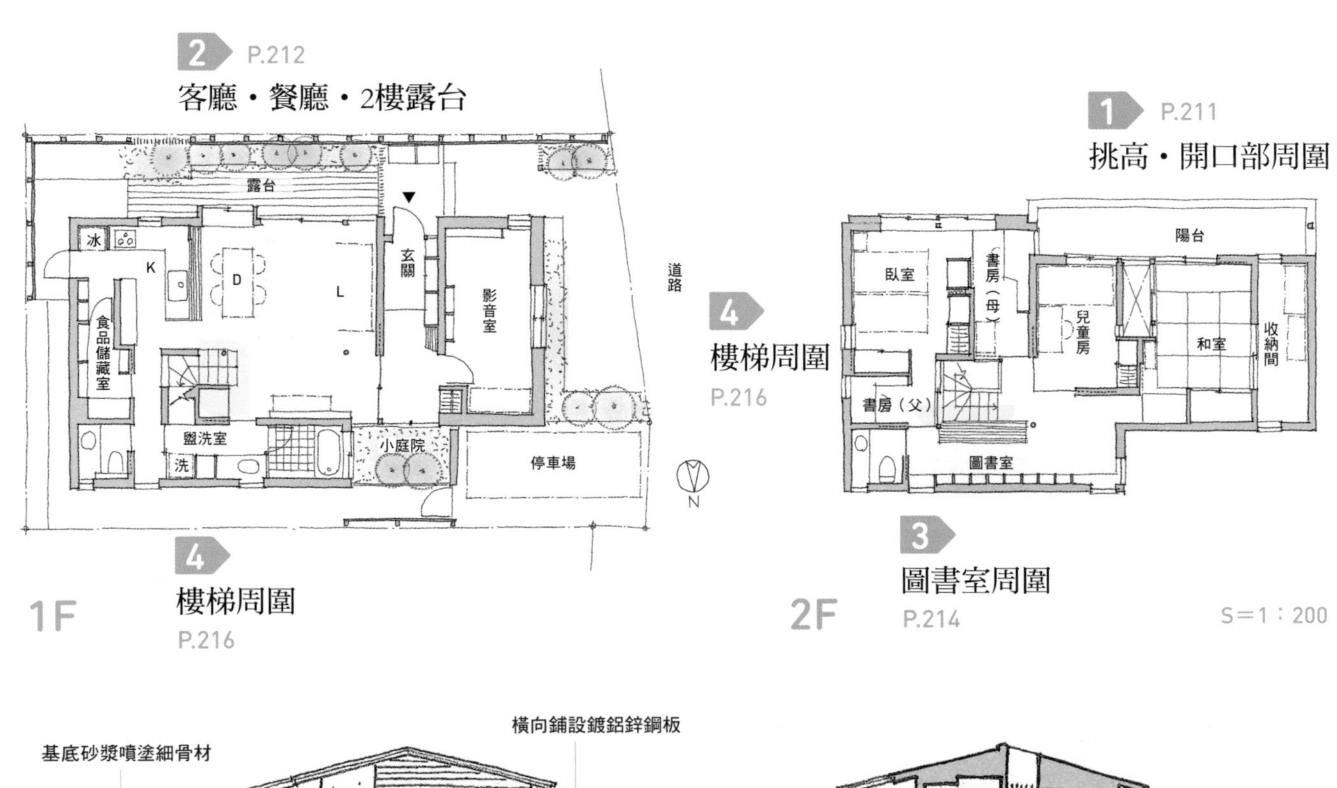

2 P.212
客廳・餐廳・2樓露台
1 P.211
挑高・開口部周圍
露台
冰
K
D
L
玄關
影音室
食品儲藏室
道路
盥洗室
洗
小庭院
停車場
N
4
樓梯周圍
P.216
1F
陽台
臥室
書房（母）
兒童房
和室
收納間
書房（父）
圖書室
4
樓梯周圍
P.216
2F
3
圖書室周圍
P.214
S＝1：200

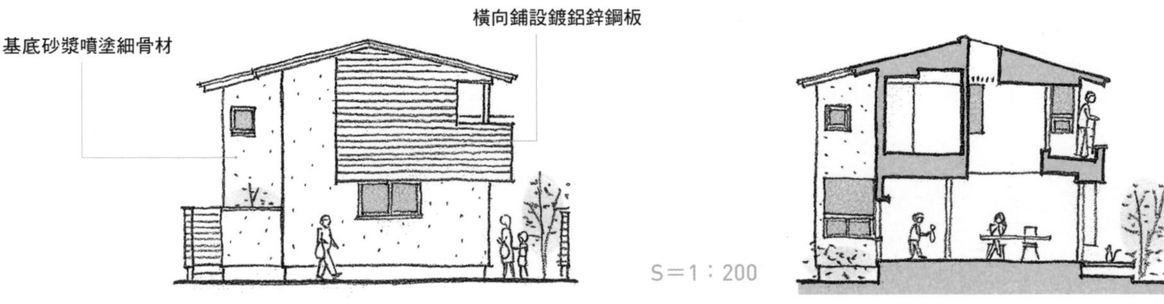

橫向鋪設鍍鋁鋅鋼板
基底砂漿噴塗細骨材
S＝1：200

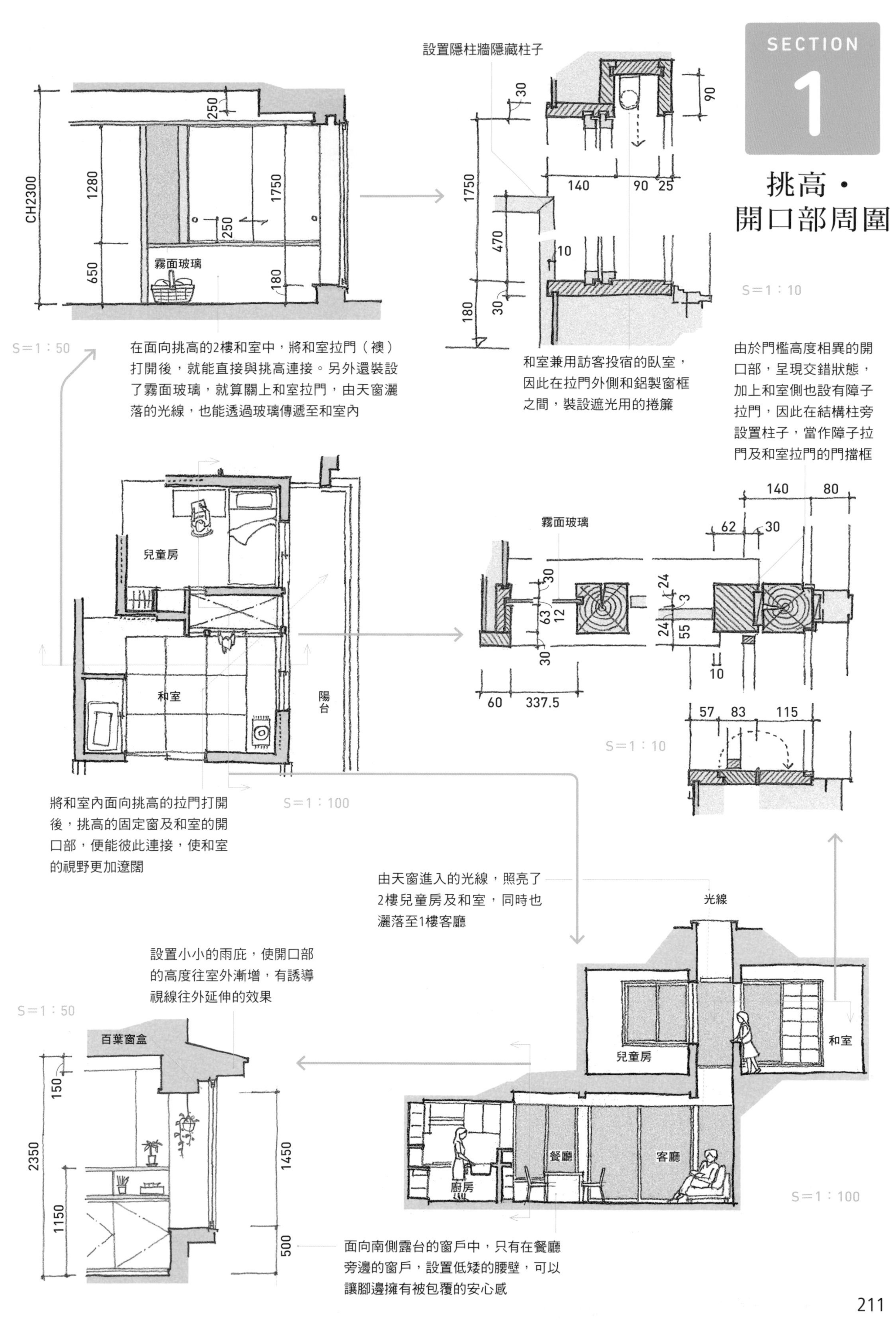
SECTION
1
挑高・
開口部周圍
設置隱柱牆隱藏柱子
CH2300
1280
650
250
1750
180
霧面玻璃
S=1：50
S=1：10
S=1：100
在面向挑高的2樓和室中，將和室拉門（襖）打開後，就能直接與挑高連接。另外還裝設了霧面玻璃，就算關上和室拉門，由天窗灑落的光線，也能透過玻璃傳遞至和室內
和室兼用訪客投宿的臥室，因此在拉門外側和鋁製窗框之間，裝設遮光用的捲簾
由於門檻高度相異的開口部，呈現交錯狀態，加上和室側也設有障子拉門，因此在結構柱旁設置柱子，當作障子拉門及和室拉門的門擋框
兒童房
和室
陽台
將和室內面向挑高的拉門打開後，挑高的固定窗及和室的開口部，便能彼此連接，使和室的視野更加遼闊
由天窗進入的光線，照亮了2樓兒童房及和室，同時也灑落至1樓客廳
光線
設置小小的雨庇，使開口部的高度往室外漸增，有誘導視線往外延伸的效果
百葉窗盒
餐廳
客廳
廚房
面向南側露台的窗戶中，只有在餐廳旁邊的窗戶，設置低矮的腰壁，可以讓腳邊擁有被包覆的安心感

SECTION 2

客廳・餐廳・2樓露台

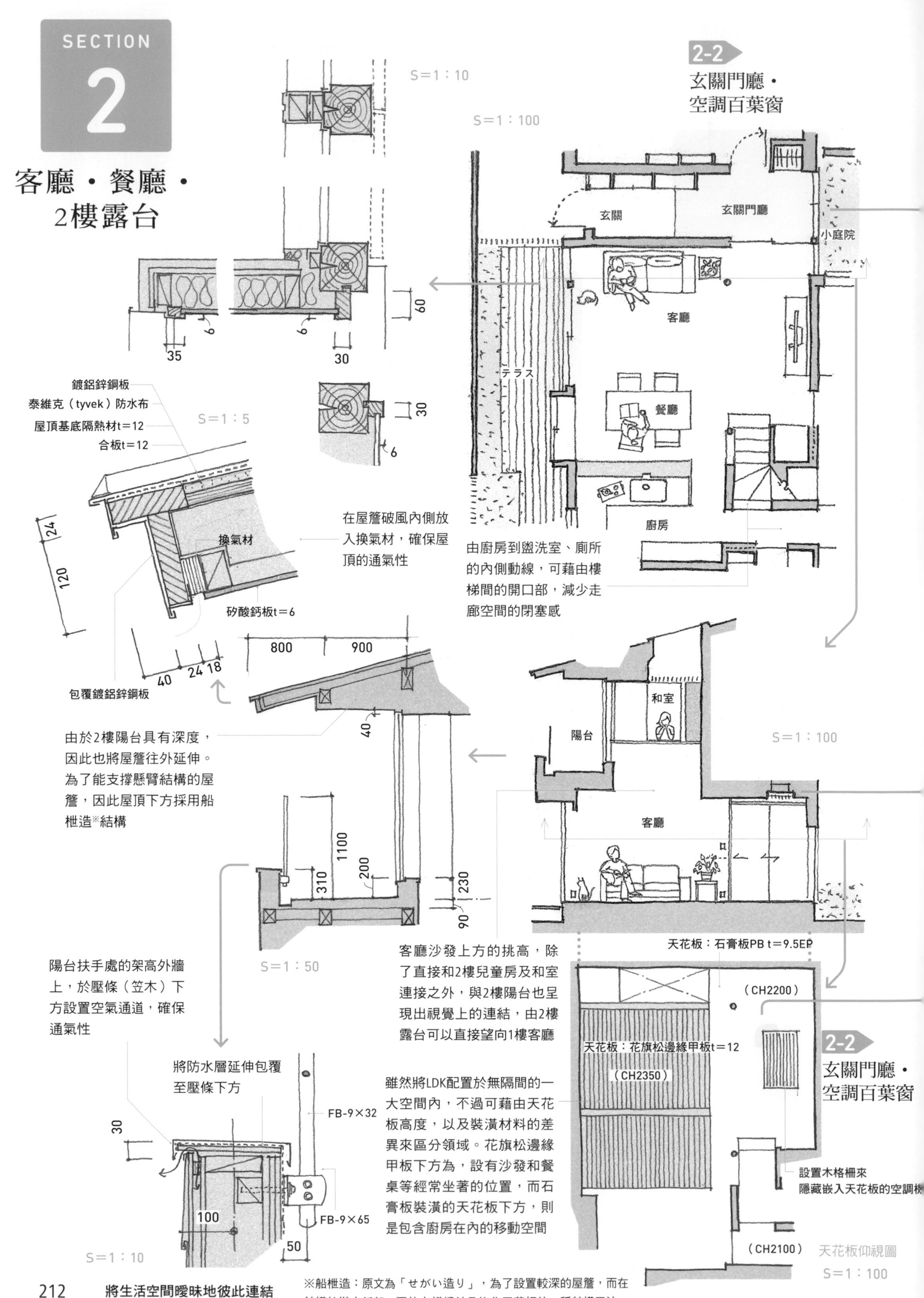

S＝1：10
30
35
60
6
6
6
S＝1：100
2-2
玄關門廳・空調百葉窗
玄關
玄關門廳
小庭院
客廳
テラス
餐廳
廚房
鍍鋁鋅鋼板
泰維克（tyvek）防水布
屋頂基底隔熱材t＝12
合板t＝12
S＝1：5
24
120
換氣材
矽酸鈣板t＝6
40
24
18
包覆鍍鋁鋅鋼板
在屋簷破風內側放入換氣材，確保屋頂的通氣性
由廚房到盥洗室、廁所的內側動線，可藉由樓梯間的開口部，減少走廊空間的閉塞感
800
900
40
1100
310
200
230
90
S＝1：50
和室
陽台
客廳
S＝1：100
由於2樓陽台具有深度，因此也將屋簷往外延伸。為了能支撐懸臂結構的屋簷，因此屋頂下方採用船枻造※結構
客廳沙發上方的挑高，除了直接和2樓兒童房及和室連接之外，與2樓陽台也呈現出視覺上的連結，由2樓露台可以直接望向1樓客廳
天花板：石膏板PB t＝9.5EP
（CH2200）
天花板：花旗松邊緣甲板t＝12
（CH2350）
2-2
玄關門廳・空調百葉窗
設置木格柵來隱藏嵌入天花板的空調機
（CH2100）
天花板仰視圖
S＝1：100
陽台扶手處的架高外牆上，於壓條（笠木）下方設置空氣通道，確保通氣性
將防水層延伸包覆至壓條下方
30
FB-9×32
FB-9×65
100
50
S＝1：10
雖然將LDK配置於無隔間的一大空間內，不過可藉由天花板高度，以及裝潢材料的差異來區分領域。花旗松邊緣甲板下方為，設有沙發和餐桌等經常坐著的位置，而石膏板裝潢的天花板下方，則是包含廚房在內的移動空間

※船枻造：原文為「せがい造り」，為了設置較深的屋簷，而在結構柱裝上托架，再放上橫樑並且施作天花板的一種結構工法。

SECTION 2-2

玄關門廳・空調百葉窗

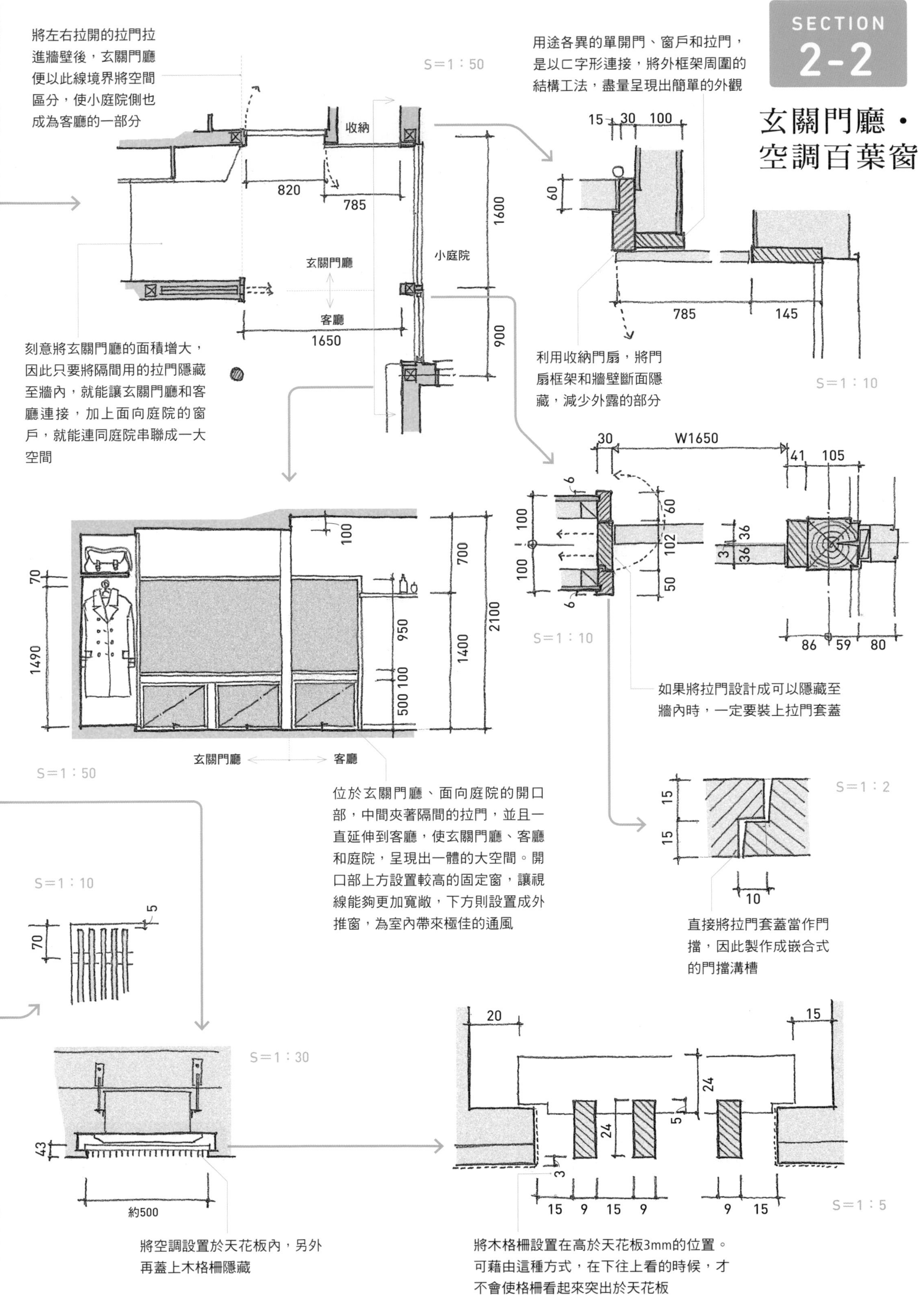

將左右拉開的拉門拉進牆壁後，玄關門廳便以此線境界將空間區分，使小庭院側也成為客廳的一部分
S=1：50
收納
820
785
1600
玄關門廳
客廳
小庭院
1650
900
刻意將玄關門廳的面積增大，因此只要將隔間用的拉門隱藏至牆內，就能讓玄關門廳和客廳連接，加上面向庭院的窗戶，就能連同庭院串聯成一大空間
用途各異的單開門、窗戶和拉門，是以ㄈ字形連接，將外框架周圍的結構工法，盡量呈現出簡單的外觀
15
30
100
60
785
145
利用收納門扇，將門扇框架和牆壁斷面隱藏，減少外露的部分
S=1：10
30
W1650
41
105
6
100
100
60
102
50
36
36
3
86
59
80
S=1：10
如果將拉門設計成可以隱藏至牆內時，一定要裝上拉門套蓋
70
1490
100
700
950
100
500
1400
2100
玄關門廳
客廳
S=1：50
位於玄關門廳、面向庭院的開口部，中間夾著隔間的拉門，並且一直延伸到客廳，使玄關門廳、客廳和庭院，呈現出一體的大空間。開口部上方設置較高的固定窗，讓視線能夠更加寬敞，下方則設置成外推窗，為室內帶來極佳的通風
15
15
S=1：2
10
直接將拉門套蓋當作門擋，因此製作成嵌合式的門擋溝槽
S=1：10
5
70
S=1：30
43
約500
將空調設置於天花板內，另外再蓋上木格柵隱藏
20
15
24
24
5
3
15
9
15
9
9
15
S=1：5
將木格柵設置在高於天花板3mm的位置。可藉由這種方式，在下往上看的時候，才不會使格柵看起來突出於天花板

SECTION 3

圖書室周圍

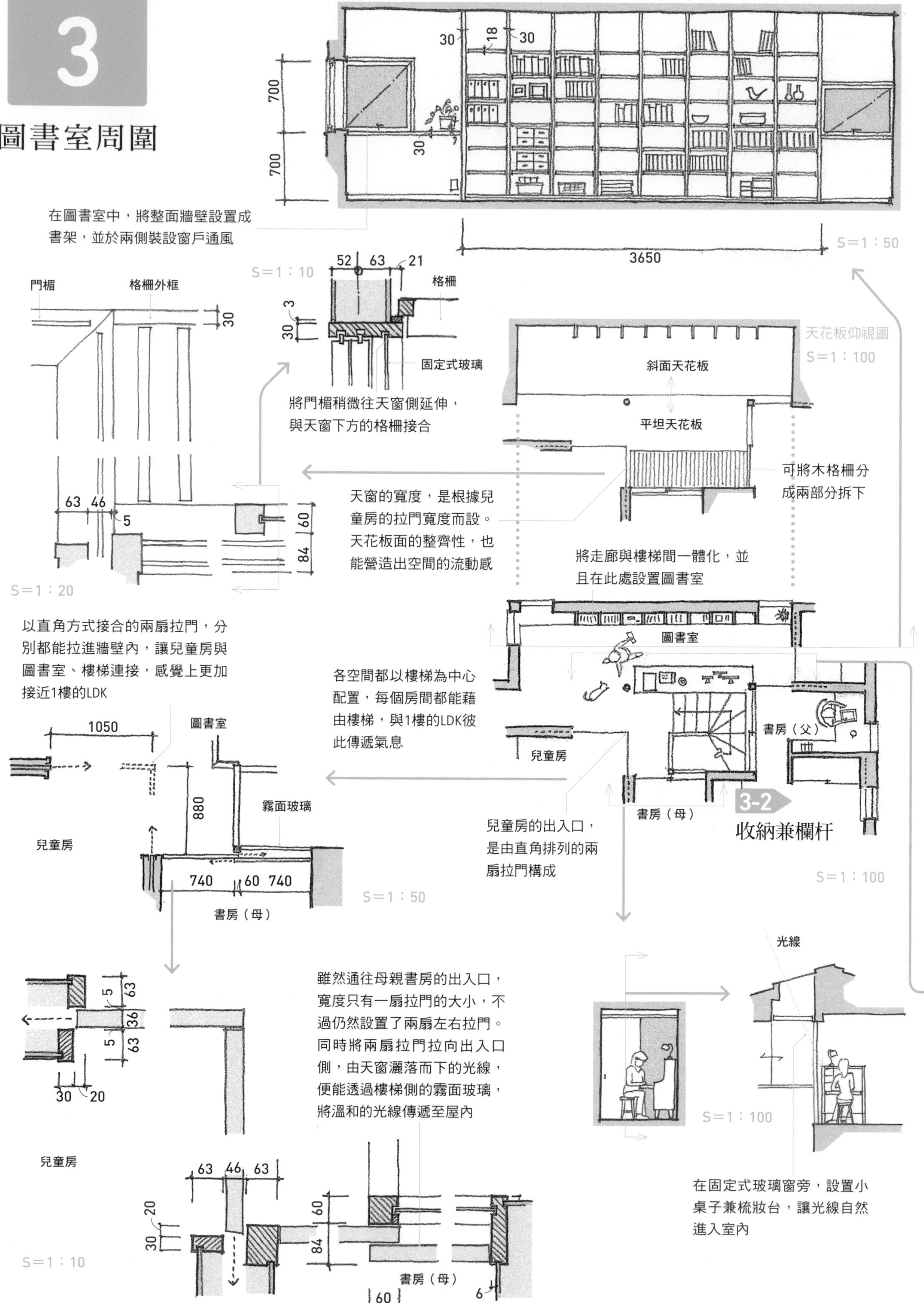

30
18
30
700
700
30
3650
S=1：50
在圖書室中，將整面牆壁設置成書架，並於兩側裝設窗戶通風
門楣
格柵外框
30
63
46
5
60
84
S=1：20
S=1：10
52
63
21
格柵
3
30
固定式玻璃
將門楣稍微往天窗側延伸，與天窗下方的格柵接合
天花板仰視圖
S=1：100
斜面天花板
平坦天花板
可將木格柵分成兩部分拆下
天窗的寬度，是根據兒童房的拉門寬度而設。天花板面的整齊性，也能營造出空間的流動感
將走廊與樓梯間一體化，並且在此處設置圖書室
圖書室
以直角方式接合的兩扇拉門，分別都能拉進牆壁內，讓兒童房與圖書室、樓梯連接，感覺上更加接近1樓的LDK
各空間都以樓梯為中心配置，每個房間都能藉由樓梯，與1樓的LDK彼此傳遞氣息
書房（父）
兒童房
書房（母）
3-2
收納兼欄杆
S=1：100
兒童房的出入口，是由直角排列的兩扇拉門構成
1050
圖書室
880
霧面玻璃
兒童房
740
60
740
S=1：50
書房（母）
光線
5
63
36
5
63
30
20
兒童房
雖然通往母親書房的出入口，寬度只有一扇拉門的大小，不過仍然設置了兩扇左右拉門。同時將兩扇拉門拉向出入口側，由天窗灑落而下的光線，便能透過樓梯側的霧面玻璃，將溫和的光線傳遞至屋內
S=1：100
在固定式玻璃窗旁，設置小桌子兼梳妝台，讓光線自然進入室內
63
46
63
20
30
60
84
S=1：10
書房（母）
60
6

收納兼欄杆

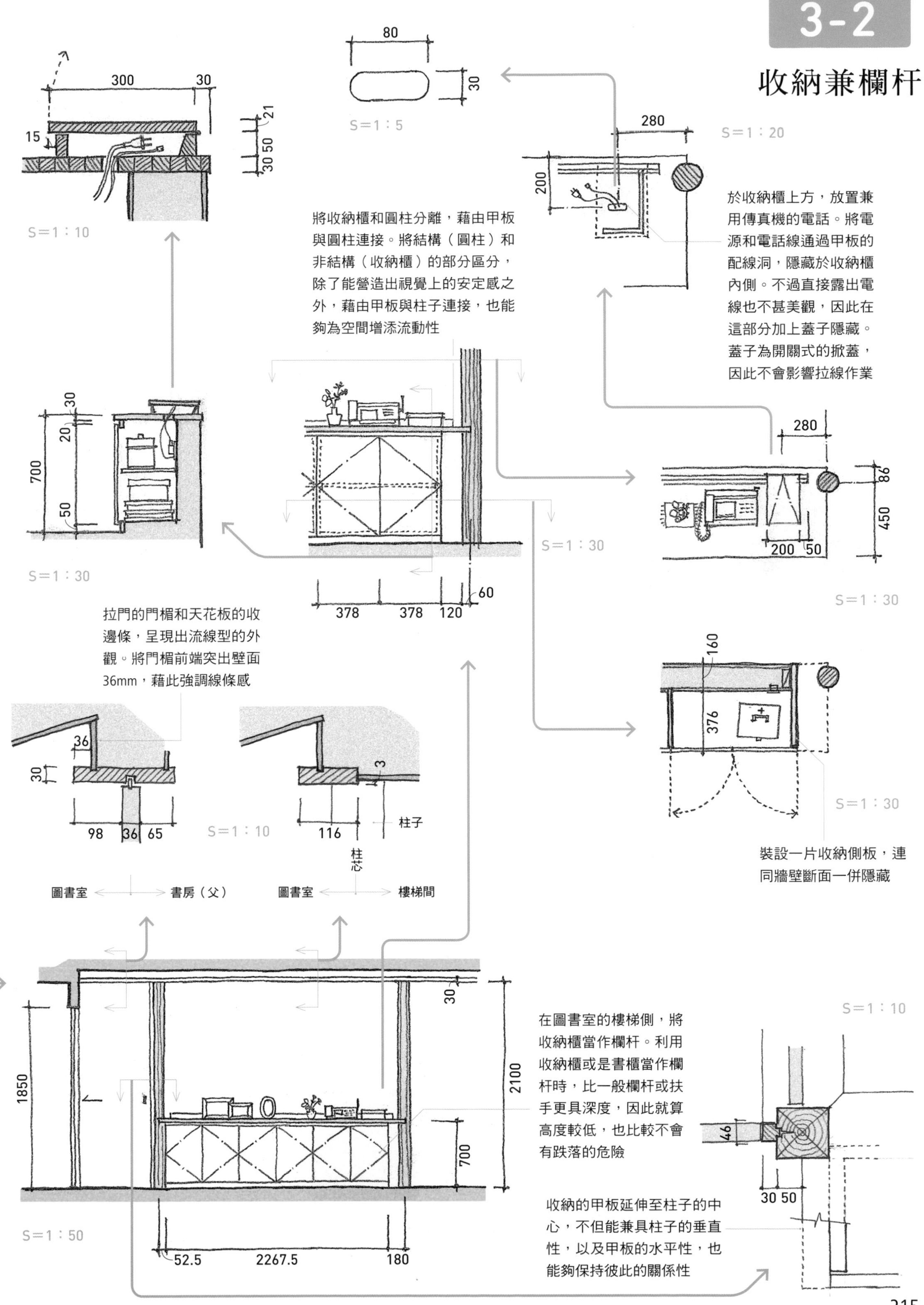

80
30
S=1：5
300
30
15
21
30 50
S=1：10
280
200
S=1：20
於收納櫃上方，放置兼用傳真機的電話。將電源和電話線通過甲板的配線洞，隱藏於收納櫃內側。不過直接露出電線也不甚美觀，因此在這部分加上蓋子隱藏。蓋子為開關式的掀蓋，因此不會影響拉線作業
將收納櫃和圓柱分離，藉由甲板與圓柱連接。將結構（圓柱）和非結構（收納櫃）的部分區分，除了能營造出視覺上的安定感之外，藉由甲板與柱子連接，也能夠為空間增添流動性
30
20
700
50
S=1：30
S=1：30
378
378
120
60
280
86
450
200
50
S=1：30
拉門的門楣和天花板的收邊條，呈現出流線型的外觀。將門楣前端突出壁面36mm，藉此強調線條感
160
376
S=1：30
裝設一片收納側板，連同牆壁斷面一併隱藏
36
30
98
36
65
S=1：10
3
116
柱子
柱芯
圖書室
書房（父）
圖書室
樓梯間
30
1850
2100
700
S=1：50
52.5
2267.5
180
在圖書室的樓梯側，將收納櫃當作欄杆。利用收納櫃或是書櫃當作欄杆時，比一般欄杆或扶手更具深度，因此就算高度較低，也比較不會有跌落的危險
S=1：10
46
30 50
收納的甲板延伸至柱子的中心，不但能兼具柱子的垂直性，以及甲板的水平性，也能夠保持彼此的關係性

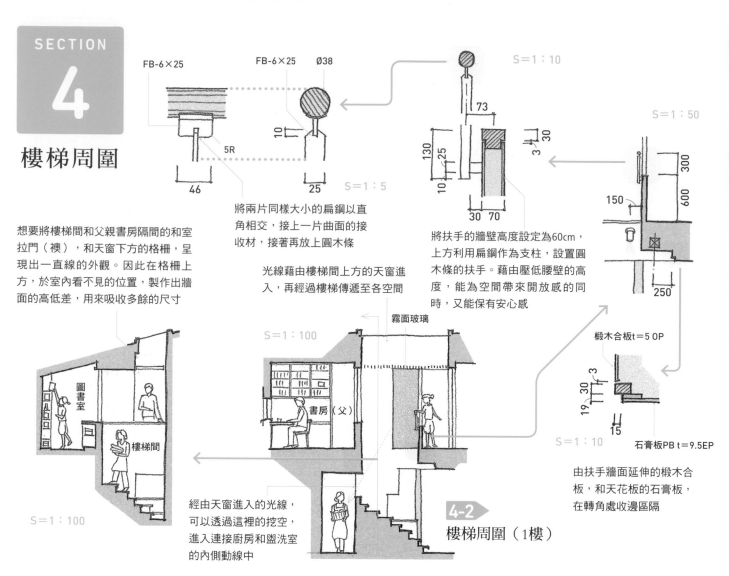

SECTION 4

樓梯周圍

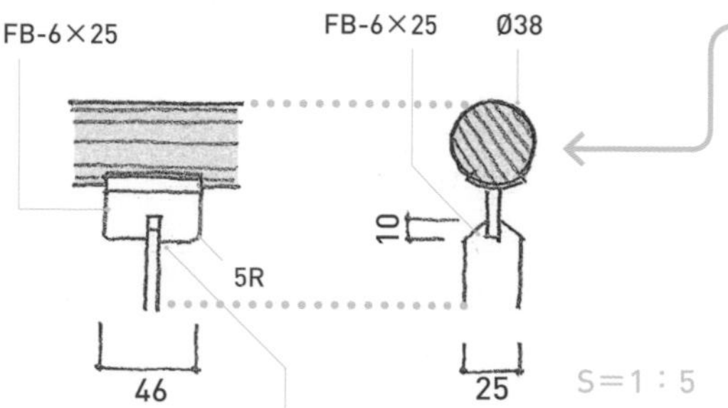

FB-6×25

FB-6×25 Ø38

5R

46 10 25

S=1：5

將兩片同樣大小的扁鋼以直角相交，接上一片曲面的接收材，接著再放上圓木條

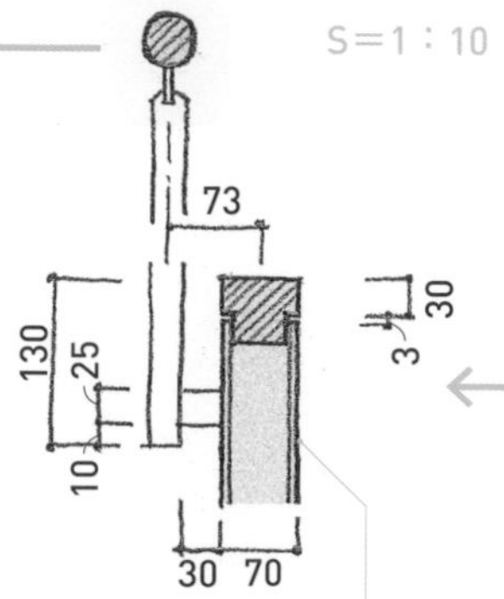

S=1：10

73 130 25 10 30 3 30 70

將扶手的牆壁高度設定為60cm，上方利用扁鋼作為支柱，設置圓木條的扶手。藉由壓低腰壁的高度，能為空間帶來開放感的同時，又能保有安心感

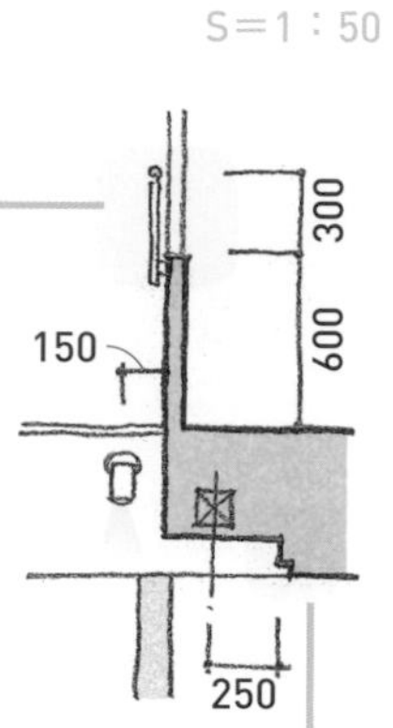

S=1：50

300 600 150 250

想要將樓梯間和父親書房隔間的和室拉門（襖），和天窗下方的格柵，呈現出一直線的外觀。因此在格柵上方，於室內看不見的位置，製作出牆面的高低差，用來吸收多餘的尺寸

光線藉由樓梯間上方的天窗進入，再經過樓梯傳遞至各空間

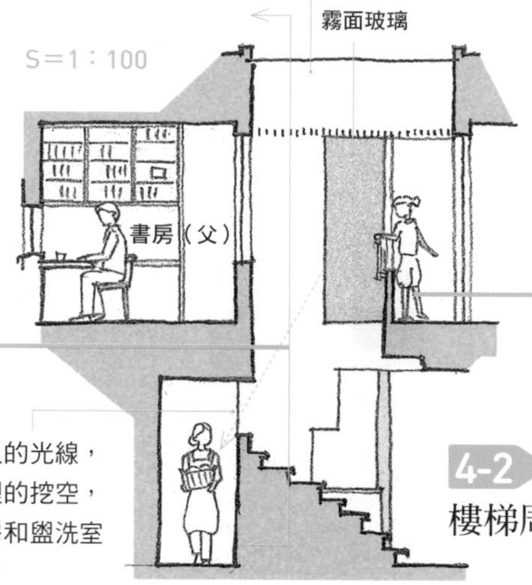

霧面玻璃

S=1：100

圖書室

樓梯間

書房（父）

S=1：100

椴木合板t=5 OP

3 30 19 15

S=1：10

石膏板PB t=9.5EP

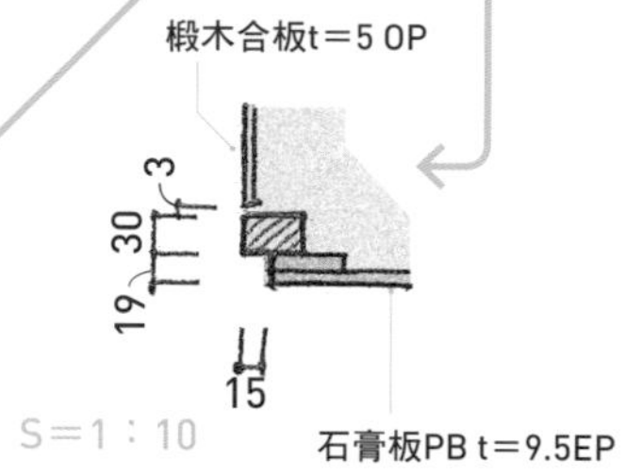

由扶手牆面延伸的椴木合板，和天花板的石膏板，在轉角處收邊區隔

經由天窗進入的光線，可以透過這裡的挖空，進入連接廚房和盥洗室的內側動線中

4-2

樓梯周圍（1樓）

樓梯周圍（1樓）

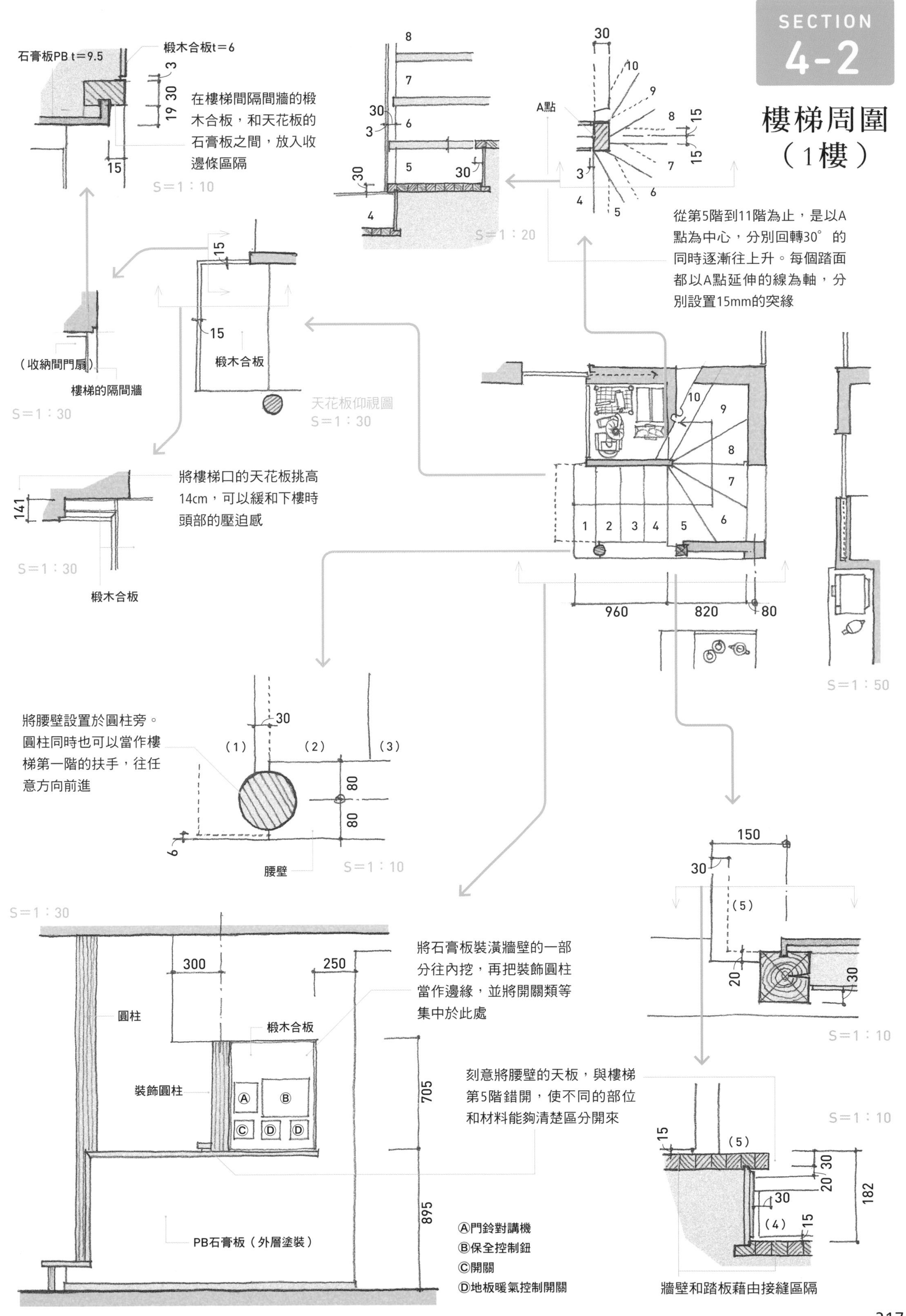
石膏板PB t＝9.5
椴木合板t＝6
3
19 30
15
在樓梯間隔間牆的椴木合板，和天花板的石膏板之間，放入收邊條區隔
S＝1：10
8
7
30
3
6
5
30
30
4
S＝1：20
30
10
9
A點
8
15
15
7
3
6
4
5
從第5階到11階為止，是以A點為中心，分別回轉30°的同時逐漸往上升。每個踏面都以A點延伸的線為軸，分別設置15mm的突緣
15
15
椴木合板
天花板仰視圖
S＝1：30
（收納間門扇）
樓梯的隔間牆
S＝1：30
10
9
8
7
6
1
2
3
4
5
960
820
80
S＝1：50
141
將樓梯口的天花板挑高14cm，可以緩和下樓時頭部的壓迫感
S＝1：30
椴木合板
將腰壁設置於圓柱旁。圓柱同時也可以當作樓梯第一階的扶手，往任意方向前進
30
（1）
（2）
（3）
80
80
6
腰壁
S＝1：10
150
30
（5）
20
30
S＝1：10
S＝1：30
300
250
圓柱
椴木合板
裝飾圓柱
Ⓐ
Ⓑ
Ⓒ
Ⓓ
Ⓓ
705
895
PB石膏板（外層塗裝）
將石膏板裝潢牆壁的一部分往內挖，再把裝飾圓柱當作邊緣，並將開關類等集中於此處
刻意將腰壁的天板，與樓梯第5階錯開，使不同的部位和材料能夠清楚區分開來
S＝1：10
15
（5）
30
20
182
30
（4）
15
Ⓐ門鈴對講機
Ⓑ保全控制鈕
Ⓒ開關
Ⓓ地板暖氣控制開關
牆壁和踏板藉由接縫區隔

將上下樓以及各房間悄然連結

於1樓配置LDK，2樓則配置各房間，如果以這種傳統正規的方式來思考，便會使2樓的房間，與客廳和餐廳完全分離。房間是家人自己的隱私空間，想擁有個人的領域是人之常情，不過同時也要思考，如何將房間與1樓的LDK打造出關係性。將餐廳上方設置成挑高，在面向挑高的2樓位置，配置兒童房和母親的臥室。除了能將上下樓連接之外，還能透過挑高，讓兒童房與母親臥室彼此連接起來。

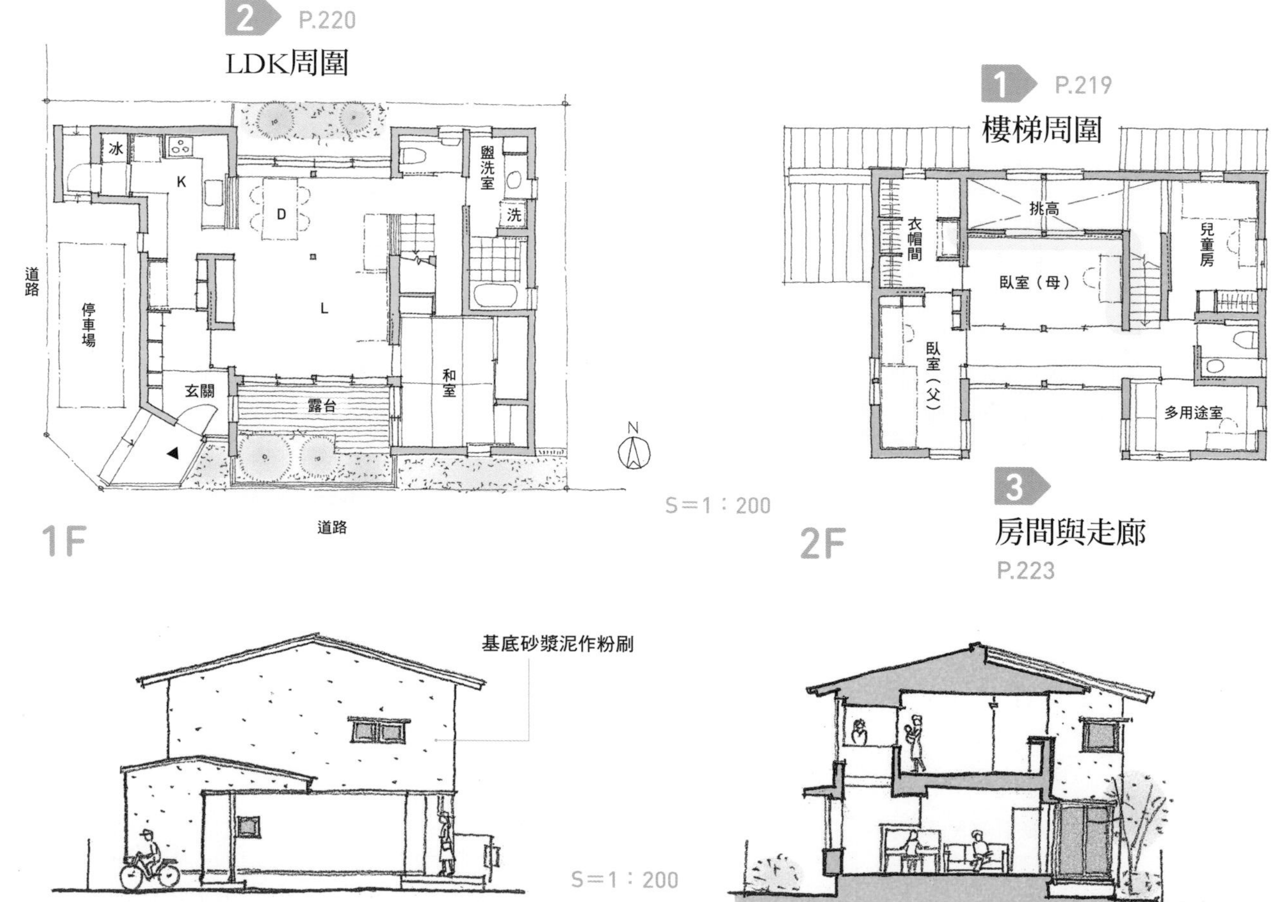

2 P.220
LDK周圍
冰
K
D
盥洗室
洗
道路
停車場
L
和室
玄關
露台
道路
N
S＝1：200
1F
1 P.219
樓梯周圍
挑高
衣帽間
兒童房
臥室（母）
臥室（父）
多用途室
2F
3
房間與走廊
P.223
基底砂漿泥作粉刷
S＝1：200

SECTION
1
樓梯周圍

位於2樓的兒童房和母親的臥室兼書房，都分別設有面向挑高的開口部，並透過挑高營造出視覺上的連接感。開口部分別設有拉門，將拉門關上後，即可保持房間內的隱私

在兒童房出入口的拉門上方，設置霧面玻璃的氣窗。氣窗也可以像拉門般移動，因此就算關上拉門也能保持通風，即使關上氣窗，光線也能透過玻璃傳遞彼此的氣息

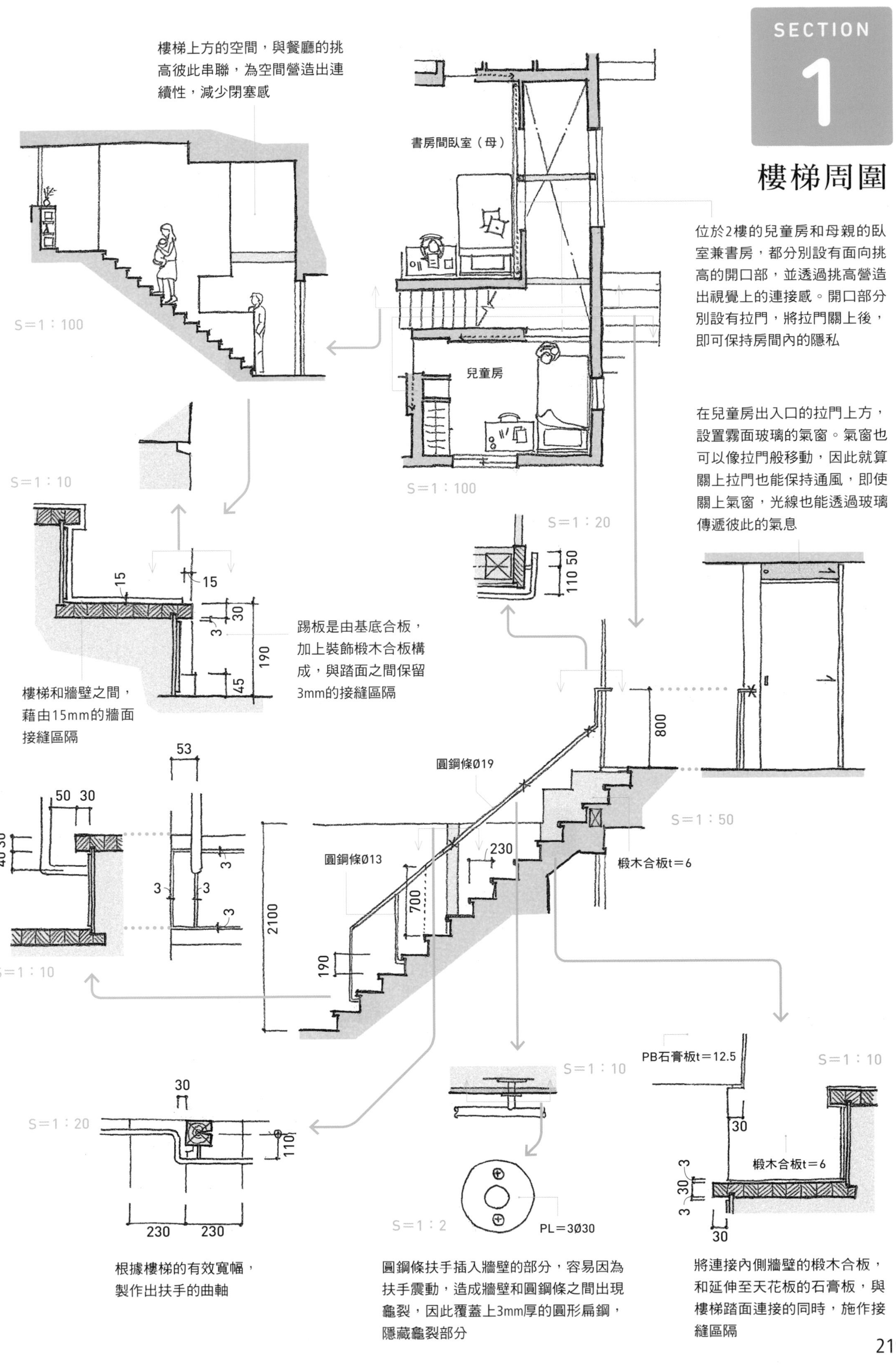

樓梯上方的空間，與餐廳的挑高彼此串聯，為空間營造出連續性，減少閉塞感
S＝1：100
書房間臥室（母）
兒童房
S＝1：100
S＝1：10
15
15
30
3
190
45
踢板是由基底合板，加上裝飾椴木合板構成，與踏面之間保留3mm的接縫區隔
樓梯和牆壁之間，藉由15mm的牆面接縫區隔
S＝1：20
110 50
800
圓鋼條Ø19
S＝1：50
椴木合板t＝6
53
50 30
40 30
3
3
3
3
S＝1：10
2100
圓鋼條Ø13
230
700
190
30
S＝1：20
110
230 230
S＝1：10
PB石膏板t＝12.5
S＝1：10
30
椴木合板t＝6
3
30
3
30
S＝1：2
PL＝3Ø30

根據樓梯的有效寬幅，製作出扶手的曲軸

圓鋼條扶手插入牆壁的部分，容易因為扶手震動，造成牆壁和圓鋼條之間出現龜裂，因此覆蓋上3mm厚的圓形扁鋼，隱藏龜裂部分

將連接內側牆壁的椴木合板，和延伸至天花板的石膏板，與樓梯踏面連接的同時，施作接縫區隔

SECTION

2

LDK周圍

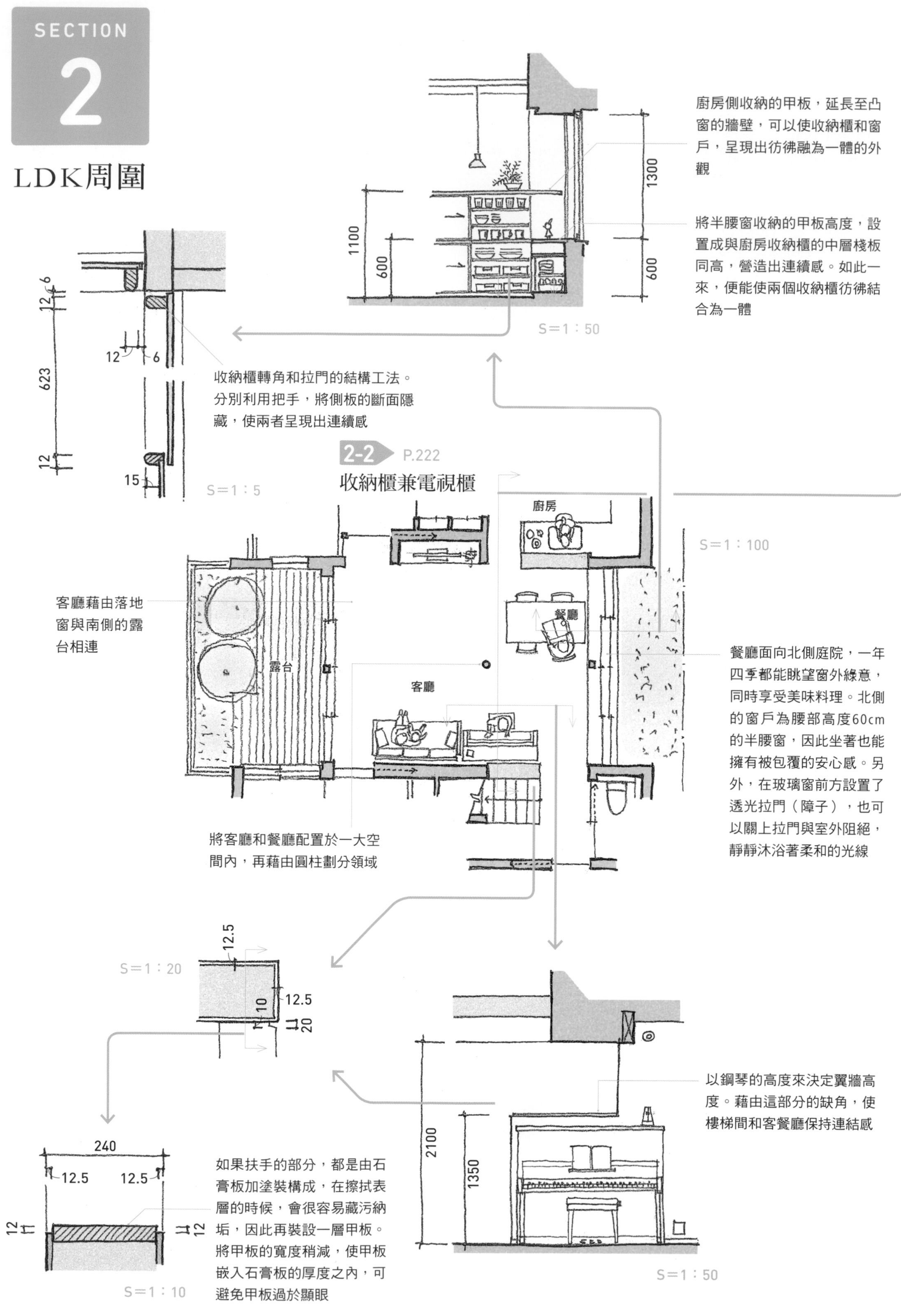

廚房側收納的甲板，延長至凸窗的牆壁，可以使收納櫃和窗戶，呈現出彷彿融為一體的外觀
1300
1100
600
600
將半腰窗收納的甲板高度，設置成與廚房收納櫃的中層棧板同高，營造出連續感。如此一來，便能使兩個收納櫃彷彿結合為一體
S＝1：50
12
6
12
6
623
12
15
收納櫃轉角和拉門的結構工法。分別利用把手，將側板的斷面隱藏，使兩者呈現出連續感
S＝1：5
2-2 P.222
收納櫃兼電視櫃
廚房
S＝1：100
客廳藉由落地窗與南側的露台相連
餐廳
露台
客廳
餐廳面向北側庭院，一年四季都能眺望窗外綠意，同時享受美味料理。北側的窗戶為腰部高度60cm的半腰窗，因此坐著也能擁有被包覆的安心感。另外，在玻璃窗前方設置了透光拉門（障子），也可以關上拉門與室外阻絕，靜靜沐浴著柔和的光線
將客廳和餐廳配置於一大空間內，再藉由圓柱劃分領域
S＝1：20
12.5
12.5
10
20
以鋼琴的高度來決定翼牆高度。藉由這部分的缺角，使樓梯間和客餐廳保持連結感
2100
1350
240
12.5
12.5
12
12
如果扶手的部分，都是由石膏板加塗裝構成，在擦拭表層的時候，會很容易藏污納垢，因此再裝設一層甲板。將甲板的寬度稍減，使甲板嵌入石膏板的厚度之內，可避免甲板過於顯眼
S＝1：10
S＝1：50

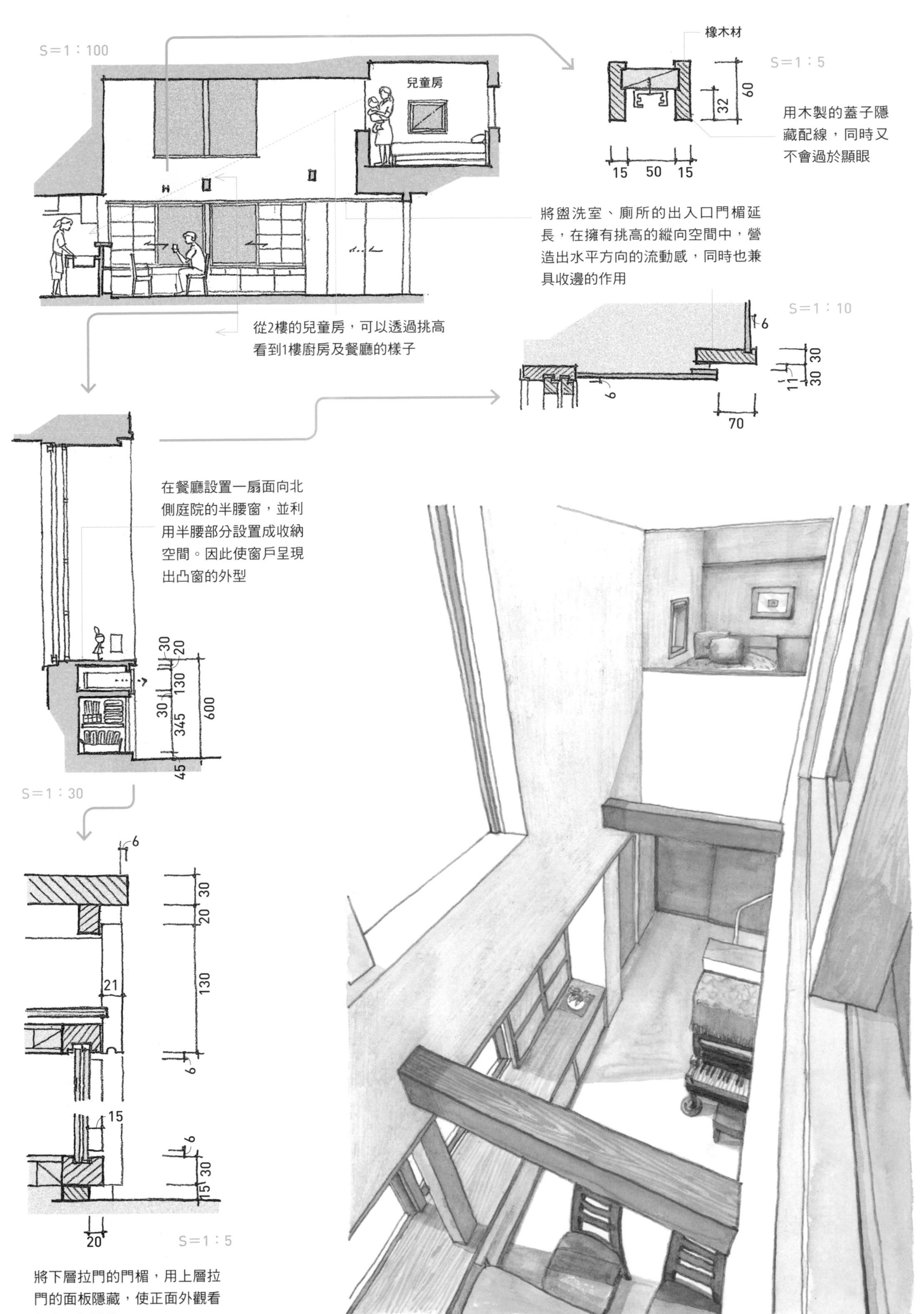
S＝1：100
兒童房
從2樓的兒童房，可以透過挑高
看到1樓廚房及餐廳的樣子
橡木材
S＝1：5
60
32
15
50
15
用木製的蓋子隱
藏配線，同時又
不會過於顯眼
將盥洗室、廁所的出入口門楣延
長，在擁有挑高的縱向空間中，營
造出水平方向的流動感，同時也兼
具收邊的作用
S＝1：10
6
30
30
11
6
70
在餐廳設置一扇面向北
側庭院的半腰窗，並利
用半腰部分設置成收納
空間。因此使窗戶呈現
出凸窗的外型
30
20
130
30
345
600
45
S＝1：30
6
30
20
130
21
6
15
6
30
15
20
S＝1：5
將下層拉門的門楣，用上層拉
門的面板隱藏，使正面外觀看
起來更加簡約

SECTION 2-2

收納櫃兼電視櫃

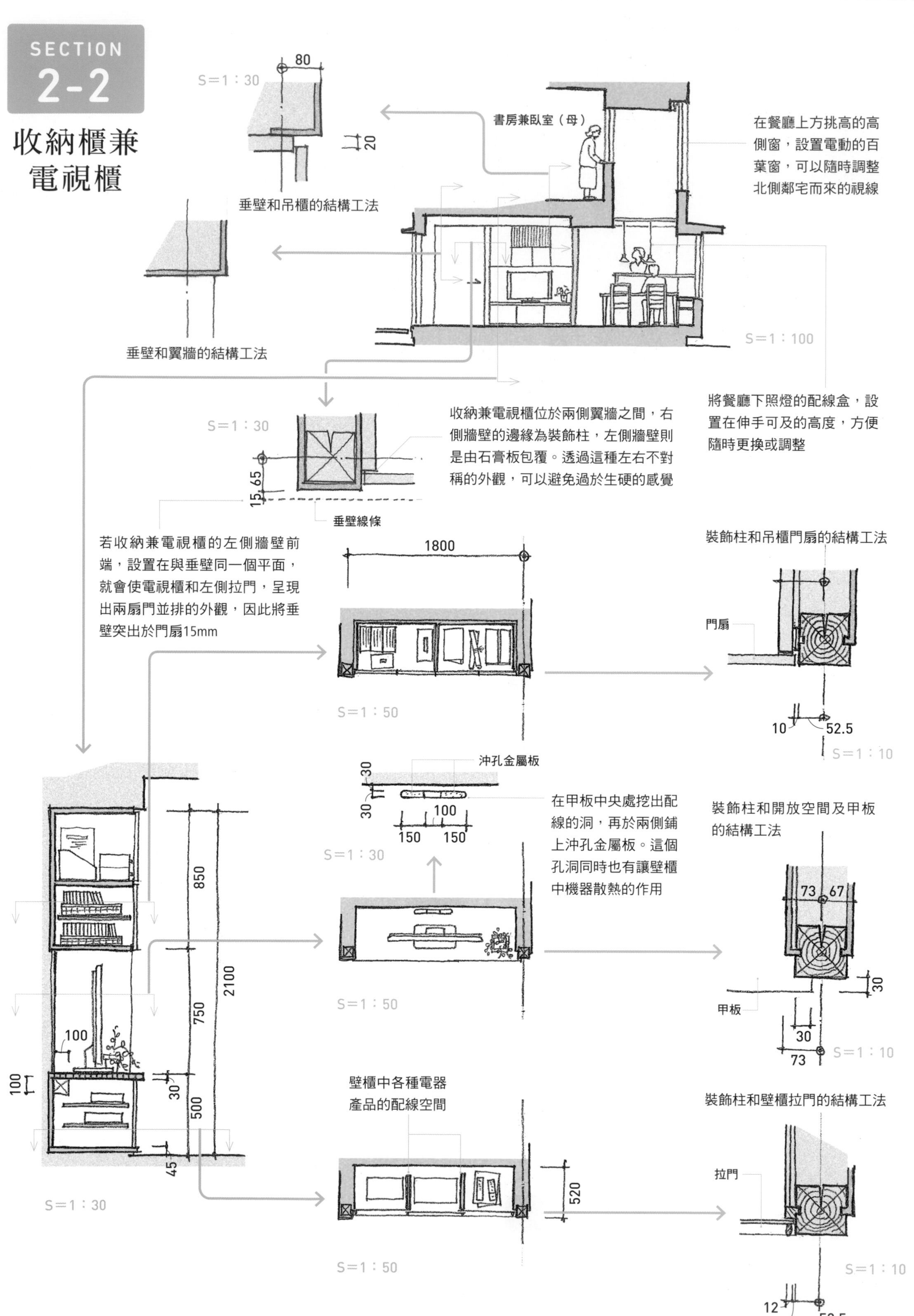

S＝1：30
80
20
垂壁和吊櫃的結構工法
書房兼臥室（母）
在餐廳上方挑高的高側窗，設置電動的百葉窗，可以隨時調整北側鄰宅而來的視線
垂壁和翼牆的結構工法
S＝1：100
將餐廳下照燈的配線盒，設置在伸手可及的高度，方便隨時更換或調整
S＝1：30
收納兼電視櫃位於兩側翼牆之間，右側牆壁的邊緣為裝飾柱，左側牆壁則是由石膏板包覆。透過這種左右不對稱的外觀，可以避免過於生硬的感覺
15 65
垂壁線條
若收納兼電視櫃的左側牆壁前端，設置在與垂壁同一個平面，就會使電視櫃和左側拉門，呈現出兩扇門並排的外觀，因此將垂壁突出於門扇15mm
1800
裝飾柱和吊櫃門扇的結構工法
門扇
S＝1：50
10
52.5
S＝1：10
沖孔金屬板
30
30
100
150
150
S＝1：30
在甲板中央處挖出配線的洞，再於兩側鋪上沖孔金屬板。這個孔洞同時也有讓壁櫃中機器散熱的作用
裝飾柱和開放空間及甲板的結構工法
850
2100
750
73
67
S＝1：50
30
甲板
100
30
73
S＝1：10
100
30
500
壁櫃中各種電器產品的配線空間
裝飾柱和壁櫃拉門的結構工法
45
拉門
520
S＝1：30
S＝1：50
S＝1：10
12
6
52.5

SECTION 3

房間與走廊

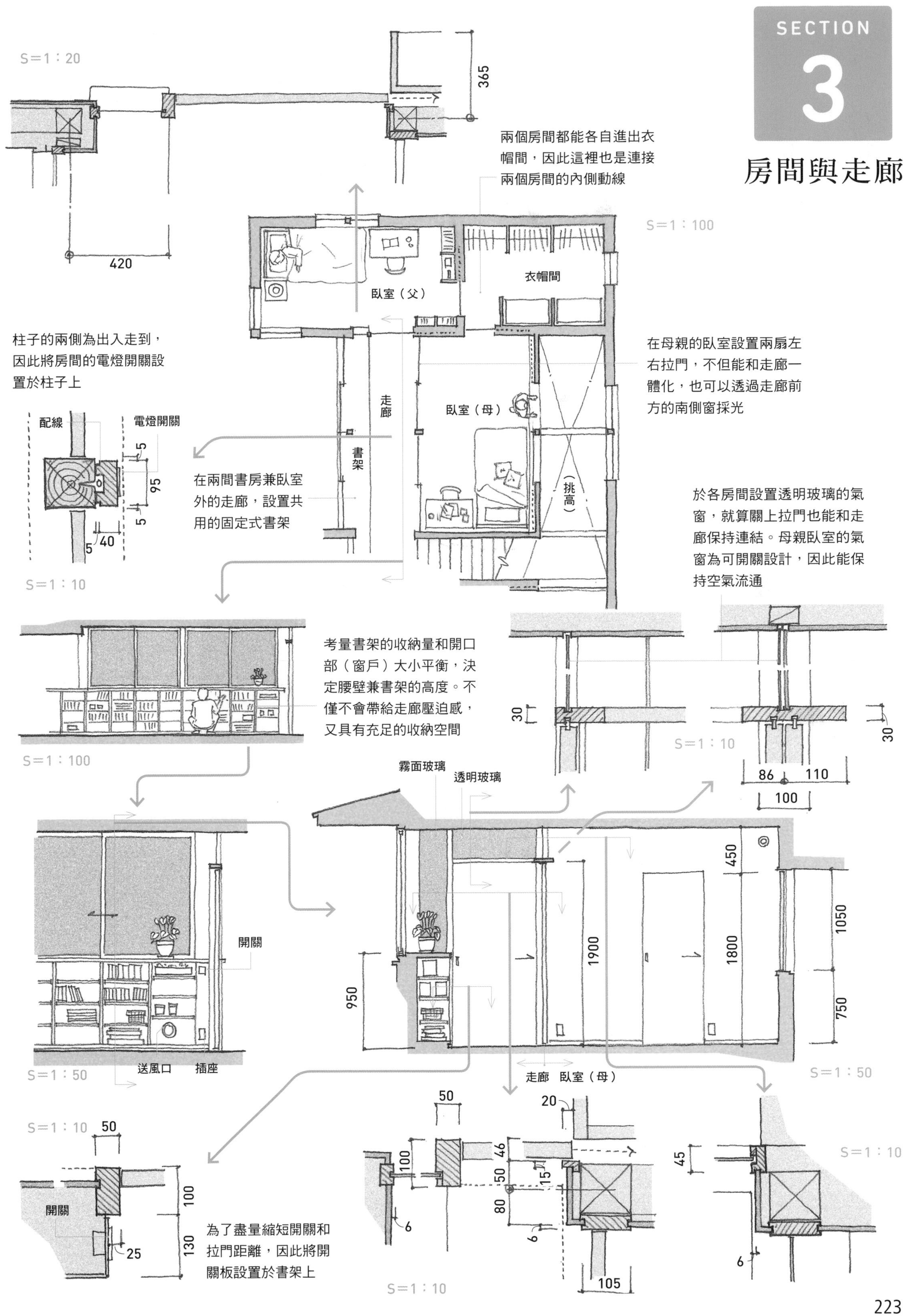
S=1：20
365
420
兩個房間都能各自進出衣帽間，因此這裡也是連接兩個房間的內側動線
S=1：100
衣帽間
臥室（父）
柱子的兩側為出入走到，因此將房間的電燈開關設置於柱子上
在母親的臥室設置兩扇左右拉門，不但能和走廊一體化，也可以透過走廊前方的南側窗採光
配線
電燈開關
走廊
臥室（母）
書架
挑高
5
95
5
40
5
在兩間書房兼臥室外的走廊，設置共用的固定式書架
於各房間設置透明玻璃的氣窗，就算關上拉門也能和走廊保持連結。母親臥室的氣窗為可開關設計，因此能保持空氣流通
S=1：10
考量書架的收納量和開口部（窗戶）大小平衡，決定腰壁兼書架的高度。不僅不會帶給走廊壓迫感，又具有充足的收納空間
30
30
S=1：10
86
110
100
S=1：100
霧面玻璃
透明玻璃
450
1900
1800
1050
950
750
開關
送風口
插座
走廊
臥室（母）
S=1：50
S=1：50
50
20
S=1：10
50
46
100
15
50
80
6
6
105
45
6
S=1：10
開關
100
130
25
為了盡量縮短開關和拉門距離，因此將開關板設置於書架上
S=1：10

藉由便利性打造豐富的生活空間

將螺旋梯設置於建築物的中央，在1樓以螺旋梯為中心，打造出回遊動線。除了從玄關能夠直接走進客廳之外，也可以穿過玄關收納，通過家事間後，再經由廚房及餐廳到達客廳。在這些生活動線上，於包含廚房的外牆部分，設置適得其所的收納空間。另外，在2樓盥洗室中，設置一個面向1樓家事間的挖洞，可以直接將換洗衣物往下丟進洗衣機旁。因此除了住宅格局之外，也將日常生活的各種行動一併納入考量。

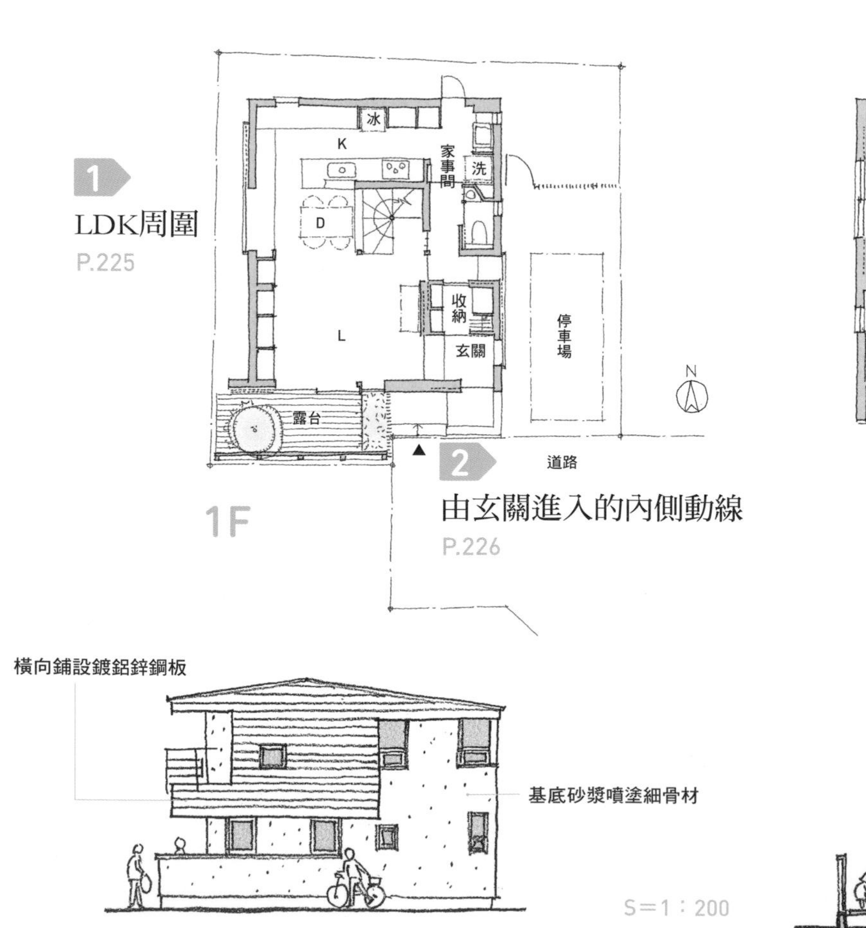
1
LDK周圍
P.225
冰
K
家事間
洗
D
收納
L
玄關
停車場
露台
2
由玄關進入的內側動線
P.226
道路
N
1F
橫向鋪設鍍鋁鋅鋼板
基底砂漿噴塗細骨材
S＝1：200

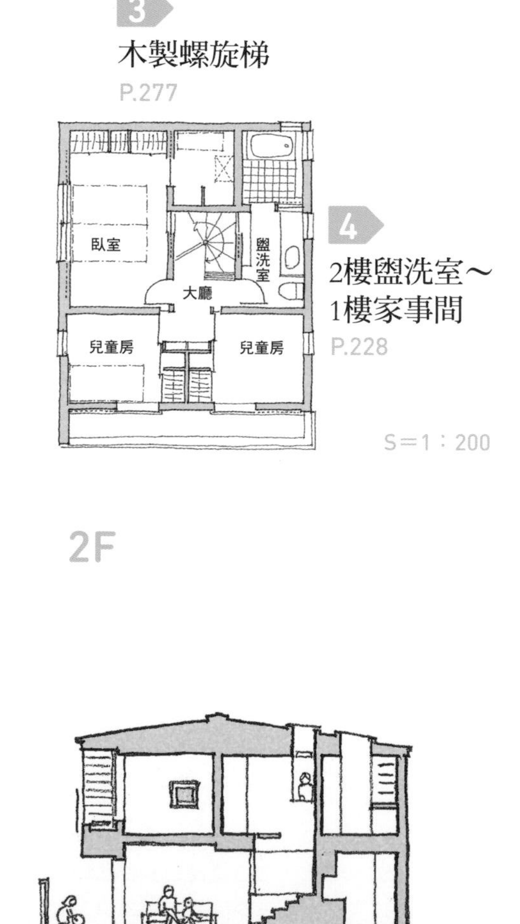
3
木製螺旋梯
P.277
臥室
盥洗室
大廳
兒童房
兒童房
4
2樓盥洗室～1樓家事間
P.228
S＝1：200
2F

SECTION 1

LDK周圍

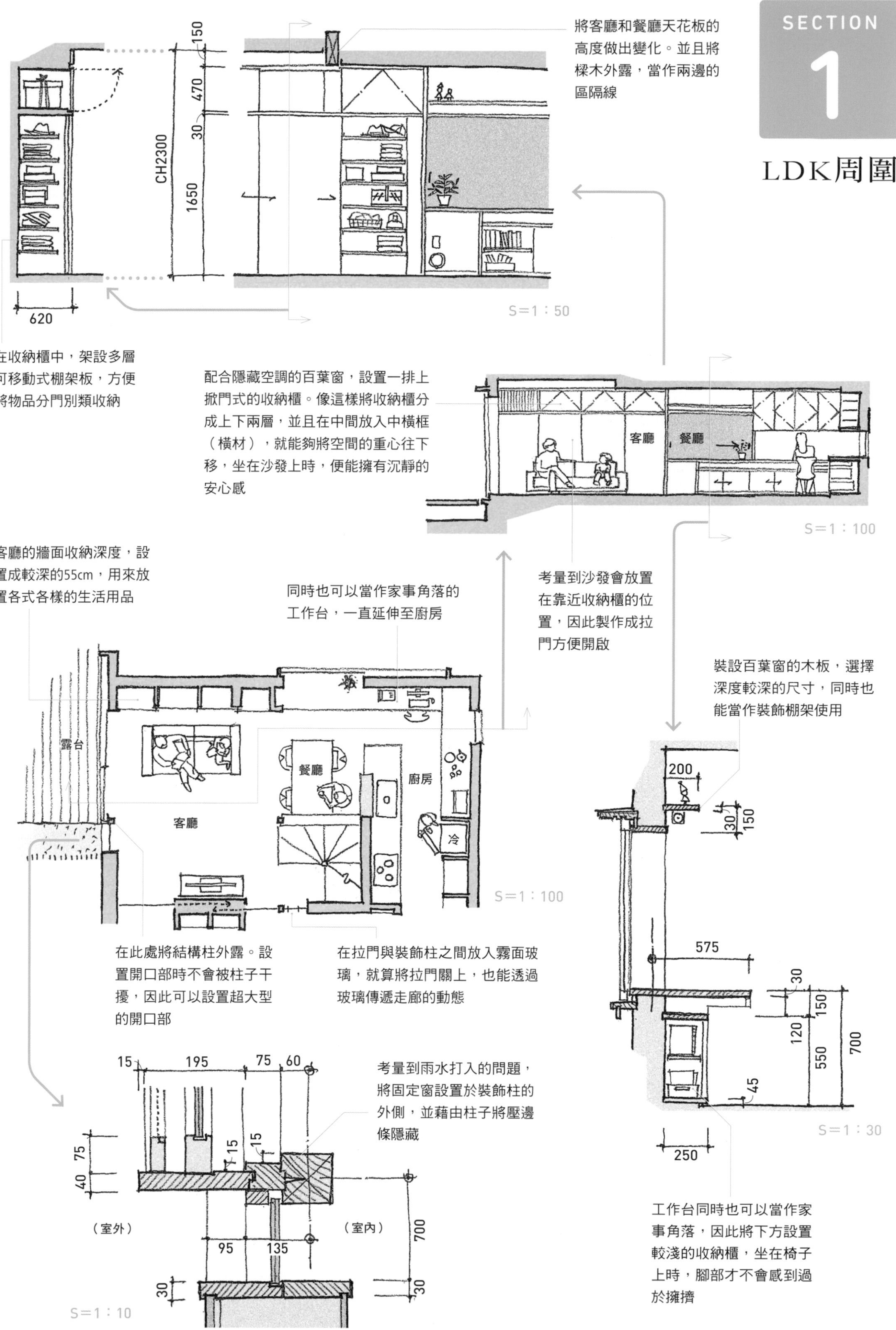
將客廳和餐廳天花板的高度做出變化。並且將樑木外露，當作兩邊的區隔線
150
470
30
CH2300
1650
620
S=1：50
在收納櫃中，架設多層可移動式棚架板，方便將物品分門別類收納
配合隱藏空調的百葉窗，設置一排上掀門式的收納櫃。像這樣將收納櫃分成上下兩層，並且在中間放入中橫框（橫材），就能夠將空間的重心往下移，坐在沙發上時，便能擁有沉靜的安心感
客廳
餐廳
S=1：100
客廳的牆面收納深度，設置成較深的55cm，用來放置各式各樣的生活用品
同時也可以當作家事角落的工作台，一直延伸至廚房
考量到沙發會放置在靠近收納櫃的位置，因此製作成拉門方便開啟
裝設百葉窗的木板，選擇深度較深的尺寸，同時也能當作裝飾棚架使用
露台
餐廳
廚房
客廳
冷
S=1：100
200
30
150
在此處將結構柱外露。設置開口部時不會被柱子干擾，因此可以設置超大型的開口部
在拉門與裝飾柱之間放入霧面玻璃，就算將拉門關上，也能透過玻璃傳遞走廊的動態
575
30
150
120
550
700
45
250
S=1：30
15
195
75
60
考量到雨水打入的問題，將固定窗設置於裝飾柱的外側，並藉由柱子將壓邊條隱藏
75
40
15
15
（室外）
（室內）
700
95
135
30
30
S=1：10
工作台同時也可以當作家事角落，因此將下方設置較淺的收納櫃，坐在椅子上時，腳部才不會感到過於擁擠

SECTION

2

由玄關進入的內側動線

將配電盤、電視盒、網路線等集中於此

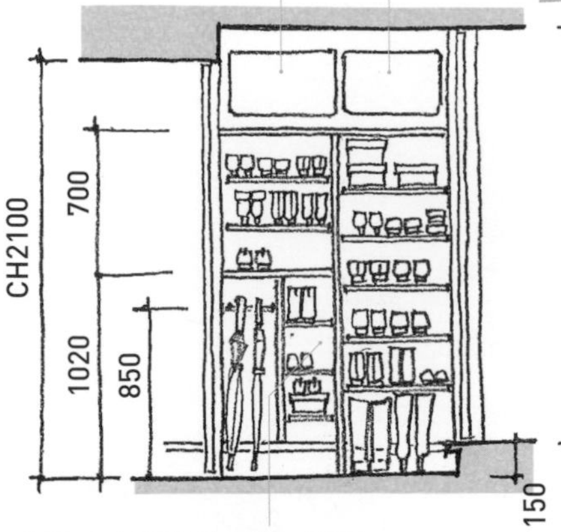

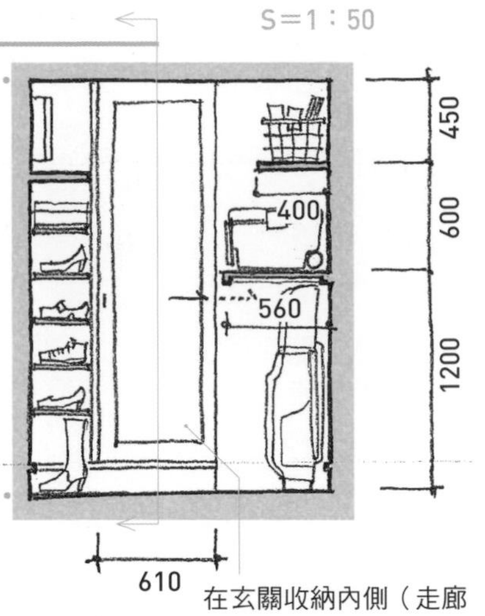

S=1:50

CH2100 700 1020 850 150

CH2100 450 600 1200 400 560 610

在進入玄關後的左側，設置多種可移動式棚架，用來收納雨傘等各種物品

在玄關收納內側（走廊側）的拉門上，裝設一面全身鏡，在穿好鞋子出門之前，可以檢視全身的裝扮

在進入玄關後的右側，設置大衣掛桿等，以大型物品為主，決定棚架板的高度

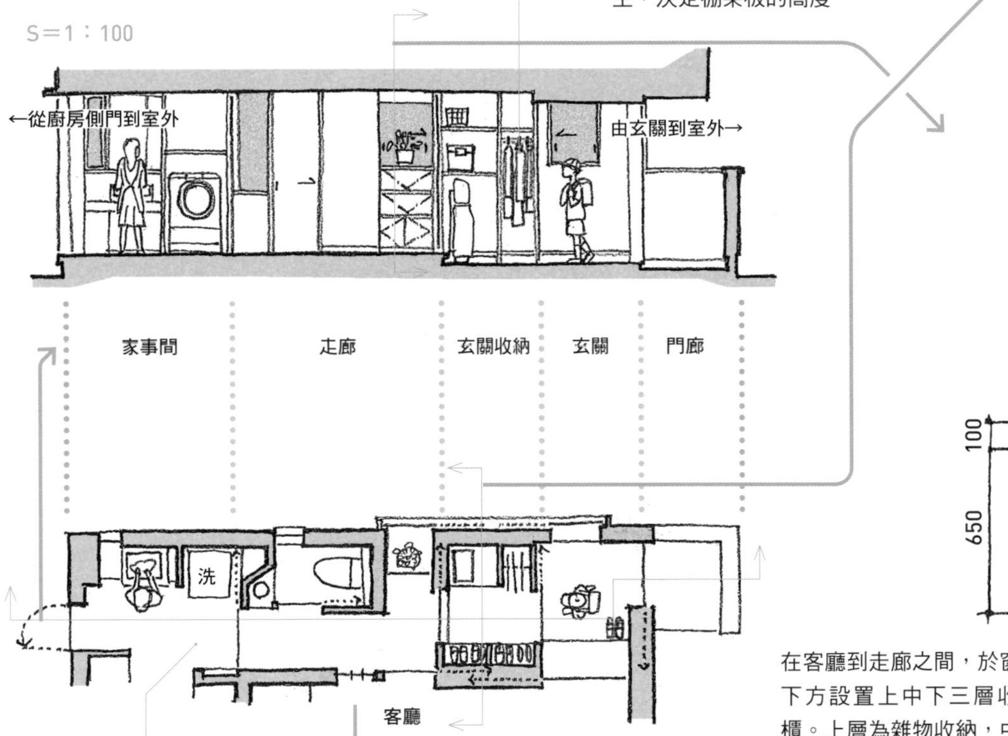

S=1:100

←從廚房側門到室外

由玄關到室外→

家事間 走廊 玄關收納 玄關 門廊

洗

客廳

S=1:100

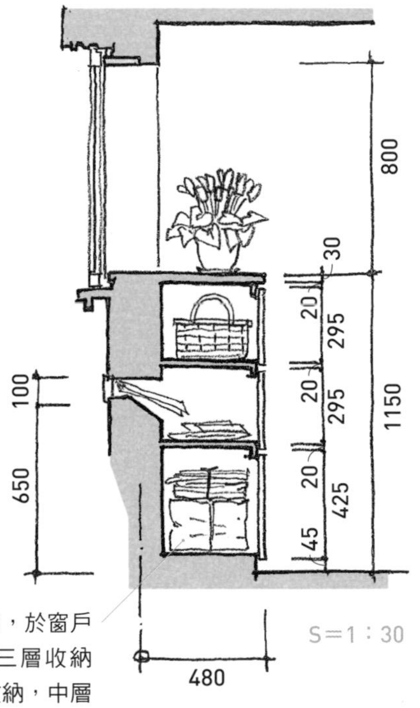

打造出一條從玄關到玄關收納、走廊、家事間和廚房的內側動線。每個空間都能藉由拉門隔間，因此也具有獨立空間的機能

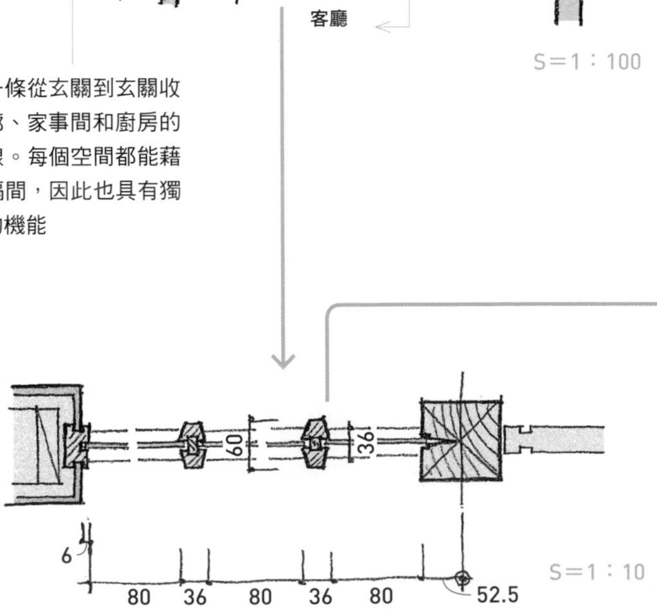

800 30 20 295 20 295 20 425 45 1150 100 650 480

S=1:30

在客廳到走廊之間，於窗戶下方設置上中下三層收納櫃。上層為雜物收納，中層為信箱，下層則是存放舊報紙和舊雜誌的空間

S=1:2

22.5 15 22.5 4.5 27 4.5 36

60 36

6 80 36 80 36 80 52.5

S=1:10

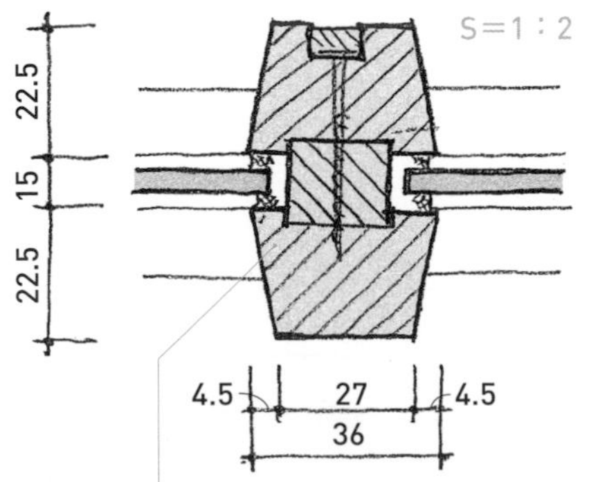

設置兩根縱向格柵，於中間放入並支撐玻璃，其中一根（下圖）為固定式，另外一根（上圖）則是可拆卸式。如此一來便能輕鬆裝設及更換玻璃

木製螺旋梯

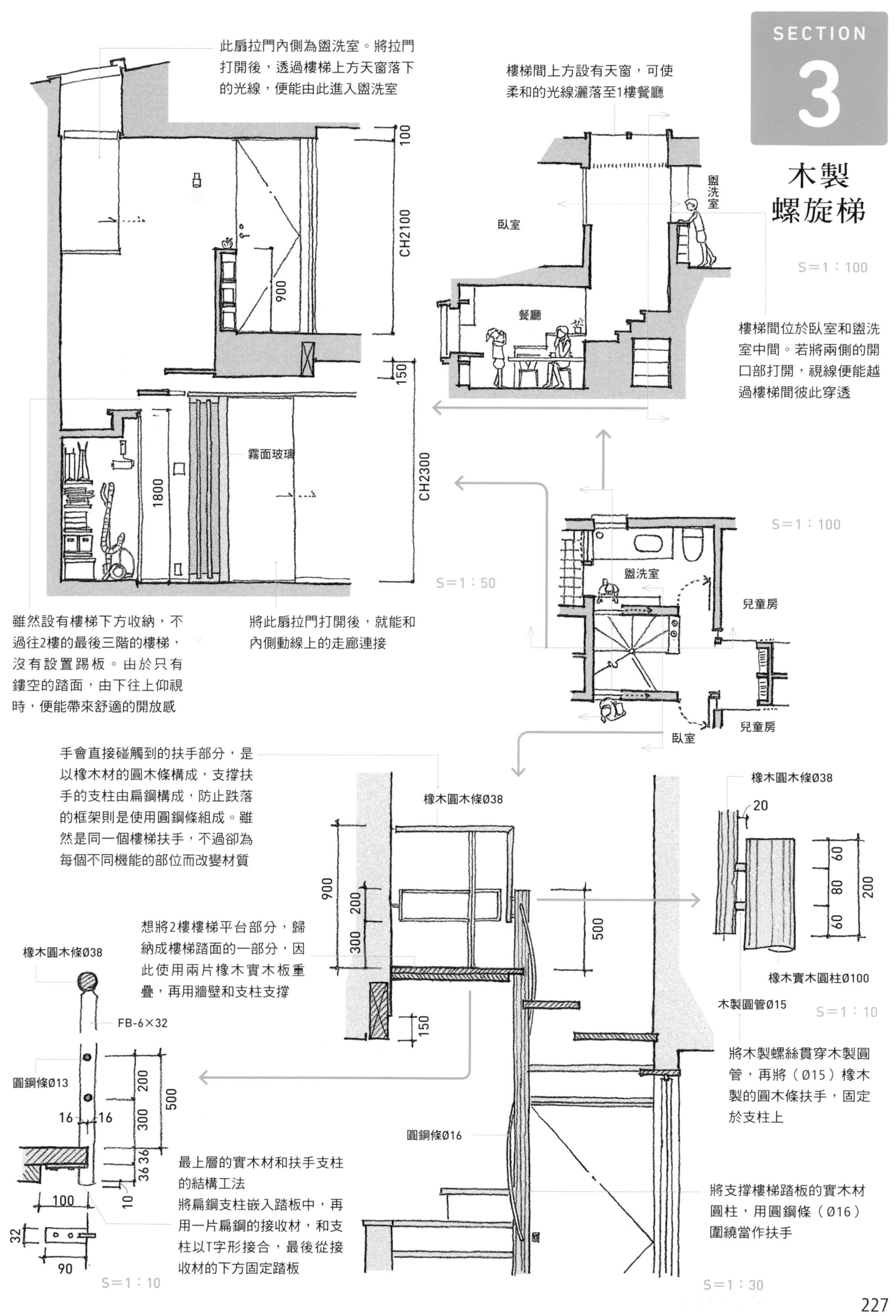
此扇拉門內側為盥洗室。將拉門打開後，透過樓梯上方天窗落下的光線，便能由此進入盥洗室
樓梯間上方設有天窗，可使柔和的光線灑落至1樓餐廳
臥室
盥洗室
餐廳
S＝1：100
樓梯間位於臥室和盥洗室中間。若將兩側的開口部打開，視線便能越過樓梯間彼此穿透
100
CH2100
900
150
1800
霧面玻璃
CH2300
S＝1：50
S＝1：100
盥洗室
兒童房
兒童房
臥室
雖然設有樓梯下方收納，不過往2樓的最後三階的樓梯，沒有設置踢板。由於只有鏤空的踏面，由下往上仰視時，便能帶來舒適的開放感
將此扇拉門打開後，就能和內側動線上的走廊連接
手會直接碰觸到的扶手部分，是以橡木材的圓木條構成，支撐扶手的支柱由扁鋼構成，防止跌落的框架則是使用圓鋼條組成。雖然是同一個樓梯扶手，不過卻為每個不同機能的部位而改變材質
橡木圓木條Ø38
900
200
300
500
150
橡木圓木條Ø38
20
60
80
60
200
橡木實木圓柱Ø100
木製圓管Ø15
S＝1：10
將木製螺絲貫穿木製圓管，再將（Ø15）橡木製的圓木條扶手，固定於支柱上
想將2樓樓梯平台部分，歸納成樓梯踏面的一部分，因此使用兩片橡木實木板重疊，再用牆壁和支柱支撐
橡木圓木條Ø38
FB-6×32
圓鋼條Ø13
16
16
200
300
500
36
36
10
100
32
90
S＝1：10
最上層的實木材和扶手支柱的結構工法
將扁鋼支柱嵌入踏板中，再用一片扁鋼的接收材，和支柱以T字形接合，最後從接收材的下方固定踏板
圓鋼條Ø16
將支撐樓梯踏板的實木材圓柱，用圓鋼條（Ø16）圍繞當作扶手
S＝1：30

SECTION 4

2樓盥洗室～1樓家事間

收納櫃上方用來掛毛巾的牆壁，是由抗濕氣極佳的美耐明裝飾板構成

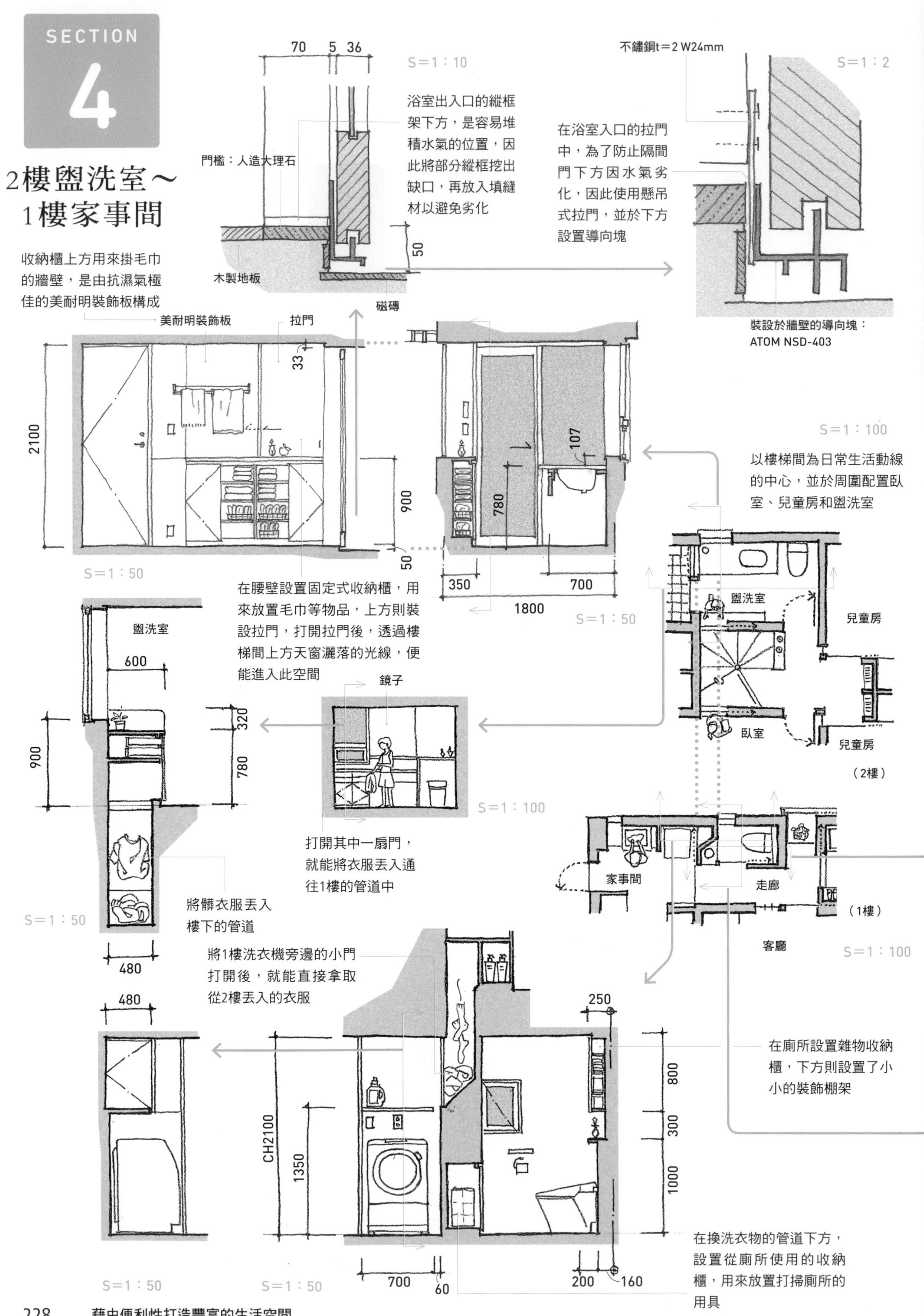

70
5
36
S＝1：10
浴室出入口的縱框架下方，是容易堆積水氣的位置，因此將部分縱框挖出缺口，再放入填縫材以避免劣化
門檻：人造大理石
木製地板
50
磁磚
不鏽鋼t＝2 W24mm
S＝1：2
在浴室入口的拉門中，為了防止隔間門下方因水氣劣化，因此使用懸吊式拉門，並於下方設置導向塊
裝設於牆壁的導向塊：
ATOM NSD-403
美耐明裝飾板
拉門
33
2100
900
50
S＝1：50
107
780
350
700
1800
S＝1：50
S＝1：100
以樓梯間為日常生活動線的中心，並於周圍配置臥室、兒童房和盥洗室
盥洗室
兒童房
臥室
兒童房
（2樓）
在腰壁設置固定式收納櫃，用來放置毛巾等物品，上方則裝設拉門，打開拉門後，透過樓梯間上方天窗灑落的光線，便能進入此空間
盥洗室
600
320
900
780
鏡子
S＝1：100
打開其中一扇門，就能將衣服丟入通往1樓的管道中
將髒衣服丟入樓下的管道
S＝1：50
480
家事間
走廊
（1樓）
客廳
S＝1：100
將1樓洗衣機旁邊的小門打開後，就能直接拿取從2樓丟入的衣服
480
250
CH2100
1350
800
300
1000
在廁所設置雜物收納櫃，下方則設置了小小的裝飾棚架
在換洗衣物的管道下方，設置從廁所使用的收納櫃，用來放置打掃廁所的用具
700
60
200
160
S＝1：50
S＝1：50

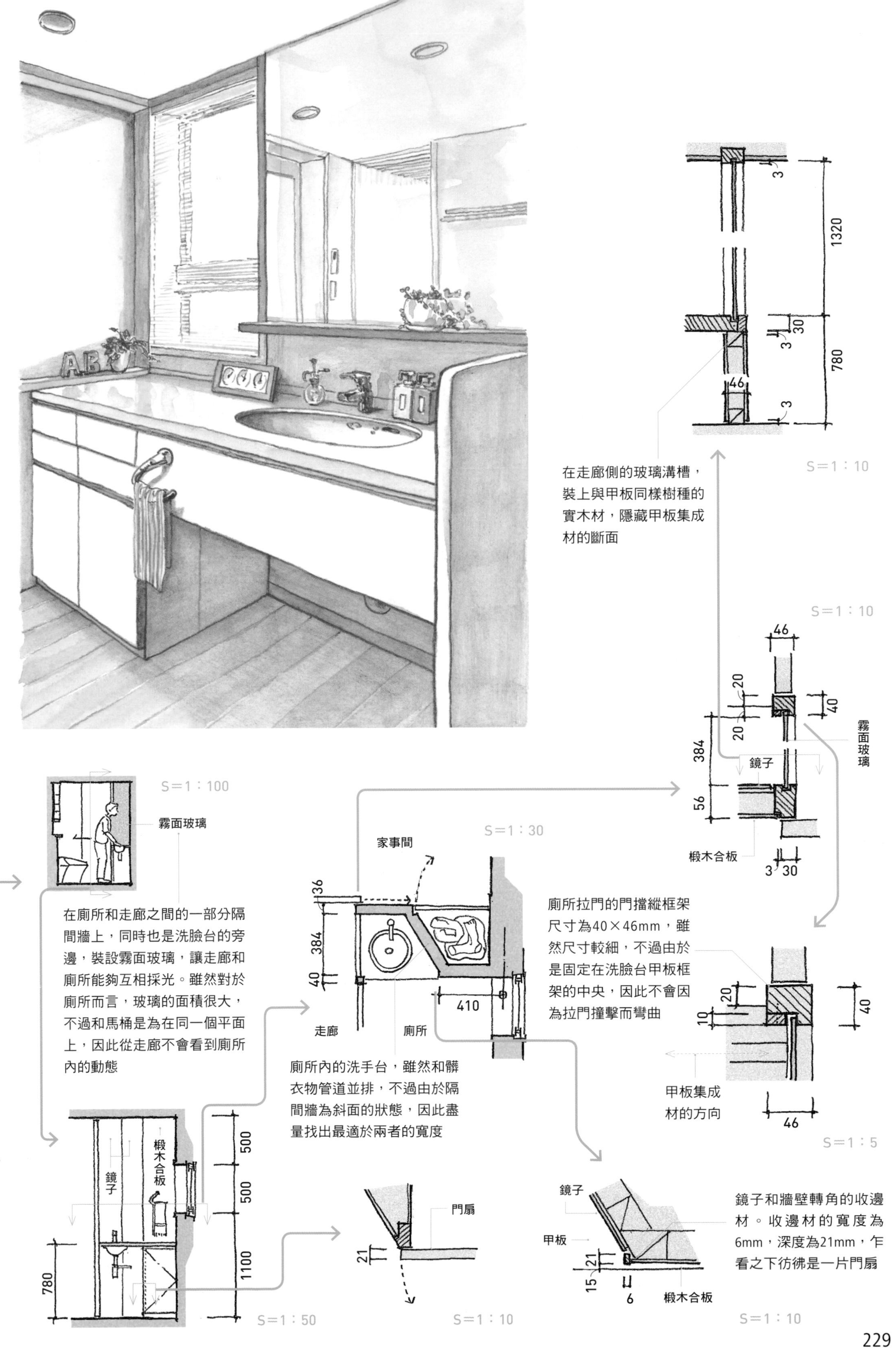

3
1320
30
3
780
46
3
S＝1：10
在走廊側的玻璃溝槽，
裝上與甲板同樣樹種的
實木材，隱藏甲板集成
材的斷面
S＝1：10
46
20
40
20
霧面玻璃
384
鏡子
56
椴木合板
3 30
S＝1：100
霧面玻璃
在廁所和走廊之間的一部分隔
間牆上，同時也是洗臉台的旁
邊，裝設霧面玻璃，讓走廊和
廁所能夠互相採光。雖然對於
廁所而言，玻璃的面積很大，
不過和馬桶是為在同一個平面
上，因此從走廊不會看到廁所
內的動態
S＝1：30
家事間
36
384
40
410
走廊
廁所
廁所拉門的門擋縱框架
尺寸為40×46mm，雖
然尺寸較細，不過由於
是固定在洗臉台甲板框
架的中央，因此不會因
為拉門撞擊而彎曲
20
10
40
甲板集成
材的方向
46
S＝1：5
廁所內的洗手台，雖然和髒
衣物管道並排，不過由於隔
間牆為斜面的狀態，因此盡
量找出最適於兩者的寬度
椴木合板
鏡子
500
500
1100
780
S＝1：50
門扇
21
S＝1：10
鏡子
甲板
21
15
6
椴木合板
鏡子和牆壁轉角的收邊
材。收邊材的寬度為
6mm，深度為21mm，乍
看之下彷彿是一片門扇
S＝1：10

CASE40 ／ 尾山台的家

迴繞動線的入口效果

利用樓梯間，將2樓客廳（L）與餐廳（D）・廚房（K）空間區分開來。在餐廚空間中，配置了簡單的洗手台和廁所，不過是位於通往廚房的內側迴繞動線上，最內部的空間中。另外，將基地架高半層樓，因此經由室外樓梯往上走半層樓，會來到玄關門廊。這條回轉動線，讓玄關門廊成為上樓梯後、進入家門前的歇息空間。

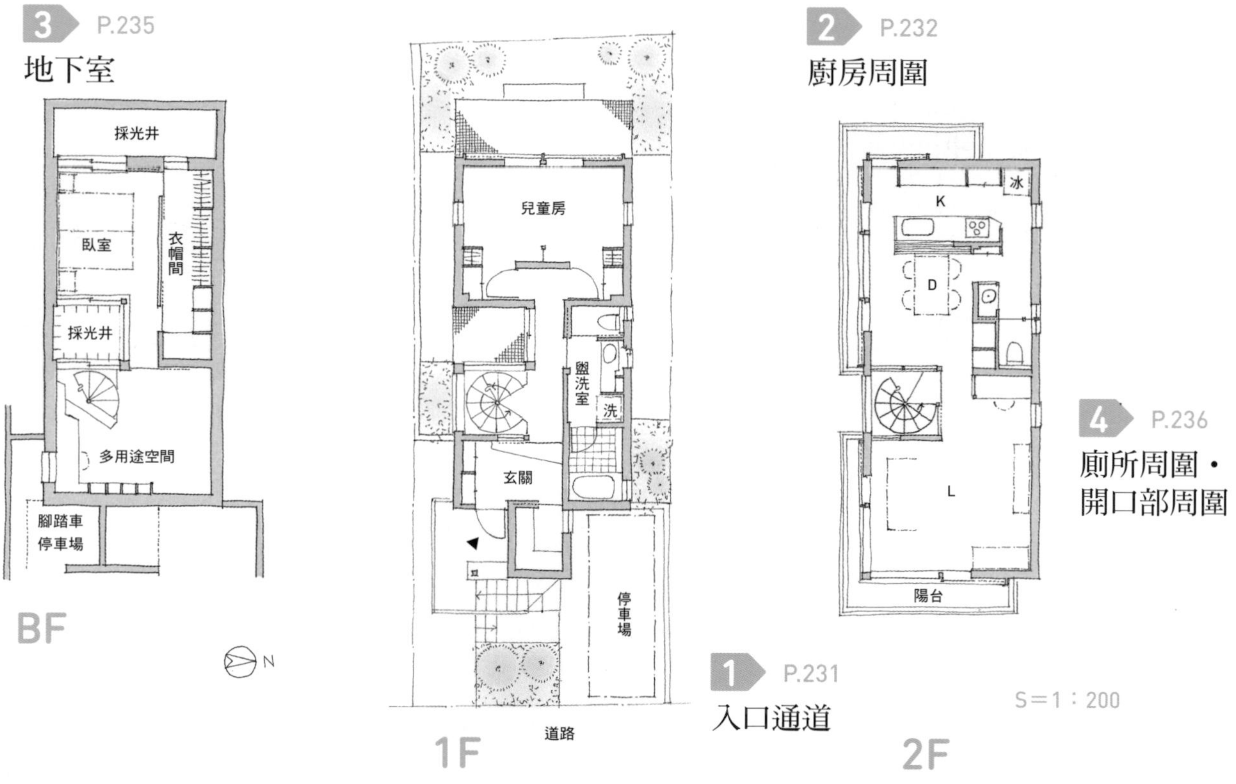

3 P.235

地下室

採光井
臥室
衣帽間
採光井
多用途空間
腳踏車停車場

BF

N

兒童房
盥洗室
洗
玄關
停車場
道路

1F

2 P.232

廚房周圍

冰
K
D
L
陽台

4 P.236

廁所周圍・開口部周圍

1 P.231

入口通道

S＝1：200

2F

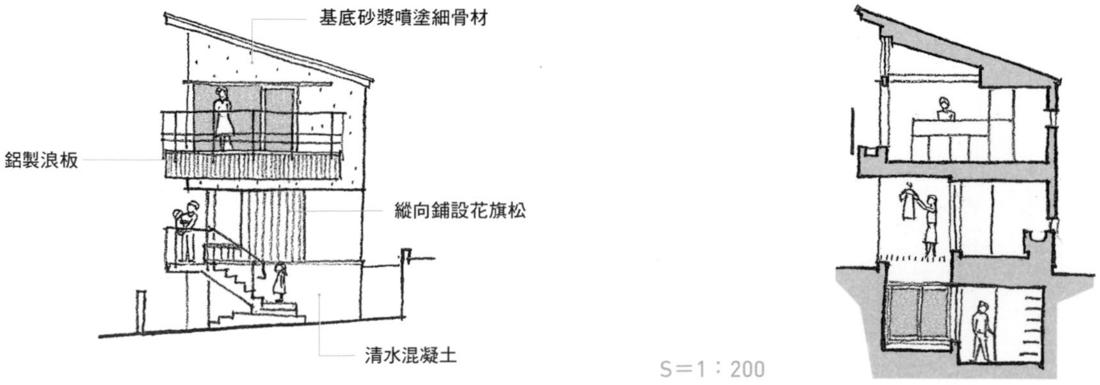

基底砂漿噴塗細骨材
鋁製浪板
縱向鋪設花旗松
清水混凝土

S＝1：200

SECTION 1

入口通道

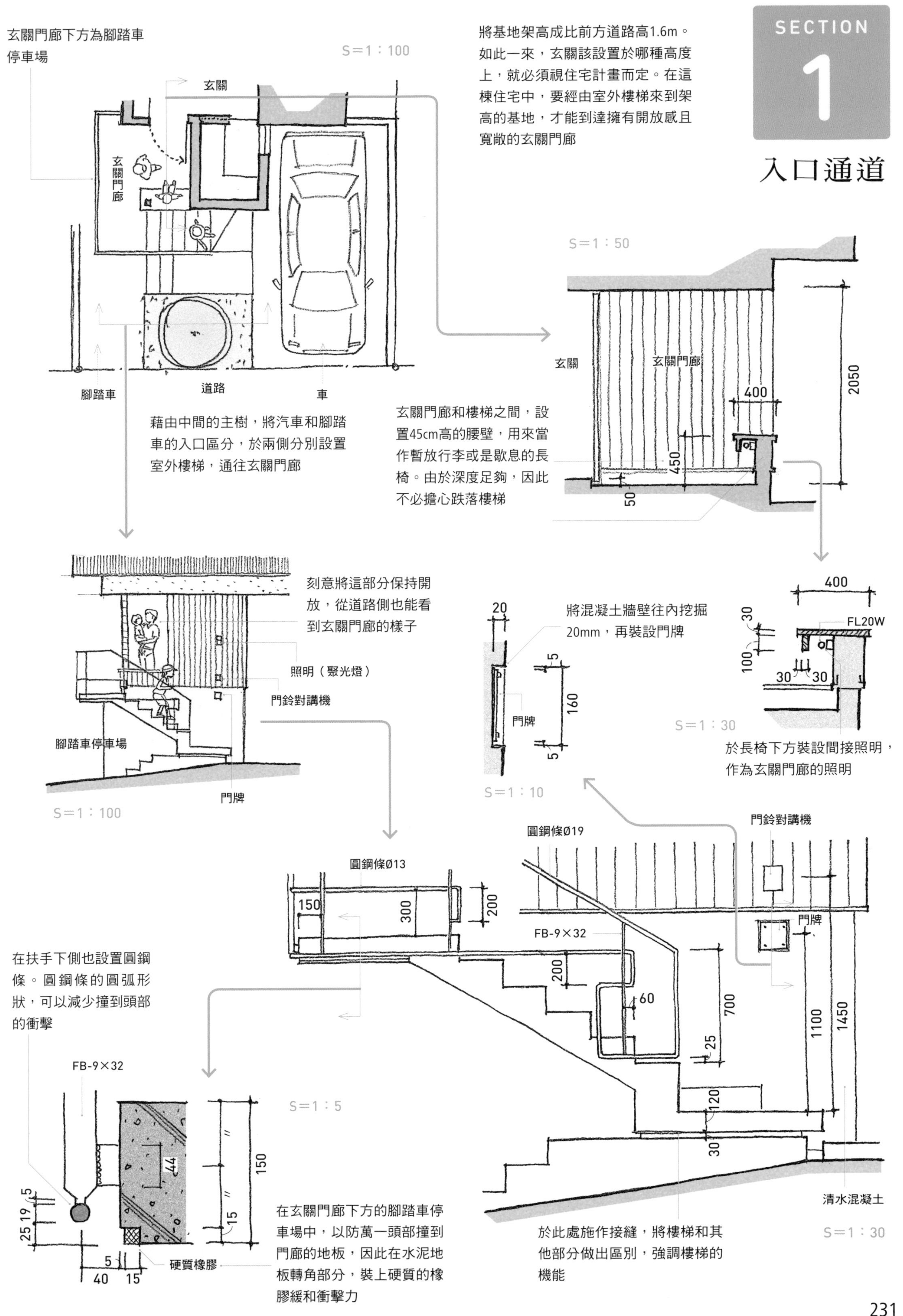
玄關門廊下方為腳踏車停車場
S=1：100
玄關
玄關門廊
腳踏車
道路
車
藉由中間的主樹，將汽車和腳踏車的入口區分，於兩側分別設置室外樓梯，通往玄關門廊
將基地架高成比前方道路高1.6m。如此一來，玄關該設置於哪種高度上，就必須視住宅計畫而定。在這棟住宅中，要經由室外樓梯來到架高的基地，才能到達擁有開放感且寬敞的玄關門廊
S=1：50
玄關
玄關門廊
400
2050
450
50
玄關門廊和樓梯之間，設置45cm高的腰壁，用來當作暫放行李或是歇息的長椅。由於深度足夠，因此不必擔心跌落樓梯
刻意將這部分保持開放，從道路側也能看到玄關門廊的樣子
照明（聚光燈）
門鈴對講機
腳踏車停車場
門牌
S=1：100
20
將混凝土牆壁往內挖掘20mm，再裝設門牌
5
160
5
門牌
S=1：10
400
30
FL20W
100
30
30
S=1：30
於長椅下方裝設間接照明，作為玄關門廊的照明
圓鋼條Ø13
150
300
200
圓鋼條Ø19
門鈴對講機
門牌
FB-9×32
200
60
700
25
1100
1450
120
30
清水混凝土
S=1：30
於此處施作接縫，將樓梯和其他部分做出區別，強調樓梯的機能
在扶手下側也設置圓鋼條。圓鋼條的圓弧形狀，可以減少撞到頭部的衝擊
FB-9×32
S=1：5
44
150
15
5
19
25
5
40
15
硬質橡膠
在玄關門廊下方的腳踏車停車場中，以防萬一頭部撞到門廊的地板，因此在水泥地板轉角部分，裝上硬質的橡膠緩和衝擊力

SECTION 2

廚房周圍

瓦斯爐左側為瓶罐類的儲藏櫃，右側依序則是調味料儲藏櫃、洗碗機和水槽等。除此之外，還設有抹布掛桿、水槽前方幕板上的毛巾掛桿等，水槽下方的開放式收納櫃中，則設置了抹布掛桿和淨水器的儲藏空間

在手邊設置掛桿，用來吊掛抹布或各種料理器具

CH2050 400 1650 500 850 300 850 1150

淨水器儲藏櫃

800 300 600 200 600 970 30 30 24

S＝1：50

在看不見的腳部位置，設置抹布掛桿

S＝1：30

在瓦斯爐旁設置抽屜式的調味料儲藏櫃

180

30 300 24 600 200

在流理台缺角部分的下方，設置抽屜式的儲藏櫃，用來放置瓶罐類物品

S＝1：100

餐廳旁邊的廁所，需要再往內側走兩步才能到達。於這個往內走的空間中，同時也設有簡單的洗手台

客廳

2-2 雜物收納 P.234

餐廳

廚房

冰

陽台

冰箱會突出於走道，因此將瓦斯爐旁邊的流理台轉角部分，削去一個斜角，確保走道擁有足夠的寬幅

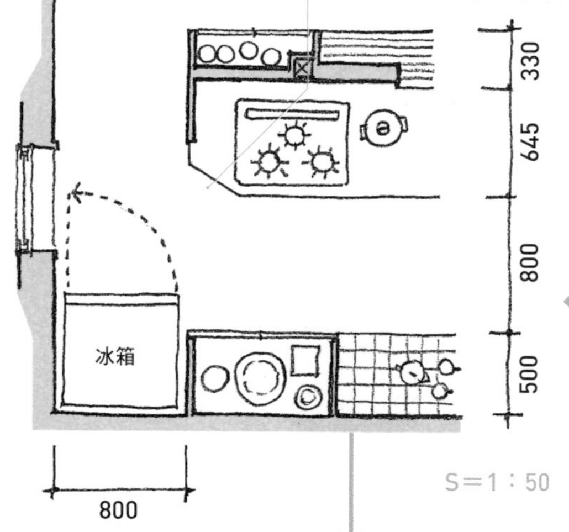
330
645
800
500
冰箱
800

S＝1：50

由廚房內側延伸設置露台，同時也可以當作家事陽台，用來放置物品

此處的單開窗可以拉進牆壁中，因此能夠將紗窗隱藏

S＝1：30

12 500

雖然當初為了吧檯的裝潢材料煩惱不已，最後決定張貼磁磚

考慮到可能在吧檯上放置電磁爐，因此要確保足夠的深度

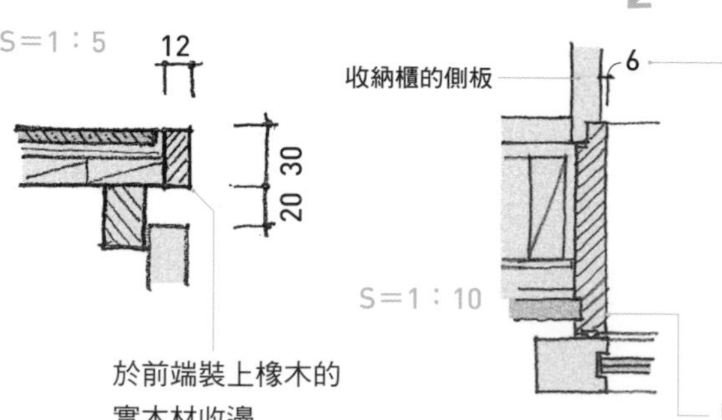
S＝1：5
12
30
20
收納櫃的側板
6
S＝1：10

於前端裝上橡木的實木材收邊

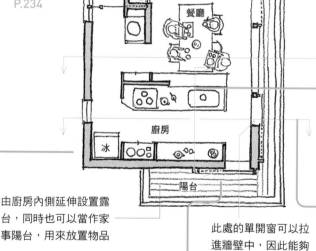

雖然想將收納櫃的側板，和開口部的縱框架呈現出同一牆面，不過刻意施作出6mm的錯位，才能更方便施工

開口部的縱框架

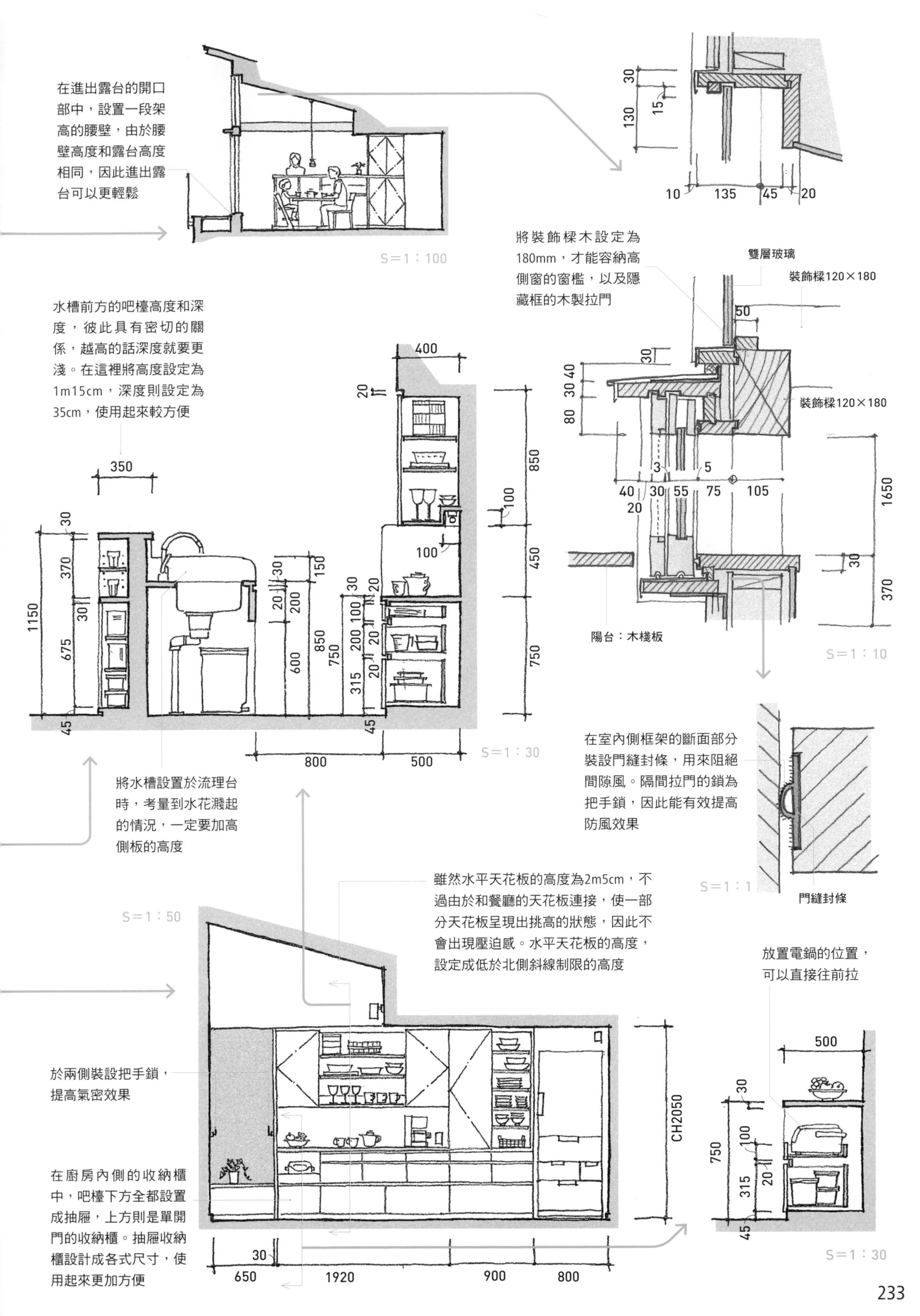

在進出露台的開口部中，設置一段架高的腰壁，由於腰壁高度和露台高度相同，因此進出露台可以更輕鬆
S=1：100
將裝飾樑木設定為180mm，才能容納高側窗的窗檻，以及隱藏框的木製拉門
雙層玻璃
裝飾樑120×180
裝飾樑120×180
陽台：木棧板
S=1：10
水槽前方的吧檯高度和深度，彼此具有密切的關係，越高的話深度就要更淺。在這裡將高度設定為1m15cm，深度則設定為35cm，使用起來較方便
S=1：30
將水槽設置於流理台時，考量到水花濺起的情況，一定要加高側板的高度
在室內側框架的斷面部分裝設門縫封條，用來阻絕間隙風。隔間拉門的鎖為把手鎖，因此能有效提高防風效果
S=1：1
門縫封條
雖然水平天花板的高度為2m5cm，不過由於和餐廳的天花板連接，使一部分天花板呈現出挑高的狀態，因此不會出現壓迫感。水平天花板的高度，設定成低於北側斜線制限的高度
S=1：50
放置電鍋的位置，可以直接往前拉
於兩側裝設把手鎖，提高氣密效果
在廚房內側的收納櫃中，吧檯下方全都設置成抽屜，上方則是單開門的收納櫃。抽屜收納櫃設計成各式尺寸，使用起來更加方便
CH2050
S=1：30

SECTION
2-2

雜物收納

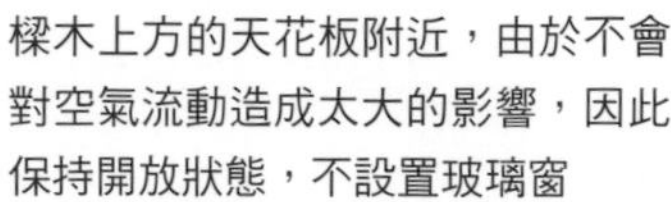

樑木上方的天花板附近，由於不會對空氣流動造成太大的影響，因此保持開放狀態，不設置玻璃窗

S＝1：30
佛壇
S＝1：100

放置佛壇的位置。可以將外開門收納至櫃子內，因此能夠保持開放狀態。下方為抽屜設計，用來收納佛壇用的小物品

不論是餐廳或客廳，在連接樓梯間的位置都設置了腰壁，如此一來更能夠為空間增添安心感

佛壇放置的位置，也常常根據家人的想法來決定，「想要放置在全家人都會使用房間」通常這種需求占大多數。在這棟住宅中，決定將佛壇放置於廚房，再加上可以隱藏的門扇，成為收納櫃的一部分

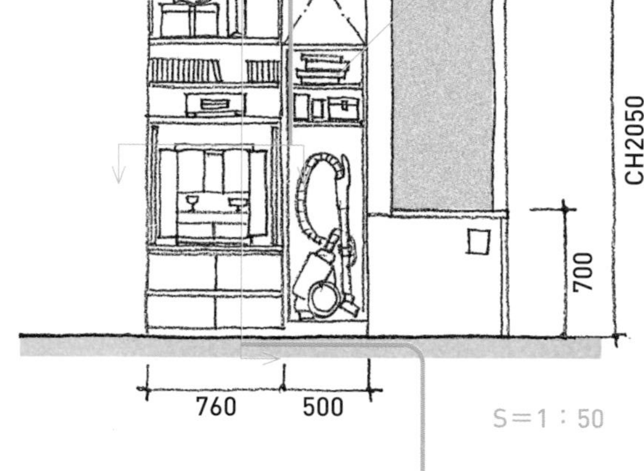
CH2050
700
760
500
S＝1：50

空調的排水管線也要納入計畫考量

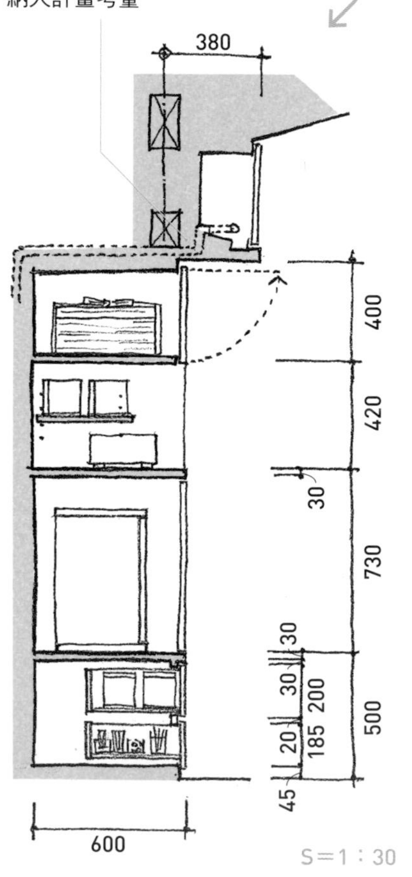
380
400
420
30
730
30
30
200
20
185
500
45
600
S＝1：30

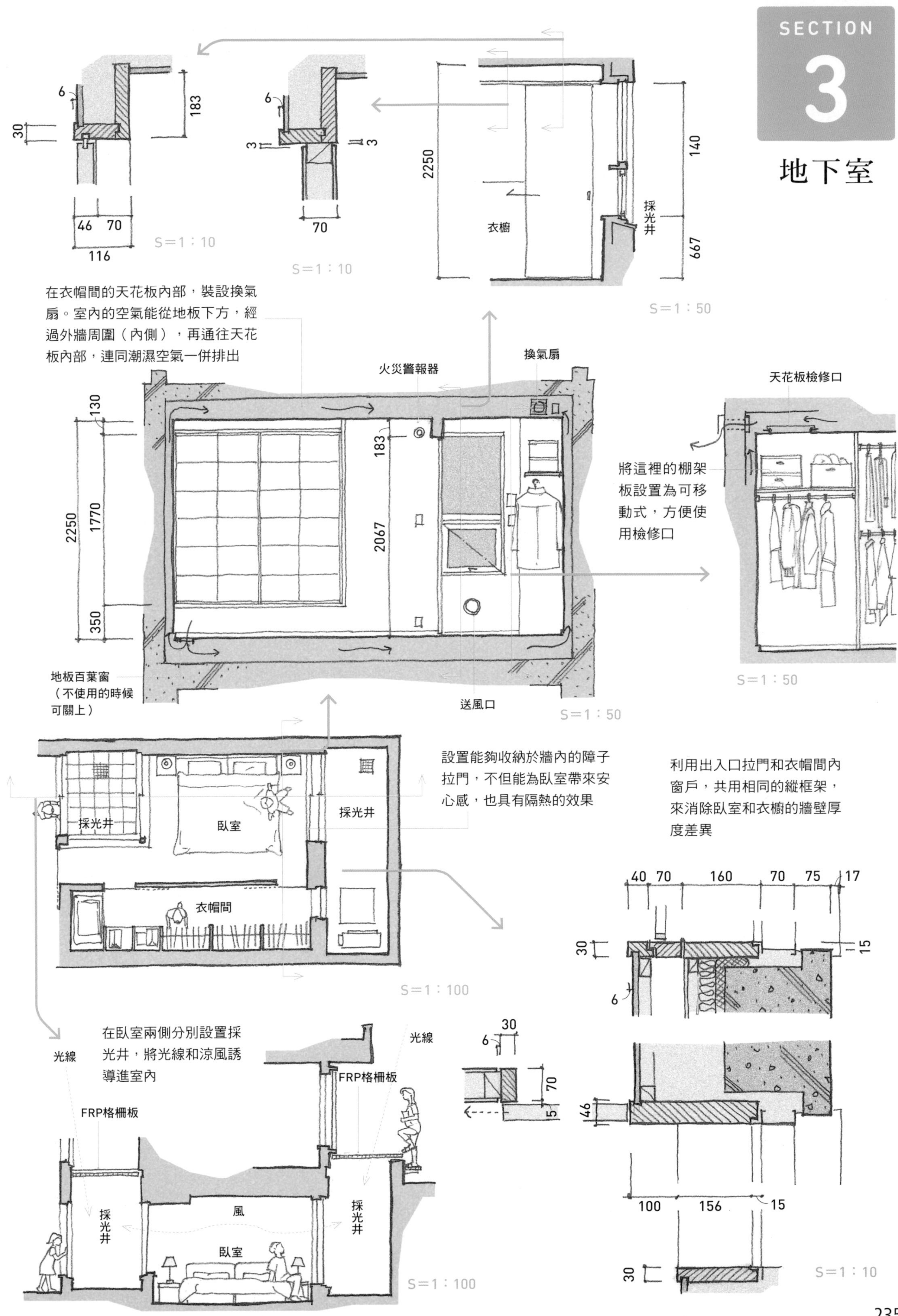
6
183
30
46 70
116
S＝1：10
6
3
3
70
S＝1：10
2250
衣櫥
採光井
140
667
S＝1：50
在衣帽間的天花板內部，裝設換氣扇。室內的空氣能從地板下方，經過外牆周圍（內側），再通往天花板內部，連同潮濕空氣一併排出
火災警報器
換氣扇
天花板檢修口
130
2250
1770
350
183
2067
將這裡的棚架板設置為可移動式，方便使用檢修口
地板百葉窗（不使用的時候可關上）
送風口
S＝1：50
S＝1：50
設置能夠收納於牆內的障子拉門，不但能為臥室帶來安心感，也具有隔熱的效果
利用出入口拉門和衣帽間內窗戶，共用相同的縱框架，來消除臥室和衣櫥的牆壁厚度差異
採光井
臥室
採光井
衣帽間
S＝1：100
40 70 160 70 75 17
30
15
6
在臥室兩側分別設置採光井，將光線和涼風誘導進室內
光線
光線
FRP格柵板
FRP格柵板
30
6
70
5
46
採光井
風
臥室
採光井
100 156 15
30
S＝1：100
S＝1：10

SECTION 4

廁所周圍・開口部周圍

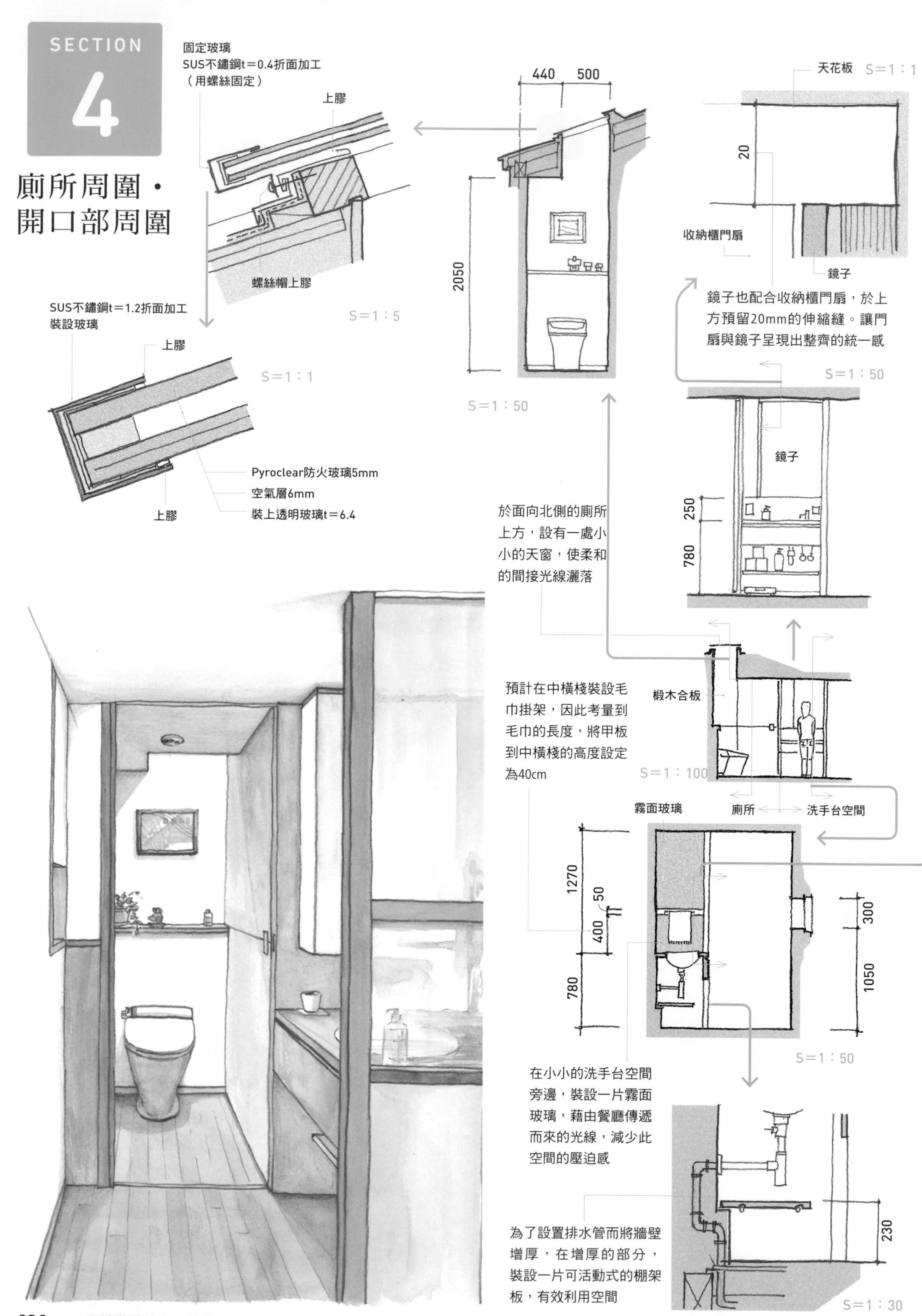

固定玻璃
SUS不鏽鋼t＝0.4折面加工
（用螺絲固定）
上膠
螺絲帽上膠
S＝1：5
SUS不鏽鋼t＝1.2折面加工
裝設玻璃
上膠
S＝1：1
Pyroclear防火玻璃5mm
空氣層6mm
裝上透明玻璃t＝6.4
上膠
440
500
2050
S＝1：50
天花板 S＝1：1
20
收納櫃門扇
鏡子
鏡子也配合收納櫃門扇，於上方預留20mm的伸縮縫。讓門扇與鏡子呈現出整齊的統一感
S＝1：50
鏡子
250
780
於面向北側的廁所上方，設有一處小小的天窗，使柔和的間接光線灑落
椴木合板
預計在中橫棧裝設毛巾掛架，因此考量到毛巾的長度，將甲板到中橫棧的高度設定為40cm
S＝1：100
霧面玻璃
廁所
洗手台空間
1270
50
400
780
300
1050
S＝1：50
在小小的洗手台空間旁邊，裝設一片霧面玻璃，藉由餐廳傳遞而來的光線，減少此空間的壓迫感
為了設置排水管而將牆壁增厚，在增厚的部分，裝設一片可活動式的棚架板，有效利用空間
230
S＝1：30

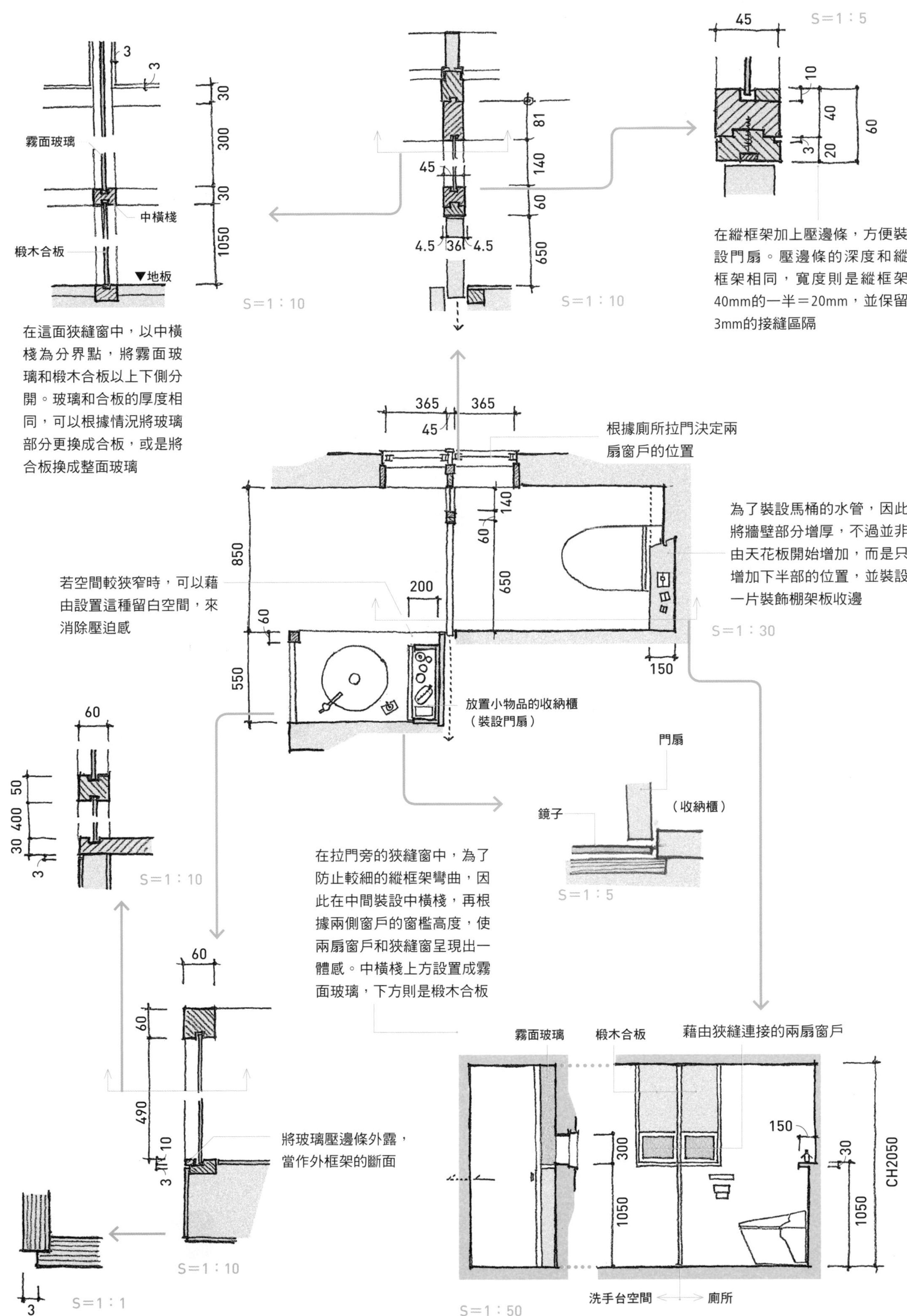
霧面玻璃
中橫棧
椴木合板
▼地板
S=1：10
S=1：10
S=1：5
在縱框架加上壓邊條，方便裝設門扇。壓邊條的深度和縱框架相同，寬度則是縱框架40mm的一半＝20mm，並保留3mm的接縫區隔
在這面狹縫窗中，以中橫棧為分界點，將霧面玻璃和椴木合板以上下側分開。玻璃和合板的厚度相同，可以根據情況將玻璃部分更換成合板，或是將合板換成整面玻璃
根據廁所拉門決定兩扇窗戶的位置
為了裝設馬桶的水管，因此將牆壁部分增厚，不過並非由天花板開始增加，而是只增加下半部的位置，並裝設一片裝飾棚架板收邊
若空間較狹窄時，可以藉由設置這種留白空間，來消除壓迫感
S=1：30
放置小物品的收納櫃
（裝設門扇）
門扇
鏡子
（收納櫃）
S=1：10
S=1：5
在拉門旁的狹縫窗中，為了防止較細的縱框架彎曲，因此在中間裝設中橫棧，再根據兩側窗戶的窗檻高度，使兩扇窗戶和狹縫窗呈現出一體感。中橫棧上方設置成霧面玻璃，下方則是椴木合板
將玻璃壓邊條外露，當作外框架的斷面
霧面玻璃
椴木合板
藉由狹縫連接的兩扇窗戶
CH2050
洗手台空間
廁所
S=1：10
S=1：1
S=1：50

Epilogue

後記

徒手繪畫的意義…

在建築設計的世界中，大約在數十年前，圖面都是用鉛筆繪製而成，因此鉛筆是最重要的必需品。也是因為這個原因，我將事務所取名為「Bleistift」。在德語中是「鉛筆」的意思，因此事務所的名字就是「鉛筆」。

在手繪圖面的時候，用尺描繪直線，跟徒手描繪直線，描繪的意義和繪製出的效果都不盡相同。如果想要將圖面內容，詳細地傳達給對方時，就必須用尺來繪製。如果繪圖者是想確實把握繪製物的尺度和平衡，這時候也是建議用尺丈量。那麼，徒手描繪的圖面，又會有什麼意義和效果呢？
徒手繪製出的圖面，也同樣能標示出詳細的尺寸，因此能當作製作圖面的參考。另外，如果描繪者能夠掌握繪圖尺度，也能大概保持圖面的尺度平衡。不過也只是「大概的位置、大概的感覺」，無法為圖面帶來更多效果。

也就是說，徒手繪製出的圖面，擁有更深層次的魅力。
其魅力就是，描繪者在繪製圖面時，思考不會受限。另外，對於欣賞圖面的人而言，比起用直線畫出的圖面，徒手畫的圖面，更能夠將描繪者想要傳達的主旨，清楚傳遞給對方。不論是繪圖者、欣賞者，兩邊都能更加柔軟地思考，這也許就是徒手繪圖的魅力所在。

這本書的主旨，就如同在「前言」所提及，如何讓讀者感受到設計者的思考過程。因此用擁有思考自由性的徒手繪製圖面，來完成本書，也許正符合本書的宗旨。
現在已經不是用尺規繪圖，或是用徒手繪圖這種二選一的時代，而是只要敲敲鍵盤動動滑鼠，就能自動繪製成圖面了。先別提這種方式的優缺點，或是個人喜好，表現方式本來就會隨著時代變化。因為在那個時代，所以才要藉由徒手繪製的圖面，集結成一本能表現出住宅設計思考過程的書。

非常感謝能夠接受我這種想法，並且不斷鼓勵我完成此書的X-Knolowdge三輪先生。

另外，在這本書的圖面中，不論是人物或是景色，都為這本書增添許多生活感，並且可以讓人更清楚比例，是不可或缺的存在。繪製這些景色的清木綠小姐，衷心感謝您的協助。另外，如果在手繪圖面中放入照片，照片的真實感會過於顯眼，而失去手繪的意義。因此用手繪的彩色寫生圖代替照片，放入本書中。這些插畫在這本書中，也擔任了非常重要的角色，深深感謝繪製圖畫的岩月梨紗小姐。另外，和我一起執行編輯工作的市川幹朗先生，對於總是增加工作細節的我，仍然耐心的應對處理，對此深感佩服。

自顧自的徒手繪製出這些圖面的我，著實享受了一段充滿樂趣的過程，若讀者們在欣賞圖面的時候，也能夠感受到住宅設計的樂趣，我將深感榮幸。

2014年6月
梅雨季節，於感受初夏來臨的工作室中
本間至

本間 至

[經歷]

1965年
　出生於東京

1979年
　日本大學理工學部建築學科畢業

1979～1986年
　林寬治設計事務所

1986年
　成立本間至 / Bleistift一級建築士事務所

1995年
　成為「NPO住宅建築會」設計會員

2006～2008年
　擔任「NPO住宅建築會」代表理事

2009年～
　參與「NPO住宅建築會（住宅建築學校）」創校

2010年
　日本大學理工學部建築學科客座講師

[著書]

『最高の住宅をデザインする方法』（X-Knowledge）
『最高の住宅をつくる方法』（X-Knowledge）
『最高の開口部をつくる方法』（X-Knowledge）
『最高に楽しい[間取り]の図鑑』（X-Knowledge）
『最高に気持ちいい住宅をつくる方法』（X-Knowledge）
『本間至の住宅デザインノート』（X-Knowledge）

[圖面繪製協力人員]

清木 綠（住宅一景寫生）

1996年
　日本大學生產工學部建築工學科
　居住空間設計課程 畢業

1996～2003年
　本間至 / Bleistift一級建築士事務所

岩月梨紗（彩色寫生、插圖）

2013年
　武藏野美術大學 研究所課程 日本畫系所畢業

2013年～
　從事動畫背景相關美術工作

[事務所職員]

灘部智子・福田美咲
三平奏子（本書責任編輯）

[關於Bleistift]

東京都世田代谷區赤堤1-35-5
TEL：03-3321-6723
http：//www22.ocn.ne.jp/～bleistif/
Email： pencil@mbd.ocn.ne.jp

TITLE

本間至の住宅設計手繪筆記

STAFF

出版　瑞昇文化事業股份有限公司
作者　本間至
譯者　元子怡

總編輯　郭湘齡
責任編輯　莊薇熙
文字編輯　黃美玉　黃思婷
美術編輯　謝彥如
排版　菩薩蠻數位文化有限公司
製版　昇昇興業股份有限公司
印刷　桂林彩色印刷股份有限公司
法律顧問　經兆國際法律事務所　黃沛聲律師

代理發行　瑞昇文化事業股份有限公司
地址　新北市中和區景平路464巷2弄1-4號
電話　(02)2945-3191
傳真　(02)2945-3190
網址　www.rising-books.com.tw
e-Mail　resing@ms34.hinet.net

劃撥帳號　19598343
戶名　瑞昇文化事業股份有限公司

本版日期　2018年6月
定價　600元

國家圖書館出版品預行編目資料

本間至の住宅設計手繪筆記 / 本間至著；元子怡譯. -- 初版. -- 新北市：瑞昇文化, 2016.07
240　面；21 X 29　公分
ISBN 978-986-401-114-8(平裝)

1.房屋建築 2.空間設計 3.室內設計

441.5　105011560